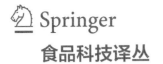

食品科技译丛

脉冲电能在食品和
生物质原料加工中的应用

Processing of Foods and
Biomass Feedstocks by
Pulsed Electric Energy

〔法〕尤金·沃罗比耶夫
〔乌克兰〕尼古拉·列博夫卡   著

胡爱军翻译组   译

中国纺织出版社有限公司

原文书名：Processing of Foods and Biomass Feedstocks by Plused Electric Energy
原作者名：Eugene·Vorobiev Nikolai·Lebovka

First published in English under the title
Processing of Foods and Biomass Feedstocks by Pulsed Electric Energy
by Eugene Vorobiev and Nikolai Lebovka, edition：1
Copyright © Springer Nature Switzerland AG, 2020
This edition has been translated and published under licence from Springer Nature Switzerland AG.
Springer Nature Switzerland AG takes no responsibility and shall not be made liable
for the accuracy of the translation.

著作权合同登记号：图字：01-2022-0223

图书在版编目(CIP)数据

脉冲电能在食品和生物质原料加工中的应用／(法)
尤金·沃罗比耶夫,(乌克兰)尼古拉·列博夫卡著；胡
爱军翻译组译. --北京：中国纺织出版社有限公司,
2023. 3
书名原文：Processing of Foods and Biomass
Feedstocks by Pulsed Electric Energy
ISBN 978-7-5180-9283-3

Ⅰ. ①脉… Ⅱ. ①尤… ②尼… ③胡… Ⅲ. ①电磁脉
冲-应用-食品加工②电磁脉冲-应用-食品-原料-预
处理 Ⅳ. ①TS205②TS202.1

中国版本图书馆 CIP 数据核字(2022)第 000675 号

责任编辑：毕仕林 国帅 责任校对：楼旭红 责任印制：王艳丽

中国纺织出版社有限公司出版发行
地址：北京市朝阳区百子湾东里 A407 号楼 邮政编码：100124
销售电话：010— 67004422 传真：010— 87155801
http://wwwc-textilep.com
中国纺织出版社天猫旗舰店
官方微博 http://weibo.com/2119887771
北京华联印刷有限公司印刷 各地新华书店经销
2023 年 3 月第 1 版第 1 次印刷
开本：710×1000 1/16 印张：27.5
字数：413 千字 定价：168.00 元

本书翻译人员

主 译　郑　捷　天津科技大学

　　　　胡爱军　天津科技大学

副主译　胡　祺　暨南大学翻译学院

参 译　（按姓氏笔画排序）

　　　　丁　昊　天津科技大学

　　　　王若冰　天津科技大学

　　　　王　威　天津科技大学

　　　　王　萌　天津科技大学

　　　　王梦婷　天津科技大学

　　　　龙圆圆　天津科技大学

　　　　曲佳鸣　天津科技大学

　　　　朱新越　天津科技大学

　　　　刘广鑫　天津科技大学

　　　　孙付万　天津科技大学

　　　　李伟奇　天津科技大学

　　　　李　靖　天津科技大学

　　　　李　璐　天津科技大学

　　　　张　容　天津科技大学

　　　　陈　文　天津科技大学

　　　　郅文莉　天津科技大学

　　　　周　瑜　天津科技大学

　　　　袁志宁　天津科技大学

　　　　郭转转　天津科技大学

　　　　霍　栓　天津科技大学

简　介

　　脉冲电能(PEE)是一种具有发展前景的非热加工技术,在食品领域具有广泛的应用,利用PEE处理食品和生物质原料已引起人们的极大兴趣。

　　本书阐述了利用电和PEE加工食品和生物质原料的历史背景,电穿孔基本原理、PEE加工模拟的理论与数学模型,电穿孔检测技术、电脉冲发生器及生产厂家,脉冲电场强化固液提取及榨取、干燥、冷却、冷冻、解冻和结晶等食品加工过程,并且介绍了脉冲电场在加工苹果、番茄和柑橘、甜菜、甘蔗、菊苣、马铃薯、胡萝卜、葡萄及酿酒工业残渣,以及油菜籽、亚麻籽、橄榄、大豆、玉米、芝麻、精油、油菜籽的茎和叶、琉璃苣叶、微藻等食品和生物质原料中的应用实例。内容全面丰富,理论与实际紧密结合,深入浅出,融科学性、先进性、系统性和实用性于一体,是一本系统而全面介绍PEE在食品和生物质原料加工中应用的专业著作。

　　本书既可供高等学校食品科学与工程、食品质量与安全专业及相关学科的教师、学者、本科生和研究生使用,又可以供职业技术学校、继续教育院校等相关专业师生学习参考,还可作为食品及相关行业企事业单位、科研机构与管理部门科学工作者、实验和工程技术人员用书,以及对PEE理论及应用感兴趣的其他学科和专业人士使用。

译者的话

脉冲电能（PEE）技术是一种具有发展前景的非热加工技术,在很多领域均有应用,特别是在食品和生物质方面的研究和应用取得了丰硕成果。PEE 可以有效强化杀菌、提取、压榨、渗透脱水、干燥、冷却、冷冻、解冻与结晶等单元加工过程,还可对酶等生物活性物质产生影响;在一定程度上使化合物极化,从而影响相关的化学反应。在脉冲电能技术的众多应用中,PEE 杀菌是最有发展潜力的应用之一。一方面,脉冲电场产生磁场,脉冲电场和脉冲磁场交替作用,振荡加剧,使细胞膜透性增加,膜强度减弱,因而膜被破坏,膜内物质容易流出,膜外物质容易渗入,细胞膜的保护作用减弱甚至消失。另一方面,电极附近物质电离产生的阴、阳离子与膜内生命物质作用,因而阻断了膜内正常生化反应和新陈代谢过程等的进行;同时,液体介质电离产生的强烈氧化作用,能与细胞内物质发生一系列反应。通过以上两种作用的联合进行,可有效杀死菌体。脉冲电能处理对包括枯草芽孢杆菌、德氏乳杆菌、单核细胞增生李斯特氏菌、荧光假单孢菌、啤酒酵母、金黄色葡萄球菌、嗜热链球菌、大肠杆菌、霉菌和酵母等的营养体细胞均有较好的杀灭作用。影响 PEE 杀菌的因素有很多,包括电场强度、处理时间、脉冲频率、脉冲宽度、脉冲形状、样品流速、初始温度等加工因素,产品成分、导电性、离子强度、pH、水分活度、黏度等产品因素,以及微生物种类、生长条件、生长时期等微生物因素,它们严重影响杀菌效果。PEE 对微生物的作用机理尚不完全清楚,多数学者认为 PEE 是通过外部电场与微生物细胞膜直接作用,从而破坏细胞膜的结构,形成"电穿孔"而导致微生物灭活。电穿孔特性的研究在国内仍处于早期阶段,国外研究时间较长,但至今仍然有许多现象无法解释,而新的现象又不断地被报道。此外,PEE 装备也需要进一步研发和应用。

Eugene Vorobiev 和 Nikolai Lebovka 教授著的这本著作,阐述了利用电和 PEE 加工食品和生物质原料的历史背景,电穿孔基本原理、PEE 加工模拟的理论与数学模型,电穿孔检测技术、电脉冲发生器及生产厂家,脉冲电场强化固液提取及榨取、干燥、冷却、冷冻、解冻和结晶等食品加工过程,并且介绍了脉冲电场在加工苹果、番茄和柑橘、甜菜、甘蔗、菊苣、马铃薯、胡萝卜、葡萄及酿酒工业残渣以及油菜籽、亚麻籽、橄榄、大豆、玉米、芝麻、精油、油菜籽的茎和叶、琉璃苣叶、微藻等食品和生物质原料中的应用实例。本书内容全面丰富,理论与实际紧密结合,深入浅出,融科学性、先进性、系统性和实用性于一体,是一本系统而全面介绍 PEE 在食品和生物质原料加工中应用的专业著作。

为了促进 PEE 技术的发展及其更广阔、更大规模的应用,满足食品和生物质领域科技人员及有关企事业单位等的需要,我们精心组织团队翻译出版本书。

本书既可供高等学校食品科学与工程、食品质量与安全专业及相关学科的教师、学者、本科生和研究生使用,又可以供职业技术学校、继续教育院校等相关专业师生学习参考,还可作为食品及相关行业企事业单位、科研机构与管理部门科学工作者、实验和工程技术人员用书,以及对 PEE 理论及应用感兴趣的其他学科和专业人士使用。

本书由天津科技大学郑捷担任第一主译,翻译第 1~5 章内容;天津科技大学胡爱军担任第二主译,暨南大学翻译学院胡祺担任副主译,天津科技大学丁昊、王若冰、王威、王萌、王梦婷、龙圆圆、曲佳鸣、朱新越、刘广鑫、孙付万、李伟奇、李靖、李璐、张容、陈文、郅文莉、周瑜、袁志宁、郭转转、霍栓(按姓氏笔画排序)参译,胡爱军、胡祺和参译人员共同翻译第 6~12 章内容。在本书翻译过程中,我们得到了天津科技大学的大力支持和帮助,在此表示衷心的感谢。由于译者水平和能力有限,书中难免有不妥、疏漏和错误之处,恳请读者批评指正,以使本书能够不断完善。

天津科技大学　郑捷　胡爱军

2021 年 7 月

前 言

电实际应用于加热食品和杀死液体食品中微生物有百年多的历史。从 20 世纪中叶开始,利用脉冲电能技术(PEE)处理食品和生物质原料已引起人们的极大兴趣。近几十年来,已经发现和阐明 PEE 对生物制品、食品或农产品的许多重要作用与机制。这本书旨在介绍 PEE 在食品和生物质原料加工领域中的主要研究和原创性调查。本书分为 3 部分,共 12 章。

第 1 部分(第 1~4 章)涵盖电穿孔的基本原理、实验步骤和方法。第 1 章为利用电和脉冲电能加工食品和生物质原料的历史背景,介绍植物发芽、生长与成熟过程电效应和电的医学应用、杀菌作用以及电对食品的处理等方面的早期研究。第 2 章介绍电穿孔基本原理、PEE 加工模拟的理论与数学模型,以及在膜、细胞、细胞聚集体和生物组织中进行电穿孔模拟的主要内容。第 3 章概述不同食品和生物质原料中电穿孔检测技术,这些技术基于科学家对介电光谱、电动学技术、质构、扩散、图像分析和其他技术的研究。第 4 章介绍实验室和中试规模的处理室及脉冲发生器,并提供一些 PEF 设备生产厂家的有用信息。

第 2 部分(第 5~7 章)介绍脉冲电场辅助食品加工过程,例如固液提取和榨取,干燥和冷却、冷冻、解冻和结晶。第 5 章介绍 PEE 辅助固液提取及榨取的基础知识,分析这些过程的特点和用到的主要物理模型,介绍一些实验室和中试设备,并介绍这一技术在不同水果、蔬菜和草本植物中的应用。另外,本章着重讲述其在选择性回收有价值化合物方面的应用。第 6 章介绍 PEE 辅助食品和生物质原料干燥的物理基础和干燥模型,包括对流空气(热)、真空和冷冻干燥模型。同时介绍不同产品 PEE 辅助干燥案例。第 7 章论述 PEE 辅助冷却、冷冻、解冻和结晶,从物理层面对使用创新和可替代技术(超声波、微波和射频、高压和真空)冷冻食品原料进行讨论,并细述电场(DC、交变电场和 PEF)对成核和结晶过程的影响。

第 3 部分(第 8~12 章)综述当前的一些研究结果,提供许多应用脉冲电场加工食品和生物质原料的实例。第 8 章包括 PEE 在处理水果材料(包括苹果、番茄和柑橘)中的应用,对 PEE 辅助苹果汁及其相关产品生产进行评述,检验苹果汁中微生物失活情况,同时探究 PEE 处理对苹果的渗透脱水、热干燥、冻融和冷冻脱水过程的影响;讨论 PEE 辅助番茄去皮、类胡萝卜素提取和番茄汁中微生物灭活过程;思索 PEE 辅助柑橘汁的生产、橙汁中微生物的灭活以及从柑橘皮中提取生物分子过程。第 9 章概述 PEE 在糖料作物(甜菜、甘蔗和菊苣)加工中的应用,介绍 PEE 辅助冷水或温水提取糖、甜菜丝冷榨和组合压榨—扩散过程的前瞻性新技术,展示一些用于甜菜工业中试和工业应用的电穿孔设备。第 10 章论述 PEE 在马铃薯和胡萝卜作物加工中的应用,介绍炸薯条和马铃薯皮加工实例,展示为薯条加工产业开发的电穿孔设备,讨论胡萝卜汁加工、胡萝卜汁中微生物的灭活、有价值化合物的提取、渗透脱水和 PEE 辅助干燥过程。第 11 章介绍 PEE 在处理葡萄和葡萄酒工业残渣中的应用,讨论 PEE 辅助酿造红葡萄酒和白葡萄酒的优点、PEE 在葡萄酒和葡萄汁中微生物灭活以及果渣、葡萄籽和葡萄枝在生物精炼中的应用。最后,第 12 章讨论 PEE 在生物精炼中的潜在应用,列举许多应用 PEE 从油料种子和木质纤维素生物质原料(叶、茎、木皮)中回收有价值提取物(蛋白质、色素、脂质、酚类)的实例;还论证 PEE 在木质纤维素生物质降解方面的应用;另外介绍 PEE 辅助微藻生物精炼(回收碳水化合物、叶绿素、蛋白质和脂质,使微藻菌株更好地生长)的现有成果和详细综述;讨论 PEE 辅助技术在效率、提取选择性、设备维护和操作成本、能耗、加工时间、化合物降解方面的优缺点以及放大到工业规模的可能性。

本书可供相关学科的工程师、学者、本科生和研究生以及从事其他学科研究工作的专业人士参考。

本书介绍的许多成果是法国贡比涅技术大学(UTC)研究小组在过去 20 年中取得的。该小组由 Eugene Vorobiev 教授领导,Nikolai Lebovka 教授作为访问科学家每年会在该小组工作数月。感谢我们的同事、毕业和在读博士生以及博士后们卓有成效的合作和出色的工作,这些激励我们编写本书。我们特别感谢 UTC 在电穿孔和 PEE 领域和我们一起合作的同仁们:Nadia Boussetta、Nabil Grimi、Jean-Louis Lanoisellé、Olivier Bals、Maurice Nonus、Maksim Loginov、Houcine Mhemdi、Mohammad Turk、Mohamed Koubaa、Francisco J. Barba、Luc Marchal、Oleksii Parniakov、Mykola Shynkaryk、Samo Mahnic-Kalamiza、Iurie Praporscic、Kamal El-Belghiti、Hazem Bouzrara、Maksym Bazhal、Henri El Zakhem、Cécile Gros、Cristele Delsart、Ksenia Loginova、Nada El Darra、Hiba Rajha、Sally El Kantar、Zhenzhou Zhu、Jessy Mattar、Silène Brianceau、Pierre Adda、Dan Liu、Fouad Almohammed、Lucie Drévillon、Marva Brahim、Meriem Bouras、Ezzeddine Amami、

Jihene ben Ammar、Hind Allali、Liu Dan、Caiyun Liu、Lu Wang、Xiaoxi Yu、Rui Zhang 以及其他同仁。

法国贡比涅 Eugene Vorobiev

乌克兰基辅 Nikolai Lebovka

缩写词

1d,2d,3d	One-,two-,three-dimensional	一维、二维、三维
AC	Alternating current	交流电
AF	Alcoholic fermentation	酒精发酵
AFM	Atomic force microscopy	原子力显微镜
bcc	Body-centred cubic packing	体心立方堆积
CA	Convective air	对流空气
CHO	Chinese hamster ovary cells	中国仓鼠卵巢细胞
CI	Colour intensity	色度
CLSM	Confocal laser scanning microscopy	共聚焦激光扫描显微镜
CM	Cold maceration	冷浸渍
CVS	Computer vision system	计算机视觉系统
DC	Direct current	直流电
DM	Dry matter	干物质
DMPC	Dimyristoylphosphatidylcholine	二肉豆蔻酰磷脂酰胆碱
DMSO	Dimethyl sulfoxide	二甲基亚砜
DNA	Deoxyribonucleic acid	脱氧核糖核酸
DP	Dual-porosity	双重孔隙度
DPPC	Dipalmitoylphosphatidylcholine	二棕榈酰磷脂酰胆碱
DPPS	Dipalmitoylphosphatidylserine	二棕榈酰磷脂酰丝氨酸
DSC	Differential scanning calorimetry	差示扫描量热法
EE	Ethanol extraction	乙醇萃取法

EH	Enzymatic hydrolysis	酶解
EHD	Electrohydrodynamic	电流体动力学
EP	Electrode polarisation	电极极化
EtOH	Ethanol	乙醇
FaDOAc	Falcarindiol-3-acetate	镰叶芹二醇-3-乙酸酯
FaDOH	Falcarindiol	镰叶芹二醇
FaOH	Falcarinol	镰叶芹醇;人参炔醇
FAME	Fatty acid methyl esters	脂肪酸甲酯
fcc	Face-centred cubic packing	面心立方堆积
FD	Freeze-drying or lyophilisation	冷冻干燥或升华干燥
FEM	Finite element method	有限单元法
GAE	Gallic acid equivalents	没食子酸当量
Hex	N-hexane	正己烷
HP	High pressure	高压
HPLC	High-performance liquid chromatography	高效液相色谱
HPP	High-pressure processing	高压加工
HTST	High-temperature short-time method	高温短时杀菌法
HVED	High-voltage electrical discharges	高压放电
LD	Liquid-disordered	液态无序相
LO	Liquid-ordered	液态有序相
MC	Monte Carlo	蒙特卡洛
MD	Molecular dynamics	分子动力学
MEP	Morchella esculenta polysaccharide	羊肚菌多糖
MREIT	Magnetic resonance electrical impedance tomography	磁共振电阻抗成像
MRI	Magnetic resonance imaging	磁共振成像

MW	Microwaves	微波
NMR	Nuclear magnetic resonance	核磁共振
OD	Osmotic dehydration	渗透脱水
OH	Ohmic heating	欧姆加热
ORAC	Oxygen radical absorbance capacity	氧化自由基吸收能力
PE	Pressure extraction	加压提取
PEE	Pulsed electric energy	脉冲电能
PEF	Pulsed electric fields	脉冲电场
POH	Pulsed ohmic heating	脉冲欧姆加热
POO	Polyphenoloxidase	多酚氧化酶
RF	Radiofrequencies	射频
RNA	Ribonucleic acid	核糖核酸
SB	Steam blanching	蒸汽漂烫
sc	Simple-cubic packing	简单立方堆积
SDG	Secoisolariciresinol diglucoside	亚麻木酚素
SEM	Scanning electron microscopy	扫描电子显微镜
SG	Solid gain	固体增益
SMF	Static magnetic fields	静磁场
SPV	Sulfo-phosphovanillin	磺基-磷酸香草醛
TAC	Total anthocyanin content	总花色苷含量
TCC	Total carotenoid content	总类胡萝卜素含量
TDS	Total dissolved solids	总溶解性固体
TEAC	Trolox equivalent antioxidant capacity	Trolox 当量抗氧化能力
TEM	Transmission electron microscopy	透射电子显微镜法
TH	Freeze-thawed	冻融法
TMP	Trans-membrane pressure	跨膜压力

TPC	Total polyphenol content	总多酚含量
TPI	Total polyphenol index	总多酚指数
U	Untreated	未经处理的
US	Ultrasound	超声
UTC	Université de Technologiede Compiègne	贡比涅技术大学
UV	Ultraviolet	紫外线
VD	Vacuum drying	真空干燥
VPC	Vacuolar phenolic compounds	液泡酚类化合物
VRR	Volume reduction ratio	体积减少百分率
WE	Water extraction	水提取
WL	Water loss	水分损失

目 录

彩图二维码

第 1 部分 电穿孔的基本原理、实验步骤和方法

第1章 利用电和脉冲电能加工食品和 生物质原料的历史背景

摘要 几个世纪以来,电对生物体的影响引起研究人员的极大关注。基于电的应用,研究人员发现很多有趣、耐人寻味以及尚未明确的现象。始于18世纪到20世纪初,关于电对发芽、植被、植物生长、医学应用及杀菌影响的早期研究已经发表。本章综述电力发展史,包括直流电(DC)、交流电(AC)和脉冲电能(PEE)在农业、医药、食品及相关工业中的应用。还阐述后续(直到20世纪90年代中期)的如下研究:电在食品中应用于牛奶的巴氏杀菌、PEE的灭活作用、食品的欧姆加热、细胞膜的电击穿并提出电穿孔概念。

在过去的三个世纪,电对生物体的影响备受关注。应用不同种类的电[静电场、直流电(DC)或交流电(AC)、脉冲电能(PEE)],发现许多有趣、耐人寻味以及尚未明确的现象。这些现象包括电对种子发芽、植被和生物体生长的刺激作用、电的医学应用和杀菌效果,以及电在食品欧姆加热和杀菌中的应用。

在20世纪中叶,PEE开始应用于食品和农产品的加工。20世纪50~60年代电穿孔现象的重大发现在该领域引起革命性作用。实际上,在同一时期,不同食品工程团队开始活跃于食品产品AC、DC和PEE处理的实际应用研究。

本章简要综述AC、DC和PEE处理在农业、医药、食品以及相关行业中的应用研究进展,基于16世纪中期开展的早期研究直至20世纪90年代中期一段时期主要开展的研究进行综述。

1.1 发芽、植被和生长

几个世纪以来,电对生物体的生长、植被和发芽的影响一直备受关注。关于生物体电处理的第一个实验极有可能是由爱丁堡(Edinburgh)的Maimbray博士于1746年秋天进行的,他发现电对桃金娘植物生长和开花的刺激作用。1747年,Abbot Nollet观察到电对生物体的影响,前后发表几本有关实验物理学,尤其是关于电学的基础书籍(Nollet,1746,1749,1765)。Nollet用水果、绿色植物、湿润的海绵、芥菜种子和生长中的幼小植物做实验,还将静电设备应用于电疗。1753 年,Michael Lomonosov 报道电对"美国草"的影响(Lomonosov,1961)。Jallabert(Geneva)、Boze(Wittemberg)、Abbe Menon(Angers)、Nuneberg(Stuttgart)、Beccaria(Turin)和许多其他研究者也做过类似的电对植被影响的实验(Colwell,1922)。

1779 年,Comte de Lacepede 报道电对蔬菜生长和种子发芽的影响(de La Cepede,1781)。1783 年,Abbot Bertholon 提出一种特殊的"电植物仪",用于向生长中的作物喷洒带电水(Bertholon,1783)。1844 年,Ross 观察到电预处理马铃薯植株的伽伐尼效应(Ross,1844)。1845 年,Solly 基于之前的电对植被影响的研究工作进行了很好的综述(Solly,1845)。

19 世纪末,该领域研究积极创新。1885 年,Lemström 观察到放电处理能够刺激农作物(土豆、胡萝卜和芹菜)的生长(增长率高达 70%)(Lemström,1904)。1894 年,Bailey 讨论电对植物生长、种子萌发和果实成熟的影响(Bailey,1894)。1889 年,Spechnew 报道在基辅植物园(Botanical Garden of Kiev)电的农业应用(Spechnew,1889)。1892 年,Leicester 研究电流对种子和植物生长的影响(Leicester,1892a,b)。同年,Roux 观察到各种动物卵的细胞质有明显的分层(Roux,1892)。1904 年,Stone 报道电火花对植物生长和种子萌发的刺激作用(Stone,1904)。电流的电刺激作用可以用组织中正、负离子的分离来解释(Mathews,1904)。

几乎在同一时期,Priestley 和 Newman 报道放电处理能够加速黄瓜的成熟(增产 17%)(Priestley,1907;Newman,1911)。1911 年,Olsson 申请布宜诺斯艾利斯市(Buenos Aires)公园带电水灌溉系统的专利并实现该系统(Olsson,1910)。电对农作物生长和产量的影响被称为"电气栽培"(Briggset 等,1926)。在那个时期,几本综合性的书被出版发行,如《电-园艺》(Hull,1898)、《农业和园艺中的电》(Lemström,1904)、《电用于农作物和植物生长·解释实际规模上之所做》(Dudgeon,1912)和《电气栽培》(Christofleau,1927)。

近年来,科学家深入研究电场对植物生长、种子发芽、生物体和除草的影响(Lund 和 Rosene,1947;Lukiewicz,1962;Black 等,1971;Nelson,1973;Sidaway,1975;Edwards,1976;Krueger 等,1978;Diprose 等,1984;Pietruszewski,2011;Giriand Subrahmanyan,2013;Giri 等,2013)。Rifna 等讨论电场对植物生长和发芽影响的物理本质(Rifna 等,2019)。特别是应用电场强度为 10~30 kV/cm 缓慢变化(50 Hz)的高电场处理番茄种子可以提高其发芽率(Patwardhan 和 Gandhare,

2013）。促进其生长的原因是种子间的局部放电产生了臭氧。

近几十年来，研究人员还开展应用 PEE 促进种子萌发生长的研究。例如，在用纳秒脉冲电场（PEF）处理滑子菇（*Pholiota nameko*）后，观察到有明显的生长刺激作用（Tsukamoto 等，2003；Takaki 等，2007）。Einget 等对悬浮在缓冲溶液中的拟南芥幼苗进行纳秒 PEF 处理，脉冲持续时间为 10～100 ns，电场强度为 5～50 kV/cm（Einget 等，2009）。结果表明，持续时间为 10 ns 的短脉冲照射对拟南芥幼苗的生长有明显的刺激作用。2011 年，Songnuan 和 Kirawanich 研究 PEF 对拟南芥生理发育的影响（Songnuan 和 Kirawanich，2011）。发芽前的种子在 4 mm 电穿孔试管中处理，脉冲持续时间为 10 ns，脉冲数为 100，电场强度在 5～20 kV/cm。根据报道，PEF 对平均叶面积的影响显著，与对照相比最大增加 80%。2012 年，Dymek 等研究 PEF 处理对啤酒大麦种子萌发的影响（Dymek 等，2012）。PEF 处理时间为 1 ms，脉冲数为 50，电场强度在 275～1200 V/cm。经 PEF 处理后啤酒大麦种子立即萌发，用等温量热仪记录代谢反应，结果表明，PEF 影响胚根的萌发，但对种子的总代谢活力影响不显著。

1.2　医学应用

1743 年，德国研究人员 Krüger、Kratzenstein 和 Lange 在哈勒大学（University of Halle）开始电疗法的首次实验（Kaiser，1977；Völker，1993）。1747 年，瑞士电生物学家和物理学家 Jallabert 尝试用电来刺激瘫痪的肌肉运动（Jallabert，1748）。电疗很成功，2 个月后，患者察觉到手指恢复一些知觉。同年，Benjamin Franklin 提出应用电击和静态充电治疗瘫痪。患者在静电电浴中的治疗被称为静电疗法。大约 250 年前，伦敦 Middlesex（1767）和 St. Bartholomew（1777）医院购买了用于医学治疗的电气装置。1777 年，外科医生 Squires 对一个没有生命特征的孩子 Sophia Greenhill 进行复苏时连续实施几次电击。1788 年，有文献记载"电已多次用于复苏看似已经死亡的人，虽然并不总是达到应用目标，但在公布的每个实例中都证明其重要性，并且提供最充分、最有决定性的证据来证明其卓越且广泛的影响"（Kite，1788）。

18 世纪末，Luigi Galvani 提出生物电的概念（Galvani，1791）。在他的文章中，他描述了电对肌肉运动的影响。1812 年，伦敦 St. Thomas 医院的一名外科医生 Birch，开始通过"带电流体"流经损伤部位来治疗假关节（Payne，1885）。La Beaume 在电流的外科应用方面做出开创性的工作，在 1820 年出版了一本关于电

（电疗法）在医学上应用的书。1828年，Fabré-Palaprat 将这本书翻译成法语，并介绍电针技术（Fabre-Palaprat，1828）。1849年，Channing 在《电的医学应用笔记》一书中总结了他关于电刺激疗法的发现（Channing，1849）。

1840年，Duchenne 对瘫痪的或刚僵死的肌肉施加电场，以电疗法触发肌肉收缩（Parent，2005）。他证明交流电治疗瘫痪优于直流电治疗，并且发现某些患者可以恢复他们的肌肉功能。1889年，d'Arsonval（法国医生、法兰西学院生物物理实验室主任）开发一种火花激发谐振电路，可产生 0.5~2 MHz 的电流，用于治疗疾病，被称为"D'Arsonval 电流"（Colwell，1922；Culotta，1970）。

历史典籍（Colwell，1922）和综述中记载很多以前电疗应用的例子（Beveridge 和 Renvoize，1988；Vanable，1991；Macdonald，1993；McCaig 等，2005；Schiffer，2006；Gutbrod 和 Efimov，2013；Zago 等，2016）。如今，电疗广泛用于肌肉刺激和康复、癌症治疗、改善局部血流、组织修复、离子导入和淋巴引流（Macdonald，1993；Wang，2019）。Jaffe 和 Nuccitelli、Funk 等（Jaffe 和 Nuccitelli，1977；Funk 等，2009）综述了具有历程详细分析的电磁场生物医学和生物学效应。

1.3 杀菌作用

电的杀菌作用包括不同的化学作用、热作用、机械作用和电穿孔作用（Stirling，1987；De Alwis 和 de Fryer，1990；Palaniappan 等，1990；Palaniappan，1991；Ivorra 和 Rubinsky，2010）。

1.3.1 20 世纪初之前的早期研究

19世纪末首次出现电杀菌作用实例。1879年，Cohn 和 Mendelsohn 报道直流电对营养液灭菌的影响（Cohn 和 Mendelsohn，1879）。由于电解形成有毒化合物，细菌在电处理过的溶液中生长受到抑制。1886年，用于杀灭肉中生物的电气装置获得专利（Jones 等，1886）。在高直流（0.2~0.23A）和长时间处理（数小时）条件下，Prochownick 和 Spaeth 发现伽伐尼电流对微生物的杀灭作用（Prochownick 和 Spaeth，1890）。在低强度处理条件下，悬浮液中的微生物生长受到抑制。电流通过蒸馏水悬浮液 24 h 后，灵杆菌（*B. prodigiosus*）和其他微生物的数量减少归因于电的作用，因为没有金属电极直接与介质接触（Spilker 和 Gottstein，1891）。

1891年，Bache 提出将电流用于城市自来水消毒（Bache，1891）。1893年，Krüger 还研究直流电对细菌生长和细菌毒性的影响（Krüger，1893）。电流对细菌的致死作用可以用热作用或电化学作用来解释(Heller,1897;Thiele 和 Wolf,1899)。Ludloff 和 Pearl 还观察到细胞在外加电流作用下重新定向、定向生长(向电性)(Ludloff,1895)和定向运动(趋电性)(Pearl,1900),Jennings 用微生物的电刺激对这些现象进行解释(Jennings,1900)。同一时期,在电流作用下对水进行消毒的方法获得专利(Roeske,1893;Stiebel,1896)。

1909 年,Stone 报道电对细菌和酵母生长的刺激作用(Stone,1909)。Stone 观察到由于弱电流的电刺激作用,水中的细菌数量有显著增加(是对照组的 100 倍)。然而,在最近的研究中,并未证明交流电(50 Hz)对大肠杆菌的生长有促进作用(Shimada 和 Shimahara,1977)。1912 年,Thornton 已经证明电压为 65V 的交流电循环 80 次对伤寒杆菌(*B. Typhosusand*)和其他细菌有致死作用(Thornton,1912)。研究指出,直流电的致死作用是由于形成有毒化合物。1924 年,Kleiber 观察到直流电与交流电能够杀死悬浮在啤酒麦芽汁或葡萄汁中的酵母(Kleiber,1924)。这是因为直流电能够产生有毒化合物并且交流电能够产生热量。在非致死温度($T = 42℃$)下,Tracy 观察到交流电对葡萄汁中酵母细胞有致死作用(Tracy,1932),这可通过形成暂时性的有毒物质,如游离氯来解释。

1.3.2　牛奶的巴氏杀菌

交流电(电压 4000 V、循环 80 次)处理被应用于对连续流动的牛奶进行巴氏杀菌(Beattie 和 Lewis,1913;Lewis,1914)。交流电处理期间,处理室的最高温度达到 64℃。因为处理时间短,需要保持电流密度和电压高于最小值,Beattie 和 Lewis 用电的破坏作用来解释样品消毒(Beattie 和 Lewis,1925)。牛奶中细菌的杀灭是因为电流产生热量而不是电流本身对细菌的致死作用(Anderson 和 Finkelstein,1919)。接种后的牛乳经电巴氏杀菌处理后,观察到枯草芽孢杆菌(*B. subtilis*)细胞数量明显减少。

应用 AC 处理(220 V、循环 60 次)将牛奶加热至 71℃,可以有效减少牛奶中细菌和嗜热菌数量(Prescott,1927)。应用"电流杀菌法(ElectroPure Process)"将牛奶加热至 70°C,并在加热室中进行电处理,可以消灭牛奶中的结核分枝杆菌(*Mycobacterium tuberculosis*)、大肠杆菌(*Escherichia coli*)和其他微生物(Fetterman,1928)。71℃条件下应用"电流杀菌法"可以使处理过的牛奶中的细菌内生孢子[炭疽芽孢杆菌(*Bacillus anthracis*)、枯草芽孢杆菌、蕈状芽孢杆菌(*B. mycoides*)、马铃薯菌(*B. mesentericus*)和巨大芽孢杆菌(*B. megatherium*)]显著减少(99.5%~99.7%)(Gelpi 和 Devereux,1930)。

Getchell 应用 AC 处理在 71℃ 加热牛奶 15 s 进行巴氏杀菌,发现电处理是抑制某些种类细菌有效保护措施(Getchell,1935)。1930 年,欧洲和美国公认"电流杀菌法"是一种安全的牛奶巴氏杀菌技术(Moses,1938)。这种牛奶巴氏杀菌技术在 1950 年之前得到广泛使用,但后来被更温和的热技术所取代(Reitler,1990;Lewis 和 Neil,2000)。电的主要杀菌作用可以解释为电流产热(欧姆加热)作用(Hall 和 Trout,1968)和电化学反应的致死作用,诸如氯的水解(Pareilleux 和 Sicard,1970)。

1.3.3 PEE 的灭活作用

1946 年,Nyrop 报道高频电流对组织培养物、细菌和病毒的杀灭作用(Nyrop,1946)。电流的频率为 20 MHz,通过调制器以 10~100 kHz 的频率周期性地打开和关闭电流。例如,当电场强度为 205 V/cm,处理时间为 10 s 时,大肠杆菌的杀灭率为 99.98%。利用加热产生相似的效果需要在 60℃ 条件下,持续 600 s。Nyrop 还尝试在电场强度为 5000 V/cm 的条件下脉冲放电 10^{-4} s,但是处理的效果不均匀。后来,Ingram 和 Page 使用 Nyrop 与(Nyrop,1946)相同的菌种,施加 1000~2000 V/cm 的场强持续 10 min,重复进行这些实验(Ingram 和 Page,1953)。然而,学者并没有发现高频电场的任何致死作用。据推测,Nyrop(Nyrop,1946)获得的显著杀灭效果可能是由于局部过热造成的。

1961 年,Heinz Doevenspeck 描述用 PEF 来灭活蛋粉悬浮液中的沙门氏菌(Doevenspeck,1961)。电脉冲的影响与电场强度密切相关。在大肠杆菌的实验中发现,在电场强度低于 3 kV/cm 的条件下处理,细菌的生长速度增加;而在较高的电场强度下处理,会降低其生长速度甚至杀死微生物。同时,Doevenspeck 还研究 PEF 对发酵过程的影响(Sitzmann,1995;Sitzmann 等,2016)。

高压放电,又称电液压处理(电压高达 30 kV、脉冲长度<20 μs、放电速率为 120 次/min),用于灭活大肠杆菌(Fedorov 和 Rogov,1960)。电液压处理的破坏作用是由于冲击波和空化作用(Yutkin,1986)。放电处理过程中的热效应不明显,细菌的杀灭作用也是因为形成游离的化学自由基和离子(Brandt 等,1962)。用电液处理不同种类的细菌[大肠杆菌、粪链球菌(*Streptococcus faecalis*)、耐辐射微球菌(*M. radiodurans*)、枯草芽孢杆菌]的杀菌效果取决于细菌类型和细菌的细胞浓度(Allen 和 Soike,1966,1967)。Edebo 等(Edebo,1968,1969;Edebo 和 Selin,1968;Edebo 等,1968a,b,1969;Singh 等,1969)讨论了放电产生的不同物理化学效应(电离效应、热效应、压力冲击波效应、辐射效应和化学效应)对微生物

悬浮液灭活的影响。特别是已经证明电弧光辐射（电弧等离子体的光子发射）可能对杀灭微生物起到至关重要的作用（Edebo,1968,1969；Edebo 和 Selin,1968），但仅有压力冲击波时并没有杀菌作用（Edebo 和 Selin,1968）。高压放电过程中产生的等离子体发出的紫外线辐射对杀菌作用的重要性也在 Holland 等（Holland 等,1972；Stirling 和 Bettelheim,1974）的研究中得到证实。

　　以食品酵母菌产朊假丝酵母（*Candida utilis*）、吉利蒙念珠菌（*C. guilliermondii*）和酿酒酵母（*Saccharomyces cerevisiae*）为研究对象,Sytnik 研究电液压法（在 40 kV、50 次放电条件下）的崩解效果（Sytnik,1982）。实验数据表明,酵母细胞形态发生显著变化,出现破碎酵母细胞的大量颗粒和残留物。

　　电液压法的杀菌效果取决于电极材料和液体中无机盐的存在（Edebo 等,1969）。这种杀菌效果可以用电液压放电过程中从电极上释放出的金属的毒性（Gillland 和 Speck,1967a）和水中放电产生的自由基介导的非选择性氧化反应（Gillland 和 Speck,1967b）来解释。最近,Morren 等对高压脉冲处理过程中电化学效应是脉冲幅度和脉冲持续时间的函数进行讨论（Morren 等,2003）。已经证明,通过施加足够短的脉冲可以控制电极的腐蚀。

　　在 20 世纪 60~70 年代,用电进行微生物灭活与灭菌的不同方法和装置获得专利。一种基于放电火花应用的电灭菌、清洗挤奶机的方法和装置获得专利（Fruengel,1960）,其灭菌作用可以解释为极高的瞬时压力脉冲的形成产生冲击波。利用强电击杀灭微生物的方法获得专利（Gossling,1960；Merton,1968）。在 20 世纪 60~70 年代,发布各种应用电使废水中微生物灭活的专利（Pados,1967；Allen,1970；Wesley 和 Williams,1970；Krause,1973；Vishnevetsky,1979；Doevenspeck,1984a,b）。

1.3.4　膜的电击穿和电穿孔概念

　　1958 年,Stämpfli 发表关于肾小球淋巴结可激活膜可逆电击穿的重要实验报告（Stämpfli,1958）。1967 年首次系统研究关于脉冲电场对细菌和酵母菌杀灭作用的（Hamilton 和 Sale,1967；Sale 和 Hamilton,1967,1968）。Sale 和 Hamilton 已经证明高压脉冲（电场强度高达 25 kV/cm,持续时间<20 μs）对生长态的细菌和酵母菌（大肠杆菌、酿酒酵母等）有致死作用（Sale 和 Hamilton,1967）。实验在不因电解或加热产生致死作用的条件下进行,其杀灭效率取决于电场强度和处理的总时间。所观察到的细胞死亡是由于膜作为细菌细胞与其环境之间的半透屏障的功能不可逆转地丧失所致（Hamilton 和 Sale,1967）。在外电场 E 中,使用公式 $u = 1.5aE$ 估算半径为 a 的球形细胞的最大跨膜电位差,得出结论:当跨膜电

位差达到 1 V 左右时,发生膜击穿(Sale 和 Hamilton,1968)。

Neumann 和 Rosenheck 观察到由 PEF(约为 20 kV/cm,指数衰减时间约为 150 μsec)引起的泡状膜渗透性的瞬时变化(Neumann 和 Rosenheck,1972),提出用极化机制来解释所观察到的效应。PEF 对细胞膜的影响已经在一系列的工作中进行研究(Zimmermann 等,1974,1976a,b,c,1980)。Coster 和 Zimmermann 用细胞内电极研究囊状法囊藻巨细胞(海水藻类细胞,长 3~5 mm,直径 2~3 mm)细胞膜的介电击穿(Coster 和 Zimmermann,1975)。在约 0.85 V 的临界膜电压下观察到细胞击穿,击穿并没有导致整体破坏,在大约 5 s 后观察到膜的再封闭。不同细胞膜(人和牛的红细胞、大肠杆菌)的介电击穿已经用带有流体动力聚焦孔的库尔特计数器进行证明(Zimmermann 等,1974)。红细胞和细菌的临界电压约为 1.6 V。通过火花隙对高压存储电容器进行放电,在两个扁平的铂电极之间施加电场。

在强度为 $10^3 \sim 10^4$ V/cm 的脉冲电场作用下,人和牛的红细胞膜通透性可逆性增加,这可以用膜的介电击穿来解释(Riemann 等,1975)。击穿的临界膜电位差与脉冲长度无关。

Kinosita 和 Tsong 研究持续时间为微秒的强电场对红细胞悬浮液的影响(Kinosita 和 Tsong,1979)。电场作用下,细胞膜电导率的增加是因为细胞膜中水孔的形成(Kinosita 和 Tsong,1977;Kinosita Jr 和 Tsong,1977a,b)。在低电场强度和微秒范围内的脉冲持续时间下进行强电场处理,导致红细胞溶血。电诱导膜孔的形成导致红细胞肿胀并最终溶解。膜再封闭后,外来分子可以成功地融入再封闭的红细胞中,除此之外,红细胞完好无损。

在一系列论文中,已经探讨高压脉冲的致死作用是添加剂、脉冲强度、脉冲持续时间、频率、温度和脉冲频率的函数(Hülsheger 和 Niemann,1980;Hülsheger 等,1981,1983)。由于细胞膜与外电场之间的直接相互作用产生杀菌效果,导致大肠杆菌 K12 悬浮液中活细胞减少率达 99.999% 以上。另外,电解产生的氯被证明是一种额外的有毒物质。学者采用低脉冲数的电脉冲处理,发现革兰氏阴性菌比革兰氏阳性菌和酵母对 PEF 处理更敏感(Hülsheger 等,1983)。

1960—1980 年开展的这些生物膜电击穿方面的工作,为电穿孔概念奠定理论依据(Weaver 和 Chizmadzhev,1996)。

1.4　食品的处理

一个多世纪前,Schwerin 提出采用电解处理和电渗析处理从甜菜中提取糖的不同方法(Schwerin,1901,1903)。19 世纪末电首次应用于烹饪食物(Capek,1890;Crompton,1894;Oneill,1895),有人指出,用电做饭比用煤更经济、更有效率(RAF,1893)。后来,Sater 又报道用交流电烹调食物的实验(Sater,1935),实验中使用不同的水果、蔬菜和肉类组织。对具有不同材料制造的平行电极(水平电极和垂直电极)和圆柱电极的炊具进行测试。用电烹饪的方法在保留果蔬天然风味的同时,能够显著缩短烹调时间,提高产品质量。

从 20 世纪 40—50 年代开始,电和 PEF 活跃应用于处理食品组织。1947 年,制糖技术专家 Jaroslav Dedek(1890—1962)进行关于 DC 对甜菜组织影响的首批实验(Fronek,2012)。在他的实验中,他将 100 V 的电压施加到直径 30 mm、高度 25 mm 的甜菜块根上(Zagorul'ko,1958b)。处理过程中,电流从大约 10 mA 增加至处理结束时的 100 mA,并且观察到温度明显升高。Dedek 推断这一观察结果可以反映甜菜细胞的损伤(致死),将这一过程命名为"电处理法"。

这些实验引起了乌克兰科学家 Anatolii Zagorul'ko(1920—1983)对电处理食物组织的兴趣(Chernyavskaya,2019)。Zagorul'ko 于 1941 年毕业于哈尔科夫国立大学(Kharkiv University)(乌克兰)化学系。从 1943 年开始,他在乌克兰糖厂担任工程师。

1948 年,Zagorul'ko 发现电对食物组织中细胞的破坏作用,通过对热作用引起的热质壁分离现象类推,他把这种现象称为电质壁分离(Zagorul'ko,1958b)。1949—1953 年,Zagorul'ko 就 AC 和 DC 对甜菜组织结构的影响做出开创性的研究(Zagorul'ko 和 Myl'kov,1953)。1949 年,Mil'kov 和 Zagorul'ko 提出一种连续的辊状质壁分离器,用于获得无色甜菜汁(Mil'kov 和 Zagorul'ko,1949)。在 20 世纪 50 年代,Mil'kov 和 Zagorul'ko 通过压力应用改进了电质壁分离的方法(Mil'kov 和 Zagorul'ko,1950)。后来,Zagorul'ko 与同事一起对不同结构的连续电处理设备进行了测试并申请了专利(Zagorul'ko,1958b)。

图 1.1 是 Zagorul'ko 的带有两个平板电极的电质壁分离设备的示意图。为避免欧姆加热,设备采用中断模式进行电质壁分离。

图 1.2 是 Zagorul'ko 和 Myl'kov 在 1950 年提出的连续质壁分离器的示意图(Mil'kov 和 Zagorul'ko,1950)。

Zagorul'ko 讨论在周围介质没有明显加热的情况下,选择性破坏原生质壳(膜)的现象(Zagorul'ko,1957)。Zagorul'ko 认为电流可以选择性地过热并破坏原生质膜(Zagorul'ko,1958b),这种类型的质壁分离被定义为选择性质壁分离。荧光显微镜研究表明,在相对较小的电场强度下(低于 400 V/cm),可以观察到可逆的电质壁分离,称为凝聚(分离未完成)。有人提出在较低的温度条件下(50~60℃)升高温度,凝聚性电质壁分离可以用于加压法或扩散法生产果汁。处理甜菜的能耗很低,为 4~5 kJ/kg(Zagorul'ko 和 Myl'kov,1953)。对质膜的电势 u_m 进行分析估计,结果表明, $u_m \approx 0.953 u$,即施加于甜菜的外电位 u 主要集中在低导电的质膜(细胞膜)上。膜的电导率估计为 10^{-6} S/cm。Zagorul'ko 提出使用基于组织电阻率的测量值 ρ 的参数 Z_ρ 来表示电质壁分离度:

$$Z_\rho = (\rho - \rho_i) / (\rho_d - \rho_i) \tag{1.1}$$

其中下标"i"和"d"分别对应于未处理(初始)和完全质壁分离(受损)组织的电阻率。

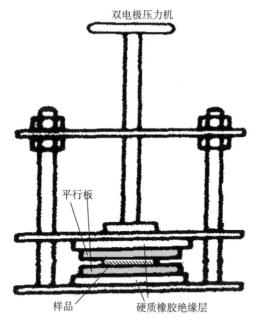

图 1.1　具有两个平行板电极的电质壁分离装置示意图(Zagorul'ko,1958b)

电质壁分离效果取决于电场强度 E 和处理时间 t 。图 1.3 给出在不同电场强度 E 下获得的甜菜组织的电质壁分离度 Z_ρ 与处理时间 t 的关系(Zagorul'ko,1958a)。即使在相对小的电场($E \geqslant 35$ V/cm)和压力作用下,也能观察到明显的

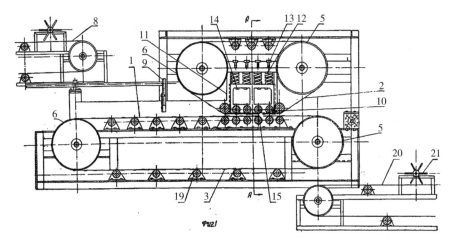

图 1.2　Zagorul'ko 和 Myl'kov 在 1950 年提出的连续质壁分离器的示意图(Mil'kov 和 Zagorul'ko,1950)。该质壁分离器的主要组件如下:1 和 2 是旋转的金属带(电极),3 是接触线,5 和 6 是滚筒,10 是压辊。在两个旋转的金属带(电极)1 和 2 之间通电。据称,所提出的这种方法是非热的,在 0.001 s 的处理过程中,温度升高约 0.5℃

效果。这是由于在压力条件下甜菜组织和电极有更好的接触。Zagorul'ko 使用的 PEF 发生器能产生持续时间为 20 μs、电场强度可达 20 kV/cm 的指数脉冲,此 PEF 发生器可用于极小的电极间距(1~2 mm),这通常会引起不良火花的产生。Zagorul'ko 推测了导致电质壁分离的可能机制。Zagorul'ko 认为,PEF 处理能够引发异常的电渗冲击,导致质膜的损坏,还指出热质壁分离与电质壁分离的主要区别。热质壁分离导致细胞壁破裂,随后果胶物质在汁液中扩散,而电质壁分离仅穿透质膜,对细胞壁的损伤不明显。他的博士学位论文《借助电质壁分离获得浸出汁》总结所有这些观点,其于 1958 年在基辅食品工业技术研究所(Kiev Technological Institute of Food Industry)完成该论文答辩(Zagorul'ko,1958b)。

大约在同一时期(20 世纪 40 年代末—50 年代初),Boris Flaumenbaum (1910—1996)在奥德萨(Odessa)(乌克兰)独立开展对不同果蔬原料进行电处理以加速果汁浸提的研究(Bezusov 等,2010)。Flaumenbaum 于 1931 年毕业于奥德萨食品学院(Odessa Food Institute),并于 1941 年完成博士论文答辩(Flaumenbaum,1941)。1949 年,Flaumenbaumin 发表关于电处理葡萄、苹果、胡萝卜的首次研究(Flaumenbaum,1949)。Flaumenbaum(与工程师 Yablochnik)合作制造了一种用于低频电流处理蔬菜和水果组织的辊式电质壁分离器并获得专利(Flaumenbaum 和 Yablochnik,1949)。在 20 世纪 50 年代,出现其他不同类型

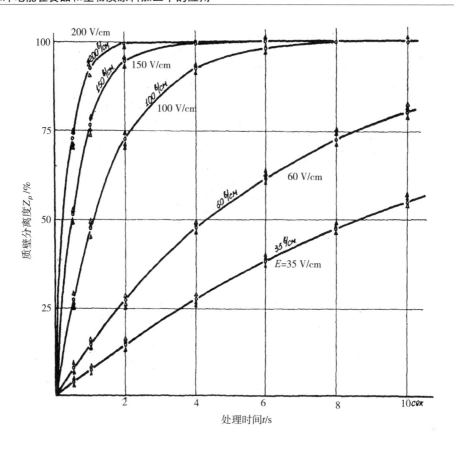

图 1.3　在不同电场强度 E 下,甜菜组织的质壁分离度 Z_ρ 与处理时间 t 的关系(Zagorul'ko,1958b)

的电质壁分离器(Grudinovker,1953;Rozhdestvenskiy,1954;Kogan,1956)。

　　1949—1950 年,在蒂拉斯波尔(Tiraspol)的水果工厂、基希讷乌(Chisinau)的酒厂和一些其他摩尔达维亚(Moldavian)的葡萄酒厂,生产、安装并运行交流电质壁分离的工业规模样机(Flaumenbaum,1953)。后来,Flaumenbaum 和他的同事阐述水果和浆果的电稳定性的概念(Flaumenbaum 和 Kazandzhii,1966;Kazandzhii,1966;Kazandzhii 和 Flaumenbaum,1977)。电稳定性 K 用电质壁分离时间 τ 与电场强度 E 的平方乘积来表示,$K = \tau E^2$。这表明,K 值取决于处理条件(交流或直流电、频率)、组织研磨程度和材料类型。例如,苹果的电稳定性最高,草莓的电稳定性最低。Flaumenbaum 等还讨论电质壁分离技术在辅助果汁生产中的应用(Flaumenbaum 和 Al-Saadi,1966;Flaumenbaum,1968;Shengeliia,1974)。1969 年,Flaumenbaum 答辩的博士论文《食品产品保藏工艺过程强化问题》对所有这些发现进行了总结(Flaumenbaum,1969)。

在西欧,德国工程师 Heinz Doevenspeck(1917—1993)于 20 世纪 60 年代开始对不同的食品应用 PEF 处理(Sitzmann 等,2016)。Doevenspeck 描述了 PEF 在细胞裂解中的作用并为该设备申请专利(Doevenspeck,1960)。1960 年,Doevenspeck 与一些德国公司[不来梅港(Bremerhaven)的鲍姆加顿鱼工业(Baumgarten Fisch industrie)和库克斯港(Cuxhaven)的鱼粉生产工厂罗曼公司(Lohmann & Co.)]合作,将脉冲电场应用于鱼类产品的加工。经 PEF 加工的鱼粉产品质量高,保质期长。随后,1989 年,Sitzmann 和 Münch 对细胞裂解和杀灭细菌的机理进行了研究(Sitzmann 和 Münch,1989)。这几项专利已经申请,并且克拉普公司(Krupp company)注册了 ELCRACK© 和 ELSTERIL© 商标[更多有关详细信息,请参阅综述(Sitzmann 等,2016)]。

20 世纪 60 年代,摩尔多瓦基希讷乌应用物理研究所(Institute of Applied Physics, Chisinau,Moldova)完成 DC 和 AC 质壁分离在食品中应用的中试实验(Lazarenko 等,1977),测试电对出汁量和食品杀菌效果的影响。1966 年,宾杰里(Bendery)罐头厂对生产率为 3000 kg/h 的中试设备进行了测试(Kogan,1968)。对苹果进行电处理使果汁产量提高 11%~20%。在连续管状电质壁分离器中对苹果整果与水(1∶2~5)的混合物进行电处理($E=150~500$ V/cm,$t=1~50$ ms),能够使果汁产量提高至 1.2~1.3 倍。在工业规模的敖德萨果汁厂中,用电对胡萝卜、李子、杏子、葡萄、苹果和其他材料的处理都取得可观的结果(Lazarenko 等,1977)。在 20 世纪 60 年代和 90 年代中期开发了不同类型的电质壁分离器(Bologa,2004)。这一时期俄罗斯出版一些关于食品电质壁分离的书籍,对所取得的成果进行总结(Kogan,1968;Rogov 和 Gorbatov,1974;Lazarenko 等,1977;Bologa 和 Litinsky,1988;Rogov,1988)。

20 世纪 80 年代至 90 年代中期,乌克兰对甜菜的 DC 和 AC 电质壁分离重新产生兴趣。在中温(50~60℃)条件下,采用 AC、DC 电场辅助水提,可提高糖的提取率和所提取果汁的品质(Kupchik 等,1982;Bazhal 等,1984)。Dankevich 讨论热质壁分离和电质壁分离的机理(Dankevich,1995);Matvienko 根据电场参数确定蔗糖的扩散系数(Matvienko,1996)。Shulika 提出甜菜组织变性程度、电场强度和处理时间之间的经验关系(Shulika,1988)。采用 AC 和 DC 顺序处理相结合的方法,可显著提高(1.5~2 倍)提取物的扩散系数,并去除提取物中的有色物质(Shulika,1988)。1986—1987 年,在乌克兰 Yagotin 糖厂进行中试规模的 AC+DC 结合法试验。

综上所述,从 20 世纪 40 年代末至 90 年代初,用电(AC、DC 和 PEF)预处理植物性食品显示其优越性,对电质壁分离的一些机理进行描述。然而,由于早期研究的资金支持非常有限,只有几台设备被真正制造出来并进行测试。而且,工业化实施 PEF 处理通常需要对食品加工技术进行整体改造,包括上游处理(预热、切片等)和下游处理(提取、净化等),这需要重要的工程支持。早期的研究显现许多技术方面的问题,包括电极间产生电火花、电极破坏并向食物中释放电极材料、处理不均匀、由于发电机的电压和提供的功率不足等造成的限制等。因此,在食品工业中,AC/DC 电处理设备和 PEF 发生器的成功测试并未使它们在20 世纪 90 年代之前实现工业化。

从 20 世纪 90 年代中期开始,PEE 在食品加工中的应用越来越广泛(Gulyi等,1994;Knorr 等,1994a,b;Barbosa-Canovas 等,1998)。PEF 在食品中的应用获得非常重要的成果,将 PEF 应用于液态食品(如果汁和牛奶)可实现微生物的非热或温和热灭活(Barbosa-Cánovas 等,1999;Raso 和 Heinz,2006;Lelieveld 等,2007),将 PEF 应用于固体食品和生物悬浮液可强化提取和脱水过程(Vorobiev和 Lebovka,2008;Lynch,2016;Miklavčič,2017)。Sastry 对欧姆加热在食品颗粒中的应用进行重要研究(Sastry,2008)。

PEF 在食品应用方面的最新研究成果为 20 世纪下半叶发展起来的电穿孔理论奠定坚实的科学基础(Pakhomov 等,2010;Akiyama 和 Heller,2017;Miklavčič,2017)。生物学和医学中发展起来的电穿孔理论能够在分子水平上更好地理解细胞膜通透现象。改进实验方案能够直接观察到电穿孔效应。

2011 年开展欧洲网络科学技术研究合作行动(the European network COST action)EP4Bio2Med,开发基于电穿孔的技术和治疗方法,这是一个非常重要的事件,促进不同领域(生物、医药、食品和环境)从事 PEF 应用开发,具有不同专业知识的研究人员和行业之间的密切合作(COST_EP4Bio2Med,2011)。COST 行动的目的在于:

(1)为欧盟科技合作提供必要的途径,以促进对电穿孔的基本理解。

(2)促进欧盟研究小组之间的沟通,简化欧洲的 R&D 活动。

(3)通过整合多学科研究团队以及对早期研究人员全面培训,进一步开发新的和现有的基于电穿孔的应用。

在 COST 网络的基础上,国际电穿孔技术和治疗学会(International Society for Electroporation-Based Technologies and Treatments, ISEBTT)于 2016 年成立(ISEBTT,2016)。ISEBTT 的任务是促进关于脉冲电场和电磁场以及电离气体与生物系统(细胞、组织、生物体、分子和材料)之间相互作用的科学知识的进步,重点是电穿孔的发展,并促进基于这些现象的生物学、医学、生物技术以及食品和环境技术的应用开发。迄今为止,ISEBTT 已经组织了电穿孔技术、脉冲电场在生物学和医学上的应用以及食品与环境技术三次世界大会[2015 年于斯洛文尼亚波托罗兹(Portoroz,Slovenia)、(WC2015_Electroporation,2015);2017 于美国诺福克(Norfolk,USA)(WC2017_Electroporation,2019);2019 于法国图卢兹(Toulouse,France)(WC2019_Electroporation,2019)],这促进从事基础研究或正在开发基于脉冲电场应用的研究人员和行业之间的密切合作。

参考文献

[1] Akiyama H, Heller R (eds) (2017) Bioelectrics. Springer, Japan

[2] Allen M (1970) Electrohydraulic sterilizing apparatus. Patent US 3522167

[3] Allen M, Soike K (1966) Sterilization by electrohydraulic treatment. Science (80-) 154:155-157

[4] Allen M, Soike K (1967) Disinfection by electrohydraulic treatment. Science (80-) 156:524-525

[5] Anderson AK, Finkelstein R (1919) A study of the electropure process of treating milk. J Dairy Sci 2:374-406

[6] Bache RM (1891) Possible sterilization of city water. Proc Am Philos Soc 29: 26-39

[7] Bailey LH (1894) Electricity and plant growing. Trans Mass Hortic Soc 1894:1-28

[8] Barbosa-Canovas GV, Gongora-Nieto MM, Pothakamury UR, Swanson BG (1998) Preservation of foods with pulsed electric fields. Academic Press, London

[9] Barbosa-Cánovas GV, Pothakamury UR, Gongora-Nieto MM, Swanson BG (1999) Preservation of foods with pulsed electric fields. Academic Press, San Diego

[10] Bazhal IG, Kupchik MP, Vorona LG, et al (1984) Extraction of sugar from sugar beet in electrical field. Electron Treat Mater (Elektronnaya Obrab Mater J Inst Appl Physics, Chisinau, Repub Mold {in Russ N 1:79-82 (in Russian)

[11] Beattie JM, Lewis FC (1913) The utilisation of electricity in the continuous

sterilization of milk. J Pathol Bacteriol 18:120-122

[12] Beattie JM, Lewis FC (1925) The electric current (apart from the heat generated). A bacteriologibal agent in the sterilizationof milk and other fluids. Epidemiol Infect 24:123-137

[13] Bertholon P (1783) De l'électricité des végétaux: ouvrage dans lequel on traite de l'électricité de l'atmosphère sur les plantes, de ses effets sur l'économie des végétaux, de leurs vertus médico & nutritivo-électriques, & principalement des moyens de pratique de l'appliquer utilement à l'agriculture, avec l'invention d'un électro-végétometre. chez P. F. Didot Jeune, A Paris

[14] Beveridge AW, Renvoize EB (1988) Electricity: a history of its use in thetreatment of mental illness in Britain during the second half of the 19th century. Br J Psychiatry 153:157-162

[15] Bezusov AT, Verkhivker YG, Storozhuk VN, Belyavskaya NP (eds) (2010) Flaumenbaum boris lvovich: on the occasion of the 100th birthday. Odessa National Academy of Food Technologies (in Russian)

[16] Black JD, Forsyth FR, Fensom DS, Ross RB (1971) Electrical stimulation and its effects on growth and ion accumulation in tomato plants. Can J Bot 49:1809-1815

[17] Bologa MK (2004) Research and electro-physico-chemical technologies in the Institute of Applied Physics. Mold J Phys Sci 3:48-60

[18] Bologa MK, Litinsky GA (1988) Electric antiseptic effects in the food industry. Chisina/Stiince (in Russian)

[19] Brandt B, Edebo L, Hedén CG et al (1962) The effect of submerged electrical discharges on bacteria. Tek Forsk 33:222-229

[20] Briggs LJ, Campbell AB, Heald RH, Flint LH (1926) Electroculture. Bull US Dep Agric 1379:1-34

[21] Capek JV (1890) Electrical cooking-stove. US Patent 424922

[22] Channing WF (1849) Notes on the medical application of electricity. D. Davis, Boston

[23] Chernyavskaya LI (2019) Zagoruilko anatoliy yakovlevich. In: Encyclopedia of modern ukraine. Institute of Encyclopedic Research, NAS of Ukraine

[24] Christofleau J (1927) Electroculture. Alex Trouchet & Son,

Perth, WesternAustralia

[25] Cohn F, Mendelsohn B (1879) Ueber Einwirkung des electrischen Stromes auf die Vermehrung von Bacterien (about the effect of electric current on the growth of bacteria). Beitrage Biol der Pflauzen 3:141-162

[26] Colwell HA (1922) An essay on the history of electro-therapy and diagnosis. The British Institute of Radiology

[27] COST_EP4Bio2Med (2011) COST action: TD1104 - European network for development of electroporation - based technologies and treatments (EP4Bio2Med). https://www.cost.eu/ actions/TD1104

[28] Coster HGL, Zimmermann U (1975) Dielectric breakdowm in the membranes of itValonia utricularis. The role of energy dissipation. Biochim Biophys Acta Biomembr 382:410-418

[29] Crompton RE (1894) The use of electricity for cooking and heating. J J Soc Arts, London 43:511

[30] Culotta CA (1970) Arsonval, Arsène D. In: Dictionary of scientific biography, vol 1. Charles Scribner's Sons, New York, pp 302-305

[31] Dankevich GN (1995) Intensification of sugar extraction process by thermal and electrical treatment of sugar beet. PhD Thesis (Candidate of technical sciences), Kiev Technological Institute of Food Industry, Kiev, Ukraine (in Russian)

[32] De Alwis AAP, de Fryer PJ (1990) The use of direct resistance heating in the food industry. J Food Eng 11:3-27

[33] De La Cepede B (1781) Essai sur l'electricite naturelle et artificielle. De l' imprimerie de Monsieur, Paris

[34] Diprose MF, Benson FA, Willis AJ (1984) The effect of externally applied electrostatic fields, microwave radiation and electric currents on plants and other organisms, with special reference to weed control. Bot Rev 50:171-223

[35] Doevenspeck H (1960) Verfahren und Vorrichtung zur Gewinnung der einzelnen Phasen aus dispersen Systemen. DE 1:237-541

[36] Doevenspeck H (1961) Influencing cells and cell walls by electrostatic impulses. Fleischwirtschaft 13:968-987

[37] Doevenspeck H (1984a) Elektroimpulsverfahren und Vorrichtung zur

Behandlung von Stoffen (Electro – pulse method and device for treating of substances). Patent EP 0148380B1

[38] Doevenspeck H (1984b) Electric–impulse method for treating substances and device for carrying out the method. Patent US 4994160A

[39] Dudgeon EC (1912) Growing crops & plants by electricity. Explaining what has been done on a practical scale. S. Rentell & Co. , Ltd, London

[40] Dymek K, Dejmek P, Panarese V et al (2012) Effect of pulsed electric field on the germination of barley seeds. LWT – Food Sci Technol 47:161–166

[41] Edebo L (1968) The effect of the photon radiation in the microbicidal effect of transient electric arcs in aqueous systems. Microbiology 50:261–270

[42] Edebo L (1969) Production of photons in the bactericidal effect of transient electric arcs in aqueous systems. Appl Environ Microbiol 17:48–53

[43] Edebo L, Selin I (1968) The effect of the pressure shock wave and some electrical quantities in the microbicidal effect of transient electric arcs in aqueous systems. Microbiology 50:253–259

[44] Edebo L, Holme T, Selin I (1968a) Microbicidal action of compounds generated by transient electric arcs in aqueous systems. Microbiology 53:1–7

[45] Edebo L, Holme T, Selin L (1968b) The effect of compounds generated at the discharge in the microbicidal effect of transient electric arcs in aqueous systems. J Gen Microbiol 53:1–7

[46] Edebo L, Holme T, Selin I (1969) Influence of the conductivity of the discharge liquid on the microbicidal effect of transient electric arcs in aqueous systems. Appl Environ Microbiol 17:59–62

[47] Edwards GJ (1976) Electrical experiments on citrus seedlings. In: Proceedings of the annual meeting. Florida State Horticultural Society. Alexandria, Virginia, USA, pp 36–39

[48] Eing CJ, Bonnet S, Pacher M et al (2009) Effects of nanosecond pulsed electric field exposure on Arabidopsis thaliana. IEEE Trans Dielectr Electr Insul 16:1322–1328

[49] Fabre–Palaprat BR (1828) Du Galvanisme Appliqué à la Médecine. Et de Son Efficacit Dans Le Traitement Des Affections Nerveuses, de L' Asthme, Des Paralysies, Des Douleurs Rhumatismales, Des Maladies Chroniques En G n ral,

Et Particuli rement Des Maladies Chroniques de L'Es /From Applied Galvanism to Medicine. Selligue et Béchet Jeune, Paris

[50] Fedorov NE, Rogov IA (1960) Bactericidal effects of electrical impulses of high voltage in milk. Dairy Sci Abstr 25(8):312-318

[51] Fetterman JC (1928) The electrical conductivity method of processing milk. Agric Eng 9:107-108

[52] Flaumenbaum BL (1941) Extracting of juice from raw plant material. PhD Thesis (candidate of technical sciences), Affiliated branch of All - Union Scientific Research Institute of the Canning Industry (VNIIKP), Odessa, Ukraine (in Russian)

[53] Flaumenbaum B (1949) Electrical treatment of fruits and vegetables before extraction of juice. Proc Odessa Technol Inst Cann Ind (Trudy OTIKP, Odess Tehnol Instituta Konservn Promyshlennosti) 3:15-20. (in Russian)

[54] Flaumenbaum BL (1953) Commercial application of the method of electrical pre-processing fruits before pressing. Proc Odessa Technol Inst Food Refrig Ind (Trudy OTIPHP Odess Tehnol Instituta Pishhevoj i Holodil' noj Promyshlennosti) 5(2):37-50. (in Russian)

[55] Flaumenbaum BL (1968) Anwendung der Elektroplasmolyse bei der Herstellung von Fruchtsaften. Fluss Obs 35:19-22

[56] Flaumenbaum BL (1969) Problems of intensification of technological processes of preservation of food products. Thesis for degree of doctor science habilitat (technical sciences). Odessa Technological Institute of the Food Industry (OTIPP), Odessa, Ukraine (in Russian)

[57] Flaumenbaum BLI, Al - Saadi C (1966) Elektroplazmoliz Pri polucemi Tsitrusovih Sokov. Konservn i ovoshhesushil' naja promyshlennost' 7:7

[58] Flaumenbaum BL, Kazandzhii (1966) Electrostability of different fruits and berries. Izv vuzov Pischevaya Technol 5:76-78. (in Russian)

[59] Flaumenbaum BL, Yablochnik LM (1949) Electroplasmolizator for the treatment of vegetables and fruits. Patent SU 83502 (in Russian). N 392599:1-3

[60] Fronek D (2012) Professor Jaroslav Dedek-great scientist and analyst in the field of sugar making. List Cukrov a Repar 128:34

[61] Fruengel F (1960) Method and device for electrically sterilizing and cleaning

milking machines or the like. Patent US 2931947

[62] Funk RHW, Monsees T, Özkucur N (2009) Electromagnetic effects--from cell biology to medicine. Prog Histochem Cytochem 43:177-264

[63] Galvani A (1791) De viribus electricitatis in motu musculari. Commentarius. (On the strength of electricity in the muscular movement. Diary). Ex Typographia Instituti Scientiarum Cum Affrobatione, Bononia

[64] Gelpi AJ Jr, Devereux ED (1930) Effect of the electropure process and of the holding method of treating milk upon bacterial endospores. J Dairy Sci 13:368-371

[65] Getchell BE (1935) Electric pasteurization of milk. Agric Eng 16:408-410

[66] Gilliland SE, Speck ML (1967a) Inactivation of microorganisms by electrohydraulic shock. Appl Environ Microbiol 15:1031-1037

[67] Gilliland SE, Speck ML (1967b) Mechanism of the bactericidal action produced by electrohydraulic shock. Appl Environ Microbiol 15:1038-1044

[68] Giri KV, Subrahmanyan V (2013) Studies in electro-culture. Part Ⅱ. Influence of electrical treatment on the germination of barley and the diastatic activity of malt. J Indian Inst Sci 14:78

[69] Giri KV, Mirchandani TJ, Subrahmanyan V (2013) Studies in electro-culture. Part Ⅰ J Indian Inst Sci 14:67

[70] Gossling BS (1960) Artificial mutation of micro-organisms by electrical shock. Patent US 2955076

[71] Grudinovker GL (1953) Electroplazmolizator for processing beets and other vegetables. Patent SU 3544/446640 (in Russian). Invent. Certif. (Patent SU) N 3544/446640:1-2

[72] Gulyi IS, Lebovka NI, Mank VV, et al (1994) Scientific and practical principles of electrical treatment of food products and materials. UkrINTEI (in Russian), Kiev

[73] Gutbrod SR, Efimov IR (2013) Two centuries of resuscitation. J Am Coll Cardiol 62 (22):2110-2111

[74] Hall CW, Trout GM (1968) Milk pasteurization. Avi Publishing Company, Inc, Westport/Connecticut

[75] Hamilton WA, Sale AJH (1967) Effects of high electric fields on

microorganisms: Ⅱ. Mechanism of action of the lethal effect. Biochim Biophys Acta (BBA)-General Subj 148:789-800

[76] Heller R (1897) Beitrag zur Kenntniss der Wirkung elektrischer Ströme auf Mikroorganismen. Plant Syst Evol 47:326-331

[77] Holland RV, Board PW, Richardson KC (1972) Sterilization by electrohydraulic discharges. Biotechnol Bioeng 14:459-472

[78] Hull GS (1898) Electro-horticulture. The Knickerbocker Press, New York

[79] Hülsheger H, Niemann E-G (1980) Lethal effects of high-voltage pulses on E. coli K12. Radiat Environ Biophys 18:281-288

[80] Hülsheger H, Potel J, Niemann E-G (1981) Killing of bacteria with electric pulses of high field strength. Radiat Environ Biophys 20:53-65

[81] Hülsheger H, Potel J, Niemann E-G (1983) Electric field effects on bacteria and yeast cells. Radiat Environ Biophys 22:149-162

[82] Ingram M, Page LJ (1953) The survival of microbes in modulated high-frequency voltage fields. Proc Soc Appl Bacteriol 16:69-87

[83] ISEBTT (2016) International society for electroporation-based technologies and treatments. http://www. electroporation. net

[84] Ivorra A, Rubinsky B (2010) Historical review of irreversible electroporation in medicine. In: Rubinsky B (ed) Irreversible electroporation. Springer, Berlin/Heidelberg, pp 1-21

[85] Jaffe LF, Nuccitelli R (1977) Electrical controls of development. Annu Rev Biophys Bioeng 6:445-476

[86] Jallabert J (1748) Experiences sur l'électricité, avec quelques conjectures sur la cause de ses effets. Durand et Pissot, Paris

[87] Jennings HS (1900) Studies on reactions to stimuli in unicellular organisms. On the movements and motor reflexes of the flagellata and ciliata. Am J Physiol Content 3:229-260

[88] Jones GS, Grooker WW, Artgs P (1886) Applying electricity for destroying living. organisms inthb bodies 0p slaughtered animals. Patent US 337334

[89] Kaiser W (1977) Johann Gottlieb Krüger (1715-1759) and Christian Gottlie Kratzenstein (1723-1795) as originators of modern electrotherapy. Zahn Mund Kieferheilkd Zentralbl 65:539-554

[90] Kazandzhii MY (1966) Investigation of parameters of electroplasmolysis process for fruits and berries in the production of fruit juices. PhD Thesis (Candidate of technical sciences), Odessa Technological Institute of Food and Refrigeration Industry, Odessa, Ukraine (in Russian)

[91] Kazandzhii M, Flaumenbaum BL (1977) Calculation of the parameters of electroplasmolysis. Proc High Educ Institutions Food Technol (Izvestiia Vyss uchebnykh Zaved Pishchevaia tekhnologiia) N1:162-163

[92] Kinosita K Jr, Tsong TY (1977a) Voltage-induced pore formation and hemolysis of human erythrocytes. Biochim Biophys Acta Biomembr 471: 227-242

[93] Kinosita K Jr, Tsong TY (1977b) Formation and resealing of pores of controlled sizes in human erythrocyte membrane. Nature 268:438

[94] Kinosita K Jr, Tsong TY (1979) Voltage-induced conductance in human erythrocyte membranes. Biochim Biophys Acta Biomembr 554:479-497

[95] Kinosita K, Tsong TT (1977) Hemolysis of human erythrocytes by transient electric field. Proc Natl Acad Sci 74:1923-1927

[96] Kite C (1788) An essay on the recovery of the apparently dead. Printed for C. Dilly in the Poultry, London

[97] Kleiber M (1924) Über die elektrische Konservierung von saftigem Futter (Elektrosilierung). PhD Thesis, ETH Zurich

[98] Knorr D, Geulen M, Grahl T, Sitzmann W (1994a) Energy cost of high electric field pulse treatment: reply. Trends Food Sci Technol 5:265

[99] Knorr D, Geulen M, Grahl T, Sitzmann W (1994b) Food application of high electric field pulses. Trends Food Sci Technol 5:71-75

[100] Kogan FY (1956) Electroplasmolyzer for plant raw material. Patent SU 104718 (in Russian). Pat. SU, Bull. Invent. Discov. (Bjulleten' Izobret. i otkrytij) N5 N 104718:1-3

[101] Kogan FY (1968) Electrophysical methods in canning technologies of foodstuff. Tekhnica (in Russian), Kiev

[102] Krause G (1973) Electrical sterilisation of water - and aqueous dispersions or solutions or water-permeated solids. Patent DE 2336085A1

[103] Krueger AP, Strubbe AE, Yost MG, Reed EJ (1978) Electric fields, small

air ions and biological effects. Int J Biometeorol 22:202-212

[104] Krüger S (1893) Über den Einfluss des constanten elektrischen Stromes auf Wachsthum und Virulenz der Bakterien. Zeitschrift Klin Medizine 22:191

[105] Kupchik MP, Fischuk NU, Mihaylik TA et al (1982) Extraction of juice from raw plant material in an electric field. Elektron Obrab Mater N 4(106):81-83

[106] Lazarenko BR, Fursov SP, Shheglov JA et al (1977) Electroplasmolysis. Cartea Moldoveneascu, Chisinau

[107] Leicester J (1892a) Action of electric currents upon the growth of seeds. Chem News 66:199

[108] Leicester J (1892b) The action of electric currents upon the growth of seeds and plants. Chem News 65:63

[109] Lelieveld HLM, Notermans S, De Haan SWH (eds) (2007) Food preservation by pulsed electric fields: from research to application. Woodhead Publishing Limited\CRC Press LLC, Cambridge\Boca Raton

[110] Lemström S (1904) Electricity in agriculture and horticulture. The Electrician" Printing & Publishing Company, Ltd. , London; New York, The D. Van Nostrand Co

[111] Lewis FC (1914) An electro-chemical apparatus for the disinfection and cleansing of cultures and slides for use in bacteriological and pathological laboratories. Epidemiol Infect 14:48-51

[112] Lewis MJ, Neil JH (eds) (2000) Continuous thermal processing of foods: pasteurization and UHT sterilization, Food engineering series. Blackwell Publishing, Malden

[113] Lomonosov M (1961) A word about the phenomena from electric power origin offered from Mikhail Lomonosov, may - October 1753. In: Topchiev LB (ed) Mikhail Lomonosov, selected works in chemistry and physics. Publishing House of the Academy of Sciences of the USSR, pp 413-447

[114] Ludloff K (1895) Untersuchungen über den Galvanotropismus. Pflügers Arch Eur J Physiol 59:525-554

[115] Lukiewicz S (1962) Polar action of electric fields on living organisms I. General considerations and historical review. Fol Biol 10:5-35

[116] Lund EJ, Rosene HF (1947) Bioelectric fields and growth. University of

Texas, Austin

[117] Lynch S (2016) Pulsedelectric fields (PEF). Technology, role in food science and emerging applications. Nova Science Publishers, Inc., Suite N Hauppauge, NY, USA

[118] Macdonald AJR (1993) A brief review of the history of electrotherapy and its union with acupuncture. Acupunct Med 11:66-75

[119] Mathews AP (1904) The nature of chemical and electrical stimulation. The physiological action of an ion depends upon its electrical state and its electrical stability. Am J Physiol Content 11:455-496

[120] Matvienko AB (1996) Intensification of the extraction process of soluble substances by electrical treatment of aqueous media and vegetable raw materials. Thesis for degree of doctor science habilitat (Technical sciences). Kiev Technological Institute of Food Industry, Kiev, Ukraine (in Russian)

[121] McCaig CD, Rajnicek AM, Song B, Zhao M (2005) Controlling cell behavior electrically: current views and future potential. Physiol Rev 85:943-978

[122] Merton A (1968) Electrohydraulic process. Patent US 3366564

[123] Miklavčič D (ed) (2017) Handbook of electroporation. Springer International Publishing AG, Cham

[124] Mil'kov MY, Zagorul'ko AY (1949) Method of obtaining and purification of sugar beet raw juice and electroplasmolizator for implementing method. Patent SU 89009 (in Russian)

[125] Mil'kov MY, Zagorul'ko AY (1950) Method of electroplasmolysis of sugarbeet and similar slices and electroplasmolyzer for implementing the method. Patent SU 92191 (in Russian)

[126] Morren J, Roodenburg B, de Haan SWH (2003) Electrochemical reactions and electrode corrosion in pulsed electric field (PEF) treatment chambers. Innov Food Sci Emerg Technol 4:285-295

[127] Moses BD (1938) Electric pasteurization of milk. Agric Eng 19:525-526

[128] Nelson SO (1973) Electrical properties of agricultural products - a critical review. Trans ASAE 16:384-400

[129] Neumann E, Rosenheck K (1972) Permeability changes induced by electric impulses in vesicular membranes. J Membr Biol 10:279-290

[130] Newman JE (1911) Electricity as applied to agriculture. Electrician 66:915

[131] Nollet J-A (1746) Essai sur l'électricité des corps. Freres Guérin, Paris

[132] Nollet JA (1749) Recherches sur les causes particulieres des phénoménes électriques et sur les effets nuibles ou avantageux qu'on peut en attendre. Chez les freres Guerin, Paris

[133] Nollet JA (1765) Leçons de physique expérimentale. Hippolyte Louis Guerin, Paris

[134] Nyrop JE (1946) A specific effect of high-frequency electric currents on biological objects. Nature 157:51

[135] Olsson E (1910) Insecticide. US Pat N 963932:1

[136] Oneill HG (1895) Cooking and heating apparatus. Patent US 535072

[137] Pados I (1967) Method and apparatus for treatment of liquid substances, especially of solutions by electric fields. Patent CH 495772A

[138] Pakhomov AG, Miklavčič D, Markov MS (2010) Advanced electroporation techniques in biology and medicine. CRC Press, Boca Raton

[139] Palaniappan S (1991) Ohmic heating of foods: studies on microbicidal effect of electricity, electrical conductivity of foods, and heat transfer in liquid-particle mixtures. PhD Thesis, The Ohio State University

[140] Palaniappan S, Sastry SK, Richter ER (1990) Effects of electricity on microorganisms: a review. J Food Process Preserv 14:393-414

[141] Pareilleux A, Sicard N (1970) Lethal effects of electric current on Escherichia coli. Appl Environ Microbiol 19:421-424

[142] Parent A (2005) Duchenne De Boulogne: a pioneer in neurology and medical photography. Can J Neurol Sci 32:369-377

[143] Patwardhan MS, Gandhare WZ (2013) High voltage electric field effects on the germination rate of tomato seeds. Acta Agrophysica 20:403-413

[144] Payne JF (1885) Birch, John (1745-1815). In: Dictionary of national biography. Smith, Elder & Co., London, UK

[145] Pearl R (1900) Studies on electrotaxis. I. On the reactions of certain Infusoria to the electric current. Am J Physiol Content 4:96-123

[146] Pietruszewski S (2011) Electromagnetic fields, impact on seed germination and plant growth. In: encyclopedia of agrophysics. Springer, Dordrecht,

Germany, pp 267-269

[147] Prescott SC (1927) The treatment of milk by an electrical method. Am J Public Health 17:221-223

[148] Priestley JH (1907) The effect of electricity upon plants. Proc Bristol Nat Soc Ser 4 1(3):192-203

[149] Prochownick L, Spaeth F (1890) Ueber die keimtödtende wirkung des galvanischen stromes. DMW - Deutsche Medizinische Wochenschrift 16:564 -565

[150] RAF (1893) Electrical cooking. Science (80-) 554:146-148

[151] Raso J, Heinz V (eds) (2006) Pulsed electric fields technology for the food industry: fundamentals and applications. Springer, New York

[152] Reitler W (1990) Conductive heating of foods. PhD Thesis, Technical University of Munich, Germany

[153] Riemann F, Zimmermann U, Pilwat G (1975) Release and uptake of haemoglobin and ions in red blood cells induced by dielectric breakdown. Biochim Biophys Acta Biomembr 394:449-462

[154] Rifna EJ, Ramanan KR, Mahendran R (2019) Emerging technology applications for improving seed germination. Trends Food Sci Technol 86:95 -108

[155] Roeske H (1893) Method of and apparatus for purifying water. Patent US 501732

[156] Rogov IA (1988) Electrophysical methods of foods product processing. Agropromizdat, Moscow (in Russian)

[157] Rogov IA, Gorbatov AV (1974) Physical methods of treatment of foods. Pishhevaja promyshlennost', Moscow (in Russian)

[158] Ross W (1844) Galvanic experiments on vegetation. USPatent Off Rep 27: 370-373

[159] Roux W (1892) Uber die morphologische polarisation von Eiern und Embryonen durch den electrischen Strom etc (about the morphological polarization of eggs and embryos by the electric current etc). Sitzungsberichte der Kais Akad der Wissenschaften Math-naturw Klasse Abt 101:227-228

[160] Rozhdestvenskiy IM (1954) Electroplasmolyzer for raw plant material. Patent

SU 704/449389（in Russian）. Pat. SU, Bull. Invent. Discov. (Bjulleten'
Izobret. i otkrytij) N 704/449389:1-3

[161] Sale A, Hamilton W (1967) Effect of high electric fields on microorganisms.
Ⅰ. Killingof bacteria and yeast. Biochim Biophys Acta 148:781-788

[162] Sale AJH, Hamilton WA (1968) Effects of high electric fields on micro-
organisms: Ⅲ. Lysis of erythrocytes and protoplasts. Biochim Biophys Acta
Biomembr 163:37-43

[163] Sastry S (2008) Ohmic heating and moderate electric field processing. Food
Sci Technol Int 14:419-422

[164] Sater LE (1935) Passing an alternating electric current through food and fruit
juices. Res Bull (Iowa Agric Home Econ Exp Station N) 181:275-312

[165] Schiffer MB (2006) Draw the lightning down: Benjamin Franklin and electrical
technology in the age of enlightenment. University of California Press,
Oakland, CA, USA

[166] Schwerin B (1901) Process of extracting sugar. Patent US 687386

[167] Schwerin B (1903) Electro-endosmotic process of extracting sugar. Patent US
723928

[168] Shengeliia AS (1974) A study of diffusion method of obtaining of the fruit
juices. PhD Thesis(Candidate of technical sciences), Odessa Technological
Institute of the Food Industry (OTIPP), Odessa, Ukraine (in Russian)

[169] Shimada K, Shimahara K (1977) Effect of alternating current on growth lag in
Escherichia coli B. J Gen Appl Microbiol 23:127-136

[170] Shulika VA (1988) Impact of electrical treatment of beet slices on the process
of sucrose extraction. PhD Thesis (Candidate of technical sciences), Kiev
Technological Institute of Food Industry, Kiev, Ukraine (in Russian)

[171] Sidaway GH (1975) Some early experiments in electro-culture. J Electrost 1:
389-393

[172] Singh MP, Hermodsson S, Edebo L (1969) Virucidal effect of transient
electric arcs in aqueous systems. Appl Environ Microbiol 17:54-58

[173] Sitzmann W (1995) High-voltage pulse techniques for food preservation. In:
Gould GW (ed) New methods of food preservation. Springer, Dordrecht, pp
236-252

［174］Sitzmann W, Münch EW（1989）Elektrische Verfahren zur Keimabtötung. Ernährungs Ind 6:54-58

［175］Sitzmann W, Vorobiev E, Lebovka N（2016）Applications of electricity and specifically pulsed electric fields in food processing: historical backgrounds. Innov Food Sci Emerg Technol 37:302-311

［176］Solly E（1845）The influence of electricity on vegetation. J Hortic Soc London 1:81-109

［177］Songnuan W, Kirawanich P（2011）High intensity nanosecond pulsed electric field effects on early physiological development in Arabidopsis thaliana. Sci Res Exp Dev 77:208-212

［178］Spechnew N（1889）L'Application de l'electricite a l'agriculture. La Lumiere Electr 51:558-562

［179］Spilker W, Gottstein A（1891）Ueber die Vernichtung von Mikroorganismen durch die Induktionselektricitat（on the destruction of microorganisms by induction electricite）. Bakteri Parasitenk 9:77-88

［180］Stämpfli R（1958）Reversible electrical breakdown of the excitable membrane of a Ranvier node. An da Acad Bras Ciências（Annals Brazilian Acad Sci）30:57-63

［181］Stiebel HGJ（1896）Water sterilizing apparatus. Patent US 664657

［182］Stirling R（1987）Ohmic heating-a new process for the food industry. Power Eng J 1:365-371

［183］Stirling R, Bettelheim KA（1974）Disinfection by electrohydraulic discharges. J Appl Chem Biotechnol 24:529-538

［184］Stone GE（1904）The influence of current electricity on plant growth. Annu Rep Hatch Exp Stn Massachusetts Agric Coll 16:13-31

［185］Stone GE（1909）Influence of electricity on micro-organisms. Bot Gaz 48:359-379

［186］Sytnik IA（1982）Electro-hydraulic action on microorganisms. Health, Kiev（in Russian）

［187］Takaki K, Kanesawa K, Yamazaki N, Mukaigawa S, Fujiwara T, Takahasi K, Yamasita K, Nagane K（2007）Application of IES pulsed power generator for mushroom cultivation. In: 2007 16th IEEE international pulsed power conference. Albuquerque, NM, USA, pp 1253-1256

[188]Thiele H, Wolf K (1899) Über die Einwirkung des elektrischen Stromes auf Bakterien. Zentralblatt Bakterien und Parasitenkd 25:650-655

[189]Thornton WM (1912) The electrical conductivity of bacteria, and the rate of sterilisation of bacteria by electric currents. Proc R Soc London Ser B, Contain Pap a Biol Character 85:331-344

[190]Tracy RL Jr (1932) Lethal effect of alternating current on yeast cells. J Bacteriol 24:423

[191]Tsukamoto S, Maeda T, Ikeda M, Akiyama H (2003) Application of pulsed power to mushroom culturing. In: Digest of Technical Papers. PPC-2003. 14th IEEE international pulsed power conference (IEEE Cat. No. 03CH37472), pp 1116-1119

[192] Vanable JW Jr (1991) A history of bioelectricity in development and regeneration. In: Dinsmoren CE (ed) A history of regeneration research. Cambridge University Press, Cambridge, pp 151-177

[193]Vishnevetsky Ⅱ (1979) Unit for water disinfection with electric discharges. Patent SU861332A1 (in Russian)

[194]Völker A (1993) 250 years ago: the origin of electrotherapy exemplified by Halle. Z Gesamte Inn Med 48:251-258

[195]Vorobiev EI, Lebovka NI (eds) (2008) Electrotechnologies for extraction from food plants and biomaterials. Springer, New York

[196]Wang S-M (2019) Electrotherapy-an old technique for a new use. In: Translational acupuncture research. Springer Nature, Switzerland AG, pp 407-419

[197]WC2015_Electroporation (2015) The 1st world congress on electroporation and pulsed electric fields in biology, medicine and food & environmental technologies, Portoroz, Slovenia, September 6-10, 2015. https://wc2015. electroporation. net

[198]WC2017_Electroporation (2019) The 2nd world congress on electroporation and pulsed electric fields in biology, medicine, and food & environmental technologies, Norfolk, Virginia, USA, September 24-27, 2017. https:// wc2017. electroporation. net/

［199］WC2019_Electroporation（2019）The 3rd world congress on electroporation and pulsed electric fields in biology, medicine, and food & environmental technologies, Toulouse, France, September 3 - 6, 2019. https://wc2019. electroporation. net/

［200］Weaver JC, Chizmadzhev YA（1996）Theory of electroporation: a review. Bioelectrochem Bioenerg 41:135-160

［201］Wesley RH, Williams GT（1970）Bacteria destruction methods. US3594115

［202］Yutkin LA（1986）Electrohydraulic effect and its industrial application. Mashinostroenie, Leningrad

［203］Zago S, Priori A, Ferrucci R, Lorusso L（2016）Historical aspects of transcranial electric stimulation. In: Transcranial direct current stimulation in neuropsychiatric disorders. Springer International Publishing, Switzerland, pp 3-19

［204］Zagorul'ko AY（1957）Impact of thermal plasmolysis and selective electroplasmolysis on the structure of the plasma cell membrane and permeability of beet tissues. Sugar Ind N 11:67-71.（in Russian）

［205］Zagorul'ko AJ（1958a）Technological parameters of beet desugaring process by the selective electroplosmolysis. In: New physical methods of foods processing. Moscow, Izdatelstvo GosINTI, pp 21-27.（in Russian）

［206］Zagorul'ko AY（1958b）Obtaining of the diffusion juice with the help of electroplasmolysis. PhD Thesis（Candidate of technical sciences）, All-USSR Central Research Institute of Sugar Industry, Kiev, Ukraine（in Russian）

［207］Zagorul'ko AY, Myl'kov MN（1953）Production of juice at low temperature using electroplasmolysis. Sugar Ind（in Russ N 10:15-18（in Russian）

［208］Zimmermann U, Pilwat G, Riemann F（1974）Dielectric breakdown of cell membranes. Biophys J 14:881-899

［209］Zimmermann U, Pilwat G, Beckers F, Riemann F（1976a）Effects of external electrical fields on cell membranes. Bioelectrochem Bioenerg 3:58-83

［210］Zimmermann U, Pilwat G, Holzapfel C, Rosenheck K（1976b）Electrical hemolysis of human and bovine red blood cells. J Membr Biol 30:135-152

［211］Zimmermann U, Riemann F, Pilwat G（1976c）Enzyme loading of electrically homogeneous human red blood cell ghosts prepared by dielectric breakdown.

Biochim Biophys Acta（BBA）-Biomembranes 436:460-474

[212]Zimmermann U, Vienken J, Scheurich P（1980）Electric field induced fusion of biological cells. Eur Biophys J 6:86

第 2 章　电穿孔基本原理、PEE 加工模拟的理论与数学模型

摘要　细胞膜电穿孔现象取决于细胞尺寸、细胞空间取向、细胞电物理学参数、周围介质 pH 值和渗透剂的影响。本章讨论膜电穿孔基本原理、各种非孔隙和孔隙模型(电容器和导体近似)、电穿孔的发展阶段和平面脂质膜电穿孔模拟;提出单细胞电穿孔、球形细胞和非球形细胞的 Schwan 方程;还分别对细胞聚集体、完整细胞和电穿孔细胞混合体系以及生物组织的电穿孔进行讨论。

PEF 对生物材料(蔬菜、水果等)的影响可以通过细胞膜电穿孔和细胞膜的屏障功能去除来解释(Weaver 和 Chizmadzhev,1996)。这些生物材料涵盖单膜、单个细胞、细胞悬液和植物组织等不同尺度,内在结构复杂,不同尺度异质性大,其电穿孔特征可能十分复杂。电穿孔的影响取决于细胞尺寸、它们在空间中的取向和分布、细胞有源和无源电物理学参数、介质 pH 值和组织渗透剂的存在。

近几十年来,各种模型和模拟用于优化 PEF 对液体食品的处理、用于处理室几何优化以及对处理室内电场分布、流速和温度进行预测(Gerlach 等,2008;Huang 等,2012)。本章讨论电穿孔基本原理、各种电穿孔相关现象的模型和计算机模拟。

2.1　膜的电穿孔

细胞膜具有选择性屏障作用,可调节细胞内外物质运输。在最简单的模型中,细胞膜是由磷脂形成的双层膜,磷脂中含有指向胞内和胞外水溶液的极性磷酸基团。Muehsam 和 Pilla 提出在生物细胞中,通常会产生跨膜静息电位(~10 mV)(Muehsam 和 Pilla,1999)。然而,附加跨膜电位是由外部电场产生的。当荷电时间>1 μs 时,膜发生荷电并极化。膜电导率远小于周围水溶液电导率,因此外部电场可能集中在膜上。

Stämpfli 和 Willi 在 1957 年首次报道膜击穿现象(Stämpfli 和 Willi,1957)。在最初的研究中,Stämpfli 观察到可逆和不可逆损伤的影响(Stampfli,1958)。后

来的系统性的研究表明当跨膜电位差超过一定阈值 $u_m \approx 0.2 \sim 1.0$ V 时,膜会发生击穿(Weaver 和 Chizmadzhev,1996)。这种电位差相当于透过厚度 $d_m \approx 5$ nm 的膜对应的电场强度 $E = u_m/d_m = 4 \times 10^5 \sim 2 \times 10^6$。Chen 等提出不同的非孔隙和孔隙模型来解释膜击穿现象(Chen 等,2006)。这些模型中将膜视为均匀的平板。

2.1.1　非孔隙模型

在非孔隙模型中,为解释膜击穿,要考虑不同类型的电致不稳定性。例如,外部电场会导致膜机械压缩。当电压超过

$$u_m = \sqrt{0.368 Y_m d_m^2 / \varepsilon_0 \varepsilon_m} \tag{2.1a}$$

会发生临界压缩(39%)并出现膜击穿(Crowley,1973)。式中 Y_m 为恒定弹性,$\varepsilon_m \approx 2$ 为膜的介电常数,$\varepsilon_0 = 8.85 \times 10^{-12}$ F/m 为自由空间的介电常数。

电流体动力不稳定模型考虑两种导电流体之间绝缘膜的稳定性(Michael 和 O'Neill,1970)。利用该模型计算出跨膜电位阈值为

$$u_m = \sqrt{0.5 \gamma d_m / \varepsilon_0 \varepsilon_m} \tag{2.1b}$$

其中,γ 是膜的表面张力。

波动失稳模型考虑膜表面的波动和膜的黏弹性,估计跨膜电位的阈值为

$$u_m = (24 Y_m \gamma h_m^3)^{\frac{1}{4}} \tag{2.1c}$$

然而,所有非孔隙模型都不能描述膜击穿的随机性、膜寿命 τ_m 与 u_m 值的关系。

2.1.2　孔隙模型

Weaver 和 Chizmadzhev 假设在孔隙模型中,膜热运动能引起电孔(电穿孔)形成(Weaver 和 Chizmadzhev,1996)。这些模型是基于处在外电场中的多孔膜的能量平衡分析对于最简单的模型,形成半径为 r 的圆柱形孔所需能量为

$$W = 2\pi r \omega - \pi r^2 \gamma \tag{2.2}$$

其中,ω 和 γ 分别为膜的线张力和表面张力。线张力项(>0)阻止孔隙形成,而表面张力项(<0)帮助孔隙创建。

外加电场改变了线张力和表面张力对能量的贡献。随着孔隙的出现,部分膜被水或离子溶液所取代。

电容器近似法

在电容器近似法中,假定孔隙内介电常数 $\varepsilon_m \approx 2$ 的脂质被具有高介电常数

$\varepsilon_m \approx 80$ 的绝缘水所取代。膜的比电容约为 $C_m = \varepsilon_m \varepsilon_0 / d_m$。在这种近似法下,外加电场增加膜的有效表面张力,促进孔隙的张开。

$$\gamma^* = \gamma + 0.5 u_m^2 \varepsilon (\varepsilon_w - \varepsilon_m)/d_m = \gamma(1 + (u_m/u_o)^2) \qquad (2.3)$$

这里

$$u_o = \sqrt{2\gamma d_m / (\varepsilon_0 (\varepsilon_w - \varepsilon_m))} \qquad (2.4)$$

是电压参数。

在 $u_m > u_o$ 时,电穿孔效应变得极具影响。

图 2.1 给出不同跨膜电压 u_m 下(实线表示),孔形成的归一化能量 W/kT 与孔半径 r 的关系。曲线 $W(r)$ 的最大值

$$W_m = \pi \omega^2 / \gamma^* (u_m) \qquad (2.5)$$

(能量势垒)对应的平衡半径为 $r_c = \omega / \gamma^*$。

超过这个半径,孔隙会扩大并且膜会破裂。在没有外电场的情况下,能量势垒很大,孔隙形成是高度不可能事件。利用膜的典型值 $\gamma \approx 2 \times 10^{-3}$ N/m,$\omega \approx 2 \times 10^{-11}$ N (Winterhalter 和 Helfrich,1987)我们可以计算出 $W_0/kT \approx 153$,$r_{c,0} = \omega/\gamma = 10$ nm,$u_o = 0.17$ V。在电场存在下,能量势垒和平衡半径成比例减小到 $1/(1 + (u_m/u_o)^2)$。

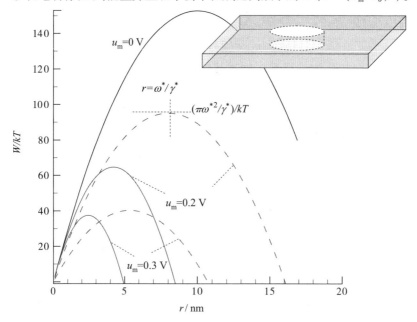

图 2.1　在不同的跨膜电压 u_m 下,孔隙形成的归一化能量 W/kT,与孔隙半径 r 的关系,图中实线表示电容模型,虚线表示导体模型。在 $T = 298$ K,膜的典型值 $\gamma = 2 \times 10^{-3}$ N/m,$\omega = 2 \times 10^{-11}$ N 的条件下计算出它们之间的关系。其中,参数 γ^* 和 ω^* 分别用公式(2.6a)和(2.6b)计算

导体近似法

在导体近似法下,需要考虑系统带有自由电荷(膜与离子溶液之间的电导率差异很大)(Winterhalter 和 Helfrich,1987)。在这种情况下,电对有效表面张力 γ 值的贡献变得相反。

$$\gamma^* = \gamma - 0.5u_\mathrm{m}^2\varepsilon_0\varepsilon_\mathrm{m}/d_\mathrm{m} \qquad (2.6a)$$

电场降低了表面张力,同时也降低了有效线张力。

$$\omega^* = \omega - 0.5u_\mathrm{m}^2\varepsilon_0\varepsilon_\mathrm{w}/\pi \qquad (2.6b)$$

图 2.1 中虚线表示导体近似模型下 $W(r)/kT$ 的关系。对于这种情况,在 $u_\mathrm{m} = (2\omega\pi/(\varepsilon_\mathrm{w}\varepsilon_0))^{0.5} = 0.42$ V 时,能量势垒和平衡半径等于零。

2.1.3　电穿孔的发展

假设孔隙形成是膜结构的重排。在更复杂的模型中,Neu 和 Krassowska 也考虑孔隙的亲水性和疏水性之间的差异(Neu 和 Krassowska,1999)。实验数据和模型计算都表明电穿孔过程可能还包括不同的步骤,如(Weaver 和 Chizmadzhev,1996):

- 孔隙数量的增加,侧向孔隙-孔隙之间相互作用和不同孔隙之间的聚集。
- 着色剂、维生素、双糖、抗癌药物、多肽和遗传物质的跨膜运输显著增加(几个数量级)。
- 电场脉冲终止后,孔隙可能恢复或重新封合(Saulis,1997)。在后一种情况下,电穿孔称为可逆电穿孔并可用于外源分子跨膜的运输。通常,对于脂质双层膜,孔隙重新封合的时间可为 2~20 μs,封合时间强烈的取决于温度和脂质分子类型(Sugar 等,1987)。然而,在某些情况下,孔隙重新封合可能需要很长时间(在室温下几分钟)(Rols 和 Teissie,1990;Pakhomov 等,2009)。这种现象的原因还未完全了解。Rems 等提出脂质过氧化反应(脂质氧化降解)机制来解释细胞膜具有长期通透性的现象(Rems 等,2019)。

真正的细胞质膜可能含有多种分子,如糖脂、鞘脂、胆固醇、蛋白质(Tien 和 Ottova,2003)。这些分子的特征是,它们温度刚好高于凝胶相的转变温度时,还可以呈现液晶行为(Holl,2008)。这些分子会使电穿孔行为复杂化。

2.1.4　平面脂质膜电穿孔的模拟

近几十年来,应用许多计算成果对平面脂质膜电穿孔现象进行模拟。采用最有效的分子动力学(MD)方法计算分子的时间轨迹。不同的原子和粗粒度方法可用于研究电孔的形成过程、离子电荷不平衡引起的瞬态水孔的形成、双层膜中胆固醇含量对电穿孔时间的影响,以及水通道的形成等(Rems 和 Miklavčič,2016)。

下面是分子动力学模拟一些应用实例。Sachs 等通过典型的二十四烷基磷脂酰胆碱(DMPC)双分子层对生物真实的跨膜电位梯度进行全原子模拟(Sachs 等,2004)。由于计算资源强大,足以模拟真实的带电界面。Tieleman 等通过对脂质双分子层模拟来研究膜电渗透过程(Tieleman 等,2003),模拟结果表明,在 0.5 V/nm 以上的电场作用下,可以产生电穿孔。模拟结果还表明,水/脂界面局部电场梯度、水在电场梯度下运动以及双层膜内部水缺失的形成驱动孔隙形成(Tieleman,2004)。可以用水/膜/水界面上分子偶极子的极化来解释局部电场的驱动作用。此外,Ho 等肯定了在高电场强度下水/脂界面局部电场梯度对孔隙形成的重要性(Ho 等,2013)。

Tarek 对空双分子层和具有内含物(肽纳米管通道或 DNA 双链)双分子层的电穿孔进行模拟(Tarek,2005)。电穿孔表现为跨膜水分子族线和水通道的形成。另外,关闭电场几纳秒内能观察到膜重新封合。Hu 等研究二棕榈酰磷脂酰胆碱(DPPC)和二棕榈酰磷脂酰丝氨酸(DPPS)脂质双层膜对超短高强度外加电场的响应(Hu 等,2005)。在空间平均电场为 0.01 V/nm 的条件下,纳米级孔隙形成时间为 5~6 ns。最近,Hu 等提出通过电润湿法促进水进入疏水纳米孔的可能机理(Hu 等,2013)。此外,Ziegler 和 Vernier 还研究脂肪烃尾长和组成对电穿孔的影响(Ziegler 和 Vernier,2008)。研究结果表明,水偶极子的再取向在电穿孔机理中起着关键的作用。孔隙形成的第一阶段包括在脂质双分子层之间形成水桥(Vernier 等,2013)。根据施加的电场强度和电场持续时间,可以产生直径为 10 nm 的孔隙。Sun 等采用约束原子模拟方法研究膜变形对电穿孔的影响。同时还观察到较硬的膜对电穿孔具有抑制作用(Sun 等,2011)。最近,Tang 等采用 MD 模拟研究太赫兹(10^{12} Hz)电场引起的膜电穿孔(Tang 等,2018)。外加电场的波形决定电穿孔效率。纳米级单孔仅在单极梯形电场作用下观察到。

大的各向异性内含物可以稳定脂质双分子层中的孔隙(Fošnarič 等,2003)。Böckmann 等利用 MD 模拟方法研究嵌入分子对电穿孔的影响(Böckmann 等,2008;Fernández 等,2010;Rems 等,2019)。Böckmann 等还研究电穿孔形成动力学和嵌入蛋白对膜稳定性的影响(Böckmann 等,2008)。空隙之间通常有 7 nm 的距离,稳定的孔隙半径约 0.47 nm。参与电孔形成的脂质平均数量约为 140。研究结果表明,脂质膜中胆固醇分子可以抑制电孔形成,这可以用脂质在膜中堆积过密来解释(Fernández 等,2010)。Reigada 研究异质脂质膜的电穿孔,包括液态有序相(liquid-ordered)和液态无序相(liquid-disordered)(Reigada,2014)。LO 相含有饱和脂质和胆固醇,LD 相含有不饱和脂质,并且胆固醇含量低。电穿孔多见于小而无序且胆固醇含量低的区域。MD 模拟还用于研究含有氢过氧化脂质衍生物的双分子层斑块(Rems 等,2019)。当膜处于高电场中时可产生次级脂质过氧化产物,可以观察到在过氧化双分子层中,膜的通透性和电导率显著增加(呈几个数量级)。

　　然而,MD 方法的主要缺点与计算成本和可以进行模拟的时间和长度尺度的限制有关。典型的 MD 模拟可以处理数万个粒子(Apollonio 等,2012)。此外,几乎所有的 MD 模拟都被限制在几百纳秒内。模拟的时间比电穿孔时间少很多(微和毫秒尺度)。最近,Casciola 等在低强度(~kV/cm)电场下,使用较长的时间尺度($\mu s \sim ms$)扩展 MD 研究(Casciola 等,2016)。研究结果表明,当跨膜电压 u_m 从 0.42 V 增加到 0.63 mV 时,孔隙半径从 1 nm 增加到 2.5 nm。

　　在脂质膜电穿孔和纳米颗粒脂质双分子层电转移的 MD 模拟方面,已有较为详细的文献综述(Apollonio 等,2012;Delemotte 和 Tarek,2012;Casciola 和 Tarek,2016)。

2.2　细胞的电穿孔

2.2.1　球形细胞的 Schwan 方程

　　图 2.2 展示球形细胞在外电场中的例子。

　　对于表面不带电荷的细胞,稳态跨膜电位 u_m 可以用 Schwan 方程计算(Grosse 和 Schwan,1992)。

$$u_m = 1.5 f_e ER\cos\varphi \qquad (2.7)$$

其中,R 是细胞半径;φ 是电场 E 方向与细胞膜表面观察点之间的极角;f_e(<1)是一个系数(电穿孔因子),取决于细胞半径 R 值。

　　膜厚度值,d_m;膜电导率值,σ_m;胞外电导率值,σ_e;胞内电导率值,σ_i;介质(Kotnik 等,1997,1998):

$$f_e = \frac{\sigma_e \left[3d_m R^2 \sigma_i + (3d_m^2 R - d_m^3)(\sigma_m - \sigma_i) \right]}{R^3(\sigma_m + 2\sigma_e)(\sigma_m + 0.5\sigma_i) - (R - d_m)^3(\sigma_e - \sigma_m)(\sigma_i - \sigma_m)} \qquad (2.8)$$

在不导电膜的极限条件下($\sigma_m = 0$),$f_e = 1$。然而,在一般情况下,f_e 值可能会显著小于 1。

　　图 2.3(a)展示了电穿孔系数 f_e 与胞外和胞内电导率之比 σ_e/σ_i 的关系。对半径($R = 10\ \mu m$)和半径($R = 100\ \mu m$)的两种不同大小的细胞进行计算。对于这些

计算,使用典型参数值,$\sigma_m = 5 \times 10^{-7}$ S/m,$\sigma_i = 2 \times 10^{-1}$ S/m,$d_m = 5$ nm(Kotnik 等,1997)。

当胞外电导率较低时($\sigma_e / \sigma_i \ll 1$),$f_e$ 值显著降低。而且,对于较大的细胞来说,这种影响更为明显[$R = 100$ μm,图 2.3(a)]

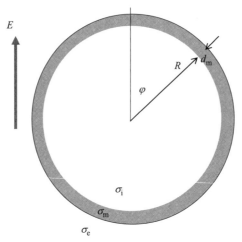

图 2.2 外电场 E 中的球形细胞

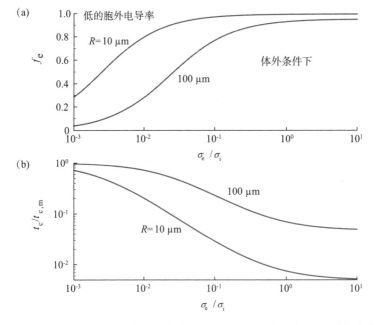

图 2.3 电穿孔系数 f_e[a,式(2.8)]、归一化荷电时间 $t_c / t_{c,m}$,[b,式(2.10)]与胞外和胞内电导率之比 σ_e / σ_i 的关系。对半径不同的两个细胞进行计算,其他参数为:$\sigma_m = 5 \times 10^{-7}$ S/m,$\sigma_i = 2 \times 10^{-1}$ S/m,$d_m = 5$ nm(Kotnik 等,1997)

在非平稳条件下,u_m 与时间的关系用指数方程表示。

$$u_m(t) = 1.5 f_e ER \cos\varphi [1 - \exp(-t/t_c)] \tag{2.9}$$

这里 t_c 是荷电时间

$$t_c = \frac{RC_m}{2\sigma_e \sigma_i / (2\sigma_e + \sigma_i) + \sigma_m R/d_m} = \frac{t_{c,m}}{\dfrac{2\sigma_i d_m}{\sigma_m R(2 + \sigma_i/\sigma_e)} + 1} \tag{2.10}$$

这里 $t_{c,m} = d_m C_m / \sigma_m = 35.4\ \mu s$ 是膜荷电时间,C_m 是膜的比电容($C_m = \varepsilon_m \varepsilon_0 / d_m = 3.5 \times 10^{-3}\ F/m^2$,$\varepsilon_m \approx 2$)。

图 2.3(b)展示归一化荷电时间 $t_c/t_{c,m}$ 与胞外和胞内电导率之比 σ_e/σ_i 的关系,对半径 $R = 10\ \mu m$ 的小细胞和半径 $R = 100\ \mu m$ 的大细胞进行计算且其他参数的典型值:$\sigma_m = 5 \times 10^{-7}\ S/m$,$\sigma_i = 2 \times 10^{-1}\ S/m$,$d_m = 5\ nm$(Kotnik 等,1997)。在较低胞外电导率下,t_c 值接近 $t_{c,m}$,但在活体环境中它会显著减少,且这种影响对半径较小的细胞更明显[$R = 10\ nm$,图 2.3(b)]。

Schwan 方程[式(2.7)]表示 u_m 最大值在极点处(在 $\varphi = 0$ 和 $\varphi = 180$),横向方向 u_m 为 0。根据球形细胞表面 $u_m(\varphi)$ 的分布,可以计算出平均电穿孔寿命,τ_s。对于平面膜的寿命,τ_m,随机瞬态水相孔隙模型得出以下 Arrhenius 关系(Weaver 和 Chizmadzhev,1996)。

$$\tau_m = \tau_m^\infty \exp[W_m(u_m)/kT] \tag{2.11}$$

这里 τ_m^∞ 是指前因子,$W_m(u_m)$ 是能量势垒[式(2.5)]。对一般脂质的平面膜进行实验估计得出 τ_∞ 值约为 $3.7 \times 10^{-7}\ s$(Lebedeva,1987)。

利用数值积分方法可以计算出细胞电穿孔平均寿命 τ_s(Lebovka 等,2002)。

$$\tau_c^{-1} = \int_0^\pi \tau_m^{-1}(\varphi) \mathrm{d}\cos\varphi \tag{2.12}$$

图 2.4 中用实线表示球形细胞 τ_c/τ_c^∞ 与 $E^* = 1.5ER/u_0$ 的关系。这里,$\tau_c^\infty \approx 2.01\tau_m^\infty$ 是高场强($E^* \gg 1$)下 τ_c 的极限值。为了比较,用虚线表示平面膜的 τ_m/τ_m^∞ 与 $E^* = u_m/u_0$ 的关系。

2.2.2　球形细胞半径分布

球形细胞半径分布影响细胞电穿孔动力学和平均寿命。Bigelow 提出最简单的一阶存活动力学方程(Huang 等,2012):

$$P = 1 - \exp(-t/\tau) \tag{2.13}$$

P 是电穿孔(损坏)细胞的分数,τ 是细胞寿命(经验参数)。

此外,还提出不同的更复杂的经验模型来模拟微生物灭活生存曲线,例如Fermi,log-log,log-logistic 和其他模型。在其他模型之中,经常使用的是扩展指数(Weibull's)模型,由以下公式表示:

$$P = 1 - \exp - \left[(t/\tau)^n \right] \qquad (2.14)$$

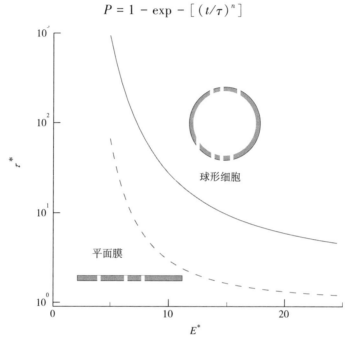

图 2.4 相对寿命 $\tau^* = \tau/\tau_\infty$ 与相对电场强度 E^* 的关系,实线表示球形细胞($\tau^\infty = \tau_c^\infty \approx 2.01\tau_m^\infty$, $E^* = 1.5ER/u_o$),虚线表示平面膜($\tau^* = \tau_m^\infty$, $E^* = u_m/u_o$)(源自:Lebovka 等,2002)

其中,n 是经验参数(形状参数 n 代表生存曲线的凹度)。例 $n=1$ 对应于单个寿命,n 与 1 的偏差越大,生命时间分布越宽。

对于 Weibull 模型,平均寿命<τ>可以由以下公式估计:

$$< \tau > = \tau \Gamma(n^{-1})/n \qquad (2.15)$$

其中,Γ 是欧拉伽马函数。

Lebovka 和 Vorobiev 建立蒙特卡罗模型来模拟在细胞半径分布的情况下,PEF 诱导的细胞电穿孔动力学(Lebovka 和 Vorobiev,2004)。该模型预测形状参数随分布宽度的增加而减小,并预测向上的凹面,$n<1$。

2.2.3 形状各向异性细胞的 Schwan 方程

对于形状各向异性的细胞,跨膜电位 u_m 也取决于细胞在外电场中的取向和细胞形状。Bernhardt 和 Pauly 等对球形或椭球形细胞的跨膜电位进行大量分析和计算(Bernhardt 和 Pauly,1973;Klee 和 Plonsey,1976;Kinosita 和 Tsong,1977;Bryant 和 Wolfe,1987;Jerry 等,1996;Gimsa 和 Wachner,1999;Washizu 和 Techaumnat,2008;Hu 和 Joshi,2009)。一般情况下,任意取向的椭圆形细胞在膜表面(x,y,z)某一点的跨膜电位 u_m,可以用下面的方程计算成平行于粒子轴线的各分量的线性组合(Zimmermann 等,1974;Gimsa 和 Wachner,1999,2001;Valič 等,2003;Qin 等,2005;Kotnik 和 Pucihar,2010)。

$$u_m = \sum_{i=x,y,z} r_i E_i / (1 - L_i) \tag{2.16}$$

这里 L_i 是去极化因数(Fricke,1953)。

对于扁长球形细胞

$$L_z = \frac{1 - e^2}{2e^3} (\ln \frac{1 + e}{1 - e} - 2e) \qquad e = \sqrt{1 - a^{-2}} \tag{2.17}$$

$$L_x = L_y = (1 - L_z/2)$$

其中,a 是纵横比(长轴/短轴比)。对于球形细胞,$L_x = L_y = L_z = 1/3$;对于长圆柱细胞,$L_x = L_y = 0.5, L_z = 0$;对于薄片细胞,$L_x = L_y = 0, L_z = 1$。

对于细长细胞,当细胞最长轴平行或垂直于电场时,u_m 值分别有最大值或最小值。例如,对于长轴沿外电场方向的扁长球细胞,其跨膜电位可计算为(Kotnik 和 Miklavčič,2000)

$$u_m = ER \frac{e^3}{e - (1 - e^2)\ln(a(1 + e))} \frac{\cos\varphi}{\sqrt{a^2 \sin^2\varphi + \cos^2\varphi}} \tag{2.18}$$

图 2.5 表示不同纵横比 a 下,$u_m/(1.5ER)$ 与角度 φ 之间的关系。在 $\varphi = 0$ 处可以观察到 u_m 的最大值,对于球细胞($a=1$),$u_m = 1.5ER$。在很大纵横比极限条件下($a \to \infty$),在 $\varphi = 0$ 时,u_m 的最大值等于 $u_m = ER$。对于球形细胞的任意取向,在文献中可发现相似的跨膜电位依赖性(Kotnik 和 Pucihar,2010)。

Lebovka 和 Vorobiev 用蒙特卡罗模拟研究 PEF 诱导的球形细胞电穿孔(Lebovka 和 Vorobiev,2007)。分析部分取向和随机取向球形细胞的情况。结果表明,实验观察到的非指数动力学,能够反映形状各向异性细胞的取向无序。所建立的模型,$n<1$,预测扁长细胞的向上凹度以及扁球形细胞的近指数动力学。在电场强度 E 小和纵横比 a 大的条件下,对于无序悬浮的扁长细胞,观察到与指数动力学的偏差最显著。对于部分取向的悬浮体,失活效率随序参数和电场强度的增加而增加。

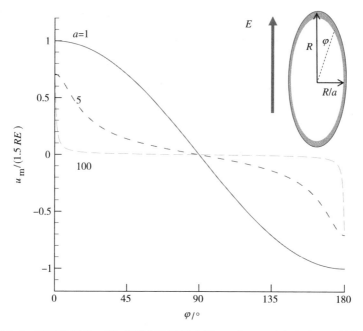

图 2.5　不同纵横比 a 下,球形细胞跨膜电压 $u_m/(1.5ER)$ 与角度 $\varphi/°$ 的关系

2.2.4　Schwan 理论用于更复杂问题

Gowrishankar 等开发不同的数值模拟方法来检验 Schwan 理论在更复杂电穿孔问题中的一致性(Gowrishankar 和 Weaver,2003;Zudans 等,2007;Mercadal 等,2016)。例如,Gowrishankar 和 Weaver 用单个球形细胞的二维晶体模型模拟膜结构局部不均匀性对电穿孔的影响(Gowrishankar 和 Weaver,2003)。原则上,所开发的传输模型用于模拟具有不规则几何形状的细胞。利用具有解释介质无源电特性(局部电阻和电容)的伯克利 SPICE 电路模拟器程序,解决模拟的传输问题。Zudans 等采用有限元方法对单细胞电穿孔进行的计算机模拟与 Schwan 理论很吻合(Zudans 等,2007)。一般来说,数值方法可以估计膜电导率不均匀的球形细胞 u_m 的分布。在另一项研究中,Mercadal 等采用有限元(FEM)软件 COMSOL Multiphysics 4.4 对单细胞电穿孔进行数值模拟(Mercadal 等,2016)。考虑脉冲过程中细胞膜通透性和电导率的变化。在这项研究中,观察到与 Schwan 理论的预测有显著的偏离。这对于脉冲期间高水平的细胞膜通透性尤为重要。

2.3　细胞聚集体

对细胞聚集体(细胞和植物组织的悬浮体)跨膜电位 u_m 进行估计更为复杂,通常需要应用复杂的数学模型或数值计算。一般来说,计算应考虑到近邻效应和不同局部性质的非均匀分布:电场强度、细胞大小和取向、溶质浓度、电导率等(Pucihar 等,2007)。

2.3.1　完整细胞的理想聚集

聚集体中完全相同的球形细胞的集聚(如在浓度高的悬浮体或植物组织中),导致电场通过相邻细胞发生改变。这种改变取决于细胞聚集的特性,细胞之间的平均距离,且与 Schwan 方程[式(2.7)]不符。对于聚集紧密的球形细胞简单晶格列阵,Susil 等推导出经过修正的 Schwan 方程(Susil 等,1998;Pavlin 等,2002;Qin 等,2005;Ramos 等,2006)

$$u_m = 1.5gER\cos\varphi \tag{2.19}$$

这个公式适用于非导电膜($\sigma_m = 0$),这里 g 是校正因子,它取决于粒子聚集类型和粒子体积分数,φ。Susil 等使用有限元和等效电路方法对简单立方(sc)、体心立方(bcc)和面心立方(fcc)、平行和垂直于外电场的二维细胞平面和一维细胞链的校正因子进行了数值计算(Susil 等,1998;Pavlin 等,2002;Ramos 等,2006)。方程计算时需要注意球形粒子的最大体积分数,ϕ_m 对于 sc 为 0.52,bcc 为 0.64,fcc 为 0.74。这些计算可用于解释中国仓鼠卵巢细胞的(CHO)高浓度悬浮液的电穿孔实验结果(按体积计算高达36%)(Pucihar 等,2007)。

Qine 等使用平均场方法导出 g 的以下表达式(Qine 等,2005)

$$g = \frac{3}{(2 + (1 - \varphi)^{3/2})(1 + (\frac{3\varphi}{4n\pi})^{1/3})} \tag{2.20}$$

这里,φ 是球形粒子体积分数,n 是每个单元格中球形粒子数目(sc 的 $n=1$,bcc 的 $n=2$,fcc 的 $n=4$)。

Henslee 等为了精确定位流式电穿孔装置中的两个细胞,利用光镊在细胞间邻近环境中进行电穿孔实验研究(Henslee 等,2014)。Henslee 等还对静电势分布进行有限元模拟,比较平行和垂直于电场方向的两个细胞的情况。

图 2.6 计算出连线后平行和垂直于外加电场的两个细胞,g 校正因子与两个

细胞标准中心距离 $d/(2R)$ 的关系。对于平行方向,第二个细胞减弱了第一个细胞上的电场强度,而垂直方向则截然相反。垂直方向具有较好的理论实验一致性。对于平行方向,实验测得的数值比静电计算得到的数值大 2 倍左右。一般情况下,邻近的、几乎接触的第二个细胞会改变校正系数 5%~10%。

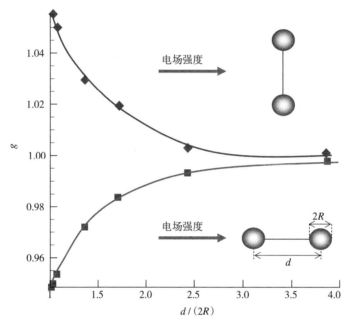

图 2.6　对于连线后平行和垂直于外加电场的两个细胞,校正因子 g 与细胞标准中心距离 $d/(2R)$ 的关系(源自:Henslee 等,2014)

2.3.2　完整细胞和电穿孔细胞混合体系

对于具有完整细胞和受损细胞空间分布的体系,对跨膜电位的估计变得更加复杂。这种分布的出现可能是电穿孔作用的结果。对于随机分布完整和电穿孔(完全损坏)球形细胞的介质,有效介质(或平均场)近似理论得到以下计算电导率的公式:

$$(1-P)(\sigma_u^{1/s} - \sigma^{1/s})/(\sigma_u^{1/s} + A\sigma^{1/s}) + P(\sigma_d^{1/t} - \sigma^{1/t})/(\sigma_d^{1/t} + A\sigma^{1/t}) = 0 \quad (2.21)$$

其中,P 是受损细胞的比例,σ_u 和 σ_d 是介质的电导率,分别是带有完整($P=0$)细胞和受损($P=1$)细胞的介质,$s=0.73$、$t=2.0$ 和 $A=(1-P_c)/P_c$ 是渗流理论参数(P_c 是一个取决于粒子聚集方式的渗流阈值,对于简单立方堆积来说,$P_c=0.163$)(Stauffer 和 Aharony,1991;McLachlan 等,2000)。

对于像土豆和苹果这样的组织,用 PEF 在较长时间内($t_{PEF}=0.1~1$ s)和较高电场强度下(E>1000 V/cm)进行处理,可以使组织完全破坏(Ben Ammar 等,2011)。

使用近似值 $\sigma_i \approx \sigma_d$(假设完全受损细胞的介质电导率与胞内介质电导率相等)$\sigma_e \approx \sigma$ 时,可以使用式(2.8)中定义的电穿孔因子来计算校正因子,即 $g \approx f_e$。图 2.7 展示的是校正系数 g 与受损细胞比例 P 之间的关系,是对于两个不同半径的细胞和两个电导率之比,定义为 $k = \sigma_d/\sigma_u$。这些计算是对简单立方(sc)堆积进行的,典型参数 $\sigma_m = 5 \times 10^{-7}$ S/m,$\sigma_d = \sigma_i = 2 \times 10^{-1}$ S/m,$d_m = 5$ nm(Kotnik 等,1997)。数据显示,校正因子(correction factor)很大程度上取决于受损细胞比例 P,而且这种影响在较大的细胞中更为显著。

2.4　生物组织电穿孔模拟

值得注意的是,平均场近似理论不能解释电穿孔过程中电场局部分布的变化。Lebovka 等利用 Monte Carlo 计算机模拟对这种效应进行研究(Lebovka 等,2001)。他用相互连接的二维生物细胞阵列来表示生物组织(图 2.8)。在初始状态下,所有完整细胞的有效电导率 σ_i 都很低。在上下电极之间施加外部电势 u,通过求解离散拉普拉斯方程,对单个细胞的电位进行数值计算。利用公式(2.11)计算脉冲过程中细胞寿命。对于电穿孔细胞,其有效电导率从 σ_i 变为 σ_d,其中 σ_d 是受损细胞的有效电导率。利用 Frank 和 Lobb 高效算法计算整个组织的有效电导率(Frank 和 Lobb,1988)。用电穿孔细胞和细胞总数的比值来估计细胞分解程度。

该模型揭示在电穿孔初始阶段,由电穿孔细胞组成的相对电极之间形成传导路径。在电穿孔初始阶段,组织的导电性显著增加。其他细胞的损伤过程,观察到电导率无明显增加。这表明电穿孔程度与电导率之间可能存在明显的非线性关系。

该模型还解释不同时间常数下孔隙重新封合(可逆电穿孔)和水分转移(样品内部水分的扩散、渗透流动和再分配)过程的可能性(Lebovka 等,2001)。研究得到的模拟数据与 PEF 处理苹果的实验数据基本一致。结果表明,电穿孔动力学对连续脉冲之间的时间差 Δt 非常敏感。观察当 Δt 超过水分传递时间 τ_d 时电穿孔细胞簇会形成(相关模式)。相反,当 $\Delta t \ll \tau_d$ 时,可以观察到电穿孔细胞在空间中均匀分布(Lebovka 等,2001)。实验研究表明,细胞损伤动力学在较大和较小 Δt 值下有很大差异。$\Delta t = 60$ s 的 PEF 协议比 $\Delta t = 0.01$ s 更有效。$\Delta t = 60$ s 时,能观察到电穿孔细胞的宏观区域形成。

Schwan 方程预测,具有更大细胞尺寸的系统电穿孔水平更高[式(2.7)式(2.19)]。然而,在对选定的水果和蔬菜组织进行的实验中(苹果、土豆、胡萝

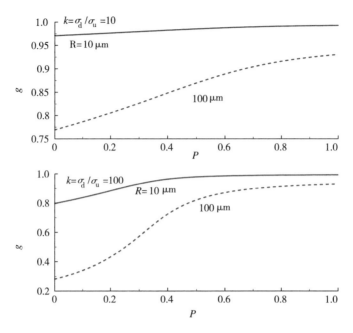

图 2.7　Schwan 方程的修正因数[式(2.19)]g 与受损细胞比例 P 的关系。用式 (2.8)对简单立方(sc)堆积进行计算,式(2.21)可以计算两个不同半径的细胞, 电导率之比 $k=\sigma_d/\sigma_u$ 和其他参数的典型值:$\sigma_m=5\times10^{-7}$ S/m,$\sigma_d=\sigma_i=2\times10^{-1}$ S/ m,$d_m=5$ nm(Kotnik 等,1997)

卜、胡瓜、橘子和香蕉),PEF 诱导的电穿孔与细胞大小的相关性并不总是被观察 到(Ben Ammar 等,2011)。为解释这种异常现象,一种基于电导率有效介质近似 的随机蒙特卡罗模型[式(2.21)]模拟 PEF 引起的组织变化。模型假设存在一 定的细胞半径分布并且 PEF 处理前所有细胞均未受损,电穿孔影响未受损和受 损细胞的分布,并且对时间有依赖性。模拟结果表明,电场强度 E 增加加快组织 损伤的出现,并与实验结果完全一致。此外,该模型还可以解释电穿孔效率与电 导率比值 k 之间的关系。

　　例如,模型(Ben Ammar 等,2011)预测完整细胞分布函数的变化对 E 值和 k $=\sigma_d/\sigma_u$ 值的敏感性。在相对小的电场下,PEF 处理优先损伤较大的细胞,它可 用于从较大的细胞中选择性提取细胞间介质。图 2.9 展示在两种不同的电导率 之比 $k=\sigma_d/\sigma_u$(=10 和=2)下,所需的比功耗 W(电导率崩解指数 $Z=0.8$ 见第 3 章)与电场强度 E 的关系。随着 E 增加,W 通过最小值,最小值的位置在 $E=E_o$ 处并取决于 $k=\sigma_d/\sigma_u$。模拟结果与现有实验数据很符合(Lebovka 等,2002)。例 如,计算得到马铃薯 $E_o\approx360$ $V/cm(\sigma_d/\sigma_u=14.3)$,香蕉 $E_o\approx976$ $V/cm(\sigma_d/\sigma_u=$

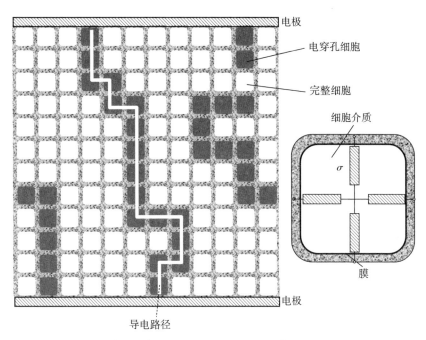

图 2.8　生物组织模型。每个细胞由一个带有四个传导键的节点表示。完整
细胞和电穿孔细胞的电导率值有显著差异(Lebovka 等,2001)

5.6),即 E 值随 σ_d/σ_u 减小而增大(Ben Ammar 等,2011)。对于低 σ_d/σ_u 的植物组织($\sigma_d/\sigma_u=1$),需要应用一个强电场(例如,数值估计给出橙子的 $E_o=3000$ V/cm,$k=\sigma_d/\sigma_u=1.25$)。

　　Lebovka 等建立蒙特卡罗模型,用于模拟时变协议条件下的 PEF 处理(Lebovka 等,2014)。在此协议下,电场强度 E 和生物组织的电导率在处理过程中可以改变。在实际应用中,可实现 PEF 辅助压力处理(液压、轧辊或皮带式)。Lebovka 等对电场 E 变化的不同模式进行测试(指数增长,M↑;指数下降,M↓以及其他模式),比较在恒定电场 E 下 PEF 处理的数据(模型 M→)。计算机模拟预测,M↑和 M↓协议的应用可以优化初始电场偏离最优值 E_o 的 PEF 处理。PEF 处理马铃薯组织的模拟结果与实验数据相符合(Lebovka 等,2014)。对于 E 值呈指数增长(M↑)和指数下降(M↓)的 PEF 实验,能表明 M↑在初始电场强度小的情况下是有用的,$E<E_o$,它能显著提高 PEF 处理效率。另外,采用初始电场强度大的指数下降 M↓模式,$E_i(>E_o)$,比处于最佳值 $E=E_o=400$ V/cm 的恒定电场 E 效率低。

　　Yildiz 等用计算机模拟和数学模型预测 PEF 对渗透脱水苹果片的影响

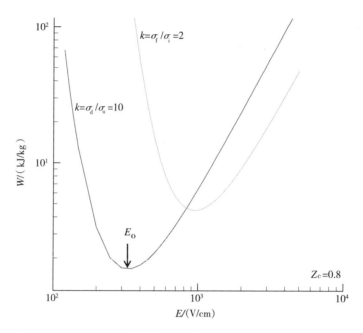

图 2.9　在两种不同电导率 σ_d / σ_u 之比下,相对较高的衰变(电导率衰变指数 $Z = 0.8$ 见第 3 章)所需的比功耗 W 与电场强度 E 的关系(源自:Ben Ammar 等,2011)

(Yildiz 等,2016)。苹果片的渗透脱水时间和最终水分、固体分布与实验数据一致。Castellvi 等用数学模拟方法预测马铃薯组织中不可逆电穿孔的形状和延展情况(Castellvi 等,2016)。Kranjc 等对马铃薯块茎进行 PEF 处理,并用着色剂溶液扩展电穿孔面积,对电穿孔组织进行三维重建。Kranjc 等利用磁共振-电阻抗成像技术,建立马铃薯组织在 PEF 处理过程中电场分布的重建模型(Kranjc 等,2016)。为确定脉冲过程中电场的分布和计算生物组织中电穿孔的时空变化,Langus 等使用组织电路模型和电穿孔过程的唯象模型进行模拟(Langus 等,2016)。模拟数据与兔肝脏活体实验中的数据较为一致。

参考文献

［1］Apollonio F,Liberti M,Marracino P,Mir L(2012)Electroporation mechanism:Review of molecular models based on computer simulation. In:2012 6th European conference on antennasand propagation(EUCAP). Prague,Czech Republic,pp 356-358

［2］Ben Ammar J, Lanoisellé J－L, Lebovka NI et al（2011）Impact of a pulsed electric field on damage of plant tissues：effects of cell size and tissue electrical conductivity. J Food Sci 76：E90－E97

［3］Bernhardt J, Pauly H（1973）On the generation of potential differences across the membranes of ellipsoidal cells in an alternating electrical field. Biophysik 10：89－98

［4］Böckmann RA, De Groot BL, Kakorin S et al（2008）Kinetics, statistics, and energetics of lipid membrane electroporation studied by molecular dynamics simulations. Biophys J 95：1837－1850

［5］Bryant G, Wolfe J（1987）Electromechanical stresses produced in the plasma membranes of suspended cells by applied electric fields. J Membr Biol 96：129－139

［6］Casciola M, Tarek M（2016）A molecular insight into the electro－transfer of small molecules through electropores driven by electric fields. Biochim Biophys ActaBiomembr 1858：2278－2289

［7］Casciola M, Kasimova MA, Rems L et al（2016）Properties of lipid electropores I：molecular dynamics simulations of stabilized pores by constant charge imbalance. Bioelectrochemistry 109：108－116

［8］Castellvi Q, Banús J, Ivorra A（2016）3d assessment of irreversible electroporation treatments in vegetal models. In：Jarm T, Kramar P（eds）1st world congress on electroporation and pulsed electric fields in biology, medicine and food & environmental technologies. IFMBE Proceedings. Springer, Singapore, pp 294－297

［9］Chen C, Smye SW, Robinson MP, Evans JA（2006）Membrane electroporation theories：a review. Med Biol Eng Comput 44：5－14

［10］Crowley JM（1973）Electrical breakdown of bimolecular lipid membranes as an electromechanical instability. Biophys J 13：711－724

［11］Delemotte L, Tarek M（2012）Molecular dynamics simulations of lipid membrane electroporation. J Membr Biol 245：531－543

［12］Fernández ML, Marshall G, Sagués F, Reigada R（2010）Structural and kinetic molecular dynamics study of electroporation in cholesterol－containing bilayers. J Phys Chem B 114：6855－6865

[13] Fošnarič M, Kralj−Iglič V, Bohinc K et al (2003) Stabilization of pores in lipid bilayers by anisotropic inclusions. J Phys Chem B 107:12519−12526

[14] Frank DJ, Lobb CJ (1988) Highly efficient algorithm for percolative transport studies in two dimensions. Phys Rev B 37:302

[15] Fricke H (1953) The electric permittivity of a dilute suspension of membrane−covered ellipsoids. J Appl Phys 24:644−646

[16] Gerlach D, Alleborn N, Baars A et al (2008) Numerical simulations of pulsed electric fields for food preservation: a review. Innov Food Sci Emerg Technol 9:408−417

[17] Gimsa J, Wachner D (1999) A polarization model overcoming the geometric restrictions of the Laplace solution for spheroidal cells: obtaining new equations for field−induced forces and transmembrane potential. Biophys J 77:1316−1326

[18] Gimsa J, Wachner D (2001) Analytical description of the transmembrane voltage induced on arbitrarily oriented ellipsoidal and cylindrical cells. Biophys J 81:1888−1896

[19] Gowrishankar TR, Weaver JC (2003) An approach to electrical modeling of single and multiple cells. Proc Natl Acad Sci 100:3203−3208

[20] Grosse C, Schwan HP (1992) Cellular membrane potentials induced by alternating fields. Biophys J 63:1632−1642

[21] Henslee BE, Morss A, Hu X et al (2014) Cell−cell proximity effects in multi−cell electroporation. Biomiofluidics 8:52002

[22] Ho M−C, Levine ZA, Vernier PT (2013) Nanoscale, electric field−driven water bridges in vacuum gaps and lipid bilayers. J Membr Biol 246:793−801

[23] Holl MMB (2008) Cell plasma membranes and phase transitions. In: Pollack GH, Chin W−C (eds) Phase transitions in cell biology. Springer, Netherlands, pp 171−181

[24] Hu Q, Joshi RP (2009) Transmembrane voltage analyses in spheroidal cells in response to an intense ultrashort electrical pulse. Phys Rev E 79:11901

[25] Hu Q, Joshi RP, Schoenbach KH (2005) Simulations of nanopore formation and phosphatidylserine externalization in lipid membranes subjected to a high−intensity, ultrashort electric pulse. Phys Rev E 72:31902

[26] Hu Q, Zhang Z, Qiu H et al (2013) Physics of nanoporation and water entry

driven by a highintensity, ultrashort electrical pulse in the presence of membrane hydrophobic interactions. Phys Rev E 87:32704

[27] Huang K, Tian H, Gai L, Wang J (2012) A review of kinetic models for inactivating microorganisms and enzymes by pulsed electric field processing. J Food Eng 111:191−207

[28] Jerry RA, Popel AS, Brownell WE (1996) Potential distribution for a spheroidal cell having a conductive membrane in an electric field. IEEE Trans Biomed Eng 43:970−972

[29] Kinosita K Jr, Tsong TY (1977) Voltage−induced pore formation and hemolysis of human erythrocytes. Biochim Biophys Acta Biomembr 471:227−242

[30] Klee M, Plonsey R (1976) Stimulation of spheroidal cells − the role of cell shape. IEEE Trans Biomed Eng 4:347−354

[31] Kotnik T, Miklavčič D (2000) Analytical description of transmembrane voltage induced by electric fields on spheroidal cells. Biophys J 79:670−679

[32] Kotnik T, Pucihar G (2010) Induced transmembrane voltage − theory, modeling, and experiments. In:Pakhomov AG, Miklavčič D, Markov MS (eds) Advanced electroporation techniques in biology and medicine. CRC Press, Taylor/Francis Group, Boca Raton, pp 51−70

[33] Kotnik T, Bobanovic F, Miklavčič D (1997) Sensitivity of transmembrane voltage induced by applied electric fields: a theoretical analysis. Bioelectrochem Bioenerg 43:285−291

[34] Kotnik T, Miklavčič D, Slivnik T (1998) Time course of transmembrane voltage induced by timevarying electric fields: a method for theoretical analysis and its application. Bioelectrochem Bioenerg 45:3−16

[35] Kranjc M, Bajd F, Serša I et al (2016) Electric field distribution in relation to cell membrane electroporation in potato tuber tissue studied by magnetic resonance techniques. Innov Food Sci Emerg Technol 37C:384−390

[36] Langus J, Kranjc M, Kos B et al (2016) Dynamic finite−element model for efficient modelling of electric currents in electroporated tissue. Sci Rep 6:26409

[37] Lebedeva NE (1987) Electric breakdown of bilayer lipid membranes at short times of voltage action. Biol Membr (Biochem Moscow Ser A Membr Cell Biol) 4:994−998. (in Russian)

[38] Lebovka NI, Vorobiev EI (2004) On the origin of the deviation from the first-order kinetics in inactivation of microbial cells by pulsed electric fields. Int J Food Microbiol 91:83-89

[39] Lebovka N, Vorobiev E (2007) The kinetics of inactivation of spheroidal microbial cells by pulsed electric fields. ArXiv Prepr arXiv 0704(2750):1-18

[40] Lebovka NI, Bazhal MI, Vorobiev E (2001) Pulsed electric field breakage of cellular tissues: visualisation of percolative properties. Innov Food Sci Emerg Technol 2:113-125

[41] Lebovka NI, Bazhal MI, Vorobiev E (2002) Estimation of characteristic damage time of food materials in pulsed-electric fields. J Food Eng 54:337-346

[42] Lebovka NI, Mhemdi H, Grimi N et al (2014) Treatment of potato tissue by pulsed electric fields with time-variable strength: theoretical and experimental analysis. J Food Eng 137:23-31

[43] McLachlan DS, Cai K, Chiteme C, Heiss WD (2000) An analysis of dispersion measurements in percolative metal--insulator systems using analytic scaling functions. Phys B Condens Matter 279:66-68

[44] Mercadal B, Vernier PT, Ivorra A (2016) Dependence of electroporation detection threshold on cell radius: an explanation to observations non compatible with Schwan's equation model. J Membr Biol 249:663-676

[45] Michael DH, O'Neill ME (1970) Electrohydrodynamic instability in plane layers of fluid. J Fluid Mech 41:571-580

[46] Muehsam DJ, Pilla AA (1999) The sensitivity of cells and tissues to exogenous fields: effects of target system initial state. Bioelectrochem Bioenerg 48:35-42

[47] Neu JC, Krassowska W (1999) Asymptotic model of electroporation. Phys Rev E 59:3471

[48] Pakhomov AG, Bowman AM, Ibey BL et al (2009) Lipid nanopores can form a stable, ion channel-like conduction pathway in cell membrane. Biochem Biophys Res Commun 385:181-186

[49] Pavlin M, Pavselj N, Miklavčič D (2002) Dependence of induced transmembrane potential on cell density, arrangement, and cell position inside a cell system. Biomed Eng IEEE Trans 49:605-612

[50] Pucihar G, Kotnik T, Teissié J, Miklavčič D (2007) Electropermeabilization of

dense cell suspensions. Eur Biophys J 36:173-185

[51] Qin Y, Lai S, Jiang Y et al (2005) Transmembrane voltage induced on a cell membrane in suspensions exposed to an alternating field: a theoretical analysis. Bioelectrochemistry 67:57-65

[52] Ramos A, Suzuki DOH, Marques JLB (2006) Numerical study of the electrical conductivity and polarization in a suspension of spherical cells. Bioelectrochemistry 68:213-217

[53] Reigada R (2014) Electroporation of heterogeneous lipid membranes. Biochim Biophys Acta Biomembr 1838:814-821

[54] Rems L, Miklavčič D (2016) Tutorial: electroporation of cells in complex materials and tissue. J Appl Phys 119:201101

[55] Rems L, Viano M, Kasimova MA et al (2019) The contribution of lipid peroxidation to membrane permeability in electropermeabilization: a molecular dynamics study. Bioelectrochemistry 125:46-57

[56] Rols M-P (2006) Electropermeabilization, a physical method for the delivery of therapeutic molecules into cells. Biochim Biophys Acta Biomembr 1758: 423 -428

[57] Rols M-P, Teissie J (1990) Electropermeabilization of mammalian cells. Quantitative analysis of the phenomenon. Biophys J 58:1089-1098

[58] Sachs JN, Crozier PS, Woolf TB (2004) Atomistic simulations of biologically realistic transmembrane potential gradients. J Chem Phys 121:10847-10851

[59] Saulis G (1997) Pore disappearance in a cell after electroporation: theoretical simulation and comparison with experiments. Biophys J 73:1299-1309

[60] Stämpfli R (1958) Reversible electrical breakdown of the excitable membrane of a Ranvier node. An da Acad Bras Ciências (Annals Brazilian Acad Sci) 30:57 -63

[61] Stämpfli R, Willi M (1957) Membrane potential of a Ranvier node measured after electrical destruction of its membrane. Experientia 13:297-298

[62] Stauffer D, Aharony A (1991) Introduction to percolation theory. Taylor & Francis, London

[63] Sugar IP, Förster W, Neumann E (1987) Model of cell electrofusion: membrane electroporation, pore coalescence and percolation. Biophys Chem 26:

321-335

[64] Sun S, Yin G, Lee Y-K et al (2011) Effects of deformability and thermal motion of lipid membrane on electroporation: by molecular dynamics simulations. Biochem Biophys Res Commun 404:684-688

[65] Susil R, Semrov D, Miklavčič D (1998) Electric field-induced transmembrane potential depends on cell density and organization. Electro Magnetobio 17: 391-399

[66] Tang J, Yin H, Ma J et al (2018) Terahertz electric field-induced membrane electroporation by molecular dynamics simulations. J Membr Biol 251:681-693

[67] Tarek M (2005) Membrane electroporation: a molecular dynamics simulation. Biophys J88:4045-4053

[68] Tieleman DP (2004) The molecular basis of electroporation. BMC Biochem 5:10

[69] Tieleman DP, Leontiadou H, Mark AE, Marrink S-J (2003) Simulation of pore formation in lipid bilayers by mechanical stress and electric fields. J Am Chem Soc 125:6382-6383

[70] Tien HT, Ottova A (2003) The bilayer lipid membrane (BLM) under electrical fields. IEEE TransDielectr Electr Insul 10:717-727

[71] Valič B, Golzio M, Pavlin M et al (2003) Effect of electric field induced transmembrane potential onspheroidal cells: theory and experiment. Eur Biophys J 32:519-528

[72] Vernier PT, Levine ZA, Gundersen MA (2013) Water bridges in electropermeabilized phospholipidbilayers. Proc IEEE 101:494-504

[73] Washizu M, Techaumnat B (2008) Polarisation and membrane voltage of ellipsoidal particle with aconstant membrane thickness: a series expansion approach. IET Nanobiotechnol 2:62-71

[74] Weaver JC, Chizmadzhev YA (1996) Theory of electroporation: a review. BioelectrochemBioenerg 41:135-160

[75] Winterhalter M, Helfrich W (1987) Effect of voltage on pores in membranes. Phys Rev A 36:5874

[76] Yildiz H, Icier F, Eroglu S, Dagci G (2016) Effects of electrical pretreatment conditions on osmoticdehydration of apple slices: experimental investigation and

simulation. Innov Food Sci EmergTechnol 35:149-159

[77] Ziegler MJ, Vernier PT (2008) Interface water dynamics and porating electric fields for phospholipid bilayers. J Phys Chem B 112:13588-13596

[78] Zimmermann U, Pilwat G, Riemann F (1974) Dielectric breakdown of cell membranes. Biophys J14:881-899

[79] Zudans I, Agarwal A, Orwar O, Weber SG (2007) Numerical calculations of single-cell electroporation with an electrolyte-filled capillary. Biophys J 92: 3696-3705.

第3章　电穿孔检测技术

　　摘要　　对食品和生物材料(粮食作物、生物质原料和生物悬浮液)中电穿孔效应的检测和定量在许多实际应用中是非常重要的。目前,已经提出不同方法和技术来检测和测量电穿孔效应。本章介绍当前基于介电光谱数据(低频、低频—高频、相移法、电动力学方法)质构分析(应力—变形和弛豫试验以及声学方法)、溶质扩散率数据、图像分析(光和电子显微镜)等方式来量化电穿孔效应的方法。针对不同的食品材料,给出大量电穿孔检测和定量的实例,讨论各种方法的优缺点。

　　食品和生物材料(水果、蔬菜、动物组织、生物悬浮液)中电穿孔扩展的信息对于优化本书中所考虑的不同加工操作方式非常重要,例如提取和压榨操作、渗透处理、冷冻和干燥。

　　通常情况下,PEF引起的崩解选择性地与细胞膜有关,对细胞壁和其他细胞成分没有明显的影响。若细胞壁含水量发生变化,电穿孔处理则会对它产生一定的影响,并可能导致其他的二次效应。高压放电引起的崩解对细胞膜和细胞壁都有影响。

　　一般情况下,细胞崩解指数 Z 的计算公式如下:

$$Z = N_d/N_t \tag{3.1}$$

　　其中,N_d 和 N_t 分别是材料中完全电穿孔(受损的)细胞的数量和细胞总数。在文献中,这一指标又称损伤程度、电穿孔度或电透性指数。

　　但是,对于细胞崩解的特征并没有明确的定义。对完全电穿孔细胞的检测不是一项简单明了的工作。电穿孔是统计处理过程,根据电处理的条件会发生暂时性(可逆性)或不可逆性电穿孔。然而,由于细胞再生的存在、被处理材料内部不同性质的空间分布以及细胞大小的分布,材料中不同细胞的电穿孔可能是相当不均匀的。

　　到目前为止,人们已经提出了不同的电穿孔检测技术。它们发展了对微观结构的分析,或对应用PEE引起的材料性能变化的检测,如电学特性和输送特性的变化、结构和声学特性的变化。但是没有直接的方法来严格测量膜中的扩展电穿孔,因此提出了不同的间接方法来估算膜崩解指数。实际上所有技术都是具有破坏性的(侵入性的),它们可以独立地影响材料的结构,增加电穿孔效应估计的不准确性。此外,一般来说,已经开发的技术并不是普遍适用的,需要根据材料类型的不同进行一定的调整。

本章以各种食品材料的应用为例,介绍了电穿孔检测的不同技术,并分析了这些技术的优缺点。

3.1 介电光谱

介电技术被广泛用于评估水果和蔬菜的成熟度与损害度、产品成熟过程中的不同变化以及加热、冷冻、干燥和其他处理的作用(Markx 和 Davey,1999;Patel 和 Markx,2008;Zhao 等,2017)。不同的报道对各种水果、蔬菜和其他食品材料在较宽的频率和温度范围内的介电性能进行了详细综述(Alfaifi 等,2014;Sastry,2014;Nelson,2015)。这些方法也可用于表征单细胞、悬浮液以及不同食品和生物质材料中的电穿孔特性。

3.1.1 定义和介电模型

介电材料的主要特征是复介电常数,计算公式如下(Reilly,2012;Nelson,2015;Raicu 和 Feldman,2015):

$$\varepsilon^*(\omega) = \varepsilon'(\omega) - i\varepsilon''(\omega) \tag{3.2a}$$

其中,$\varepsilon'(\omega)$ 和 $\varepsilon''(\omega)$ 是实项和复项,$\omega = 2\pi f$ 是角频率,f(Hz)是频率,i 是虚数单位。

实项 $\varepsilon'(\omega)$ 对应于介电常数 ε,反映了电极材料之间的电容。虚项 $\varepsilon''(\omega)$ 称为与电导率有关的损耗因子,$\varepsilon'' = \sigma/(\omega\varepsilon_0)$。其中 $\varepsilon_0 = 8.854 \times 10^{-12}$ F/m 是自由空间的介电常数。

在等效定义中,复电导率定义为:

$$\sigma^*(\omega) = \sigma'(\omega) + i\sigma''(\omega) = i\omega\varepsilon^*\varepsilon_0 \tag{3.2b}$$

其中,$\sigma' = \omega\varepsilon_0\varepsilon''$,$\sigma'' = \omega\varepsilon_0\varepsilon'$。

能量的吸附作用由 σ' 或 ε'' 的值来定义。有用量也是相移。

$$\varphi(\omega) = atan(\varepsilon'(\omega)/\varepsilon''(\omega)) = atan(\omega\varepsilon\varepsilon_0/\sigma) \tag{3.3}$$

各种新鲜水果和蔬菜的介电常数 ε' 与损耗因子 ε'' 的列表数据见(Nelson,2015)。

一百多年前,Höber 对红细胞悬浮液的阻抗进行电学测量,发现生物细胞是由高导电细胞质周围的低导电细胞膜组成的（Höber，1910）。Philippson（Philippson，1921）和 Fricke（Fricke 和 Morse，1925）的早期模型解释了细胞质的电阻以及细胞膜的电阻和性能。为描述生物组织和单个细胞的介电性能而开发的最重要的模型如图 3.1 所示。这些模型提出不同的回路来解释细胞内室（质膜、液泡膜、液泡、细胞质）的电阻和性能以及细胞外基质的电阻。更复杂的多壳球形、圆柱形和椭圆形模型也被开发（Raicu，2015）。

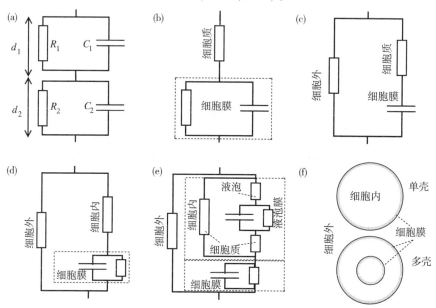

图 3.1　生物材料最重要的介电模型。双层串联电路，Wagner 模型（Wagner，1924）（a）。细胞质和细胞膜串联，Philippson 模型（Philippson，1921）（b）。细胞质和细胞膜与胞外电阻平行串联，Fricke 模型（Fricke 和 Morse，1925）（c）。Schwan 模型（Schwan，1954）和 Hayden 模型（Hayden 等，1969）（d）。更复杂的细胞组织模型（Angersbach 等，1999，2002；Sree 和 Gowrishankar，2014；Nelson，2015）（e）。单壳 Cole（Cole，1928；Dänzer，1934，1935）和多壳（Fricke，1955）细胞模型（f）

从由两层电介质表示的非均匀生物组织的最简单模型中［图 3.1（a）］，可以得到以下关系（Schwan，1957）：

$$\varepsilon' = \varepsilon_\infty + \Delta\varepsilon/(1 + i\omega\tau) \tag{3.4a}$$

$$\varepsilon'' = \sigma_{dc}/(\omega\varepsilon_0) \tag{3.4b}$$

其中，$\Delta\varepsilon = \varepsilon_{dc} - \varepsilon_\infty$，下标 dc 和 ∞ 分别表示 $\omega \to 0$ 和 $\omega \to \infty$ 时的极限。

在这种双层情况下，界面电荷呈指数级增长，系统以一个介电弛豫时间为特征：

$$\tau = \varepsilon_0(d_c\varepsilon_m + d_m\varepsilon_c)/(d_c\sigma_m + d_m\sigma_c) \tag{3.5}$$

例如,在 $d_m = 5$ nm, $d_c = 50$ μm, $\varepsilon_m = 10$, $\varepsilon_c = 80$, $\sigma_c = 0.1$ S/m 和 $\sigma_m = 10^{-5}$ S/m 时,计算得到 $\tau \approx 4$ μs。这里的下标 m 和 c 对应于细胞膜层和细胞质层。

为了对其进行图形化表示,引入以下简化值:

$$\varepsilon'_r = (\varepsilon' - \varepsilon_\infty)/\Delta\varepsilon = (1 + (\omega\tau)^2)^{-1}$$
$$\sigma_r = (\sigma - \sigma_{dc})/\Delta\sigma = (1 + (\omega\tau)^{-2})^{-1} \qquad (3.6)$$
$$\varepsilon''_r = \sigma_r/(\omega\tau)$$

其中, $\Delta\sigma = \sigma_\infty - \sigma_{dc} = \varepsilon_0\Delta\varepsilon/\tau$ 。

图 3.2 给出了简化值 ε'_r、ε''_r 和 σ_r 与频率的关系(a)以及 ε'_r 和 ε''_r 之间的相关关系[称作科尔作图(Cole-Cole plot)(Cole 和 Cole,1941)](b)。对于双层电介质来说,随着频率 f 的增加,实际介电常数从 ε_{dc} 降到 ε_∞,电导率从 ε_{dc} 增至 ε_∞。当频率为 $\dfrac{1}{2}\pi\tau$ 时,虚介电常数达到最大值[图 3.2(a)]。理想的 Cole-Cole 图在 $f = \dfrac{1}{2}\pi\tau$ 频率处呈现出具有最大值的理想半圆。介电数据的不同表示有助于确定弛豫时间和测试介电弛豫机制(Raicu 和 Feldman,2015)。

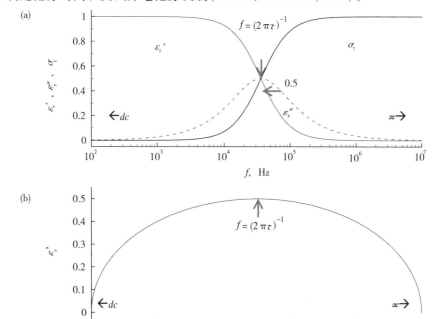

图 3.2　双层电介质的简化值 ε'_r、ε''_r 和 σ_r 与频率的关系(a)以及 ε'_r 和 ε''_r 之间的相关关系(称作科尔作图)[图 3.1(a)(b)]

双层模型对应于具有单一弛豫时间 τ（Debye,1929）的德拜弛豫过程。在 n 层串联的更一般情况下,弛豫以 $n-1$ 时间常数（Schwan,1957）为特征。通常,更复杂的弛豫规律（Greenbaum 等,2015）能够更好地拟合实验观察到的 ε'、ε'' 和 σ 与频率的关系。在大多数情况下,可以用 Havriliak–Negami 弛豫规律来表示（Havriliak 和 Negami,1967）:

$$\varepsilon' = \varepsilon_\infty + \frac{\Delta\varepsilon}{(1+(i\omega\tau)^a)^b} \tag{3.7}$$

其中所谓的拉伸参数 $0<a$、$b\leqslant1$ 代表了不同类型的弛豫时间分布。

这一规律的常用变体形式包括 Debye（$a=1,b=1$）（Debye,1929）弛豫规律,Cole–Cole（$b=1$）弛豫规律（Cole 和 Cole,1941）,和 Cole–Davidson（$a=1$）弛豫规律（Davidson 和 Cole,1951）。

对生物材料,确定了与极化机制相关的不同类型的色散（α-、β-和 γ-色散）（图 3.3）。

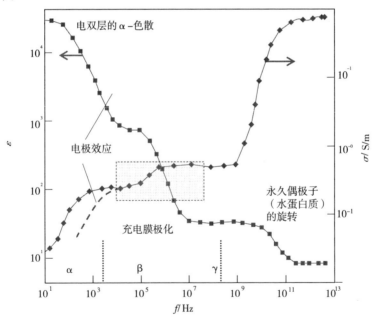

图 3.3　生物组织介电常数 ε 和电导率 σ 与频率的相关关系中的 α-、β-和 γ-色散。可以通过 EP（虚线）掩盖 α-色散（源自:Schwan,1957;Reilly,2012）

α-色散（$f=1$~几个 kHz）反映了离子类物种的扩散过程和组织电双层中的极化现象（Zhao 等,2017）。在这种调和频率中,电极极化（EP）的作用可能是必不可少的,对介电参数的估计需要引入特殊的校正方法(Ishai 等,2013;Feldman 等,2015)。EP 效应既取决于电极的电导率和温度,也取决于电极的组成及其粗糙度。电化学反应会导致测量参数随时间的变化而变化。

β-色散($f=$ 几个 kHz ~ 10^8 Hz)反映了电流通过不同材料之间的界面所产生的麦克斯韦-瓦格纳(Maxwell-Wagner)极化现象。这种分散性直接反映了细胞膜对离子运输的阻挡作用(电容效应)。

γ-色散($f>10^9$ Hz)反映了具有永久偶极矩的分子(主要是水分子)的旋转(Kaatze,2015)。

3.1.2　电穿孔定量分析

通常使用 α-色散和 β-色散对阻抗进行测量。这里有一些关于膜破裂影响血细胞 α-色散行为的报道。例如,被渗透溶血(溶解红细胞或"幽灵"红细胞)破坏的红细胞在 10 kHz 以下呈现 α-色散,在完整的红细胞悬液(Schwan 和 Carstensen,1957)中则没有观察到这一现象。对于通过甘油渗透处理和/或通过冻融处理的人类血液,在低频弛豫下也发现了类似的效果(Chelidze,2002)。在经渗透(Asami,2012)和高压处理(Asami 和 Yamaguchi,1999)的红细胞悬液中也观察到了 α-色散现象。这种 α-色散现象的产生是因为被破坏的红细胞膜内部存在纳米孔。Asami 等研究揭示了 α-色散特征频率与空穴半径之间的线性关系(Asami 等,1980)。

对 β-色散($f≈1~10$ kHz)的研究已被广泛地应用于对细胞膜破坏程度的鉴定当中。目前,主要采用三种方法测定食品中的电穿孔效应。第一种方法基于对低频条件下电导率的测量(α-色散和 β-色散之间的边界);第二种方法基于在 β-色散区域内对低频和高频条件下电导率的测量(见图 3.3 中的虚线区域);第三种方法基于在 β-色散区域内对相移的测量。

注意的是,部分电穿孔的食品材料包括完整细胞(导电性较弱)和电穿孔(导电性较强)细胞。通常,电导率和导电细胞比例之间的关系是非线性的(McLachlan 等,2000)。此外,这种关系可以反映导电细胞的空间分布规律、细胞大小和形状的分布规律以及食品材料的许多其他特性(Ben Ammar 等,2011)。细胞壁也对食品材料的介电特性有利。细胞多孔结构可以包含多糖、其他天然聚合物以及不同的离子基团。电穿孔所致的细胞胞质释放也可引起生物组织介电特性的改变。在与基于阻抗方法得到的数据进行比较时,应充分考虑这些因素。

3.1.2.1 低频技术

常用的方法是基于对低频条件下(在 α-色散和 β-色散范围的边界,$f \approx 1 \sim$ 10 kHz)电导率 σ 的测量。电导率 σ 随 PEF 处理时间 t_{PEF} 的典型变化如图 3.4 所示。

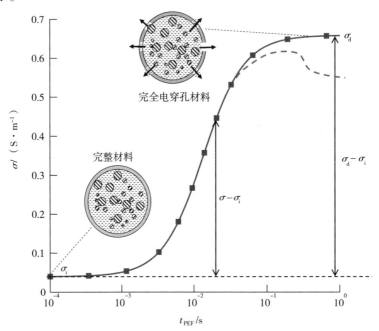

图 3.4 举例说明了应用低频电导率法测定电导率崩解指数的方法。在这里,给出了电导率 σ($f \approx 1 \sim 10$ kHz)与 PEF 处理时间 t_{PEF} 的典型关系。虚线表示长时间 PEF 处理可能影响材料的电化学反应和材料内部气泡的产生

随着 t_{PEF} 的增加,σ 的值从 σ_i 处(完整的或未处理的组织)开始增加。在 σ_d(完全崩解组织的电导率)水平下,经长时间处理后 σ 的值会达到饱和。为了对细胞破坏程度进行表示,引入电导率崩解指数 Z_c 的概念,其计算公式如下(Barba 等,2015):

$$Z_c = (\sigma - \sigma_i)/(\sigma_d - \sigma_i) \qquad (3.8a)$$

该定义给出了完整材料和完全电穿孔材料的 Z_c 值,分别为 $Z_c = 0$ 和 $Z_c = 1$。

图 3.5 比较了用低频法处理的马铃薯组织和橙子组织的 Z_c 与 t_{PEF} 的关系(Ben Ammar,2011)。在较低(400 V/cm)和较高(1000 V/cm)的电场下,这些组织的变化明显不同。E(场强)值的增加总是会加快电穿孔的速度,对于橙子组织,这种影响更加明显。此外,在马铃薯组织中观察到了比橙子组

织中更明显的电穿孔现象。这是令人惊讶的,因为橙子细胞($\approx 65~\mu m$)大于马铃薯细胞($\approx 35~\mu m$)。因此,这一观察结果推翻了人们以往的看法,即橙子细胞更容易进行电穿孔。由于组织的电导率不同,例如完整组织的电导率为 σ_i 而电穿孔组织的电导率则为 σ_d(Ben Ammar,2011),其电穿孔效率也有一定的差异。

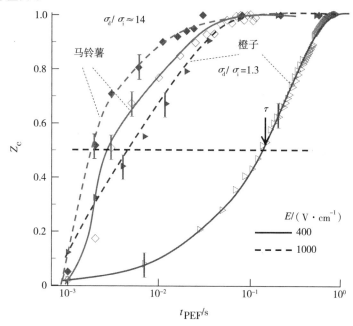

图 3.5　马铃薯和橙子组织的电导率崩解指数 Z_c 与 PEF 处理时间 t_{PEF} 的关系。使用持续时间为 t_i = 1000 μs 的双极脉冲,在两个电场强度 E = 400 和 1000 V/cm 下进行 PEF 处理。使用低频法获得数据(源自:Ben Ammar,2011)

　　我们可以提出与低频法的应用有关的严重问题。对于细胞完全被破坏的组织,需要知道 σ_d 的值。在高场强($E>1000$ V/cm)下,经过长时间($t_{PEF} \approx 0.1 \sim 1$ s)的 PEF 处理,我们可以得到 σ_d 的估计值。然而,长时间的 PEF 处理会使材料内部发生电化学反应并产生气泡。这些气泡会屏蔽电极,并降低组织的有效电导率(Palaniappan 和 Sastry,1991)。这种影响在长期欧姆处理的甜菜组织的电穿孔过程中得到了清楚的体现(Lebovka 等,2007)。因此,这些影响可能使 σ_d 的估计值偏低(见图 3.4 中的虚线)。

　　另一种常用的估算 σ_d 的方法是基于对冻融组织电导率的测量。组织冻结是由冰晶的形成造成的,而冰晶会破坏细胞(Kent 等,2007)。在某些情况下,冻融材料的电导率会达到最大值 σ_d,该值与 PEF 损伤材料的电导率近似相同。然而,冻融过程也会影响细胞壁的结构,这会妨碍对 σ_d 的正确估计。

3.1.2.2 低频-高频技术

该方法以在低频率(1~10 kHz)和高频率(50 MHz)条件下对完整和电穿孔生物材料电导率的测量为基础。图3.6给出了完整和部分电穿孔食品材料的典型导电频谱图。在低频条件下,射频电场中细胞的介电特性主要由完整膜的介电特性决定。在高频条件下,完整膜对电导率谱的影响可以忽略不计,细胞质的电导率则起主要作用。因此我们可以认为,对于电穿孔材料来说,σ 与 f 之间的相关关系较差。

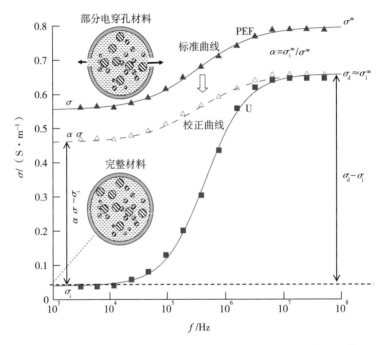

图3.6 低频法在电导率崩解指数测定中的应用。在此,给出了完整和部分电穿孔材料的电导率 σ 与频率 f 的典型相关关系

在低频-高频法中,电导率崩解指数 Z_c 的计算公式如下(Angersbach 等,2002):

$$Z_c = (\alpha\sigma - \sigma_i)/(\sigma_d - \sigma_i) \qquad (3.8b)$$

其中,σ 和 σ_i 的值(分别表示部分电穿孔材料和完整材料)是在低频条件下测得的。在高频条件下测得完整材料的电导率估计值为 $\sigma_d = \sigma_i^\infty$, $\alpha = \sigma_i^\infty/\sigma^\infty$ 是校正系数。

除了校正系数 α 的存在外,这一定义类似于低频方法中 Z_c 的定义(3.8a)。在理想材料中,α 的值接近 1,而在实际材料中,完整材料和部分电穿孔材料的 σ_i^∞ 和 σ^∞ 之间可能存在一定的差异。这种差异可以反映电穿孔过程中温度、组织孔隙率和电解质分布的变化。

3.1.2.3　相移技术

相移 φ 在 500 Hz～10 MHz 范围内与频率的相关关系也被用于估计经 PEF 处理的酿酒葡萄泥中的电穿孔效应。

图 3.7 显示了未经处理(U)和经电穿孔(PEF)处理的糊状麝香葡萄样品的比电导率 σ(a)和相移 φ(b)与频率之间相关关系的示例。相移的最大值约位于 3×10^5 Hz 处。电穿孔样品的剩余相移表明并非所有细胞都被穿透。复阻抗的测量值与糊状物的颜色强度之间有良好的相关性。然而,基于相移来表征崩解指数的定性参数尚未提出。

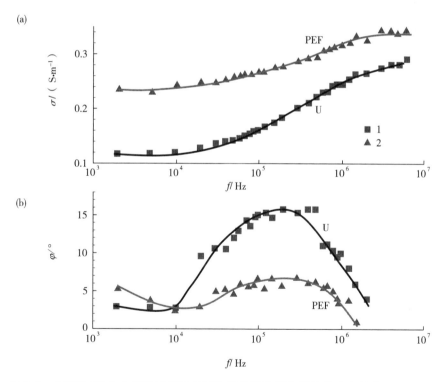

图 3.7　未处理(U)和电穿孔处理后(PEF)糊状麝香葡萄样品的比电导率 σ(a)和相移 φ(b)与频率的相关关系(比能:42 kJ/kg)(源自:Sack 等,2009)

3.2 电动力学技术

近年来,应用不同的电动力学技术来估计生物悬浮液中细胞膜通透性的变化开始流行(Patel 和 Markx,2008)。这些技术包括电泳、介电电泳、电旋转和电定向(Markx 和 Davey,1999;Patel 和 Markx,2008)。这些现象表明粒子对外加电场的反应有所不同,例如,它们在均匀(电泳)和非均匀(介电泳)电场中会产生运动(Pethig 和 Smith,2012;Pethig,2017);在旋转相移电场中会产生电旋转(Arnold 和 Zimmermann,1988;Hölzel,1999)以及各向异性粒子在电场中会产生电子定向运动(Markx 等,2002;Guliy 等,2007)。

在低电导率培养基中观察到完整和死亡(热灭活)酵母细胞的介电电泳(Huang 等,1992)和电旋转(Dalton 等,2001)光谱存在显著差异。这些数据可用于确定细胞膜的电容和电导率(Gimsa 等,1991;Huang 等,1992;Ratanachoo 等,2002;Pethig 和 Talary,2007)。介电电泳可用于分离微型设备中的生物颗粒(Jubery 等,2014)。电定向研究表明,完整细胞和死细胞在垂直于电场方向的频率有显著差异。

然而,尽管电动力学方法被广泛应用于研究生物悬浮液的不同特性,但它们很少应用在细胞电穿孔的研究和量化中。我们只能参考一些关于电动力学技术在检测生物细胞悬浮液中电穿孔的应用的学术研究。Oblak 等报道了应用介电电泳分离小鼠黑色素瘤非电穿孔细胞和电穿孔细胞的实例(Oblak 等,2007)。观察到了细胞运动与介质电导率之间的关系。数据表明,电穿孔后细胞膜的介电常数显著降低(至少 10 倍)。在另一项工作中,Moisescu 等(Moisescu 等,2013)采用介电电泳法对电穿孔细胞和非电穿孔细胞进行了区分。对 B16F10 细胞的测量表明,完整细胞和电穿孔细胞的交叉频率 f_c(细胞改变运动方向时的电场频率)存在显著性差异。

在 PEF 应用后,电动旋转微流体装置已被用于监测球状体细胞(人 U87MG 恶性胶质瘤细胞)的通透性(Trainito 等,2016)。这种非侵入式技术可以监测 PEF 应用后的电信号,以及细胞外层和内室的介电常数和电导率的变化,同时认为渗透作用对样品的非均匀性有影响。这种对球状体细胞的实时分析可能为癌症诊断和治疗提供一种新工具。

对浓缩酵母细胞(S. cerevisiae)水悬浮液中由 PEF 诱导的电穿孔现象的研究表明完整细胞和电穿孔细胞有着不同的电动电位信号(El Zakhem 等,2006a)。

电穿孔引起了由死(+)酵母细胞和活(-)酵母细胞组成的大聚合物的形成。最近研究者也报道了 PEF 处理对水悬浮液中无害李斯特氏菌细胞电动电位的影响（Pyatkovskyy 等，2018）。

3.3　质构

质构测定试验有助于定性描述 PEF 诱导的电穿孔食品材料的变化（Fincan 和 Dejmek，2003；Barba 等，2015），可以采用破坏性（切割、刺穿或压缩）和非破坏性质构测试的方法（Lu 和 Abbott，2004）。切割或穿刺试验包括测量探针（钉子或刀片）刺入食物时的力—变形曲线。在平板试验中，用大于样品面积的平板来压缩探头。在无损检测中，探头会受到微小的变形振动，但这种振动不会使材料受损。试验最常用的是声学技术，即在 $20 \sim 10^4$ Hz 频率范围内进行声振动。

3.3.1　应力-变形和松弛

应力变形和松弛测试已被用于分析完整和经 PEF 处理的半固体食品材料的质地。

图 3.8 比较了未经处理（U）、经 PEF 处理（PEF，$E = 1.1$ kV/cm，t_{PEF} =0.1 s）和冻融处理（FT）的马铃薯和苹果组织的应力—变形曲线（Lebovka 等，2004）。在这些实验中，对样品进行单轴加载。样品 U 有明显的线性区域和峰值强度点（断裂应力，p）。应力—变形图的平均斜率可用于计算弹性模量 G_m。PEF 样品失去了部分结构强度。马铃薯的质地比苹果硬，并且 PEF 样品和 U 样品的应力—变形曲线相当接近。然而，对苹果来说，PEF 样品和 U 样品的应力变形曲线则差异很大。

一般情况下，断裂应力随 PEF 诱导电穿孔的增强而减小。这些数据在 PEF 处理马铃薯的结构和固液表达研究中得到证实（Chalermchat 和 Dejmek，2005）。然而，在高电导率崩解指数 $Z_c \approx 1$ 的 PEF 样品中，其弹性模量 G_m 和断裂应力 p_f 的变化明显小于 FT 样品。因此，根据应力—变形测试的实验结果进行估计得出，与 FT 样品相比，PEF 样品的组织质地受损较小。

此外，应力位移曲线 p-ε 中的压缩行为可以反映加载方式。例如，压缩实验［三维（3d）加载］显示，U 样品和 PEF 样品的断裂应力 p_c 大致相同，$p_c \approx 4.5 \pm 0.4$ MPa（图 3.9）。该值大幅超过了单轴加载实验中马铃薯的断裂应力 p_c（图 3.8）。这种差异反映了组织变形、损伤和液体表达与加载方式之间的关系。

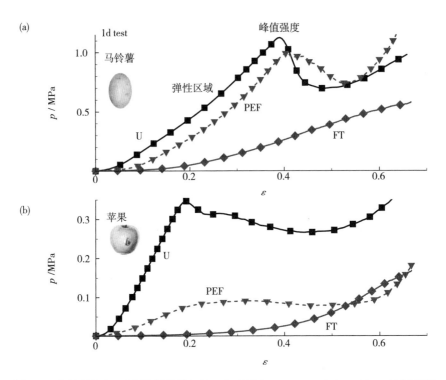

图 3.8　未处理(U)、PEF 处理(PEF, $E = 1.1\ kV/cm$, $t_{PEF} = 0.1\ s$, $Z_c \approx 1$)以及冻融(FT)马铃薯(a)和苹果(b)样品的应力-位移曲线 p-ε(源自:Lebovka 等,2004)

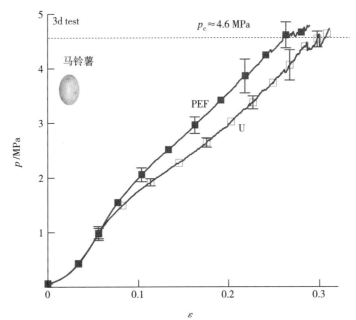

图 3.9　未处理(U)和 PEF 处理(PEF, $Z_c \approx 1$)马铃薯样品的应力位移曲线 p-ε(源自:Grimi 等,2009)

通常,应力位移的质构特征还可以反映样品之间的变化以及样品的形状、几何结构、水分含量和应变加载速率的变化(Sinha 和 Bhargav,2018)。因此,很难期望通过其他方法评估的应力位移结构特征与 PEF 崩解程度之间有很强的相关性(如阻抗)。

在其他常用的应力松弛测试中,应力最初几乎线性增加至某个水平(通常为 $p_m \approx 0.1 \sim 0.3\,p_c$),然后停止压缩并将样品保持在恒定的高度。之后,在恒定压缩应变下,施加于样品的应力随时间的推移而减小。图 3.10 给出了未处理(U)、PEF 处理(PEF, $Z_c \approx 1$)和冻融处理(FT)马铃薯样品的归一化应力 $p^* = p/p_m$ 与松弛时间 t 之间的相关关系。

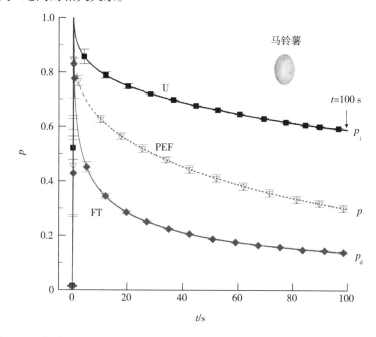

图 3.10 未处理(U)、PEF 处理(PEF, $Z_c \approx 1$)和 FT 马铃薯样品的应力-松弛曲线 p-t(源自:Liu,2019)

数据表明,PEF 处理和冻融处理均能加速应力松弛。经过足够时间(例如,图 3.10 中的 $t \geq 100\,s$)的处理后,应力松弛值大致稳定在某个最低水平。为了量化电穿孔,类比于电导率崩解指数 Z_c [公式(3.8a)]的定义,给出质地崩解指数 Z_t 的计算公式:

$$Z_t = (p - p_d)/(p_i - p_d) \qquad (3.9)$$

其中 p 是经过足够时间的结构松弛(例如 $t = 100\,s$ 时)后所测得的应力,下标

i 和 d 分别表示完整组织和完全受损组织。

应力松弛研究还表明,与 FT 样品相比,具有高分解度($Z_c \approx 1$)的 PEF 样品总是具有更好的质地。

3.3.2　声学技术

采用上述讨论的阻抗法和质构法通常需要对细胞进行特殊制备(如切割),使其变成圆片或立方体形状,这可能会导致细胞破裂。另外,质构法会使细胞产生变形。因此,这些方法具有破坏性,其破坏程度取决于生物材料的局部特征。但是,在许多应用中,对整个样品如甜菜(Sack 等,2005)、苹果(Sack 等,2005;Soliva-Fortuny 等,2017)、马铃薯(Jäger 等,2005)、欧洲防风草根(Alam 等,2017;Alam 等,2018)以及番茄(Pataro 等,2018)进行 PEF 处理是更理想的。

声学技术属于功率无损检测技术,可用于评估水果、蔬菜和其他食品的成熟度和品质(Zou 和 Zhao,2015)。该技术是通过食品的声音传输和产品特征的共振频率进行检测的。与破坏性方法相比,它可用于监测整个植物类食材在贮藏或进行某种处理时的特性变化。各种产品的声学评价不同方法和参数已广泛研究(有关综述见:Aboonajmi 等,2015;Nishani 等,2017;Zhang 等,2017)。声学测量是将微小的振动施加到位于麦克风和压电传感器之间的食物样本中来捕获响应信号,并对信号进行傅里叶转换,然后计算出共振频率。导出的硬度指数(硬度系数)$S = f_m^2 m^{2/3} \rho^{1/3}$(在声谱中,$f_m$ 是与最大振幅 A 相对应的频率,m 是样品的质量,ρ 是被测组织的密度)可用于表征样品的质构特征。S 值与不同果蔬的品质和成熟度呈良好的相关性。

图 3.11 显示未处理(U)和冻融处理(FT)苹果整果的典型声谱范例(Grimi 等,2010)。FT 样本中最大振幅 A 相对应的频率 f_m 显著小于 U 样本。在其他水果和蔬菜材料以及经 PEF 处理的样品中也观察到 f_m 类似的变化(Grimi 等,2010、2011)。

声分解指数 Z_a 可以定义为:

$$Z_a = (S - S_i) / (S_d - S_i) \tag{3.10}$$

下标 i 和 d 分别指完整(未处理)和完全受损组织。

图 3.12 显示不同果蔬组织的声分解指数 Z_a 与 PEF 处理时间 t_{PEF} 的关系。另外,估测了水介质中马铃薯、橙子、柚子、柠檬、番茄、苹果、橙子、洋葱及其他果蔬整个样品 PEF 后的声分解指数(Grimi 等,2011;Kanta 等,2018)。

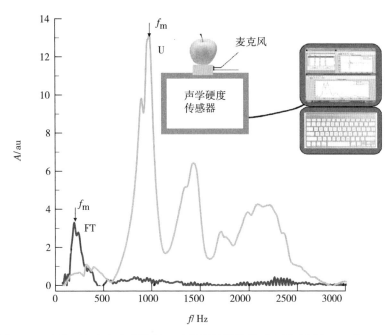

图 3.11　未处理(U)和冻融处理(FT)苹果整果的典型声谱示例(Grimi 等,2010)

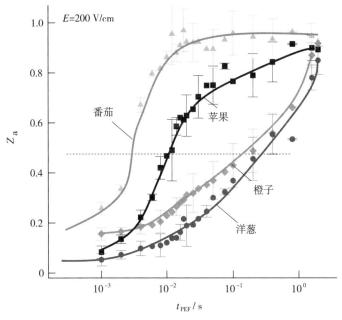

图 3.12　不同水果和蔬菜经 PEF 处理的声分解指数 Z_a 与 PEF 处理时间 t_{PEF} 的关系,在水介质(0.06 s/m,自来水)中对整个未剥皮样品进行 PEF 处理,电场强度 $E=200$ V/cm,脉冲持续时间 $t_i=100$ μs(源自:Grimi 等,2010)

上述的声学技术可以估计 PEF 效应对外部介质导电性和整个样品在处理室中定向的依赖性(Grimi 等,2010)。它证明了电穿孔效应随外部水介质电导率的增加而增加,功耗也随之增加。苹果轴与外场的垂直方向比平行方向的 PEF 损伤效率更高。

最近有关 PEF 处理苹果和胡萝卜样品的声学、力学性能的数据比较的报道(Wiktor 等,2016、2018),指出用接触法测得的声发射是评价电穿孔引起的分解效率和质构变化的有效途径。

3.4 扩散

通过研究固—液萃取和对流干燥过程中的传质特性,也可以估计 PEF 处理诱导的电穿孔程度。基于溶质扩散率的细胞分解指数 Z_D 定义为:

$$Z_D = (D - D_i) / (D_d - D_i) \qquad (3.11)$$

其中,D 是扩散系数,下标"i"和"d"分别表示完整和完全电穿孔组织。

与低频法测量电导率相似,采用这一方法测量需要知道 D_d 的值,而 D_d 的值可根据长处理时间($t_{PEF} \approx 0.1 \sim 1 \text{ s}$)和高电场强度($E > 1000 \text{ V/cm}$)极限下获得的数据以及冻融处理时数据进行估算。因此,D_d 的值不是唯一的。

此外,由于扩散测试的方法具有破坏性,因此它们只能用于比较在相似处理条件下的材料的 PEF 效率。

3.5 图像分析

检测食品微观结构可采用不同的图像分析方法,包括光学显微镜、电子显微镜[透射(TEM)或扫描(SEM)]、原子力显微镜(AFM)以及基于 X 光、核磁共振和电阻抗测量的层析成像方法(James,2014;Zou 和 Zhao,2015;Dong 和 Jeor,2017)。这些方法已成功地应用于分析食品固体和生物悬浮液的电穿孔效应。

3.5.1 光学显微镜

光学显微镜是观察食品材料结构和微观结构以及定量评估生物细胞的大小、形状和其他特征变化的最直接技术(Chanona-Pérez 等,2008;Russ,2016)。现代方法包括样品制备、染色、配准、图像分析和模式识别等不同的技术。

3.5.1.1　细胞悬液

光学显微镜是研究 PEF 处理细胞悬浮液中电穿孔效应的常用方法。荧光显微镜用于研究 NG108-15 细胞的电穿孔效应(Ryttsen 等,2000)。细胞在场强为 1.1~8.1 kV/cm 的矩形脉冲条件下进行 PEF 处理,当其处于更高场强的磁场中时,PEF 处理过的细胞会更加膨胀和颗粒化。脉冲激光-荧光显微镜可用于观察电压敏感染料 RH292 在海胆卵细胞表面的跨膜电位分布(Kinosita Jr 等,1988),且可以直接演示去除外部磁场后膜恢复完整性的过程。用光学显微镜观察到当细胞的最长轴与电场平行时,水悬浮液中细长细胞(中国仓鼠卵巢细胞)的电穿孔效应更强。

用光学显微镜和荧光显微镜观察日本血吸虫培养细胞的电穿孔转化(Yuan 等,2005)。用荧光显微镜研究酵母悬浮液中酵母细胞的胞内 pH(Herman 等,2005),并以吡喃作为 pH 敏感的荧光探针。结果表明,电穿孔技术可用于活体细胞 pH 的精确标定。用光学显微镜研究水悬浮液中酵母(酿酒酵母)细胞的 PEF 损伤率(El Zakhem 等,2006b)。实验观察到酵母细胞在 PEF 处理过的悬浮液中有很强的聚集性(图 3.13),这种现象可以用正(电穿孔)和负(完整)电荷之间吸引力来解释。

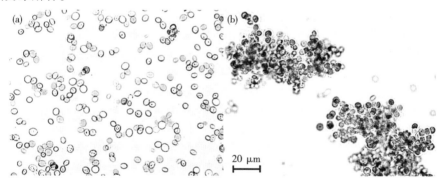

图 3.13　未处理(a)和经 PEF 处理(b)的酿酒酵母悬浮液的光学显微镜图像,PEF 处理条件是 $T = 328$ K,$E = 7.5$ kV/cm,和 $t_{PEF} = 0.04$ s。将酿酒酵母悬浮液的探针浸入亚甲基蓝染色溶液中可观察到受损细胞

数字全息显微镜用于研究在施加脉冲后的几秒钟或几分钟内监测 B16F10 小鼠黑色素瘤细胞的光学特性(折射率)和相关形状特性(投影面积、细胞体积)的变化(Calin 等,2017)。

3.5.1.2　组织结构

Fincan 和 Dejmek 用光学显微镜观察中性红染料对洋葱表皮颜色的影响

（Fincan 和 Dejmek，2002）。采用直接计数法计算电穿孔细胞数，发现其与电导率的增加成正比。研究表明，PEF 对细胞壁的结构没有显著影响，而对细胞膜的损伤是通过电穿孔细胞内的游离着色剂的扩散来决定的。

Chalermchat 等利用光学显微镜和电导率测量苹果薄壁组织，并对其进行电穿孔研究（Chalermchat 等，2010）。该研究说明了电穿孔程度、细胞形状和外加电场方向之间的相关性。对不同的组织区域进行取样，结果表明，当对平行于细胞的最长轴施加电场时，细胞电穿孔需要的场强较低。无论电场方向如何，苹果外部区域球形细胞的通透性都会发生改变。

Ben Ammar 观察中性红色染料染色的洋葱表皮，研究其细胞定向对电穿孔效应的影响（Ben Ammar，2011）。图 3.14 显示了在平行于细胞最长轴（a）和垂直于细胞最长轴（b）施加电场的 PEF 处理后细胞颜色的变化，并观察到细胞平行方向的 PEF 效应更强。对用中性红色染料染色的洋葱组织进行了类似研究（Ersus 和 Barrett 2010；Asavasanti 等，2011），发现约 92% 的洋葱细胞经 PEF 处理后发生了电穿孔（E = 333 V/cm，t_i = 100 μs，n = 100 pulses）（Ersus 和 Barrett，2010）。

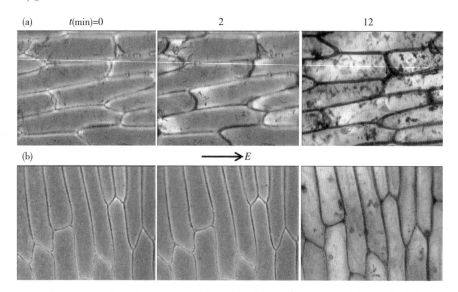

图 3.14　PEF 处理（250 V/cm）后洋葱表皮细胞沿平行（a）和垂直（b）方向的光镜图像变化（源自：Ben Ammar，2011）

在 V = 167 V/cm 时，结果中未观察到细胞壁破裂，但观察到周质空间消失。位于维管束和上表皮附近的小植物细胞对 PEF 处理表现出较高的抗性。据观察，

PEF 作用后细胞内对流运动(胞质流)与脉冲电场频率有很强的相关性(Asavasanti 等,2011)。结果表明,低频率($f < 1$ Hz)比高频率($f = 1 \sim 5000$ Hz)对组织完整性造成的损害更大。

Loginova 研究了 PEF 对红甜菜组织的光学显微镜图像的影响(Loginova, 2011)。图 3.15 显示未处理组织(a)和 PEF 预处理组织(b)经水浸提 3 h 后形成层环的图像。提取后,未处理组织的图像呈现强烈着色的未受损细胞以及伴有流失液泡液与稀释的色素,几乎无色的受损细胞的混合物。

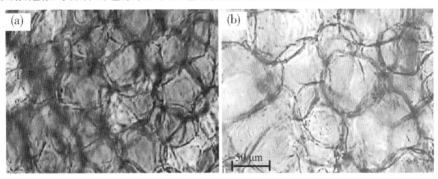

图 3.15　未处理(a)和 PEF 处理(b, $Z_c \approx 0.9$ 、电场强度为 1000 V/cm 、持续脉冲时间 1000 μs 和 PEF 处理总时间 0.1 s)的 30℃水浸提后红甜菜组织的光学显微镜图像(源自:Loginova,2011)

Janositz 和 Knorr 用光学显微镜比较了 PEF 对有无细胞壁的烟草细胞的影响。通过酶降解细胞壁获得分离的原生质体(Janositz 和 Knorr,2010),并对其细胞用活性染料酚藏红染色。数据显示,与有细胞壁的细胞相比,原生质体对电场的敏感性更高。不可逆破坏后原生质体体积减小,可逆渗透后原生质体体积略有增加。

采用 PEF_1 ($E = 4$ kV/cm ; $t_{PEF} = 1$ ms , $W = 3.99$ W·h/kg)和 PEF_2 ($E = 0.7$ kV/cm ; $t_{PEF} = 200$ ms , $W = 31$ W·h/kg)两种方案研究 PEF 处理对葡萄皮(赤霞珠)组织细胞结构及其表皮细胞壁多糖和单宁组织的影响(Cholet 等,2014)。通过高碘酸希夫法(PAS)对光学显微镜样品进行染色以检测多糖。

图 3.16 显示了不同 PEF 条件下表皮横截面的演变过程。结果表明,不同的 PEF 参数对细胞壁结构的影响程度不同。例如,PEF_1 对酚类化合物含量和果胶部分骨架的影响不太明显,而 PEF_2 较大程度地改变了表皮细胞壁的组织,并在多酚提取和葡萄酒质量方面提供了不同的性能。这些发现可从透射电子显微镜图像中得到证实(此处未给出)。

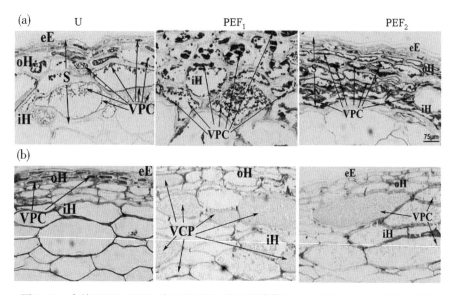

图 3.16　未处理(U)、PEF_1 处理和 PEF_2 处理的葡萄皮在 0 天(a)和 14 天(b)后的表皮横截面,这里 eE 是外表皮、oH 是外皮下组织、iH 是内皮下组织、S 是表皮、VPC 是液泡酚类化合物(源自:Cholet 等,2014)

激光扫描共聚焦显微镜(CLSM)和电导率测量用于比较在不同电场强度 E (480~1200 V/cm)和不同处理时间 t_{PEF}(0~2 s)的 PEF 处理条件下对苹果果皮分解的影响(Wang 等,2020)。

图 3.17 为未处理(U)、PEF 处理(PEF)和冻融处理(FT)样品的细胞图像示例。CLSM 图像的自动处理包括预处理、分割、反转、孔洞填充以及受损细胞的标记。最后,显微镜下细胞分解指数被评估为:

$$Z_m = N_d/N_t \qquad (3.12)$$

其中,N_t 和 N_d 分别是细胞总数和受损细胞数。

观察到样品 U 的细胞壁和细胞内部没有破损,而对于 FT 样品,观察到细胞有明显受损,且部分细胞内部塌陷。PEF 处理还会影响细胞形态,导致细胞之间的间距变大,许多细胞相互连接。

重要的是,对于不同处理时间 t_{PEF} 和电场强度 E 的 PEF 处理条件,结果获得了近似线性的 $Z_c(Z_m)$ 依赖性(图 3.18)。

因此,所获得的数据证明了苹果皮的两种分解指数 Z_c 和 Z_m 之间有很好的对应关系。

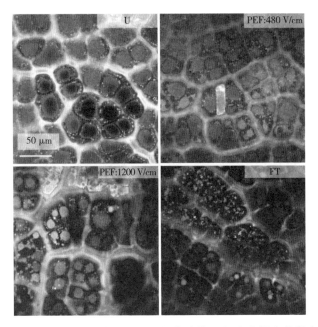

图3.17　未处理(U)、PEF处理(PEF)和冻融处理(FT)苹果皮的激光扫描共聚焦显微镜图像,对于 PEF 处理的样品,给出的数据有两个电场强度 480 V/cm 和 1200 V/cm,以及相同的 PEF 处理时间 0.75 s(源自:Wang 等,2020)

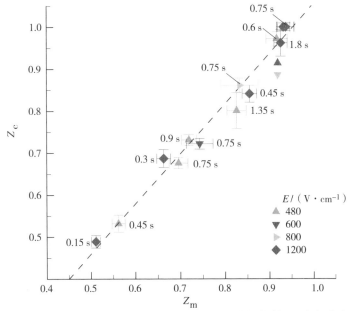

图3.18　苹果皮的电导率分解指数 Z_c 和显微细胞分解指数 Z_m 之间的相关性,PEF 强度为 480~1200 V/cm。数据点附近显示了 PEF 处理的总时间 t_{PEF}(0.15~0.18 s)(源自:Wang 等,2020)

3.5.2 电子显微镜技术

透射(TEM)和扫描(SEM)电子显微镜是用于量化生物材料中细胞超微结构的强大技术(Condello 等,2013)。注意,TEM 和 SEM 技术应在高真空下应用(因为气体分子可能会散射电子),否则会影响分析结果。然而,PET 和 SEM 已被广泛应用于观察不同的生物材料,特别是食品中细胞质膜、细胞内膜、线粒体的结构变化,以及细胞壁的变化、细胞间相互作用。关于 TEM/SEM 技术在食品产品中的应用已有几篇综述发表(Aguilera 和 Stanley,1999;Burgain 等,2017;Karim 等,2017)。

在早期的 TEM 研究中,人们探索了电穿孔对人体红细胞膜结构的影响(Chang 和 Reese,1990),观察到细胞在电脉冲后会形成大孔隙(20~120 nm),并存在孔隙缩小甚至消失的现象。更详细的扫描电镜研究表明,电穿孔红细胞膜的孔呈圆锥形凹陷的形状,并且底部有缝隙(Chen 等,2006)。

近年来,SEM 和 TEM 被广泛应用于 PEF 效应在生物源材料和不同食物材料中的研究(Fazaeli 等,2012)。

电穿孔在医学上的应用有许多实例。例如,应用 SEM 研究了电穿孔对兔和猪肝的影响(Lee 等,2012);不可逆电穿孔的纳米孔尺寸大于可逆电穿孔的尺寸;SEM 揭示了未处理红细胞和电穿孔红细胞的形状差异(Spugnini 等,2007);典型的盘状红细胞变成星状电穿孔细胞。这些情况可以通过改变整个质膜的分子结构和细胞膜蛋白与细胞骨架蛋白之间的连接解释。

SEM 数据表明未经处理和经 PEF 处理的马铃薯样品的细胞壁结构、细胞面积和淀粉颗粒形态存在相似性[图 3.19(a)](Ben Ammar,2011)。但是,连续PEF+渗透处理会引起细胞壁损伤以及淀粉颗粒表面形态的改变[图 3.19(b)]。淀粉颗粒变得粗糙、穿孔和破碎,这也是其多次暴露于冻融循环或液氮深度冷冻的典型特征。观察到鼓风冷冻和冻干马铃薯样品的显著变化[图 3.19(c)、(d)]。对于 PEF 处理的样品,仍然可以观察到淀粉颗粒[图 3.19(c)]。但经PEF+渗透处理过的样品,其淀粉颗粒被完全破坏[图 3.19(d)]。

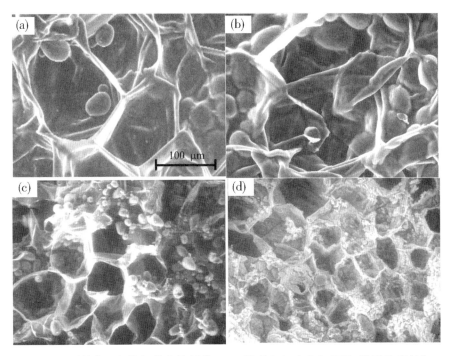

图 3.19　马铃薯组织的扫描电镜图像,PEF 处理(a)、(c)和 PEF+渗透处理(b)、(d),样品(c)、(d)经鼓风冷冻后冷冻干燥

3.6　其他技术

一些其他技术也用于阐明电穿孔效应。这些技术包括原子力显微镜(AFM)、确保实验材料(如染料、荧光分子、DNA、RNA)的运输或吸收、细胞溶胀和渗透反应、纳米粒在整个质膜上的运输、离子/分子从细胞中胞吐以及其他一些方法(Garcia-Gonzalo 和 Pagán,2016;Napotnik 和 Miklavci,2018)。

例如,原子力显微镜(AFM)已被用于表征电穿孔引起的细胞膜和细胞壁的变化,电穿孔对面包酵母细胞(酿酒酵母)的影响已被成像使用(Suchodolskis 等,2011)。结果表明,该方法可诱导细胞外壁发生形态学变化。由于电穿孔后产生相变,形成孔洞,导致了壁面的不规则性。原子力显微镜被用于观察了电刺激对哺乳动物细胞形态的影响(Chopinet 等,2013),电穿孔引起细胞肿胀、细胞膜弹性降低。AFM 技术还用于测试电穿孔对营养细菌短小芽孢杆菌细胞表面和形状的影响(Pillet 等,2016),电穿孔引起营养细菌肿胀,并影响细胞表面的光滑性。

TEM、SEM 和 AFM 技术的应用表明,PEF 处理还会引起细胞壁的形态损伤和整个细胞膜的降解。

磁共振成像(MRI)技术已应用于一些植物组织电穿孔的研究工作中(Hjouj 和 Rubinsky,2010;Kranjc 和 Miklavčič,2017;Dellarosa 等,2018;Suchanek 和 Olejniczak,2018)。需要注意的是,MRI 是一种非破坏性技术,它可以检测组织中电穿孔细胞的空间分布。运用 1.5 T 医学系统和不同的成像方案,对马铃薯组织的电穿孔效应进行了 MRI 研究(Hjouj 和 Rubinsky,2010)。

这些数据证明了可用 MRI 对电穿孔效应可视化。通过时域(TD)核磁共振(20 MHz,0.47 T)光谱仪监测亚细胞水分分隔化来研究 PEF 对苹果组织的影响(Rondeau 等,2012)。利用多指数 NMR 弛豫与亚细胞区室之间的相关性,对高 1 cm、直径 0.5 cm 的苹果进行 PEF 处理($E = 500 \sim 1000$ V/cm , $t_{PEF} = 10$ ms)。由于每一个弛豫成分组织中都存在水分(液泡、细胞质、组织液以及细胞液),所以使用包含四个弛豫成分的模型分析自旋-自旋核磁共振弛豫。经 750 V/cm 和 1000 V/cm 的 PEF 处理会改变细胞结构,尤其是作用于液泡,因为信号幅度下降有利于细胞质和组织液。

图 3.20 显示未处理和 PEF 处理(1000 V/cm,10 ms)样品的 NMR 振幅 I(平衡状态下每个指数的强度)和横向弛豫时间 T_2 之间的关系。PEF 处理后,苹果细胞壁组织中水的弛豫时间缩短,液泡重新分配到胞质和胞外室,这表明细胞膜发生强烈的变化导致组织液和溶质在区室重新分配。但是,细胞质和组织液的弛豫时间实际上并没有增加,这表明水分子或离子的释放会使细胞壁变硬(Rondeau 等,2012)。

磁共振成像和磁共振电阻抗断层成像(MREIT)成功地应用于监测电穿孔马铃薯块茎中的原位电场分布图(Kranjc 和 Miklavčič,2017)。数据显示,在 PEF 作用后,会发生离子泄漏现象,其中释放水的过程起主导作用,随后出现排水现象。核磁共振成像技术也被用于揭示 PEF 对马铃薯块茎的影响(Suchanek 和 Olejniczak,2018)。通过 MRI 技术预测电穿孔程度与电导率和结构测试数据的关系。应用 MRI 技术再结合计算机视觉系统分析(CVS)技术研究苹果组织中电穿孔的空间分布。数据表明,电穿孔改变了苹果的微观结构(Dellarosa 等,2018)。其结果可以用苹果不同的局部特征(苹果细胞的电导率和对施加 PEF 的敏感性)来解释。通过对苹果组织电穿孔过程中相关渗透过程的研究,解释了苹果组织电穿孔区域分布的不均匀性(Lebovka 等,2001)。

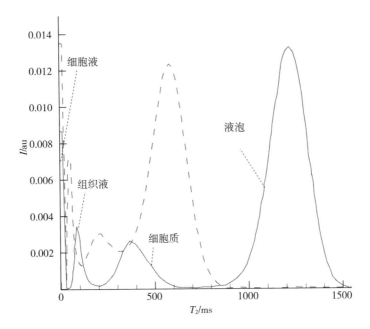

图 3.20　未处理(虚线)和 PEF 处理(实线, E = 1000 V/cm , t_{PEF} = 10 ms)样品的 NMR 振幅 I(平衡状态下每个指数的强度)和横向弛豫时间 T_2 之间的关系(Rondeau 等,2012)

参考文献

[1]Aboonajmi M, Jahangiri M, Hassan-Beygi SR (2015) A review on application of acoustic analysis in quality evaluation of agro-food products. J Food Process Preserv 39:3175-3188

[2]Aguilera JM, Stanley DW (1999) Microstructural principles of food processing and engineering. Aspen Publishers, Inc. A Wolters Kluwer Company, Gaithersburg

[3] Alam MR (2017) The effect of pulsed electric field pre-treatment on drying kinetics and quality in dehydrated fruits and vegetables. PhD Thesis, Università Degli Studi Del Molise, Department of agricultural, environmental and food sciences, Campobasso

[4] Alam MDR, Lyng JG, Frontuto D et al (2018) Effect of pulsed electric field pretreatment on drying kinetics, color, and texture of parsnip and carrot. J Food

Sci 83:2159-2166

[5]Alfaifi B, Tang J, Jiao Y et al (2014) Radio frequency disinfestation treatments for dried fruit: model development and validation. J Food Eng 120:268-276

[6]Angersbach A, Heinz V, Knorr D (1999) Electrophysiological model of intact and processed plant tissues: cell disintegration criteria. Biotechnol Prog 15:753-762

[7]Angersbach A, Heinz V, Knorr D (2002) Evaluation of process-induced dimensional changes in the membrane structure of biological cells using impedance measurement. Biotechnol Prog 18:597-603

[8]Arnold WM, Zimmermann U (1988) Electro-rotation: development of a technique for dielectric measurements on individual cells and particles. J Electrost 21:151-191

[9]Asami K (2012) Dielectric spectroscopy reveals nanoholes in erythrocyte ghosts. Soft Matter 8:3250-3257

[10]Asami K, Yamaguchi T (1999) Electrical and morphological changes of human erythrocytes under high hydrostatic pressure followed by dielectric spectroscopy. Ann Biomed Eng 27:427-435

[11]Asami K, Hanai T, Koizumi N (1980) Dielectric analysis of Escherichia coli suspensions in the light of thetheory of interfacial polarization. Biophys J 31:215-228

[12]Asavasanti S, Ristenpart W, Stroeve P, Barrett DM (2011) Permeabilization of plant tissues by monopolar pulsed electric fields: effect of frequency. J Food Sci 76(1):E96-E111

[13]Barba FJ, Parniakov O, Pereira SA et al (2015) Current applications and new opportunities for the use of pulsed electric fields in food science and industry. Food Res Int 77:773-798

[14]Ben Ammar J (2011) Etude de l'effet des champs electriques pulses sur la congelation des produits vegetaux, PhD Thesis, Compiegne: Universite de Technologie de Compiegne, France. PhD Thesis, Universite de Technologie de Compiegne, Compiegne, France

[15]Ben Ammar J, Lanoisellé J-L, Lebovka NI et al (2011) Impact of a pulsed electric field on damage of plant tissues: effects of cell size and tissue electrical

conductivity. J Food Sci 76:E90-E97

[16]Burgain J, Petit J, Scher J et al (2017) Surface chemistry and microscopy of food powders. Prog Surf Sci 92:409-429

[17]Calin VL, Mihailescu M, Mihale N et al (2017) Changes in optical properties of electroporated cells as revealed by digital holographic microscopy. Biomed Opt Express 8:2222-2234

[18]Chalermchat Y, Dejmek P (2005) Effect of pulsed electric field pretreatment on solid--liquid expression from potato tissue. J Food Eng 71:164-169

[19]Chalermchat Y, Malangone L, Dejmek P (2010) Electropermeabilization of apple tissue: effect of cell size, cell size distribution and cell orientation. Biosyst Eng 105:357-366. https://doi. org/10. 1016/j. biosystemseng. 2009. 12. 006

[20]Chang DC, Reese TS (1990) Changes in membrane structure induced by electroporation as revealed by rapid-freezing electron microscopy. Biophys J 58: 1-12

[21]Chanona-Pérez J, Quevedo R, Aparicio AJ, Chávez CG, Pérez JM, Dominguez GC, Alamilla-Beltrán L, Gutiérrez-López GF (2008) Image processing methods and fractal analysis for quantitative evaluation of size, shape, structure and microstructure in food materials. In: Gutiérrez-López GF, Welti-Chanes J, Parada-Arias E (eds) Food engineering: integrated approaches. Springer-Verlag, New York, USA, pp 277-286

[22]Chelidze T (2002) Dielectric spectroscopy of blood. J Non-Cryst Solids 305: 285-294

[23]Chen C, Smye SW, Robinson MP, Evans JA (2006) Membrane electroporation theories: a review. Med Biol Eng Comput 44:5-14

[24]Cholet C, Delsart C, Petrel M et al (2014) Structural and biochemical changes induced by pulsed electric field treatments on cabernet sauvignon grape berry skins: impact on cell wall total tannins and polysaccharides. J Agric Food Chem 62:2925-2934

[25]Chopinet L, Roduit C, Rols M-P, Dague E (2013) Destabilization induced by electropermeabilization analyzed by atomic force microscopy. Biochim Biophys Acta Biomembr 1828:2223-2229

[26]Cole KS (1928) Electric impedance of suspensions of spheres. J Gen Physiol

12:29-36

[27] Cole KS, Cole RH (1941) Dispersion and absorption in dielectrics Ⅰ. Alternating current character-istics. J Chem Phys 9:341-351

[28] Condello M, Caraglia M, Castellano M et al (2013) Structural and functional alterations of cellular components as revealed by electron microscopy. Microsc Res Tech 76:1057-1069

[29] Dalton C, Goater AD, Drysdale J, Pethig R (2001) Parasite viability by electrorotation. Colloids Surf A Physicochem Eng Asp 195:263-268

[30] Dänzer H (1934) Über das Verhalten biologischer Körper im Hochfrequenzfeld (About the behav- ior of biological bodies in the high frequency field). Ann Phys 412:463-480

[31] Dänzer H (1935) Über das Verhalten biologischer Körper bei Hochfrequenz (About the behavior of biological bodies at high frequency). Ann Phys 413:783-790

[32] Davidson DW, Cole RH (1951) Dielectric relaxation in glycerol, propylene glycol, and n-propanol. J Chem Phys 19:1484-1490

[33] Debye PJW (1929) Polar molecules. Dover Publications, New York, USA

[34] Dellarosa N, Laghi L, Ragni L et al (2018) Pulsed electric fields processing of apple tissue: spatial distribution of electroporation by means of magnetic resonance imaging and computer vision system. Innov Food Sci Emerg Technol 47:120-126

[35] Dong J, Jeor VLS (2017) Food microstructure techniques. In: Nielsen SS (ed) Food analysis. Springer Nature, Switzerland AG, pp 557-570

[36] Kantar SE, Boussetta N, Lebovka N et al (2018) Pulsed electric field treatment of citrus fruits: improvement of juice and polyphenols extraction. Innov Food Sci Emerg Technol 46:153-161. https://doi. org/10. 1016/j. ifset. 2017. 09. 024

[37] El Zakhem H, Lanoisellé J-L, Lebovka NI et al (2006a) Behavior of yeast cells in aqueous suspension affected by pulsed electric field. J Colloid Interface Sci 300:553-563

[38] El Zakhem H, Lanoisellé J-L, Lebovka NI et al (2006b) The early stages of Saccharomyces cerevisiae yeast suspensions damagein moderate pulsed electric fields. Colloids Surf B Biointerfaces 47:189-197

[39] Ersus S, Barrett DM (2010) Determination of membrane integrity in onion tissues treated by pulsed electric fields: use of microscopic images and ion leakage measurements. Innov Food Sci Emerg Technol 11:598-603. https://doi.org/ 10.1016/j.ifset.2010.08.001

[40] Fazaeli M, Tahmasebi M, Djomeh EZ (2012) Characterization of food texture: application of microscopic technology. In: Mendez-Vilas A, Rigoglio NN, Mendes Silva MV et al (eds) Current microscopy contributions to advances in science and technology. Formatex Research Center, Badajoz, pp 855-871

[41] Feldman Y, Ishai PB, Raicu V (2015) Electrode polarization. In: Raicu V, Feldman Y (eds) Dielectric relaxation in biological systems: Physical principles, methods, and applications. Oxford University Press, Oxford, UK, pp 140-169

[42] Fincan M, Dejmek P (2002) In situ visualization of the effect of a pulsed electric field on plant tissue. J Food Eng 55:223-230

[43] Fincan M, Dejmek P (2003) Effect of osmotic pretreatment and pulsed electric field on the viscoelastic properties of potato tissue. J Food Eng 59:169-175

[44] Fricke H (1955) The complex conductivity of a suspension of stratified particles of spherical or cylindrical form. J Phys Chem 59:168-170

[45] Fricke H, Morse S (1925) The electric resistance and capacity of blood for frequencies between 800 and 41/2 million cycles. J Gen Physiol 9:153

[46] Garcia-Gonzalo D, Pagán R (2016) Detection of electroporation in microbial cells: techniques and procedures. In: Miklavcic D (ed) Handbook of electroporation. Springer International Publish-ing AG, Cham, pp 1-15

[47] Gimsa J, Marszalek P, Loewe U, Tsong TY (1991) Dielectrophoresis and electrorotation of neurospora slime and murine myeloma cells. Biophys J 60:749-760

[48] Greenbaum A, Ishai PB, Feldman Y (2015) Analysis of experimental data and fitting problems. In: Raicu V, Feldman Y (eds) Dielectric relaxation in biological systems: physical principles, methods, and applications. Oxford University Press, Oxford, UK, pp 170

[49] Grimi N, Lebovka N, Vorobiev E, Vaxelaire J (2009) Compressing behavior and texture evaluation for potatoes pretreated by pulsed electric field. J Texture Stud 40:208-224

[50]Grimi N, Mamouni F, Lebovka N et al (2010) Acoustic impulse response in apple tissues treated by pulsed electric field. Biosyst Eng 105:266-272. https://doi. org/10. 1016/j. biosystemseng. 2009. 11. 005

[51]Grimi N, Mamouni F, Lebovka N et al (2011) Impact of apple processing modes on extracted juice quality: pressing assisted by pulsed electric fields. J Food Eng 103:52-61

[52]Guliy OI, Bunin VD, O'Neil D et al (2007) A new electro-optical approach to rapid assay of cell viability. Biosens Bioelectron 23:583-587

[53]Havriliak S, Negami S (1967) A complex plane representation of dielectric and mechanical relaxation processes in some polymers. Polymer 8:161-210

[54]Hayden RI, Moyse CA, Calder FW et al (1969) Electrical impedance studies on potato and alfalfatissue. J Exp Bot 20:177-200

[55] Herman P, Drapalova H, Muzikova R, Vecer J (2005) Electroporative adjustment of pH in living yeast cells: ratiometric fluorescence pH imaging. J Fluoresc 15:763-768

[56]Hjouj M, Rubinsky B (2010) Magnetic resonance imaging characteristics of nonthermal irreversible electroporation in vegetable tissue. J Membr Biol 236:137-146

[57]Höber R (1910) Eine Methode, die elektrische Leitfähigkeit im Innern von Zellen zu messen(a method to measure the electrical conductivity insidecells). Pflüger's Arch für die gesamte Physiol des Menschen und der Tiere 133:237-253

[58]Hölzel R (1999) Non-invasive determination of bacterial single cell properties by electrorotation. Biochim Biophys Acta, Mol Cell Res 1450:53-60

[59]Huang Y, Holzel R, Pethig R, Wang X-B (1992) Differences in the AC electrodynamics of viable and non-viable yeast cells determined through combined dielectrophoresis and electrorotation studies. Phys Med Biol 37:1499

[60]Ishai PB, Talary MS, Caduff A et al (2013) Electrode polarization in dielectric measurements: a review. Meas Sci Technol 24:102001

[61] Jäger H, Balasa A, Knorr D (2009) Food industry applications for pulsed electric fields. In: Vorobiev E, Lebovka N (eds) Electrotechnologies for extraction from food plants and bio - materials. Springer - Verlag, New York,

USA, pp 181-216

[62] James B (2014) Food microstructure analysis. In：Rao MA, Rizvi SSH, Datta AK, Ahmed J (eds) Engineering properties of foods. CRC Press, Taylor & Francis Group, Boca Raton, USA, pp 63-92

[63] Janositz A, Knorr D (2010) Microscopic visualization of pulsed electric field induced changes on plant cellular level. Innov Food Sci Emerg Technol 11：592-597

[64] Jubery TZ, Srivastava SK, Dutta P (2014) Dielectrophoretic separation of bioparticles in microdevices：a review. Electrophoresis 35：691-713

[65] Kaatze U (2015) Dielectric relaxation of water. In：Raicu V, Feldman Y (eds) Dielectric Relaxation in Biological systems：Physical Principles, Methods, and Applications. Oxford University Press, Oxford, UK, pp 189-227

[66] Karim MA, Rahman MM, Pham ND, Fawzia S (2017) Food microstructure as affected by processing and its effect on quality and stability. In：Devahastin S (ed) Food microstructure and its relationship with quality and stability. Woodhead Publishing, Duxford, UK, pp 43-57

[67] Kent M, Knöchel R, Daschner F et al (2007) Intangible but not intractable： the prediction of fish "quality" variables using dielectric spectroscopy. Meas Sci Technol 18：1029

[68] Kinosita K Jr, Ashikawa I, Saita N et al (1988) Electroporation of cell membrane visualized under apulsed-laser fluorescence microscope. Biophys J 53：1015

[69] Kranjc M, Miklavčič D (2017) Electric field distribution and electroporation threshold. In：Miklavcic D (ed) Handbook of electroporation. Springer International Publishing AG, Cham, pp 1043-1058

[70] Lebovka NI, Bazhal MI, Vorobiev E (2001) Pulsed electric field breakage of cellular tissues：visualisation of percolative properties. Innov Food Sci Emerg Technol 2：113-125

[71] Lebovka NI, Praporscic I, Vorobiev E (2004) Effect of moderate thermal and pulsed electric field treatments on textural properties of carrots, potatoes and apples. Innov Food Sci Emerg Technol 5：9-16

[72] Lebovka NI, Shynkaryk M, Vorobiev E (2007) Moderate electric field treatment

of sugarbeet tissues. Biosyst Eng 96:47-56

[73] Lee EW, Wong D, Prikhodko SV et al (2012) Electron microscopic demonstration and evaluation of irreversible electroporation-induced nanopores on hepatocyte membranes. J Vasc Interv Radiol 23:107-113

[74] Liu C (2019) Effet du pré-traitement par champ électrique pulsé sur le séchage et la friture des légumes: cas des pommes de terre et des carottes. PhD Thesis, Compiegne: Universite de Technologie de Compiegne, France

[75] Loginova SK (2011) Mise en oeuvre de champs electriques pulses pour la conception d'un procede de diffusion a froid a partir de betteraves a sucre et d'autres tubercules alimentaires (etude multi - echelle). Universite de Technologie de Compiegne, France, Compiegne

[76] Lu R, Abbott JA (2004) Force/deformation techniques for measuring texture. In: Kilcast D (ed) Texture in food: Solid foods. CRC Press, Boca Raton, USA, pp 109-145

[77] Markx GH, Davey CL (1999) The dielectric properties of biological cells at radiofrequencies: applications in biotechnology. Enzym Microb Technol 25:161 -171

[78] Markx GH, Alp B, McGilchrist A (2002) Electro - orientation of Schizosaccharomyces pombe in high conductivity media. J Microbiol Methods 50: 55-62

[79] Mashkour M, Maghsoudlou Y, Kashaninejad M, Aalami M (2018) Iron fortificationof whole potato using vacuum impregnation technique with a pulsed electric field pretreatment. Potato Res 61(4):375-389

[80] McLachlan DS, Cai K, Chiteme C, Heiss WD (2000) An analysis of dispersion measurements in percolative metal - - insulator systems using analytic scaling functions. Phys B Condens Matter 279:66-68

[81] Moisescu MG, Radu M, Kovacs E et al (2013) Changes of cell electrical parameters induced by electroporation. A dielectrophoresis study. Biochim Biophys Acta Biomembr 1828:365-372

[82] Napotnik TB, Miklavcic D (2018) In vitro electroporation detection methods - an overview. Bioelectrochemistry 120:166-182

[83] Nelson S (2015) Dielectric properties of agricultural materials and their

applications. Academic Press, London, UK

[84] Nishani S, Deshpande S, Gundewadi G (2017) Use of acoustics as non-destructive techniques: a review. Int J Curr Microbiol Appl Sci 6:2468-2476

[85] Oblak J, Križaj D, Amon S et al (2007) Feasibility study for cell electroporation detection and separation by means of dielectrophoresis. Bioelectrochemistry 71:164-171

[86] Palaniappan S, Sastry SK (1991) Electrical conductivities of selected solid foods during ohmic heating 1. J Food Process Eng 14:221-236

[87] Pataro G, Carullo D, Siddique MAB et al (2018) Improved extractability of carotenoids from tomato peels as side benefits of PEF treatment of tomato fruit for more energy-efficient steam- assisted peeling. J Food Eng 233:65-73. https://doi. org/10. 1016/j. jfoodeng. 2018. 03. 029

[88] Patel P, Markx GH (2008) Dielectric measurement of cell death. Enzym Microb Technol 43:463-470

[89] Pethig RR (2017) Dielectrophoresis: Theory, methodology and biological applications, John Wiley & Sons, Ltd. , Chichester, UK

[90] Pethig RR, Smith S (2012) Introduction to bioelectronics: for engineers and physical scientists. Wiley, Chichester/West Sussex

[91] Pethig RR, Talary MS (2007) Dielectrophoretic detection of membrane morphology changes in Jurkat T-cells undergoing etoposide-induced apoptosis. IET Nanobiotechnol 1:2-9

[92] Philippson M (1921) Les lois de la résistance électrique des tissus vivants (The laws of electrical resistance of living tissues). Bull l' Académie R Belgique 7:387-403

[93] Pillet F, Formosa-Dague C, Baaziz H et al (2016) Cell wall as a target for bacteria inactivation by pulsed electric fields. Sci Rep 6:19778

[94] Pyatkovskyy TI, Shynkaryk MV, Mohamed HM et al (2018) Effects of combined high pressure (HPP), pulsed electric field (PEF) and sonication treatments on inactivation of Listeria innocua. J Food Eng 233:49-56

[95] Raicu V (2015) Theory of suspensions of particles in homogeneous fields. In: Raicu V, Feldman Y (eds) Dielectric relaxation in biological systems: physical principles, methods, and applications. Oxford University Press, Oxford, UK, pp

60-83

[96] Raicu V, Feldman Y (eds) (2015) Dielectric relaxation in biological systems: physical principles, methods, and applications. Oxford University Press, Oxford, UK

[97] Ratanachoo K, Gascoyne PRC, Ruchirawat M (2002) Detection of cellular responses to toxicants by dielectrophoresis. Biochim Biophys Acta Biomembr 1564:449-458

[98] Reilly JP (2012) Applied bioelectricity: From electrical stimulation to electropathology. Springer-Verlag, New York, USA

[99] Rondeau C, Le Quéré J-M, Turk M, et al (2012) The de-structuration of parenchyma cells of apple induced by pulsed electric fields: a TD - NMR investigation. In: Proceeding of the international conference bio & food electrotechnologies (BFE 2012), Book of Full Papers. ProdAl Scarl, Società consortile a responsabilità limitata, c/o University of Salerno, Fisciano, Italy, p 5

[100] Russ JC (2016) The image processing handbook. CRC press, Taylor & Francis Group, Boca Raton, USA

[101] Ryttsen F, Farre C, Brennan C et al (2000) Characterization of single-cell electroporation by using patch-clamp and fluorescence microscopy. Biophys J 79:1993-2001

[102] Sack M, Schultheiss C, Bluhm H (2005) Triggered Marx generators for the industrial-scale electroporation of sugar beets. IEEE Trans Ind Appl 41:707-714

[103] Sack M, Eing C, Stangle R et al (2009) Electric measurement of the electroporation efficiency of mash from wine grapes. IEEE Trans Dielectr Electr Insul 16:1329-1337

[104] Sack M, Ruf J, Hochberg M, et al (2017) A device for combined thermal and pulsed electric field treatment of food. In: Optimization of electrical and electronic equipment (OPTIM) & 2017 international Aegean conference on electrical machines and power electronics (ACEMP), 2017 international conference on, pp 31-36

[105] Sastry SK (2014) Electrical conductivityof foods. In: Engineering properties of

foods, 3 rd edn. CRC Press, pp 483-522

[106] Schwan H (1954) Die elektrischen eigenschaften von muskelgewebe bei niederfrequenz (the electrical properties of muscle tissue at low frequency). Zeitschrift für Naturforsch B 9:245-251

[107] Schwan HP (1957) Electrical properties of tissue and cell suspensions. In: Lawrence JH, Tobias CA (eds) Advances in biological and medical physics. Academic Press Inc. , New York, pp 147-209

[108] Schwan HP, Carstensen EL (1957) Dielectric properties of the membrane of lysed erythrocytes. Sci125:985-986

[109] Sinha A, Bhargav A (2018) Texture changes during thermal processing of food: experiments and modelling. ArXiv Prepr arXiv:1810.06434:1-21

[110] Soliva-Fortuny R, Vendrell-Pacheco M, Martín-Belloso O, Elez-Martínez P (2017) Effect of pulsed electric fields on the antioxidant potential of apples stored at different temperatures. Postharvest Biol Technol 132:195-201

[111] Spugnini EP, Arancia G, Porrello A et al (2007) Ultrastructural modifications of cell membranes induced by electroporation on melanoma xenografts. Microsc Res Tech 70:1041-1050

[112] Sree VG, Gowrishankar S (2014) Electrical modeling and impedance analysis of biological cells. Int J Eng Res 3:46-50

[113] Suchanek M, Olejniczak Z (2018) Low field MRI study of the potato cell membrane electroporationby pulsed electric field. J Food Eng 231:54-60

[114] Suchodolskis A, Stirke A, Timonina A et al (2011) Baker's yeast transformation studies by atomic force microscopy. Adv Sci Lett 4:171-173

[115] Trainito CI, Bayart E, Subra F et al (2016) The electrorotation as a tool to monitor the dielectric properties of spheroid during the permeabilization. J Membr Biol 249(5):593-600

[116] Valič B, Golzio M, Pavlin M et al (2003) Effect of electric field induced transmembrane potential on spheroidal cells: theory and experiment. Eur Biophys J 32:519-528

[117] Wagner KW (1924) Theoretische Grundlagen. In: Schering H (ed) Die Isolierstoffe der Elektrotechnik: Vortragsreihe, veranstaltet von dem Elektrotechnischen Verein E. V. und der Technischen Hochschule, Berlin

(the insulating materials of electrical engineering: lecture series organized by the Electrotechnical Association E. V. and the Technical University, Berlin). Springer, Berlin, pp 1-59

[118] Wang L, Boussetta N, Lebovka N, Vorobiev E (2020) Cell disintegration of apple peels induced by pulsed electric field and efficiency of bio-compound extraction. Food Bioprod Process (Accepted 11 March 2020)

[119] Wiktor A, Gondek E, Jakubczyk E et al (2016) Acoustic emission as a tool to assess the changes induced by pulsed electric field in apple tissue. Innov Food Sci Emerg Technol 37:375-383

[120] Wiktor A, Gondek E, Jakubczyk E et al (2018) Acoustic and mechanical properties of carrot tissue treated by pulsed electric field, ultrasound and combination of both. J Food Eng 238:12-21

[121] Yuan X-S, Shen J-L, Wang X-L et al (2005) Schistosoma japonicum: a method for transformation by electroporation. Exp Parasitol 111:244-249

[122] Zhang W, Lv Z, Xiong S (2017) Nondestructivequality evaluation of agro-products using acoustic vibration methods—a review. Crit Rev Food Sci Nutr: 1-12

[123] Zhao X, Zhuang H, Yoon S-C et al (2017) Electrical impedance spectroscopy for quality assess-ment of meat and fish: a review on basic principles, measurement methods, and recent advances. J Food Qual ID 6370739:1-16

[124] Zou X, Zhao J (2015) Nondestructive measurement in food and agro-products. Springer, Dordrecht

第4章 脉冲发生器及生产厂家

摘要 本章简要介绍了脉冲电能(PEE)发生器的概念、处理条件、批量和连续处理室的设计(微纳流控芯片、微型比色皿、实验室、中试和工业规模反应室)以及小型电穿孔设备和大型 PEF 设备的生产厂家,其中详细介绍了生产的设备类型。

根据应用领域和应用途径设计不同的电穿孔。在生物技术和生物医学应用方面,电穿孔用于获得膜渗透性的永久或瞬时变化,其应用途径包括细胞融合、将不同分子插入细胞或细胞膜、组织切除等。在食品工程和生物加工应用方面,电穿孔用于破坏细胞膜、加速生物组织内的传质和传热过程。

本章讨论现有的脉冲发生器、处理条件和处理室,以及小规模电穿孔设备和大型 PEF 设备的生产厂家。

4.1 脉冲发生器、方案和处理室

4.1.1 发生器

用不同的基本概念(至少五个)解释脉冲的产生[有关全面的综述,请参阅(Reberšek 和 Miklavčič,2011)]。对于短脉冲($<1~\mu s$)的产生,需要使用脉冲形成网络和谐振充电发生器。

对于长脉冲($>1~\mu s$)的产生,需要使用电容放电、方波和模拟发生器。这些发生器在食品工程和生物加工领域中应用广泛。图 4.1 表示在脉冲形成网络中进行其制备和形成的简化图,图中的零件包括电源、电容、电感线圈、电阻和不同类型的快速开关(Pourzaki 和 Mirzaee,2008;Toepfl 等,2014)。电能储存在一组电容器中,高压开关将脉冲快速传送到处理室。

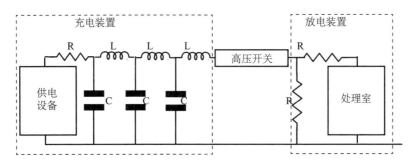

图 4.1 脉冲产生的简化图

4.1.2 处理方案

图 4.2 显示了脉冲的衰减振荡(a)、指数衰减(b)和方波波形。衰减振荡是 HVED 过程的典型特征。一般来说,双极脉冲似乎比单极脉冲更有优势,因为它们会对膜结构产生额外的应力,并提高破损效率。双极脉冲提供的能耗低,且同时减少了电极的溶解和电解(Qin 等,1994;Wouters 和 Smelt,1997)。此外,单极脉冲将离子集中在电极表面,可以激发极化抵抗施加的电压。

方波发生器比衰减振荡发生器更昂贵、复杂。与指数波发生器相比,方波发生器具有更好的分解效率和能量转化效率。但是,在处理过程中,这些发生器的理想矩形轮廓可能被破坏(Campbell 等,2008;Flisar 等,2014;Blahovec 等,2015)。此外,脉冲的形状通常取决于处理条件和被处理介质的性质。例如,对过饱和蔗糖溶液的 HVED 处理的研究表明,每个脉冲都有一个恒定电压/小电流预击穿周期(t_d)和一个指数衰减放电周期($t_i \approx 2$ μs)(图 4.3)(Parniakov 等,2017),预击穿对应于流注放电(Sun 等,1998)。衰减时间不是常数,其范围在 20~2500 μs 内。

控制脉冲的主要条件是施加的脉冲幅度(峰值电压)、脉冲持续时间 t_i 和脉冲之间的时间间隔 Δt(或脉冲重复率 $f = 1/\Delta t$)(Canatella 等,2001)。通常,脉冲持续时间比脉冲之间的时间间隔短,为了避免在处理过程中产生欧姆加热,可以应用脉冲序列使它们之间的间隔变长 Δt_t。这种间歇用于样品的强化冷却。每个单独的序列由 n 个脉冲组成,PEF 处理的总时间由级数 N 的变化来调节,可计算为 $t_{PEF} = nNt_i$。

决定电穿孔效率的主要相关参数是施加的电场强度 E 和总处理时间 t_{PEF}(Hamilton 和 Sale,1967)。

一般情况下,电场强度越大损伤效率越高(Canatella 等,2001)。但是,在高

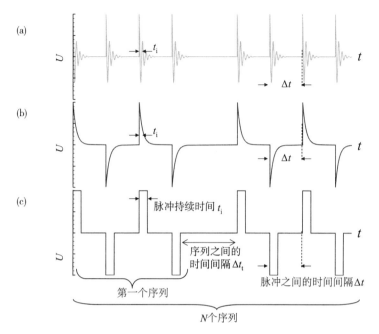

图 4.2　电脉冲的典型波形：衰减振荡（a）、指数衰减（b）和方波（c），其中 t_i 表示脉冲
持续时间，Δt 表示脉冲之间的时间间隔，Δt_i 表示脉冲序列之间的时间间隔

电场强度时，能耗也是必不可少的。通常，水果和蔬菜细胞有效电穿孔所需的能
耗介于 1~16 kJ/kg。与用于细胞分解的其他方法相比，这些能耗明显小得多，如
机械法（ w = 20 ~ 40 kJ/kg ）、酶法（ w = 60 ~ 100 kJ/kg ）、加热或冷冻/解冻法
（ w > 100 kJ/kg ）（Toepfl，2006），同时，存在一个电场强度的最佳值 E_0，其对应
的能耗最小（Bazhal 等，2003）。对于水果和蔬菜细胞，E_0 的值介于 200 ~ 700
V/cm。当 E 高于 E_0 时，能耗逐步增加，而不会产生额外的电穿孔效应。在一般
情况下，能耗是相当复杂的函数，它取决于细胞的大小、形状、材料的特性以及处
理方案（Ben Ammar 等，2010）。

　　在 PEE 处理过程中，欧姆加热也尤为重要（Blahovec 等，2015）。PEE 处理和
适度的欧姆加热的叠加可以产生协同作用，从而增强电穿孔效应（Lebovka 等，
2005；Lebovka 和 Vorobiev，2011）。

　　脉冲持续时间 t_i 对失活效率的影响颇不明确。一些研究表明，在能量恒定
的情况下，脉冲持续时间越长，失活效率越高（Martin-Belloso 等，1997；Abram 等，
2003）。但也有些研究发现，在同等能量输入下，脉冲持续时间对失活效率几乎
无影响（Raso 等，2000；Mañas 等，2001；Sampedro 等，2007；Fox 等，2008）。脉冲持

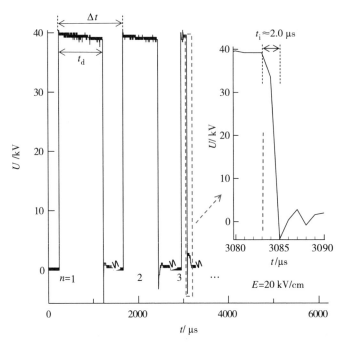

图 4.3　在 E = 20 kV/cm 下 HVED 处理过饱和蔗糖溶液时的电脉冲波形示例图
图中显示持续时间 t_i ≈ 2 μs 的火花放电周期的放大部分。数据由 Marx 发生器获
得,该发生器提供电脉冲的电压为 U = + 40 kV 、能量为 W = 240 J 。其中 Δt = 2
s 是脉冲之间的时间间隔,t_d 是衰减时间

续时间对微生物失活的影响可能取决于电场强度(Wouters 等,1999;Aronsson
等,2005)。Teissiéet 等发表了有关处理过程中脉冲持续时间对电穿孔效率的影
响的综述(Teissiéet 等,2008),其实验通过研究脉冲持续时间 t_i(10 ~ 1000 μs) 对
葡萄、苹果和土豆的 PEF 处理效率的影响(De Vito 等,2008;Vorobiev 和 Lebovka,
2010;Ben Ammar,2011),清楚地证明了尤其是在室温和中等电场(E = 100 ~ 300
V/cm)下,脉冲越长越有效。

　　脉冲之间的时间间隔 Δt 也是影响分解效率的重要参数(Lebovka 等,2001;
Evrendilek 和 Zhang,2005;Asavasanti 等,2011、2012)。例如,大肠杆菌的灭活受脉
冲之间的时间间隔 Δt 的影响(Evrendilek 和 Zhang,2005)。在恒定 E 和 t_{PEF} 下,间
歇时间越长,苹果组织的动力学分解速度越快(Lebovka 等,2001)。这些结果解释
了细胞内部结构的水分扩散过程。洋葱组织的细胞通透性显著高于脉冲之间的临
界距离 Δt = 1 s (Asavasanti 等,2011)。研究认为,在低频时,对流和细胞质流动在
将更多的导电流体分布到整个组织中起重要作用(Asavasanti 等,2012)。

4.1.3　处理室

电脉冲传递到处理室内的被处理材料上。迄今为止,处理室的大小从纳米级到大型工业规模不等。

4.1.3.1　纳米级和微米级流体芯片

在过去的二十年中,微流体设备在电穿孔现象的研究中非常流行。这些设备可用于细胞分析、转染和巴氏杀菌。许多综述都涉及纳米和微米级流体系统的制造和工作原理,并分析它们的优点、局限性和潜在的应用(Xu 和 Jiang 2011; Čemažar 等,2013,2017; Nan 等,2014; Movahed,2015; Chang 等,2016)。基于纳米尺度或纳米通道的电穿孔设备常用于具有高细胞活力(近 100%)的电转染实验中(Chang 等,2016)。微流体电穿孔设备在细胞处理和操作上也很便捷(Čemažar 等,2013,2017)。这些纳米级或纳米通道的电穿孔设备需要相对较低的电压(几十伏)就可以在微电极之间产生较大的电场。相比之下,大型电穿孔室需要数百伏的电压。此外,对于微观几何结构的电穿孔设备,被处理的样品内部产生的热量具有快速散失的特征。研究者利用透明微流体设备,在显微镜下对微藻电穿孔进行了原位观察(Bodénès,2017; Bodénès 等,2019)。微型流体芯片的不同设计已用于分析细胞特性或细胞内容物(Fox 等,2006)、提取细菌和酵母的细胞内容物(Rockenbach 等,2019)、快速确定细菌灭活的电穿孔阈值(Wang 等,2019)、细胞电裂解(Nan 等,2014; Shehadul Islam 等,2017; Lo 和 Lei,2019)、电融合(Hu 等,2013)和有效的细胞转化(Qu 等,2012)、胞内传递(Shi 等,2018)、基因转染(Xu 和 Jiang,2011)和活性基因递送(Yang 等,2015),以及应用于纳米医学中(Kim 和 Lee,2017)。

4.1.3.2　小规模电击杯

图 4.4 为小型电穿孔设备的典型电击杯的结构和照片。在该反应室中,电极具有一致的间隙和平行配置。这些电击杯的体积相当小,100~800 μL,其间隙尺寸为 1、2 和 4 mm(Bio-Rad Laboratories,2019; BTX,2019; Eppendorf,2019)。

4.1.3.3　大型、工业规模的处理室

在食品工程和生物回收应用中,有人提出了用于批量处理和连续处理的不同结构的处理室。一般情况下,处理室应该用材料均匀填充,以确保与电极良好地接触。材料内部的电场应最大限度均匀化,并且气泡也应减少到最低限度(Cortese 等,2011)。

例如,图 4.5 展示一些带有板对板电极的实验室规模的批处理室的照片。

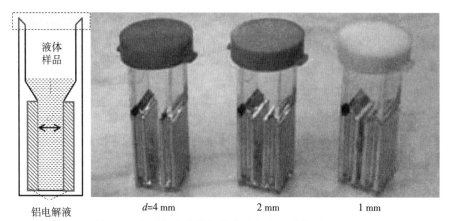

图 4.4　小型电穿孔设备的典型电击杯示意图和照片

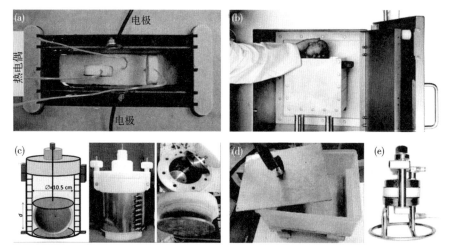

图 4.5　用于 PEF 处理的带有板对板电极的批处理室,法国贡比涅工业大学(Compiegne University of Technology,France)使用的处理室(a、c、d 和 e)。由德国埃利亚(Elea,Germany)开发的处理室(Elea,2019)(b)

图 4.6 展示了为高压放电—处理实验而设计的杆对板(a)和杆对杆(b)形状的浴处理室。这些几何形状造成了电场分布高度不均匀。

图 4.7 为在电压 $U = 40$ kV、针径 $d = 5$ mm 下计算场分布的示例(Parniakov 等,2017)。杆状电极的弯曲边缘附近产生的电场强度最高($E \approx 100$ kV/cm),而在平面电极附近产生的电场强度显著(30~40 kV/cm)。

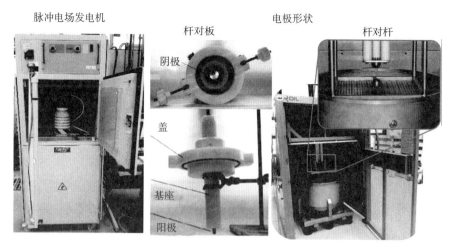

图 4.6　杆对板(法国贡比涅工业大学)和杆对杆[德国埃利亚(Elea,2019)]处理室

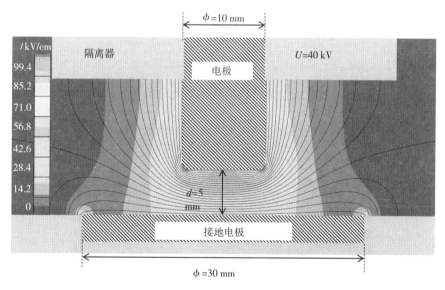

图 4.7　计算出施加电压为 40 kV 时,针对面处理室的电场分布(源自:Parniakov 等,2017)

在连续流动操作中,通常有三种主要的电极配置[平行板、同轴腔室和共线腔室[图 4.8(a)](Rebersek 等,2014)]用于工业过程(详见 Toepfl 等,2014)。图 4.8(b)展示了在平行板和共线处理室配置内处理区电场的定性分布(Raso 等,2016)。平行板或同轴电极配置(批处理室或连续处理室)的电场在电极间相当均匀。尽管同轴电极和平行板电极的 PEF 处理室的电场分布更加均匀,但共线

腔室具有与出口管道的连贯性更好的优势,并且可以更容易地插入生产线上(图4.9)。共线腔室也更适合处理大颗粒的固体或液体悬浮液。

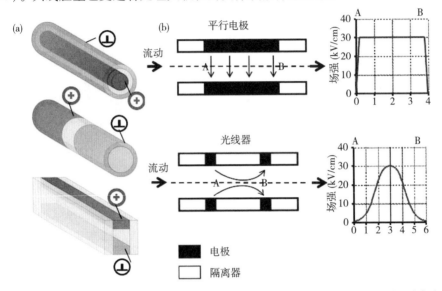

图4.8 同轴、共线、平行板电极室示意图(a),红色和蓝色区域代表相反的电极,浅灰色区域代表绝缘材料(授权自:Rebersek 等,2014)。带有平行板和共线电极的处理室内部的电场分布(b)(源自:Raso 等,2016)

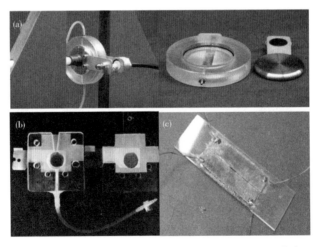

图4.9 带有平行板电极的 PEF 处理室(a)德国喀尔斯鲁厄工业学院(the Karlsruhe Institute of Technology,Germany)制造的连续流动室。两个直径为 60 mm 的平行不锈钢电极的间隙为 4 mm(源自:Goettel 等,2013);(b)电极间隙为 16 mm,处理室的容积约为 10 mL。中央的有机玻璃板上有一个直径为 30 mm 的孔,底部有一个入口,顶部有一个出口(源自:Ohshima 等,2016);(c)静电处理室的电极间隙为 1 mm,样品长度为 1 mm 和 0.25 mm(源自:Foltz,2012)

这些配置适用于加工流体食品。例如,图4.8展示了带有平行板电极实验室PEF处理室的一些照片。这些处理室用于淡水微藻的电穿孔提取实验(Goettel等,2013)、PEF辅助牛奶巴氏杀菌(Ohshima等,2016)以及藻类细胞裂解(Foltz,2012)。

图4.10展示一些连续共线处理室的结构。

图4.11为平行(a)和共线(b)电极连续室的场分布计算示例(Frey等,2017)。

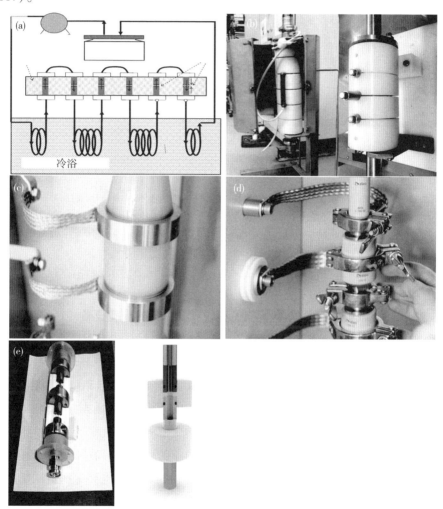

图4.10　法国贡比涅工业大学(a,b)、德国埃利亚(c,d)(Elea,2019)和美国多元科技有限公司(Diversified Technologies,USA)(e)的连续共线处理室(Kempkes和Tokuşoğlu,2014;Diversified_Technologies,2019)

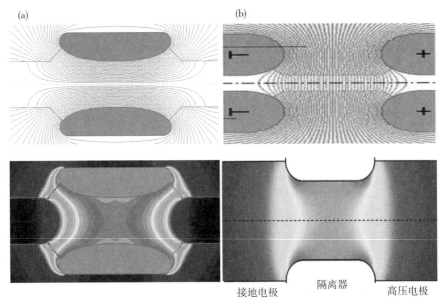

图 4.11 平行(a)和共线(b)电极连续室的场分布计算(源自:Frey 等,2017)

4.2 电穿孔系统

4.2.1 小型电穿孔设备

为产生精确的 PEF 方案,研究者专门设计了不同的小型设备,以研究真核和原核细胞、细菌、真菌以及酵母的电穿孔。

美国伯乐公司(Bio-Rad Laboratories,Inc.,USA)(Bio-Rad Laboratories,2019)生产用于转染原核细胞和真核细胞(包括哺乳动物细胞和植物原生质体)的电穿孔设备。其最大输出电压为 3000 V,可以施加指数衰减或方形脉冲。

美国哈佛仪器 BTX 公司(BTX,Harvard Apparatus,USA)(BTX,2019)生产用于包括哺乳动物细胞在内的,基因、药物和蛋白质传输的方形波和指数衰减波电穿孔设备。这些设备是为体外和体内应用而设计的。BTX 也会生产不同类型的电极,例如,用于经皮传递和电化学疗法应用的 Caliper 电极,用于在培养皿中生长的黏附细胞或组织进行电穿孔的培养皿铂电极,以及用于体外胚胎和体内基因递送的桨式可重复使用电极。此公司还生产用于 6 孔板或 35 mm 培养皿的独立便携式单比色皿模块和可重复使用的电穿孔涂布器 Petri Pulser™。

德国艾本德有限公司（Eppendorf Vertrieb Deutschland GmbH, Germany）（Eppendorf,2019）生产用于真核细胞、细菌、酵母的电穿孔和细胞融合的设备（采用了 Eppendorf 公司的特殊聚变室）。

英国阿伯茨伯里工程有限公司（Abbotsbury Engineering Ltd,United Kingdom）（Intracel,2019）生产方形脉冲电穿孔设备，该设备设计用于卵细胞、体外和体内（非人体内）研究,其最大输出电压为 100 V。

美国 Mirus Bio 有限公司（Mirus,2019）的指数衰减波电穿孔设备,开发用于哺乳动物和昆虫细胞的转染以及将核酸递送至难以转染的干细胞和原代细胞。此设备的最大输出电压为 2500 V,且使用间隙尺寸为 0.2 cm 或 0.4 cm 的电穿孔比色皿。

日本 Nepa Gene 公司（Nepa-Gene,2019）生产不同类型的电穿孔设备,该设备设计用于细菌细胞、真菌和酵母菌的转化,以及不同体细胞的自发融合和电转染实验。它们使用不同的最大输出电压,最高可达 3000 V,并采用指数衰减波和方波 PEF 脉冲。

美国赛默飞公司（Thermo Fisher Scientific, USA）（Thermo-Fisher,2019）生产用于将核酸、蛋白质和 siRNA 有效递送至哺乳动物细胞的设备。该设备经过预编程,可以针对不同类型的转染分子和细胞进行条件优化。

美国 VitalSigns-VitaScientific 公司（VitaScientific,2019）的设备使用特殊的密封电穿孔管,以避免电穿孔不均匀,其最大输出电压为 1500V。

瑞士龙沙集团（Lonza Group AG,Switzerland）（Lonza-Group, 2019）和德国 Amaxa 有限公司（Amaxa,2019）生产用于细菌转化和转染的电穿孔设备。

表 4.1 简述了由不同公司提供的小型电穿孔设备参数。

表 4.1　不同公司生产的小型电穿孔器及相关系统说明

设备和技术简介	公司
Bio-Rad 微脉冲电穿孔设备使用间隙为 0.4 cm、0.2 cm 和 0.1 cm 的标准比色皿。其输出电压可在 200~3000 V 范围内调整,最大电流限制为 100 A,且使用衰减或截断衰减的指数波形。该设备的默认脉冲持续时间为 5 ms 或 1~4 ms,精度为 0.1 ms。其包括 5 个细菌和 5 个真菌预设程序 Gene PulserXcell™ 系统是一种由一个主单元、一个 ShockPod™ 比色皿室以及附件模块（电容扩展器和脉冲控制器）组成的电穿孔设备。其可调电容为 10 μF、25 μF 和 50 μF;电阻（并联）为 50~1000 Ω;输出电压在 10~3000 V 范围内可调。该设备可以使用指数衰减波形或方形波形。其在短时间充电周期内的最大功率为 240 W	美国伯乐公司（Bio-RadLaboratories,2019）

设备和技术简介	公司
ECM© 830 方波电穿孔设备的电压范围为 5~3000 V,脉冲持续时间为 10 μs 至 999 ms。该设备与 PetriPulser 电极或贴壁细胞电极耦合,可以直接在培养皿中处理细胞 ECM© 630 指数衰减波电穿孔设备专为体外和体内电穿孔实验而设计 AgilePulse MAX™ 电穿孔设备可以快速有效地转染 2~20 mL 细胞悬液,这些细胞悬液通过无菌注射器转移到大体积电穿孔室中。电穿孔实验方案包括初始序列短而强度高的脉冲和最终序列长而强度低的脉冲	隶属于美国哈佛生物科学公司的 BTX 公司 (part of the Harvard Bioscience family of companies,USA)(BTX,2019)
Eppendorf Eporator© 设备的电压范围为 200~2500 V。 Multiporator©(电穿孔和电融合)设备基于 Soft Pulse 技术。其电压范围是 5~300 V 或 200~2500 V 或 20~1200 V,并可直接设置电压和脉冲持续时间	德国艾本德有限公司 (Eppendorf,2019)
TSS20 Ovodyne 是可编程设备,可提供单个脉冲或预编程数量的脉冲,且脉冲之间有精确定义的持续时间和间隔时间。该设备可提供 1~99.9 V 的电压(0.1 V 分辨率)、1~9990 ms 的脉冲长度(1 ms 分辨率)、10~9990 ms 的脉冲间隔(10 ms 分辨率)以及 1~999 的脉冲数。耦合到 EP21 从单元的 TSS20 Ovodyne 可用于高达 1000 mA 的电流	英国阿伯茨伯里工程有限公司 (Intracel,2019)
Ingenio© EZporator© 是指数衰减设备。其电压范围为 20~2500 V,且最大脉冲长度为 125 ms(峰值电压为 400 V)或 5 ms(峰值电压为 2500 V)	美国 Mirus Bio 有限公司 (Mirus,2019)
ECFG21 电细胞融合发生器是为不同体细胞的自发融合而开发的。交流电压(0~80 V,1 MHz)用于对细胞进行物理性排列,将其首尾相连成链状。细胞物理接触后,施加一系列方波脉冲(1~1500 V,1~99 μs)以破坏质膜并诱导相邻细胞融合。该设备精确控制开关时间、脉冲幅度和长度,并允许测量阻抗 CUY21 SC 方波电穿孔仪设备旨在输出精确的低压方波脉冲,从而获得高转染效率,而对细胞的损害较小。该设备配备了可在体内、子宫内、卵内和离体进行转染的特殊电极。电穿孔的结果是通过测量阻抗和电流(1 mA~1.60 A)来控制的。该设备提供的电压为 0.1~99.9 V(0.1 V 分辨率)、脉冲长度为 0.05~99.9 ms(0.01 ms 分辨率)、脉冲间隔为 0.1~999.9 ms(0.1 ms 分辨率)、脉冲数为 1~99,以及最大电流为 1.60 A CUY21EDIT 方波电穿孔器提供 1~500 V 的电压(1 V 分辨率)、0.1~999.9 ms 的脉冲长度(0.1 ms 分辨率)、0.1~999.9 ms 的脉冲间隔(0.1 ms 分辨率)以及 1~99 个脉冲。其最大电流为 5.0 A(电压为 1~125 V 时)、2.2 A(电压为 125~250 V 时)和 1.0 A(电压为 250~500 V 时)	日本 Nepa Gene 公司 (Nepa-Gene,2019)

设备和技术简介	公司
NEPA21 Porator 是指数衰减设备。其被设计用于细菌细胞、酵母、真菌和哺乳动物细胞的转化或转染应用。该设备控制电阻抗,并提供 100~500 V(5 V 分辨率)和 500~3000 V(100 V 分辨率)的电压、1.0~5.0 ms(0.5 ms 分辨率)的脉冲长度以及 1 个或 2 个脉冲数 ELEPO21 是被设计用于转化细菌细胞、真菌、酵母等的高压电穿孔器设备。该设备使用由四步多重衰减脉冲组成的脉冲系统。该脉冲系统具有四种模式(穿孔、极性交换的穿孔、传输和极性交换的传输脉冲),无须特殊缓冲液即可获得更高的转染效率和更高的生存力。该设备可以在毫秒范围内传送多达 3000 V 的脉冲。Nepa 电穿孔比色皿与大多数电穿孔系统兼容(Bio-Rad,BTX,等)	日本 Nepa Gene 公司 (Nepa-Gene,2019)
Neon©转染系统设备使用独特的电穿孔反应室,Neon© Tip 将脉冲信号输送至哺乳动物细胞。该设备允许以最小的 pH 变化值和较小的热量获得更均匀的电场	美国赛默飞公司 (Thermo-Fisher,2019)
Celetrix CTX-1500A 设备提供的电压范围为 300~1500 V,且样品体积范围为 20~1000 μL	美国 VitalSigns-VitaScientific 公司 (VitaScientific,2019)
Nucleofector™2b 设备使用的电参数不同于任何其他市售电穿孔设备。该设备针对每种优化的细胞类型进行了预编程,以将底物直接递送到细胞核和细胞质中 Nucleofector© II 设备提供专门开发的电气参数,Nucleofector 套件包含细胞特异性和优化的核转染解决方案	瑞士龙沙集团(Lonza-Group,2019)和德国 Amaxa 有限公司(Amaxa,2019)

4.2.2　大型 PEF 设备

近年来,许多商业规模的 PEF 发生器具有广泛的可能性和应用前景。

1996 年,Dunn 开发了用于对可泵送产品(牛奶、液体蛋、乳化液和果汁)进行巴氏杀菌的第一个商业规模的 PEF 辅助系统(Dunn,1996)。CoolPure™ 系统使用强度为 20~80 kV/cm,持续时间为 1~10 μs 的脉冲。美国 PurePulse 技术公司的 CoolPure™ 试验系统用于 200 L/h 的连续流量。CoolPure™ 系统的优点如下:更好地保留了风味、颜色和营养特性;改善蛋白质功能;消除乳液的破坏;延长保质期;降低病原体水平以及更好地控制发酵。

瑞典 Arc Aroma Pure AB 公司(Arc_Aroma_Pures,2019)提出不同的 PEF 辅助商业系统。CEPT©(封闭式环境 PEF 处理)技术可用于冷巴氏杀菌、果汁提取、橄榄油提取、压载水处理和水净化。OptiFreeze AB 方法可在整个冷冻和解冻过程中保持食品的风味、质地和质量。oliveCEPT©技术专为橄榄油生产而开发。

法国 Basis EP 公司(Basis,2015)制造用于制糖业和其他行业各种应用(糖用甜菜丝、苹果泥、果汁等)的大型 PEF 发生器(图 4.12)。该公司还制造了用于处理不同类型生物质(微藻、酵母、种子等)的高压放电发生器。

图 4.12　为甜菜工业设计的用于处理 80t/h 甜菜的基础 PEF 发生器(源自:Basis,2015)

荷兰 CoolWave Processing 公司(CoolWave_Processing,2019)开发了可用于 PEF 辅助加工流体食品(新鲜果汁、酱汁或牛奶)的不同 PurePulse 系统。该系统可以延长新鲜果汁(仅包括"鲜榨")的保质期,并保留其全部风味、颜色、香气、维生素和其他优点。

美国多元科技有限公司(DTI)(Diversified_Technologies,2019)生产不同的高压和高功率脉冲发生器。在俄亥俄州立大学(Kempkes 和 Tokusoglu,2015)建造首个具有同场流动处理室的商业规模 PEF 系统(图 4.13),并且描述了在 30~35 kV 下运行的不同商业系统以及具有高达 200 L/h 吞吐量的同场流动处理室(Kempkes 等,2012,2016)。PEF 处理允许将藻油(28%~44%)提取到水溶液中,而无须使用其他溶剂或无须进行初步干燥。此外,PEF 辅助处理可以将总生物质干燥成本降低近 50%(Kempkes 等,2012)。

德国埃里亚公司(Elea,2019)制造不同大规模 PEF 机器和发生器(图 4.14),用于处理各种食品(如微藻、营养介质、酶溶液、食品、乳制品、浓缩蛋白、海鲜、鱼腌汁、酱料和调味料)。其工业应用还包括蔬菜(木薯、芋头、胡萝卜、红薯、红甜菜和防风草)、薯片以及薯条的生产(马铃薯、红薯、芋头、木薯和防风草）。全球已经安装了 100 多套 PEF 系统。

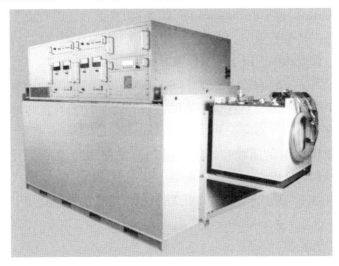

图 4.13 世界上第一个商业规模的 PEF 处理系统，于 2000 年由美国多元科技有限公司（Diversified Technologies, Inc.）交付给俄亥俄州立大学。该系统的处理能力为 1000~5000 L/h（Kempkes 和 Tokuşoğlu,2014）

图 4.14 处理液体和半液体产品的埃里亚 80 kW PEF 发生器（Elea,2019）

葡萄牙能量脉冲系统有限公司（EnergyPulse Systems, Lda, Portugal）（EnergyPulse Systems Lda,2016)基于半导体无变压器 Marx 发生器的拓扑结构制造了脉冲发生器。该系统设计用于细菌和酶的灭活,果汁、橄榄和葡萄的加工以及辅助食品干燥。

荷兰 Pulsemaster 公司(Pulsemaster,2019)为食品和饮料行业生产了不同的
PEF 系统。在马铃薯行业,这些系统在德国、美国、加拿大、荷兰、比利时、奥地
利、澳大利亚、印度和中国用于生产炸薯条和薯片。

瑞典 Scandinova Systems AB 公司(ScandiNova Systems,2019)为食品行业制
造了不同的 PEF 发生器。这些设备适用于 PEF 处理土豆、橄榄和果汁。

德国杜塞尔多夫 Vitave 公司(Vitave,Dusseldorf,Germany)(Vitave,2019)制
造容量高达 2000 L/h 的间歇和连续处理 PEF 设备,用于保存果汁、葡萄酒、牛
奶、啤酒、酱汁和食品提取。

德国 Wek-Tec e.K. 公司(Wek-Tec,2019)制造 PEF 发生器,适用于流体产品(果
汁、牛奶等)的消毒、果冻和果酱的卫生,以及从植物细胞中提取营养物质或色素。

IXL BV 公司(荷兰 Schalkwijk)生产商用 NutriPulse©电子炊具(Van Oord 和
Roelofs,2016;IXL_e-Cooker_B.V.,2019)。该炊具用于如鱼、肉和蔬菜等食品产
品的快速(仅几分钟)制备(图 4.15),其在低温下用作 PEF 受激炊具;加热到
40~50℃以上用作 PEF—热受激电穿孔,可进行一定程度运行。电子炊具为配制
味道和气味有不良变化的新鲜食物和开发新菜肴开辟了机会(Lelieveld 等,
2011;Goettsch 和 Roelofs,2014)。

 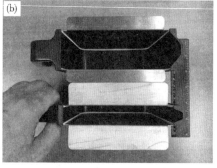

图 4.15　基于 PEF 欧姆加热的商用电子炊具(a)和用于电子炊具(IXL_e-Cooker_
B.V.,2019)的处理室(b)

2005 年,美国波兰创世纪果汁公司(Genesis Juice Corp)(Portland,USA)开始
通过 PEF 进行巴氏杀菌商业化生产果汁(Clark,2006)。产品瓶上标签声明该产
品"通过 PEF 加工"。2009 年,德国食品技术研究院(DIL)也启动了大规模连续
商业化 PEF 处理系统(果汁 1500 L/h,场强为 20 kV/cm,能量输入约为 120
kJ/kg,起始和最终温度分别为 40℃和 60℃)(Toepfl,2012),用于流体食品保藏。

表 4.2 简述了不同公司提供的商用 PEF 系统和技术。

表 4.2　大型商用 PEF 系统说明

设备和技术简介	公司
Behlke FSWP 系列(快速方波脉冲发生器)用于系统集成,可提供最大输出电压 5.4~9 kV。其最大峰值电流 15~25 A,脉冲宽度 $t_p \geqslant 50$ ns	德国 Kronberg,Behlke Power Electronics 有限公司(Behlke,2019)
CEPT© 预处理设备(10000 L/h)专为沼气生产而设计。预处理可以将甲烷产量提高 15%~50%。OptiFreeze AB 方法是基于真空技术和 PEF 处理的应用。为橄榄油生产而开发的 oliveCEPT© 技术可在不改变酸度的情况下,提高酚的含量、增加果味和提高初榨橄榄油的产量(提高 5%~15%)	瑞典 Arc Aroma Pure AB 公司(Arc_Aroma_Pures,2019)
此公司制造了脉冲电压为 5~18 kV,脉冲电流高达 1600 A,功率高达 250 kW 的 PEF 发电机,以及 40 kV、10 kA、10 Hz 的高压放电发电机	法国 Basis EP 公司(电力电子)(Basis,2015)
此公司生产了用于 PEF 辅助的连续加工流体食品(新鲜果汁、酱汁或牛奶)的不同 PurePulse 系统。非保温技术 PurePulse 商业系统可用于大规模(600~1800 L/h)和小规模(350 L/h)生产。其电场为 20~400 kV/cm,脉冲持续时间为 1~4 μs,最大功率为 50kW	荷兰 CoolWave Processing 公司(CoolWave_Processing,2019)
此公司开发了不同的商用 PEF 系统,可在 30~35 kV 下运行,并具有高达 200 L/h 吞吐率的同场流动处理室。该系统适用于藻油提取、液体和半固体食品的非热巴氏杀菌、糖/果汁提取、废水处理、有效的干燥脱水和组织改性	美国贝德福德(Bedford)多元科技有限公司,(DTI)(Diversified_Technologies,2019)
此公司开发了模块化设计的 CoolJuice™(10、100 和 1000)和 CoolDairy™(10、100 和 1000)系统,用于处理食品和非食品液体或半液体产品。其容量在 50~10000 L/h,并且每个系统都具有卫生的集成设计 Elea SmoothCut™ PEF 皮带系统的处理能力为 1~60 t/h。该系统可用于加速不同产品(草莓、猕猴桃、香蕉、豌豆、蘑菇、甜椒)的干燥(热风/对流、真空、冷冻或渗透干燥过程),并且可以将产品轻松地集成到现有的干燥设备	德国埃里亚公司:elea-technology.com(Elea,2019)
脉冲发生器 EPULSUS©-PM1-10 和 EPULSUS©-PM1-25 提供 10 kV/240 A 和 25 kV/250 A 方波双极脉冲,具有 500 ns 的上升时间、灵活的频率和脉宽变化 EPULSUS-PMX-Y 系统为食品提取应用而开发。该设备提供高达 20 kV 输出电压、高达 400 A 输出电流、高达 9 kW 输出功率、1~200 μs 脉冲和 1~200 Hz 的频率。具有双极性输出脉冲的 EPULSUS-BMX-Y 系统为食品灭活而开发。该设备提供高达 20 kV 输出电压、高达 400 A 输出电流、高达 9 kW 输出功率、1~200 μs 脉冲和 1~200 Hz 的频率。此公司生产了间歇式和连续式处理室。连续处理室具有共场结构,两端各有一个高压中心环形电极和两个接地电极,分别为 DN10(直径为 10 mm)和 DN100(直径为 100 mm)[a]	葡萄牙能量脉冲系统有限公司(EnergyPulse Systems Lda,2016)

设备和技术简介	公司
根据 Marx 固态类型学，此公司构造了不同的 PEF 系统。存储在串联电容器中的能量被排放到处理室中。串联开关提供了脉冲的快速上升时间。PEF 系统的典型平均功率范围高达 100 kW，电池解体系统的处理能力为 1~80 t/h。PEF 脉冲重复频率最高可达每秒 500 次。该系统对液体进行微生物灭活的能力为 50~5000 L/h 不等。模块化设计允许升级现有电源 这些设备的设计均符合食品卫生	荷兰 Pulsemaster 公司（Pulsemaster，2019）
此公司开发了不同的脉冲发生器系统。PG200 提供的脉冲电压为 0~50 kV，电流为 0~1200 A，脉冲持续时间为 1~10 μs，重复频率为 0~500 Hz	瑞典 Scandinova Systems AB（ScandiNova Systems，2019）
Vitave 生产了 PEF 发动机（脉冲发生器）、电源装置（高达 50 kW）以及分批和连续处理室（处理能力高达 2000 L/h）。PEF 引擎提供单极性和双极性脉冲，电压高达 30 kV，电流高达 12 kA，脉冲宽度为 500 ns	德国杜塞尔多夫的 Vitave 公司，当代食品加工（Vitave，2019）
半自动 R&D PEF 系统 SBS-PEF-SA-1A 可提供 10 kV 峰值电压，其电场范围为 5 kV/cm 至 25~30 kV/cm 且重复频率为 1~500 Hz。其脉冲持续时间为 1~50 μs，并且介质的最大脉冲电流为 0.1~0.3 A。该系统配有两个快速可互换的 PEF 腔：一个容积为 1.5 L 的批处理腔和一个有效长度为 180 mm 的同轴直流腔（1~5 L/min），两者间隙为 4 mm。 两级 PEF 灭菌系统 WT-PEF-PV1 设计用于对果汁、液体食品和液体奶油进行灭菌。该设备提供的电场高达 20~35 kV，重复频率为 10 Hz、100 Hz、500 Hz 和 1000 Hz，脉冲持续时间为 2.5 μs、5 μs、10 μs 和 20 μs 以及电流为 1~100 A。其最大脉冲功率输出为 0.5~2 kW。250 L/h 的细菌灭菌能力为 4~6 个对数，而 500 L/h 的细菌灭菌能力则为 2~3 个对数	德国 Wek-Tec e. K. 公司（Wek-Tec，2019）
Nutri-Pulse© e-Cooker© 设备是为食品产品的制备而开发的。该设备结合了电穿孔和脉冲欧姆加热。处理室包括两个垂直电极，连接到设备内部的高压脉冲发生器。该设备使用低磁场强度（10~180 V/cm），脉冲持续时间为 1~20000 μs，脉冲数为 1~2000000，总蒸煮时间为 0.5~1000 s。此设备具有无线电子通信	荷兰 IXL e-Cooker B. V. 公司（IXL_e-Cooker_B. V.，2019）

a 感谢能量脉冲系统的 Luis Redondo 博士提供此信息。

参考文献

[1] Abram F，Smelt J，Bos R，Wouters PC（2003）Modelling and optimization ofinactivation of Lactobacillus plantarum by pulsed electric field treatment. J Appl Microbiol 94:571−579

[2] Amaxa G （2019） NucleofectorB© Ⅱ manual. http://icob. sinica. edu. tw/

pubweb/bio-chemCore%20Facilities/Data/R401-core/Nucleofector_Manual_ Ⅱ _Apr06. pdf

[3] Arc_Aroma_Pures (2019) The quality and quantity improvements achievable with the CEPTB© platform shows great potential for the food sector. https://www. arcaroma. com/food/

[4] Aronsson K, Rönner U, Borch E (2005) Inactivation of Escherichia coli, Listeria innocua and Saccharomyces cerevisiae in relation to membrane permeabilization and subsequent leakage of intracellular compounds due to pulsed electric field processing. Int J Food Microbiol 99:19-32

[5] Asavasanti S, Ristenpart W, Stroeve P, Barrett DM (2011) Permeabilization of plant tissues by monopolar pulsed electric fields: effect of frequency. J Food Sci 76(1):E96-E111

[6] Asavasanti S, Stroeve P, Barrett DM et al (2012) Enhanced electroporation in plant tissues via low frequency pulsed electric fields: influence of cytoplasmic streaming. Biotechnol Prog 28:445-453. https://doi. org/10. 1002/btpr. 1507

[7] Basis (2015) Basis electronique de puissance. http://www. basis-ep. com

[8] Bazhal M, Lebovka N, Vorobiev E (2003) Optimisation of pulsed electric field strength for electroplasmolysis of vegetable tissues. Biosyst Eng 86:339-345

[9] Behlke (2019) Behlke product lines. Laboratory pulser & OEM pulser units. http://www. behlke. com/separations/separation_d. htm

[10] Ben Ammar J (2011) Etude de l'effet des champs electriques pulses sur la congelation des produits vegetaux. Ph. D. Thesis, Compiegne: Universite de Technologie de Compiegne

[11] Ben Ammar J, Lanoisellé J-L, Lebovka NI et al (2010) Effect of a pulsed electric field and osmotic treatment on freezing of potato tissue. Food Biophys 5: 247-254

[12] Bio-Rad Laboratories Ⅰ (2019) Electroporation. http://www. bio-rad. com

[13] Blahovec J, Kouřm P, Kindl M (2015) Low-temperature carrot cooking supported by pulsed electric field-DMA and DETA thermal analysis. Food Bioprocess Technol 8: 2027-2035. https://doi. org/10. 1007/s11947-015- 1554-4

[14] Bodénès P (2017) Etude de l'application de champs électriques pulsés sur des

microalgues en vue de l'extraction de lipides neutres. Ph. D. Thesis, L'Universite Paris – Saclay preparee à l'Ecole Normale Superieure de Cachan (Ecole Normale Superieure Paris–Saclay)

[15]Bodénès P, Wang H-Y, Lee T-H et al(2019) Microfluidic techniques for enhancing biofuel and biorefinery industry based on microalgae. Biotechnol Biofuels 12:33

[16] BTX HA (2019) Electroporation & electrofusion products. http://www. harvardapparatus. com

[17] Campbell D, Harper J, Natham V et al (2008) A compact high voltage nanosecond pulse generator. In: Proceedings of ESA (electrostatics society of America) annual meeting on electrostatics,paper H3,12 pp. pp 1−12

[18]Canatella PJ, Karr JF, Petros JA, Prausnitz MR (2001) Quantitative study of electroporation – mediated molecular uptake and cell viability. Biophys J 80: 755−764

[19] Čemažar J, Miklavčič D , Kotnik T (2013) Microfluidic devices for manipulation, modification and characterization of biological cells in electric fields--a review. Electron Compon Mater 43:143−161

[20]Čemažar J, Ghosh A, Davalos RV (2017) Electrical manipulation and sorting of cells. In: Microtechnology for cell manipulation and sorting. Springer, Cham, pp 57−92

[21]Chang L, Li L, Shi J et al (2016) Micro-/nanoscale electroporation. Lab Chip 16:4047−4062

[22]Clark JP (2006) Pulsed electric field processing. Food Technol 60:66−67

[23]CoolWave_Processing (2019) How does PurePulse work? http://www. purepulse. eu

[24]Cortese P, Dellacasa G, Gemme R et al (2011) A pulsed electric field (PEF) bench static system to study bacteria inactivation. Nucl Phys B – Proc Suppl 215:162−164. https://doi. org/10. 1016/j. nuclphysbps. 2011. 03. 165

[25]De Vito F, Ferrari G, Lebovka NI et al (2008) Pulse duration and efficiency of soft cellular tissue disintegration by pulsed electric fields. Food Bioprocess Technol 1:307−313

[26] Diversified_Technologies (2019) Food and wastewater processing. http://www. divtecs. com/food-and-wastewater-processing

[27] Dunn J (1996) Pulsed light and pulsed electric field for foods and eggs. Poult Sci 75:1133-1136

[28] Elea (2019) Pulsed Electric Field systems (PEF) to the food, beverage & scientific sectors. https://elea-technology. de/

[29] EnergyPulse Systems Lda (2016) EPULSUS ® , high performance pulse generators. http://energypulsesystems. pt

[30] Eppendorf VDG (2019) Eppendorf ZporatorB ® , operating manual. https:// geneseesci. com/wp-content/uploads/2013/12/Eporator-Electroporator-User-Manual. pdf

[31] Evrendilek GA, Zhang QH (2005) Effects of pulse polarity and pulse delaying time on pulsed electric fields-induced pasteurization of E. coli O157:H7. J Food Eng 68:271-276

[32] Flisar K, Meglic SH, Morelj J et al (2014) Testing a prototype pulse generator for a continuous flow system and its use for E. coli inactivation and microalgae lipid extraction. Bioelectrochemistry100:44-51. https://doi. org/10. 1016/j. bioelechem. 2014. 03. 008

[33] Foltz G (2012) Algae lysis with pulsed electric fields. Master of Science Thesis, California State Polytechnic University, Pomona

[34] Fox MB, Esveld DC, Valero A et al (2006) Electroporation of cells in microfluidic devices: a review. Anal Bioanal Chem 385:474-485

[35] Fox MB, Esveld DC, Mastwijk H, Boom RM (2008) Inactivation of L. plantarum in a PEF microreactor: the effect of pulse width and temperature on the inactivation. Innov Food Sci Emerg Technol 9:101-108

[36] Frey W, Gusbeth C, Sakugawa T, Sack M, Mueller G, Sigler J, Vorobiev E, Lebovka N, Álvarez I, Raso J, Heller LC, Malik MA, Eing C, Teissie J (2017) Environmental applications, food and biomass processing by pulsed electric fields. In: Akiyama H, Heller R (eds) Bioelectrics. Springer Nature, Japan, pp 389-476

[37] Goettel M, Eing C, Gusbeth C et al (2013) Pulsed electric field assisted extraction of intracellular valuables from microalgae. Algal Res 2:401-408

[38] Goettsch C, Roelofs H (2014) Stew cooked in minutes. The sustainable breakthrough in food preparation. Voedingsindustrie 2:8-9

[39] Hamilton WA, Sale AJH (1967) Effects of high electric fields on microorganisms: II. Mechanism of action of the lethal effect. Biochim Biophys Acta (BBA) - General Subj 148:789-800

[40] Hu N, Yang J, Joo SW et al (2013) Cell electrofusion in microfluidic devices: a review. Sensors Actuators B Chem 178:63-85

[41] Intracel AEL (2019) TSS20 programmable square wave electroporator. http://intracel.co.uk/wp-content/uploads/TSS20-Flyer-1.pdf

[42] IXL_e-Cooker_B. V. (2019) E-Cooking. http://www.e-cooker.eu/e-cooking/

[43] Kempkes MA, Tokuşoğlu Ö (2014) PEF systems for industrial food processing and related applications. In: Tokuşoğlu Ö, Swanson BG (eds) Improving food quality with novel food processing technologies. CRC Press/Taylor & Francis Group, Boca Raton, pp 427-453

[44] Kempkes MA, Tokusoglu O (2015) In: Tokusoglu O, Swanson BG (eds) Improving food quality with novel food processing technologies. CRC Press/Taylor & Francis LLC, Boca Raton, pp 427-453

[45] Kempkes M, Roth I, Reinhardt N (2012) Enhancing industrial processes by pulsed electric fields. In: Proceedings of Euro-Asian pulsed power conference, Karlsruhe, pp 1-4

[46] Kempkes M, Simpson R, Roth I (2016) Removing barriers to commercialization of PEF systems and processes. In: Proceedings of 3rd school on pulsed electric field processing of food. Institute of Food and Health, pp 1-6

[47] Kim K, Lee WG (2017) Electroporation for nanomedicine: a review. J Mater Chem B 5:2726-2738

[48] Lebovka N, Vorobiev E (2011) Food and biomaterials processing assisted by electroporation. In: Pakhomov AG, Miklavcic D, Markov MS (eds) Advanced electroporation techniques in biology and medicine. CRC Press/Taylor & Francis Group, Boca Raton, pp 463-490

[49] Lebovka NI, Bazhal MI, Vorobiev E (2001) Pulsed electric field breakage of cellular tissues: visualisation of percolative properties. Innov Food Sci Emerg

Technol 2：113-125

［50］Lebovka NI, Praporscic I, Ghnimi S, Vorobiev E（2005）Does electroporation occur during the ohmic heating of food？ J Food Sci 70：E308-E311

［51］Lelieveld H, Mastwijk H, Oord G, et al（2011）Cooking in seconds with PEF. More nutrients：better taste. http：//www. innova-uy. info

［52］Lo Y-J, Lei U（2019）A continuous flow-through microfluidic device for electrical lysis of cells. Micromachines 10：247

［53］Lonza-Group AG（2019）NucleofectorB ® manual. http：//bio. lonza. com/go/literature/104. pdf

［54］Mañas P, Barsotti L, Cheftel JC（2001）Microbial inactivation by pulsed electric fields in a batch treatment chamber：effects of some electrical parameters and food constituents. Innov Food Sci Emerg Technol 2：239-249

［55］Martin-Belloso O, Vega-Mercado H, Qin BL et al（1997）Inactivation of Escherichia coli suspended in liquid egg using pulsed electric fields. J Food Process Preserv 21：193-208

［56］Mirus BLLC（2019）From the transfection experts, the new ingenio ® ezporator ® electroporation system. https：//www. mirusbio. com/

［57］Movahed S（2015）Microfluidic cell electroporation. In：Encyclopedia of microfluidics and nanofluidics. Springer, Boston, pp 1874-1882

［58］Nan L, Jiang Z, Wei X（2014）Emerging microfluidic devices for cell lysis：a review. Lab Chip 14：1060-1073

［59］Nepa-Gene CL（2019）Electroporation & electrofusion products. http：//www. nepagene. jp

［60］Ohshima T, Tanino T, Kameda T, Harashima H（2016）Engineering of operation condition in milk pasteurization with PEF treatment. Food Control 68：297-302

［61］Parniakov O, Adda P, Bals O et al（2017）Effects of pulsed electric energy on sucrose nucleation in supersaturated solutions. J Food Eng 199：19-26

［62］Pourzaki A, Mirzaee H（2008）Pulsed electric field generators in food processing. In：18th National Congress on Food Technology in Mashhad（Iran）, pp 1-7

［63］Pulsemaster（2019）Pulsed electric field processing for the food industry.

https://www. pulsemaster. us

[64] Qin B - L, Zhang Q, Barbosa - Cánovas GV et al (1994) Inactivation of microorganisms by pulsed electric fields of different voltage waveforms. IEEE Trans Dielectr Electr Insul 1: 1047 - 1057. https://doi. org/10. 1109/ 94. 368658

[65] Qu B, Eu Y - J, Jeong W - J, Kim D - P (2012) Droplet electroporation in microfluidics for efficient cell transformation with or without cell wall removal. Lab Chip 12:4483-4488

[66] Raso J, Alvarez I, Condón S, Trepat FJS (2000) Predicting inactivation of Salmonella senftenberg by pulsed electric fields. Innov Food Sci Emerg Technol 1:21-29

[67] Raso J, Frey W, Ferrari G et al (2016) Recommendations guidelines on the key information to be reported in studies of application of PEF technology in food and biotechnological processes. Innov Food Sci Emerg Technol 37:312-321

[68] Reberšek M, Miklavčič D (2011) Advantages and disadvantages of different concepts of electroporation pulse generation. Automatika 52:12-19

[69] Rebersek M, Miklavcic D, Bertacchini C, Sack M (2014) Cell membrane electroporation-Part 3: the equipment. IEEE Electr Insul Mag 30:8-18

[70] Rockenbach A, Sudarsan S, Berens J et al (2019) Microfluidic irreversible electroporation-a versatile tool to extract intracellular contents of bacteria and yeast. Meta 9:211

[71] Sampedro F, Rivas A, Rodrigo D et al (2007) Pulsed electric fields inactivation of Lactobacillus plantarum in an orange juice--milk based beverage: effect of process parameters. J Food Eng 80:931-938

[72] ScandiNova Systems AB (2019) Pulsed power systems with outstanding reliability and precision. http://www. scandinovasystems. com/

[73] Shehadul Islam M, Aryasomayajula A, Selvaganapathy PR (2017) A review on macroscale and microscale cell lysis methods. Micromachines (Basel) 8:83

[74] Shi J, Ma Y, Zhu J et al (2018) Areview on electroporation-based intracellular delivery. Molecules 23:3044

[75] Sun B, Sato M, Harano A, Clements JS (1998) Non-uniform pulse discharge-induced radical production in distilled water. J Electrost 43:115-126

[76] Teissié J, Escoffre J, Rols M, Golzio M (2008) Time dependence of electric field effects on cell membranes. A review for a critical selection of pulse duration for therapeutical applications. Radiol Oncol 42:196-206

[77] Thermo-Fisher S (2019) Neon transfection system. https://www.thermofisher. com/ua/en/home/life - science/cell - culture/transfection/neon - transfection - system. html

[78] Toepfl S (2006) Pulsed electric fields (PEF) for permeabilization of cell membranes in food - and bioprocessing: applications, process and equipment design and cost analysis. Ph. D. Thesis, von der Fakultät III - Prozesswissenschaften der Technischen Universität Berlin, Berlin

[79] Toepfl S (2012) Pulsed electric field food processing: industrial equipment design and commercial applications. Stewart Postharvest Rev 8:1-7. https:// doi. org/10. 2212/spr. 2012. 2. 4

[80] Toepfl S, Siemer C, Saldaña-Navarro G, Heinz V (2014) Chapter 6- Overview of pulsed electric fields processing for food. In: Sun D-W (ed) Emerging technologies for food processing, 2nd edn. Academic Press, San Diego, pp 93- 114

[81] Van Oord Govert, Roelofs JTM (2016) Low field strength PEF cooking. Patent EU WO 2016008868 A1

[82] VitaScientific (2019) Celetrix biotechnologies. The all new high efficiency cell electroporator. http://www. celetrix. com/upfile/doc/Celetrix_Brochure. pdf

[83] Vitave G (2019) Pulsed electric fields. https://www. vitave. eu/technologies/pef

[84] Vorobiev E, Lebovka N (2010) Enhanced extraction from solid foods and biosuspensions by pulsed electrical energy. Food Eng Rev 2:95-108

[85] Wang T, Chen H, Yu C, Xie X (2019) Rapid determination of the electroporation threshold for bacteria inactivation using a lab - on - a - chip platform. Environ Int 132:105040

[86] Wek-Tec e. K (2019) Semi-automated R&D PEF system and 250-500 l/h PEF system for juices. http://www. wek-tec. de/wt-systems. htm

[87] Wouters PC, Smelt JPPM (1997) Inactivation of microorganisms with pulsed electric fields: potential for food preservation. Food Biotechnol 11:193-229. https://doi. org/10. 1080/08905439709549933

［88］Wouters PC, Dutreux N, Smelt JPPM, Lelieveld HLM（1999）Effects of pulsed electric fields on inactivation kinetics of Listeria innocua. Appl Environ Microbiol 65:5364-5371

［89］Xu H, Jiang J（2011）Application of microfluidics in cell transfection: a review. Sheng wu gong cheng xue bao = Chinese. J Biotechnol 27:1417-1427

［90］Yang Z, Chang L, Chiang C, James Lee L（2015）Micro -/nano - electroporation for active gene delivery. Curr Pharm Des 21:6081-6088

第 2 部分　脉冲电场辅助食品加工过程

第5章 固液提取及榨取

摘要 在传统的食品提取技术和生物精炼领域中,溶剂提取(滤取、扩散)及压榨(榨取)最为重要。固液提取及榨取广泛应用于果汁、葡萄酒、糖、植物油和淀粉的生产以及不同农业来源分子的提取(如碳水化合物、多糖、蛋白质、芳香物质和风味物质等)。本章讨论脉冲电能(pulsed electric energy,PEE)辅助固液提取及榨取的一般原理。固液提取的分析包括 Crank 模型以及经 PEF 处理的生物材料中溶剂提取的最新物理模型。固液榨取模型的分析包括过滤—压实模型和最新的经 PEF 处理的生物材料压力提取物理模型。另外,本章介绍 PEF 强化固液榨取的实验室规模和中试设备规模的案例,还包括脉冲电能辅助溶剂提取和榨取水果、蔬菜、蘑菇、叶草本植物和微生物中生物分子的几个例子。

在传统的食品提取技术和生物精炼领域的应用中,通过溶剂(滤取、扩散)和压力(压榨、挤压)的固液提取方式最为重要。但是,这些常规技术效率不高且价格昂贵,通常需要较长的处理时间和较高的温度(Patras 等,2017;Moreira 等,2019)。提取通常会使用对环境有污染的化学或生物制剂,例如使用有机溶剂(正己烷、正庚烷)从油料种子中提取油脂,使用酶(多聚半乳糖醛酸酶)催熟苹果和辅助榨取苹果汁,使用矿物盐(如 $CaCO_3$)吸附甜菜汁的杂质。物理榨取没有溶剂参与,因此被认为是一种绿色的提取方式(Chemat 和 Strube,2015)。然而仅依靠榨取,通常不足以良好地回收目标细胞中的化合物。例如,根据种子的类型,对破碎的油料种子进行榨取,可获得近 80% ~ 85% 的油脂(Laisney 1984),而滤饼中残留的油脂则通过有机溶剂提取。在制糖工业中,甜菜片的榨取效果不佳,很久以前就被热水提取所取代(Van der Poel 等,1998)。在香槟酒的生产中,榨取过程只能回收 2/3 的葡萄汁,然后将榨取后的醪液在酒厂中通过水热的作用提取酒精。在压榨和溶质提取过程中细胞组织必须受到强烈破坏以确保高产量。传统的细胞组织破坏方法,例如,研磨、烫漂、化学物质处理和酶处理会导致组织加剧降解和杂质释放从而引起产品质量下降。

通过使用辅助处理可以显著提高常规技术的效率。近年来,借助不同的新兴技术(如超声波、微波)从农产品中绿色提取天然生物活性化合物的研究越来越引起关注(Kumari 等,2018)。

PEE 包括 PEF(Barba 等,2015c;Yan 等,2017)和 HVED(high-voltage electrical discharge,高压放电)(Li 等,2019),可用于回收糖、菊粉、淀粉、蛋白质、多糖、多酚、色素、风味化合物、植物化学物质和其他高价值成分。PEE 辅助提取技术为生产新型医疗和美容产品带来了更多可能。这些技术运营成本低,在"冷"模式下应用于热敏性产品,而不会使颜色、风味、维生素和其他重要食品营养物质变质。"冷"模式是指在提取中只施加温和的热量。此外,这项技术允许"纯"提取和选择性提取,从而减少后续纯化步骤。该技术获得的数据具有工业方面的应用前景。本章对近年来电提取技术的应用进行综述(Kalil 等,2017;Ngamwonglumlert,2017;Rocha 等,2018;Saini 和 Keum,2018)。

本章讨论借助 PEE 辅助固液提取及榨取的一般原理,还介绍一些 PEE 辅助回收水果、蔬菜、蘑菇、叶草本植物和微生物中生物分子的例子。

5.1 固液提取

固液提取或浸取生物分子的历史悠久,可用于生产糖、果汁、葡萄酒、色素、多酚、蛋白质、咖啡、草药提取物、香水、油脂和蜡(Bart,2011)。该过程包括切割或适度粉碎物料,在溶剂中扩散一段时间后(需要混合并升高温度),过滤溶剂得到固体残留物和浓缩提取液。

溶质提取是由扩散驱动的过程,即高浓度和低浓度分子区域之间的传质过程。提取机理包括溶剂进入样品、溶解和组分分解、溶质向样品外表面以及本体溶液的扩散等不同步骤(Aguilera,2003)。在生物细胞中,生物分子封闭在细胞内部,当细胞膜完好的情况下,它们很难或无法穿过细胞膜及细胞组织。为了使生物分子扩散到周围的提取液中,必须使生物膜具有渗透性。可以通过高温(例如 70~75℃)加热破坏膜的活性。例如,从 19 世纪开始,高温提取("热"萃取)广泛用于制糖业(Van der Poel 等,1998;Asadi,2006)(更多信息请阅读第 9 章)。温度升高会提高生物活性化合物和其他可溶性组分(如色素、果胶、聚合物等)的提取量。但是,在高温下会发生热不稳定性化合物(如花青素、黄酮醇、香精油等)的降解。此外,被完全破坏的细胞组织失去了选择性(筛分能力),不仅对目标化合物具有渗透性,而且对进入提取物中的杂质具有渗透性,导致提取物被难以分离的杂质(细胞碎片、果胶等)污染。此外高温提取需要大量的能量。

使用适当的 PEF(0.5~5 kV/cm)可以保护食用植物的细胞网络免受破坏。

用 PEF 处理的食用植物材料的显微结构和质构研究证实了这一说法(在本书第3 章中介绍)。细胞膜受损但保留细胞壁网络的植物组织具有选择透过性,并且能够更好地保留某些细胞化合物(本质是高分子胶体)。在提取过程中,细胞膜和细胞网络可阻碍杂质通过,它可以提高提取的选择性(图 5.1)且能避免或减少提取后的纯化步骤。

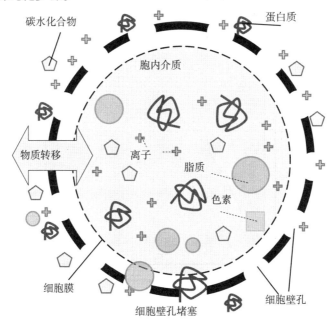

图 5.1　从细胞中提取物质过程的示意图。溶质可以通过部分渗透或损坏的膜扩散。细胞壁可以充当分子筛,以限制高分子量胶体扩散到外部溶液中

5.1.1　Crank 提取模型

　　提取过程包括内部生物分子的浸出和外部溶剂的吸收,公认的描述提取过程的理论是菲克第二定律(Crank,1979)。例如,Crank 模型针对厚度为 d 的无限平板(平面)内的溶质分布给出以下方程式:

$$M(x) = \frac{C(x) - C_s}{C_0 - C_s}$$

$$= (4/\pi) \sum_{n=0}^{\infty} \frac{(-1)^n}{2n + 1} \cos((2n + 1)\pi x/\exp(-(2n + 1)^2 t/\tau)) \quad (5.1)$$

　　式中,C_0 为平板内部溶质的初始浓度;C_s 为溶剂中的溶质的浓度;$\tau = d^2/(\pi^2 D)$ 为特征扩散时间;D 为有效扩散系数。该理论假设,在初始状态下,系统在

空间上是均匀的(即所有单元都是相同的),平板表面和周围溶剂之间存在瞬时平衡,并且提取过程中的 C_s 值是一个常数。值得注意的是,无量纲时间 $Fi = tD/d^2$ 被称为菲克数(Gekas,1992)。对于具有其他形状(如球形,圆柱体)的料粒也获得了类似的方程式(Crank,1979)。

图 5.2 为平板内部溶质浓度 $M_{(x)}$ 的归一化曲线。初始状态平板内部的溶质分布是均匀的,但随后边界层溶质流失加剧。

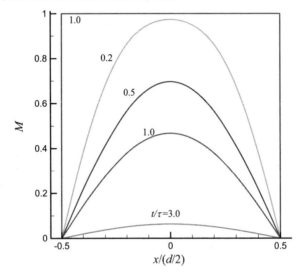

图 5.2　根据等式计算的不同时刻的平板 $M_{(x)}$ 通过式(5.1)计算出的内部溶质浓度的归一化曲线,其中 $\tau = d^2/(\pi^2 D)$ 是特征扩散时间

Crank 模型还为平板内部的平均溶质 C_m 随时间的变化提供了以下方程式。

$$M_m = \frac{C_m - C_s}{C_0 - C_s} = (8/\pi^2) \sum_{n=0}^{\infty} \exp(-(2n+1)^2 t/\tau) / (2n+1)^2 \qquad (5.2)$$

在足够长的时间下($t \gg \tau$),式 5.2 可简化为一级动力学方程:

$$M_m = (8/\pi^2) \exp(-t/\tau) \qquad (5.3)$$

上式在 $t \to 0$ 的极限中给出了 $M_m = 8/\pi^2 \approx 0.81$ 的值。因此,为了拟合,有必要排除初始时段,仅使用长时间的尾部数据。

Crank 模型经常用于计算不同生物组织中的 D 值(Zogzas 和 Maroulis,1996;Varzakas 等,2005;Azarpazhooh 和 Ramaswamy,2009)。各溶质在多种食品中的 D 值已被报道过(Gekas 1992),取决于溶质和组织的类型,D 值随温度的升高而显著增加。

图 5.3 比较了豌豆(抗坏血酸)(Abdel-Kader,1991)、胡萝卜(可溶性固形

物)(Selman 等,1983)和甜菜片(可溶性固形物)的 D 值与阿伦尼乌斯公式的相关性(Lebovka 等,2007)。结果表明,通过脉冲电场处理甜菜至较高的崩解水平(电导率崩解指数接近 1,$Z_c \approx 1$)会导致 D 值的显著增加。例如,在室温下用 PEF 处理的样品($T = 20\,℃$ 时,$D \approx 5.19 \times 10^{-10}$ m²/s)非常接近于 1%蔗糖水溶液的估值($D \approx 4.3 \times 10^{-10}$ m²/s)(Linder 等,1976)。它证明了甜菜组织内对溶质扩散的障碍可导致强烈的崩解作用。经 PEF 处理的样品和未处理过的样品在室温下的扩散系数比值相当大($r \approx 24.5, T = 20\,℃$),而在 $T = 80\,℃$ 时,其扩散系数接近 1($r \approx 1$)。$70\,℃$ 下,$D \approx 1.1 \times 10^{-10}$ m²/s,该数据接近于甜菜组织中蔗糖的 $D \approx 1.2 \times 10^{-10}$ m²/s 的估值(Silin,1964)。

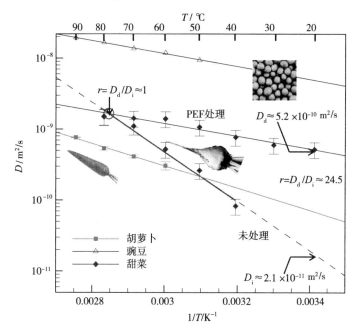

图 5.3　利用 Arrhenius 作图法绘制的豌豆(提取抗坏血酸)(Abdel-Kader,1991)、胡萝卜(提取可溶性固形物)(Selman 等,1983)和甜菜片(提取可溶性固形物)(Lebovka 等,2007)的有效扩散系数 D 的对数与绝对温度倒数之间的关系。图中给出了未处理和经 PEF 处理的甜菜片样品数据

多数情况下溶质通过固体基质的扩散过程很复杂,并受其他干扰现象的影响。例如,扩散过程会受到材料结构不均匀性和结构各向异性的影响(Varzakas 等,2005)。考虑到复杂的结构因素,研究人员已经提出对固体孔隙率和孔隙曲折度的校正方法(Aguilera,2003)。Fick 定律只能应用于均匀性材料,即具有相同细胞形态和运输通道的材料(Gekas,1992)。但在实际系统中并非如此,原料

的预处理过程会影响完整和受损细胞的空间分布。因此,情况可能更加复杂,在这种条件下菲克定律的应用有待商榷。

Crossley 和 Aguilera 利用扩散理论模拟动力学和菲克第二定律对不同的微观结构(直孔结构、无渗透性的薄片及无渗透性分散颗粒的基质和细胞材料)进行了模拟(Crossley 和 Aguilera,2001)。研究人员曾研究过不同处理方式(酶催化、烫漂或机械处理)对提取动力学的影响。研究表明,完全破裂的细胞壁提取动力学最快,完整的细胞提取动力学最慢。

5.1.2　PEF 处理原料的提取模型

该模型用于计算完整和受损的细胞在随机空间分布介质中的有效扩散率(Andrusishin,2017)以及预测经预处理(如 PEF、超声和微波)后部分破坏的材料提取动力学。假定完整细胞和受损细胞的扩散系数分别为 D_i 和 D_d。

图 5.4 展示了在不同的细胞崩解度 Z 值下[根据式(3.1)计算],板内溶质平均浓度 C_m 和时间 t 相关性。数据证明 Z 的增加会导致提取速度加快,对于 $Z=0$ 和 $Z=1$ 的 Crank 模型,可以很好地拟合模拟数据。但是,当 Z 值处于中间水平时(以图 5.4 中的 $Z=0.5$ 为例),可观察到模拟数据与 Crank 模型的预测数据之间存在偏差。

由于 PEF 强化固液提取和传统榨取(见本章下面内容)的差异,提出了溶质提取和榨取(压力提取)的双重孔隙度模型(Mahnič-Kalamiza 和 Vorobiev,2014;Mahnič-Kalamiza 等,2015;Mahnič-Kalamiza,2016),双重孔隙度模型的示意图如图 5.5 所示。

双重孔隙度模型假定生物组织由细胞内空间(共质体)和细胞外空间(质外体)组成。这两个空间均由固体和液体组成,并具有不同的孔隙率和渗透率。具有渗透性的半透性细胞膜分隔这两个空间,且具有在过程中出现的孔隙大小和数量的功能。固液提取的双重孔隙度模型假设了在浓度梯度下溶质经电穿孔从细胞内(i)扩散到细胞外(e)空间的过程,$j_s = k(c_i - c_e)$[图 5.5(a)]并定义跨膜传质系数 $k = 3D_{s,eff} f_p/(d_m R)$,式中 $D_{s,eff}$ 是溶质的有效扩散率;R 是细胞的近似半径;d_m 是细胞膜厚度;f_p 是稳定的孔表面分数。

$$f_p = N_p \cdot A_p/A_0$$

上式中 N_p 是细胞的平均孔径数;A_p/m^2,指的是每个单孔的面积;A_0/m^2,指的是细胞的表面积,$A_0 = 4\pi R^2$。

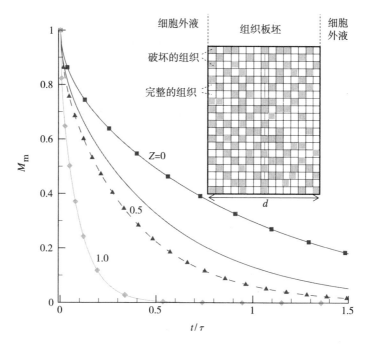

图 5.4　在不同的崩解指数 Z 值下[根据式(3.1)计算],板内溶质平均浓度 M_m 和减少时间 t/τ 的关系。图中实线使用式(5.1)计算,虚线由式 $D^{-1} = ZD_d^{-1} + (1-Z) D_i^{-1}$ 近似得出。这些符号对应于从数值模拟中获得的数据。图中 $\tau = d^2/(\pi^2 D_i)$ 是完整组织的特征扩散时间, D_i 和 D_d 分别是完整细胞和受损细胞的扩散系数,同时假设 $r = D_d/D_i = 10$

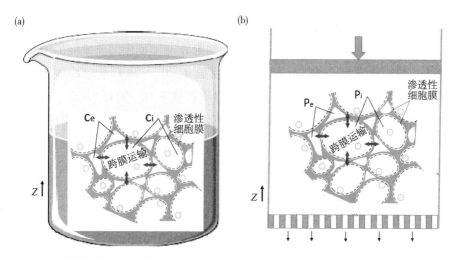

图 5.5　固液提取的双重孔隙度模型(a)和压力提取模型(b)的示意图(Mahnič-Kalamiza and Vorobiev,2014;Mahnič-Kalamiza 等,2015;Mahnič-Kalamiza,2016)

129

h$ 的无
限厚板(或平面薄板)的细胞内(c_i)和细胞外(c_e)的溶质分布情况并提供了研究
思路(Mahnič-Kalamiza 和 Vorobiev,2014):

$$c_i(z,t) = \frac{4c_{i0}}{\pi} \sum_{n=0}^{\infty} \frac{(-1)^n}{2n+1} (\cos\lambda_n z)(c_n,1^{e^{rn,1t}} + c_n,2^{e^{rn,2t}} - e^{-kt}) + c_{io}e^{-kt} \quad (5.4)$$

$$c_i(z,t) = \frac{4c_{i0}}{\pi} \sum_{n=0}^{\infty} \frac{(-1)^n}{2n+1} (\cos\lambda_n z) \times$$

$$\left(c_n,1^{e^{rn,1t}}\left(\frac{r_n,1}{k}+1\right) + c_n,2^{e^{rn,2t}}\left(\frac{r_n,2}{k}+1\right)\right) \quad (5.5)$$

此处,$c_{n,1} = \dfrac{\left(\dfrac{c_{i0}}{c_{e0}} - 1\right)k - \gamma_{,2}}{\gamma_{n,1} - \gamma_{n,2}}$; $c_{n,2} = \dfrac{\left(1 - \dfrac{c_{i0}}{c_{e0}}\right)k + \gamma_{,1}}{\gamma_{n,1} - \gamma_{n,2}}$

$$\gamma_{n1,2} = \frac{-((\delta+1)k + \lambda_n^2 D_{s,e})}{2} \pm \sqrt{((\delta+1)k + \lambda_n^2 D_{s,e})^2 - 4k\lambda_n^2}$$

$$\lambda_n = (2n+1) \cdot \pi/h \quad ; \quad \delta = (1-\varepsilon)/\varepsilon$$

式中,ε 是组织孔隙率(细胞外空间与细胞体积的比值)。

根据式(5.4)和式(5.5),细胞内 c_i 和细胞外 c_e 空间中溶质浓度的下降程度
取决于初始溶质浓度 c_{i0} 和 c_{e0}。细胞膜的参数 d_m、R、y_s 和 f_p 受到跨膜传质系数
k、细胞外空间的孔隙率 ε、细胞外空间的溶质扩散率 $D_{s,e}$ 的影响($D_{s,e}$ 近似等于
$D_{s,o}/\tau = D_{s,o}2/\pi$,$\tau$ 为细胞外空间的曲折率)。由于溶质流动受细胞膜的阻碍,在
细胞内空间中溶质浓度下降会发生延迟,因此 c_i 下降得比 c_e 慢。这种延迟与细
胞膜经 PEF 处理产生的孔径、孔数和孔表面分数 f_p 有关(Mahnič-Kalamiza 等,
2015)。

理论模型式(5.4)和式(5.5)的模拟数据与固液提取试验数据的比较如图
5.6 所示。甜菜[图5.6(a)]和苹果[图5.6(b)]的样品是直径 25 mm,高 5 mm
的饼坯。用 150 V、200 V、300 V、350 V 和 400 V 的双极矩形脉冲处理样品,分别
对应于 300 V/cm、400 V/cm、600 V/cm、700 V/cm 和 800 V/cm 的 PEF 强度。每
次处理施加两列 8 个 100 μs 的脉冲,对应 $t_{PEF} = 1.6$ ms 的处理时间。然后将样品

脉冲电能在食品和生物质原料加工中的应用

有效扩散率近似为 $D_{s,eff} = D_{s,o}y_s$,溶质在水中的扩散速率为 $D_{s,o}$,考虑到流体
动力阻力和空间排斥效应,定义 y_s 为动态阻碍系数。y_s 的值是溶质半径 r_s 与孔
半径 r_p 之比的函数,使用 Renkin 和 Dechadilok&Deen 公式表示,$\lambda_r = \dfrac{r_s}{r_p}$
(Mahnič-Kalamiza 等,2015)。固液提取的双重孔隙度模型阐述了厚度为

放入带有磁力搅拌器的烧瓶中,在室温下进行水提取(液固比为 2∶1)。

标准化的果汁浓度 B 通过式(5.4)和式(5.5)计算。白利糖度值由式(5.6)测得:

$$B = (^{\circ}Brix - ^{\circ}Brix_i)/(^{\circ}Brix_f - ^{\circ}Brix_i) \tag{5.6}$$

式中,$^{\circ}Brix$、$^{\circ}Brix_i$ 和 $^{\circ}Brix_f$ 分别为实际值、初始值和最终值。

表 5.1 列出了用于试验模拟的主要参数。孔表面积分数 f_p 用图 5.6 进行模型拟合(Pavlin 和 Miklavčič,2008),使用类似的处理方案对较小动物细胞 f_p 的预估值为 2×10^5。

表 5.1　基于双重孔隙度模型进行仿真的参数

参数	甜菜	苹果
平均细胞半径 $R(m)$	2.5×10^{-5}	1.0^{-4}
细胞初始体积分数,$F = 1 - \varepsilon$	0.97	0.75
蔗糖在水中的扩散率,20℃,$D_{s,0}$	4.5×10^{-10}	4.5×10^{-10}
膜厚,d_m,m	5×10^{-9}	5×10^{-9}
蔗糖与孔隙半径比,$\lambda_r = r_s/r_p$	0.85	0.85

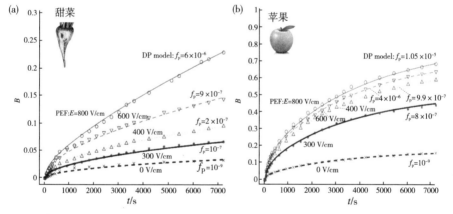

图 5.6　标准化白利糖度值 B[由式(5.6)计算得出]与实验或仿真时间 t 的关系图。甜菜(a)和苹果(b)样品基于固液提取的双重孔隙度模型(DP)的试验数据(在不同的电场强度,E,标记值)和模拟数据(在不同的孔表面分数,f_p,线性值)(源自:Mahni-č-Kalamiza 等,2015)

拟合溶质提取的实验数据也可使用完全经验模型(Kriaa 和 Hadrich,2019)。在此我们可引用 Peleg 模型(Peleg,1988)、幂型抛物线模型(Kim 等,2002;Kitanović et al,2008)、Weibull 模型(Rutkowska 等,2017)和双指数模型(El

Belghiti 和 Vorobiev,2004)。

例如,双指数模型假设存在快速(初始)和慢速(扩散)提取过程,提取动力学表示为:

$$c^* = c_i^* \exp(-k_i t) + c_d^* \exp(-k_d t) \tag{5.7}$$

其中 k_i 和 k_d 分别是快速(初始)过程和慢速(扩散)过程的动力学系数,c_i 和 c_d 分别对应于由于初始和扩散过程而导致的无量纲平衡浓度,即 $c_i^* = c_i/c_\infty$,$c_d^* = c_d/c_\infty$。平衡溶质浓度为 $c_\infty = c_{细胞液}/(1 + n)$,$n$ 为液固比。

该简化模型用于拟合经 PEF 处理的甜菜和胡萝卜样品的提取数据。快速(初始)过程对应提取的洗涤阶段,此过程溶质从颗粒表面渗透到周围溶液形成对流。而慢速过程对应细胞中溶质的扩散(El-Belghiti 和 Vorobiev,2004)。若未经 PEF 处理,甜菜和胡萝卜片(20℃下)的溶质提取速率非常缓慢($c_i^* = 0$,$c_d^* \approx 0.25$)。PEF 处理能显著影响平衡常数 c_i 和 c_d,提高 PEF 强度可提高上述两个数值。

对于饼坯状样品,大多数溶质在提取的扩散阶段被回收,即 $c_i^* > c_d^*$,而对于切成薄片的物料,大多数溶质在初始洗涤阶段被回收。例如,经 PEF 处理(550 V/cm,10 ms)的胡萝卜饼坯样品(厚度为 8.5 mm),在初始洗涤阶段仅能提取 25% 的溶质($c_i^* = 0.25$),而在扩散阶段能缓慢地提取剩余的溶质($c_d^* = 0.62$)。经相同的 PEF 处理切成薄片的物料(厚度为 1.5 mm),可在洗涤阶段通过对流提取大部分溶质($c_i^* = 0.70$),而通过扩散提取的溶质较少($c_d^* = 0.24$)。薄片物料中提取的溶质总量($c_i^* + c_d^* = 0.94$)比可从饼坯样品中提取的溶质总量($c_i^* + c_d^* = 0.87$)更高。在提取过程中,搅拌速度加快、提取温度升高(从 20℃ 升高至 40℃)以及离心力的作用(El-Belghiti 等,2007)会导致动力学系数 k_i 和 k_d 值的增加但不会改变平衡浓度。

5.2　固液榨取(压榨)

5.2.1　工艺过程与设备

固液榨取(通常称为压榨或压力提取)广泛用于果汁和蔬菜汁的生产以及石油工业。该方式避免使用溶剂,被认为是一种绿色的提取方式(Chemat 和 Strube,2015)。因此,榨取法特别适用于对温度或溶剂敏感的,提取物含有可凝结的蛋白质或可降解成分的原料提取。经预处理操作(原料的细磨、加热和酶浸渍)后,采用了不同类型的设备(螺杆压滤机、带式压滤机和液压机)(Monteith 和 Parker,2016;Sheikh 和 Kazi,2016;To 等,2016;Cheremisinoff,2017)。

螺杆压滤机缓慢旋转的螺杆输送并压缩固体将脱水滤饼排出,滤液在容器中收集(Virkutyte,2017;Qingwen 等,2018)。螺杆压滤机在造纸行业中广泛用于纸浆纤维素中水分的脱除和生物固体脱水。在食品工业中用于油料中油脂的榨取;甜菜浆和橘皮废液的脱水;鱼粉、鸡肉粉、玉米纤维和淀粉的生产;果蔬榨汁以及绿茶脱水。在化学工业中用于生产海藻酸钠、卡拉胶、合成橡胶、树脂以及水合聚合物等产品。

在带式压滤机中,污泥夹在两块滤布之间,通过滚筒挤压滤布去除液体(Cheremisinoff,2017)。在工业领域,带式压滤机用于废水污泥和浆料的脱水、果汁生产、酿酒行业、化工行业和造纸行业。带式压滤机具有简单可靠、人力成本低、易于维护、初始成本低、能源运行成本低及使用寿命长的特点(EPA,2000)。

在液压机中,机械力通过液压传递到样品(Adesina 等,2018)。液压机含有液压泵并且需要重型框架结构,可以手动或电动操作。液压机耗能大且能量损失高,可用于加工水果、油料和坚果。通常液压机在实验室中被广泛用于制备颗粒、膜和光谱检查的样品。

在辊压机中,样品在两个旋转圆筒之间脱水。这些类型的压力设备在造纸行业非常受欢迎(Banupriya 等,2015)。

5.2.2　PEF 处理的材料固液榨取行为

生物组织的固液榨取动力学很大程度上取决于细胞组织的完整性。为了使汁液充分释放,在榨取之前或榨取过程中应破坏细胞。如果对未处理的新鲜食用植物(整个果实、根部、块茎等)或未处理的较大植物饼坯施加机械压力,则首先会发生细胞破裂,进而汁液会从细胞内部排出。如果在榨取之前破坏了食用植物的整体结构(如通过精细研磨、加热或冻融),则破坏的细胞立即具有渗透性,并且固液榨取行为受过滤—压实控制(Lanoisellé 等,1996)。在细胞组织不完全(部分)损伤的情况下,也可能发生中间过程的榨取行为(细胞破裂和过滤—压实)。此外,固液榨取的过程可能因继发性的(逐渐产生)固结而变得复杂(Lanoisellé 等,1996),在开始固液榨取前需要对切片或研磨的颗粒进行初步压实。

如图 5.7 所示,未经处理和经 PEF 处理的切片马铃薯(宽 1.5 mm,长 40~50

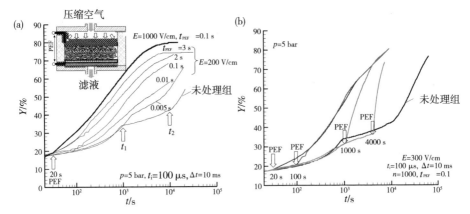

图 5.7 0.5 MPa 压力下马铃薯片的固液提取过程中的汁液产量 Y;(a):PEF 处理强度($E=$ 0、200 和 1000 V/cm)和时间(t_{PEF})的关系(0 ~ 3 s);(b):PEF 处理时间的函数($E=300$ V/cm,$t_{PEF}=0.01$ s)(Lebovka 等,2003)

mm)中汁液提取的动力学模型。在榨取 20 s、100 s、1000 s 和 4000 s 后,以不同的强度($E=200$ V/cm、300 V/cm、1000 V/cm)和持续时间($t_{PEF}=0\sim3$ s)进行 PEF 处理(Lebovka 等,2003)。对于未经处理的马铃薯切片[$E=0$ kV/cm,图 5.7 (a)],汁液榨取的模型显然可以分为三个阶段(受特征时间 t_1 和 t_2 划分)。

在第一阶段,从细胞排出的液体非常有限(汁液产率约为 30%)。然而随着榨取时间的延长,越来越多的细胞被破坏,汁液产量继续增加,证明了该过程是多指数行为(Lebovka 等,2003)。PEF 处理明显改变了固液榨取的模型[图 5.7 (a)]。经过密集且较短的 PEF 处理($E=1000$ V/cm,$t_{PEF}=0.1$ s)或较低强度和较长的 PEF 处理($E=200$ V/cm,$t_{PEF}=2\sim3$ s),汁液立即开始快速流动,固液榨取的过程主要受过滤—压实模型影响。经 $E=200$ V/cm 和 $t_{PEF}=0.005\sim0.1$ s 的 PEF 处理后,可以观察到固液榨取的中间(细胞破裂和过滤压实)行为[图 5.7 (a)],这表明了细胞未完全受损。有趣的是 PEF 最佳时间的选择,如果在榨取过程中施加 PEF,则 PEF 施加的时间不会影响最终的果汁产量[图 5.7(b)]。

然而,为了保证颗粒之间良好的电接触,避免 PEF 处理过程中产生电弧,初始需要对颗粒进行预压缩以达到所需的初始果汁量,也可以添加汁液或水并在固液混合物中进行 PEF 处理。

图 5.8 展示了当施加恒定速度和恒定压力($P=1$ MPa、2 MPa 和 4 MPa)时,未经处理和经 PEF 处理的马铃薯滤饼(直径 $d=25$ mm,初始厚度 $h_i=10$ mm)的变形量 $\varepsilon=1-h_{(t)}/h_i$ 和最终变形量 ε_f(Grimi 等,2009)。

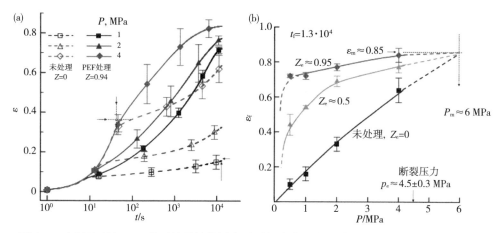

图 5.8　未经处理和 PEF 处理的马铃薯圆盘随时间变化的变形曲线,$\varepsilon(t)$;压缩在恒定速度 (0.1 mm/s)和恒定压力($P=1$、2 和 4 MPa)下进行(a),以及圆盘在压力作用下的最终变形 ε_f (P)(b)。这个 PEF 处理试样的电导率崩解指数 Z_c 固定($Z_c=0.95$)(a)或变化($Z_c=0.5$、$Z_c=$ 0.95)(b)(源自:Grimi 等,2009)

在恒速阶段(在 $t<t_t$ 时),变形量随时间线性增加,压力也逐渐增大,直至达到 10、20 和 40 MPa 的固定值(即 $t=t_t$)[图 5.8(a)]。当在恒定压力下持续加压时,未处理和经 PEF 处理的样品变形行为仅出现在 $t>t_t$ 处。对于未处理的样品,可以观察到两种不同的机制:(a)压力诱导的完整细胞断裂(破裂)和组织内液体的释放;(b)通过过滤压实过程在组织外的液体扩散。在 PEF 对细胞膜高水平电穿孔处理的情况下(细胞电导率分解指数 $Z_c=0.95$),变形时间的变化主要反映了受损细胞的过滤–压实机制模型(Lebovka 等,2003)。

图 5.8(a)中比较的数据表明,在相同的压力值下,经 PEF 处理的损伤细胞比压力处理损伤的细胞持续时间更短。例如,在 $P=1$ MPa 时,未经处理的马铃薯样品($\varepsilon \approx 0.15$)变形所需的压力持续时间为 3.5 h,而经 PEF 处理的组织的压力持续时间仅为 70 s($Z_c=0.95$)。图 5.8(b)显示了在压力持续时间 $t_f=1.3 \times 10^4$ s ≈ 3.5 h 时未处理和经 PEF 处理的马铃薯样品的最终变形 ε_f。通过外推在不同细胞崩解水平($Z_c=0$、0.5、0.95)获得的 $\varepsilon_f(P)$ 曲线,可以观察到均给出了相同的假设压力值($P_m \approx 6$ MPa),这超过了实验中马铃薯样品测得的破裂压力(Grimi 等,2009)。

著名的过滤–压实模型是基于 Darcy 定律在土壤力学中提出的,且适用于生物固体:

$$U = \frac{\Delta h}{\Delta h \infty} = 1 - \left(\frac{8}{\pi^2} \right) \sum_{n=0}^{\infty} \frac{\exp(-(2n+1)^2 \pi^2 bt/(4h_0{}^2))}{(2n+1)^2} \quad (5.8)$$

式中,U 是固结率;h、h_0 和 h_1 是样品的实际、初始和最终厚度(经无限次挤压后获得);ε 和 ε_1 分别是样品的实际变形程度和相对不定形的变形程度,$\varepsilon = \Delta h/h_0$;$b$ 是压实系数,由过滤-压实模型模拟的溶质扩散率(Lanoisellé 等,1996)。

式 5.8 可用半经验方程拟合,式 5.9 适用于 $0<U<1$,且最大误差为 3%:

$$U = \frac{\Delta h}{\Delta h\infty} = \frac{(4T/\pi)^{0.5}}{(1 + (4T + \pi)^{v})^{0.5/v}} \tag{5.9}$$

式中 v 是常数,$v = 2.85$(Shirato 等,1980)。

通过式(5.9)可从固液提取模型曲线中确定 v 值,并估计压力行为与经典过滤—压实行为的偏差(Shirato 等,1980)。对于 $U<0.53$ 的较小数值,可以将式 5.9 简化为 $U = \sqrt{4T/\pi}$,并将曲线的斜率简化为 U_{vs},$\sqrt{T}$ 可用于确定压实系数 b 的值。图 5.9 给出了未处理、经 PEF 处理(400 V/cm,$t_{PEF} = 0.1$,$Z_c \approx 0.9$)和冻融处理的甜菜滤饼(直径 25 mm,厚度 10 mm)在试验过程中(在 0.1~6 MPa 时)获得的无定形相对变形量 ε_∞ 和固结系数 b 的值(Grimietal,2010)。

图 5.9a 显示未处理的食用植物组织压缩(挤压)的极限(图中甜菜组织的试验结果可推导为胡萝卜、苹果、马铃薯和许多其他食物原料)。即使在 4 MPa 的高压力下,未处理样品的最大相对变形也仅为 $\varepsilon_\infty = 0.4$,这可由未处理的甜菜组织在压力下的高电阻率解释。未处理的甜菜组织的破裂压力为 8.4 MPa(Grimi 等,2010)。相反,即使在低压力下,经 PEF 处理的样品($Z_c \approx 0.9$)和冻融样品的最大相对变形程度也很高,当压力从 0.1 MPa 增加到 2 MPa 时,最大相对变形从 0.8 增加到 0.95,$\varepsilon_\infty \approx 0.95$ 似乎是一个挤压甜菜组织临界值。根据 ε_∞ 对 P 曲线的外推显示[图 5.9(a)的虚线],在假设压力为 9 MPa 下,未经处理的甜菜组织 ε_∞ 值可以达到 0.95,该值超过了断裂极限。

如图 5.9(b)所示,压实系数 b 随着施加压力的增加而增大。与 PEF 处理的组织相比,冻融的甜菜组织具有更松散的质地和更低的硬度,并且在较低压力下可以被更大程度地压缩,从而达到更高的压实系数 b。经 PEF 处理的组织比冻融的组织损伤少,并且更好地保留了新鲜组织的机械性能。未经处理甜菜组织的完整结构阻碍了液体扩散,这不符合过滤—压实机制模型。相反,特别是对于压力为 2 MPa 和 6 MPa,v 值为 2.85 的情况下,冻融甜菜组织的固液提取过程可通过过滤-压实方程[式(5.8)和式(5.9)]很好地拟合(Grimi 等,2010)。

在 0.1 MPa 到 6 MPa 的较大平衡压力,$v \approx 1$ 的情况下,经 PEF 处理的甜菜组织固液提取的过程模型更复杂,包括过滤压实阶段和蠕变阶段(图 5.10)。结

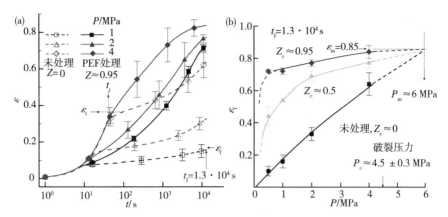

图 5.9　未处理、PEF 处理（400 V/cm，$t_{PEF}=0.1$，$Z_c \approx 0.9$）和冻融处理的甜菜滤饼（直径 25 mm，高度 10 mm）在不同压力 P 下获得的无定形相对变形量 ε_∞（a）和压实系数 b（b）（Grimi 等，2010）

果表明，压实系数 b 值随温度的升高而增大，与饼坯试样相比，PEF 处理的甜菜薄片的压实系数 b 值更高（Mhemdi 等，2012）。

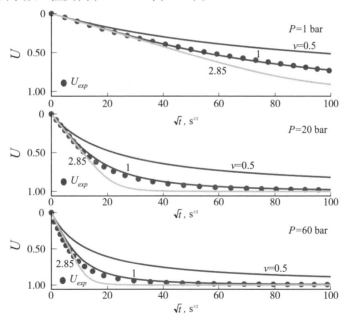

图 5.10　经 PEF 处理的甜菜饼坯在不同 v 值和不同压力下的压缩比 U 与 $\sqrt{t}$ 的关系曲线。经 PEF 处理样品细胞电导率崩解指数为 $Z_c=0.9$（Grimi 等，2010）

　　由于 PEF 增大了固液提取与传统的过滤-压实模型之间的偏差,因此提出了固液提取(压力提取)的双重孔隙度模型(Mahnič-Kalamiza 和 Vorobiev,2014)。该模型假定生物组织由细胞内(共质体)和细胞外空间(质外体)组成。这两个空间均由固体和液体组成,并具有不同的孔隙率和渗透率。具有渗透性的半透性细胞膜分隔这两个空间,影响电穿孔过程中产生的孔径和数量。与细胞外空间的渗透性($k_e \approx 10^{-17}$)相比,细胞内空间的渗透性(如$k_i \approx 10^{-24}$)可以忽略不计(Mahnič-Kalamiza 和 Vorobiev,2014)。相反,细胞内空间的可压缩性明显高于细胞外。

　　基于上述理论,如图 5.5 所示,假定在固液提取的双重孔隙度模型下,液体从细胞内向细胞外空间迁移的在压力梯度定义为$j_i = (p_i - p_e)\alpha/\mu$;无量纲电穿孔依赖性跨膜流量系数 α 定义为 $\alpha = k_p S_{sp}^2 f_p$,式中 k_p 是经 PEF 诱导的细胞膜内孔隙渗透系数,可以根据 Hagen-Poiseuille 方程将其估算为 $k_p = r_p^2/8$;S_{sp} 为假定细胞为球形的比表面积,$S_{sp} = 3/R$,R 和 r_p 是经 PEF 诱导的细胞半径和稳定孔隙的平均半径;f_p 是稳定的孔表面分数($f_p = N_p \cdot A_p / A_0$,式中 N_p 为每个细胞的孔数,A_p 是平均单孔面积,A_0 为细胞表面积,$A = 4\pi^2$)。

　　由细胞壁、细胞外液和空气形成的细胞外空间具有其自身的透水性系数 k_e。细胞外空间中的液体流动被认为满足 Darcy 过滤定律。固液提取的双重孔隙度模型阐述了厚度为 h 的无限厚板(或平面薄板)的细胞内(p_i)和细胞外(p_e)的溶质分布情况,并提供了一个解决方案(Mahnič-Kalamiza 和 Vorobiev,2014):

$$P_i(z,t) = \frac{4P_{i0}}{\pi} \sum_{n=0}^{\infty} \frac{1}{2n+1}(c_1, 1 e^{rn,1^t} + c_2, e^{rn,2^t} - e^{-\tau^{-1}t})$$

$$\sin\left(\frac{(2n+1)\pi}{2h}z\right) + p_{i0}e^{-\tau^{-1}t} \tag{5.10}$$

$$p_i(z,t) = \frac{4p_{i0}}{\pi} \sum_{n=0}^{\infty} \frac{1}{2n+1}$$

$$\times ((\gamma_{n,1}^{\tau} + 1)c_1, e^{rn,1^t} + (\gamma_{n,2}^{\tau} + 1)c_2, e^{rn,2^t})\sin(\frac{(2n+1)\pi}{2h}z) \tag{5.11}$$

此处,$c_1 = \dfrac{\left(\dfrac{p_{e0}}{p_{i0}} - 1\right)\tau^{-1} - \gamma_{n,2}}{\gamma_{n,1} - \gamma_{n,2}}$; $c_2 = \dfrac{\left(1 - \dfrac{p_{e0}}{p_{i0}}\right)\tau^{-1} + \gamma_{n,1}}{\gamma_{n,1} - \gamma_{n,2}}$

$$\gamma_{n1,2} = \frac{-(\tau^{-1}\delta + \lambda_n^2 v) \pm \sqrt{(\tau^{-1}\delta + \lambda_n^2 v)^2 - 4\lambda_n^2 v t^{-1}}}{2}$$

$$v = \frac{k_e G_{\varepsilon,e}}{\mu} \; ; \; \tau^{-1} = \frac{\alpha G_{\varepsilon,i}}{\mu} \; ; \; \delta = \left(1 + \frac{G_{\varepsilon,e}}{G_{\varepsilon,i}}\right) \; ; \; \lambda_n = (2n+1) \cdot \pi/2h$$

根据式(5.10)和式(5.11),细胞内和细胞外空间的压力下降程度取决于初始压力 p_{i0} 和 p_{e0}、细胞外空间的参数(通透性 k_e,可压缩模量 $G_{\varepsilon,e}$)、细胞膜和细胞内的参数空间(跨膜流动系数 α,压缩模量 $G_{\varepsilon,i}$)、液体黏度 μ 以及初始样品高度 h。与细胞外空间的通透性相比,细胞膜的通透性较低,所以细胞内空间的压力下降略有延迟,因此,p_i 的下降比 p_e 慢。若已知液体压力 p_i 和 p_e,就可以计算初始高度为 h 的样品变形量 $S_\varepsilon(t)$ 和无量纲变形量 $s_\varepsilon(t)$:

$$s_\varepsilon(t) = \frac{S_\varepsilon(t)}{h} = \frac{1}{G_{\varepsilon,e}} \int_0^1 \int_{p_e(z,t)}^{p_e(z,0)} \mathrm{d}p_e \cdot \mathrm{d}z + \frac{1}{G_{\varepsilon,i}} \int_0^1 \int_{p_i(z,t)}^{p_i(z,0)} \mathrm{d}p_i \cdot \mathrm{d}z \qquad (5.12)$$

图 5.11 对甜菜和苹果组织在不同 PEF 强度下的 f_p、α、k_e、$G_{\varepsilon,e}$、$G_{\varepsilon,i}$ 值进行了估算(Mahnič‑Kalamiza 和 Vorobiev,2014; Mahnič‑Kalamiza 等,2015; Mahnič‑Kalamiza,2016)。对于高度破坏的组织,孔表面分数 f_p 趋近于 1,甜菜和苹果样品是直径 25 mm,高度 5 mm 的饼坯。用 150 V、200 V、300 V、350 V 和 400 V 的双极矩形脉冲处理样品,分别对应于 300 V、400 V、600 V、700 V 和 800 V/cm 的 PEF 强度。每次处理施加两列 8 个 100 μs 的脉冲,对应 t_{PEF} 的处理时间为 1.6 ms。理论模型[式(5.10)、式(5.11)和式(5.12)]拟合与固液提取实验数据的比较如图 5.11 所示,样品在 0.291 MPa(苹果样品)和 0.582 MPa(甜菜样品)下的圆柱形压力容器中加压处理。

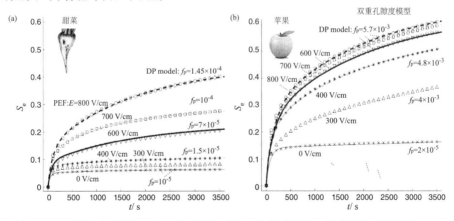

图 5.11　无量纲变形量 S_ε 与实验或拟合时间 t 的关系曲线。图中展示了甜菜(a)和苹果(b)基于固液提取的双重孔隙度模型(DP)的实验数据(在不同的电场强度,E,标记值)和模拟数据(在不同的孔表面分数,f_p,线性值)(Mahnič‑Kalamiza 等,2015)

表5.2列出了用于理论模拟的主要参数。孔表面分数 f_p 用于模型拟合(图5.11),使用类似的处理方法对较小动物细胞的 f_p 估计值为 2×10^{-5}(Pavlin 和 Miklavčič,2008)。对于具有较大细胞的苹果组织, f_p 值比甜菜组织高一个数量级。 f_p 与溶质提取(图5.6)和固液榨取(图5.11)的实验数据吻合较好但数值不同,表示溶质提取(图5.6)和固液提取实验数据的差异(图5.11)。

表5.2 基于双重孔隙度模型进行理论模拟的参数

参数	甜菜	苹果
平均细胞半径 $R(m)$	2.5×10^{-5}	1.0^{-4}
细胞初始体积分数, $F = 1 - \varepsilon$	0.97	0.75
单(平均)膜孔水力渗透率, k_p, m^2	1.25×10^{-19}	1.25×10^{-19}
细胞外空间水力渗透率 k_e, m^2	1.5×10^{-17}	2.25×10^{-17}
蔗糖在水中的扩散率为20 ℃, $D_{s,0}$	4.5×10^{-10}	4.5×10^{-10}
膜厚, d_m, m	5×10^{-9}	5×10^{-9}
蔗糖与孔隙半径比, $\lambda_r = r_s / r_p$	0.85	0.85

原则上, f_p 值应仅取决于 PEF 的处理参数,对于固液提取和固液榨取来说,这是相同的。每个过程的 f_p 之间的差异可以用提取和榨取过程中引起的额外细胞损伤来解释。与溶剂提取(图5.6)相比,榨取过程在压力作用下导致细胞组织结构更大的损伤,这可能是该过程 f_p 估计值较高的原因(图5.11)。

5.2.3 实验室和小试设备规模的 PEF 辅助固/液压榨实例

PEE 辅助固/液榨取可应用于不同的水果和蔬菜组织,如甜菜、苹果、胡萝卜、马铃薯、蘑菇、葡萄和蓝莓。PEF 可在榨取之前或榨取过程中处理样品。图5.12展示了由贡比涅技术大学(UTC)研发的用于 PEF 辅助挤压片状物料的实验室规模过滤挤压装置。图5.13展示了由 Choquenet 和贡比涅技术大学研发的适用于生物悬浮液和挤压滤饼 PEF 辅助处理的小试设备,该设备允许在挤压前或挤压过程中进行 PEF 处理。固定电极和弹性电极结合在聚丙烯滤板上,在压滤室内形成滤饼时可进行 PEF 处理。

图5.14展示了小试规模带式压滤机中的辊板电极,其允许对不同生物材料

进行 PEF 处理(Grimi,2009),本书的第三部分介绍了使用该设备利用 PEF 辅助榨取的相关结果。

图 5.15 展示了小试规模螺杆机压机电极的照片,在挤压不同生物材料时可采用 PEF 处理(Grimi,2009)。

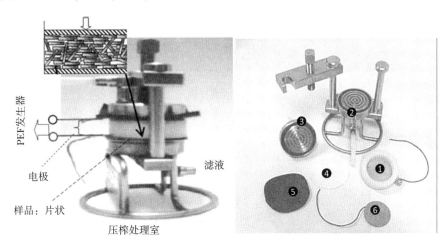

图 5.12　UTC 开发的用于固/液压榨结合 PEF 处理的实验室规模的压滤装置。1:用于片状物料的聚丙烯处理室;2、3:带接头的金属板;4:过滤膜;5:弹性压力隔膜;6:电极丝

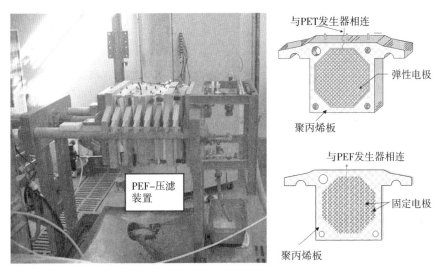

图 5.13　Chocoenet 和 UTC 开发的 PEF 辅助固/液压榨的压滤设备

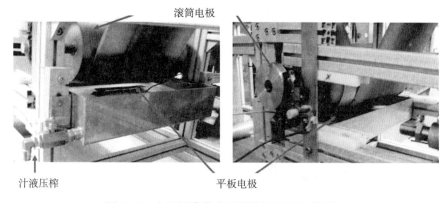

图 5.14　小试规模带式压滤机的 PEF 电极系统

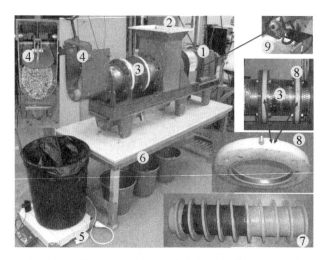

图 5.15　带有 PEF 处理用组合电极的中试螺旋榨汁机
1. 发动机;2. 进料口;3. 笼;4. 反压片;5. 平衡;6. 果汁收集;7. 螺钉;8. 塑料
包裹的固定电极(PVC);9. 旋转电极

5.3　PEE 辅助溶剂提取和榨取实例

第 8 章(苹果、柑橘和番茄)、第 9 章(糖料作物)、第 10 章(马铃薯和胡萝卜作物)和第 11 章(葡萄和酒业残渣)讨论了 PEE 在提取不同产品中生物活性分子方面的应用。这里介绍辅助溶剂提取和固液榨取从一些果蔬、蘑菇和叶子中提取生物活性物质,特别是具有抗氧化、抗菌、抗真菌、抗癌和抗病毒特性的多酚类化合物(花青素、儿茶素、黄酮醇苷、酚酸等)的实例。

5.3.1　水果和蔬菜

5.3.1.1　黑莓

Zhou 等应用 PEF 处理($E=20$ kV/cm)和60%乙醇水溶液提取蓝莓副产物中的花青素(Zhou 等,2015),发现 PEF 在较低的提取温度和较短的提取时间下提高了花青素的提取率。Barba 等采用热水(50℃)或酒精溶液(30%乙醇,w/w)提取,比较了 PEF(板对板呈几何形状,13.3 kV/cm)和 HVED(电极到电极之间距离为 5 mm 的棒对板型几何形状,40 kV)处理对从黑莓中提取蛋白质、总酚和花青素效果的影响(Barba 等,2015a)。结果发现,HVED 处理的蛋白质最高得率为(37.95 ± 1.30) mg/100 g;TPC 最高得率为(932.69 ± 33.45) mg/100 g;PEF 处理的花青素最高得率为(98.46 ± 4.92) mg/100 g。

PEF($E=1\sim5$ kV/cm)对黑莓生物成分压力提取(0.132 MPa 处理 8 min)的影响已有几项研究(Bobinaite 等,2015,2016;Pataro 等,2017),结果表明,PEF 处理显著提高了果汁得率(+28%)、总酚含量(+43%)、总花青素含量(+60%)和抗氧化活性(+31%)。而且,PEF 处理样品的提取物中总酚含量(+63%)、总花青素含量(+78%)和抗氧化活性(+65%)均较高。提取的花青素为飞燕草色素、花青色素、牵牛色素、甲基花青素和二甲花青素的苷类,未观察到 PEF 处理导致单体花青素发生显著降解(Pataro 等,2017)。

5.3.1.2　梨果仙人掌(仙人掌果、仙人掌属植物)

梨果仙人掌含有高附加值有色化合物(维生素、多酚、类胡萝卜素、甜菜碱、半乳糖醛酸等)(Barba 等,2017)。Koubaa 等以红仙人掌为原料,研究了 8~20 kV/cm 的果皮处理和长达 1 h 的辅助水溶液提取(+SAE)对红仙人掌果皮和果肉中红色素(甜菜苷/异甜菜苷)的提取效果(Koubaa 等,2016)。与未处理组织相比,PEF 处理显著强化了有价值化合物的提取,就果皮和果浆来说,提取水平可分别达到约 75 mg/100 gFM(新鲜原料)和约 33 mg/100 gFM。

5.3.1.3　红甜菜

在红甜菜中,水溶性甜菜碱(红紫色甜菜色素和黄色甜菜色素)是红紫色的主要色素(Jackman 和 Smith,1996;Rodriguez-Amaya,2019)。色素的重要组分(75%~95%)与甜菜苷有关,这些色素由于其促进视觉和健康的功能特性,在食品、医疗和制药行业均有应用(Tiwari 和 Cullen,2012)。但是,温度因素对于这些可降解色素的提取非常重要(Leong 等,2018)。PEF 辅助提取已经在提取红甜菜不耐热色素的几项研究中进行了试验(Fincan,2017)。

Fincan 等发现,在电场强度为 1 kV/cm 的条件下 PEF 处理红甜菜根后,样品在 1 h 的水萃取过程中释放出约 90% 的红色素时,具有高度的可提取性(Fincan 等,2004),观察到色素和离子种类的可提取性存在差异,这可用不同的细胞大小导致的组织的非均匀渗透来解释。Chalermchat 等采用二维双峰 Fickian 扩散模型描述了 PEF 辅助($E=1$ kV/cm)水提取红甜菜片红色素和导电物质的动力学(Chalermchat 等,2004),在一个相对低水平的 PEF 处理中,可以观察到缓慢和快速扩散过程。López 等将 PEF 处理(1~9 kV/cm)用于溶剂提取法从红甜菜根中提取甜菜碱(López 等,2009),对提取介质的不同温度($T=10~60℃$)和 pH 值(3.0、5.0 和 6.5)进行了试验,发现在 $E=7$ kV/cm(5 次脉冲,持续时间 2 μs),$T=30℃$ 和 pH 为 3.5 时,样品在 300 min 内释放约 90% 的甜菜碱。

Loginova 等测试了 PEF 处理($E=375~1500$V/cm)和温度($T=30~80℃$)对红甜菜色素提取和降解动力学的影响(Loginova 等,2011),用果汁电导率评价提取率 Y_c(0~1)的相对水平、536 nm 处的吸光度(对应甜菜色素的最大吸光度)评价色素降解率 D_c(0~1)的相对水平。图 5.16 为在 40℃ 和 80℃ 未经处理(U)和 PEF 处理样品的扩散实验下所获得的红甜菜汁的色素得率 Y_c 与色素降解率 D_c 的对比图,可以观察到 PEF 处理能够有效加速提取甜菜碱,缩短提取时间。而且温度的升高会加速色素提取和降解过程,例如,在 80℃ 时提取和降解指数都达到最大值,$Y_c ≈ 1$、$D_c ≈ 1$,时间约为 40 min。还发现 PEF 处理可以显著提高提取动力学,在 30℃ PEF 处理的样品和 80℃ 未处理样品中可观察到相同的提取率。但是,当 $T ≥ 60℃$ 时色素降解非常严重,因此在高温下提取是不可行的。PEF 处理可以在具有高提取率和低降解率的"冷"提取下进行,例如,在 $T=30℃$ 时进行"冷"提取,PEF 处理能够在低降解水平($D_c ≈ 0.10$)下达到高提取效果($B_c ≈ 0.95$)。

Luengo 等比较了不同工艺条件下 PEF 辅助提取红甜菜甜菜素的效率(Luengo 等,2016)。与对照(未处理)样品相比,在毫秒范围($E=0.6$ kV/cm,$t_{PEF}=40$ ms,43.2 kJ/kg)和微秒范围($E=6$ kV/cm,$t_{PEF}=150$ μs,28.8 kJ/kg)条件下,应用 PEF 处理的甜菜碱提取率(μg 甜菜碱/g 新鲜红甜菜)分别提高了 6.7 倍和 7.2 倍。

5.3.1.4 洋葱

在许多研究中,用洋葱来研究 PEF 对细胞膜通透性的影响(Fincan 和 Dejmek,2002;Ben Ammar 等,2011),当 PEF 处理超过阈值 350 V/cm 时,可以观察到洋葱细胞损伤(Fincan 和 Dejmek,2002),渗透作用沿连接电极的优先路径发生。有几项研究还测试了 PEF 处理(电场强度、脉冲宽度、总脉冲时长和频率)

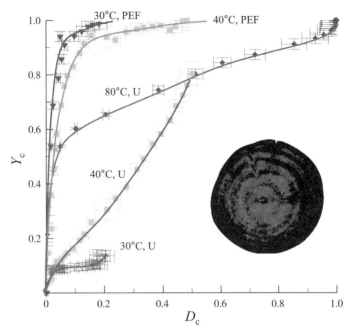

图 5.16　红甜菜汁的色素提取率 Y_c 与色素降解率 D_c 的关系曲线。显示的是在 80℃时"热"提取[未处理(U)样品]、在 30℃ 和 40℃ 未经处理样品"冷"提取以及脉冲电场处理的样品的例子(源自:Loginova 等,2011)

对洋葱损伤效率的影响(Asavasanti 等,2010,2011,2012;Ersus 等,2010),Ersus 和 Barrett 发现在 333 V/cm 进行 PEF 处理时,观察到细胞发生不可逆破裂(Ersus 和 Barrett,2010)。

　　Ersus 等发现在恒定的总 PEF 处理时间下,组织崩解程度随着脉冲宽度的缩短和脉冲数量的增加而增加(Ersus 等,2010)。Asavasanti 等通过施加 10 个 100 μs 脉冲,确定了两种 PEF 临界电场强度:较低的 $E=67$ V/cm 用于质膜破裂,较高的 $E=200$ V/cm 用于液泡膜破裂(Asavasanti 等,2010)。Asavasanti 等还测试了 PEF 频率($E=333$ V/cm)对洋葱组织完整性的影响,发现低频($f<1$ Hz)比高频($f=1\sim5000$ Hz)更容易导致组织崩解(Asavasanti 等,2011),这种现象可以用 PEF 频率对细胞质流动的影响来解释(Asavasanti 等,2012)。

　　Nandakumar 等测试了 PEF 处理($E=0.3$、0.7 和 1.2 kV/cm)对洋葱品种挥发性化合物的影响(Nandakumar 等,2018),发现 PEF 处理后烷烃、醛(2-甲基-2-戊烯醛)和含硫化合物的浓度显著增加,这些变化可以用 PEF 处理诱导的细胞通透性和 PEF 处理促进酶—底物反应来解释。Liu 等应用 2.5 kV/cm PEF 辅助水从洋葱中提取酚类(PC)和类黄酮(FC)化合物(Liu 等,2018),在最佳处理条件下,提取液中 PC 和 FC 的含量分别比对照(未处理)提高了 2.2 倍和 2.7 倍。另外,Liu 等采用 0.3~1.2 kV/cm 的脉冲电场处理洋葱鳞茎(Liu 等,2019a),观察了洋葱茎中碳水化合物和果聚糖的渗漏情况。

5.3.2 蘑菇

蘑菇富含多糖、抗氧化剂、多酚、蛋白质、脂类和维生素等不同的抗氧化、抗癌和抗炎成分(Muszyńska 等,2018),还含有大量的生物活性分子,如可充当免疫调节剂的 β-葡聚糖和三萜(Rathore 等,2017)。但是,从蘑菇中提取这些生物活性分子的传统方法涉及水或有机溶剂,并且需要高温,可能会导致细胞成分的明显降解。

PEF 辅助固/液提取桦褐孔菌(白桦茸)多糖的试验最早可能是在 2008 年完成的(Yin 等,2008)。在 $E = 30$ kV/cm、固液比为 $S/L = 1/25$ 条件下进行 PEF 处理,将所得数据与碱提取、微波提取和超声波提取进行了比较,发现 PEF 辅助提取法提取得率和纯度最高。Zhang 等对 PEF 辅助固/液提取西藏灵菇胞外多糖进行了试验(Zhang 等,2011),在最佳条件下进行 PEF 处理($E = 40$ kV/cm),提取率比对照样品提高了 84.3%。

随后,Parniakov 等进行了压力提取(PE)和压力提取联合 PEF(PE+ PEF)提取蘑菇(双孢蘑菇,*Agaricus bisporus*)的提取物稳定性和提取效率试验(Parniakov 等,2014)。PE 试验是在室温和 0.5 MPa 的压力下进行的;在 PE+PEF 试验中,PEF 处理在非稳态条件下进行,因为在挤压过程中蘑菇饼厚度减小,所用的外加电场强度增加(从 800 V/cm 增加到 1333 V/cm)。将获得的数据与在高温 $T = 343$ K、浸提时间 $t = 2$ h 的热水浸提(WE)和 $T = 298$ K、浸提时间 $t = 24$ h 的乙醇浸提(EE)进行了对比。

试验结果表明,采用 WE 法或者 EE 法得到的提取物中蛋白质、总多酚和多糖含量较高,但提取物浑浊且不稳定;PE 法和 PE+PEF 法获得的提取物清澈,胶体稳定性高。图 5.17 直观地比较了 PE、PE + PEF、WE 以及 EE 法得到的提取物,PE 和 PE+PEF 法得到的提取物比 WE 和 EE 法得到的提取物更清亮。此外,PE 法和 PE + PEF 法获得的提取物具有较高的胶体稳定性。因此,可以使用正面挤压的方法选择性地提取高纯度的生物活性化合物,如新鲜蛋白质和多糖。

此外,PE 和 PE + PEF 方法均可选择性分离不同组分,应用 PE + PEF 法获得的核酸/蛋白比最高,可生产出新鲜蛋白和多糖含量高的蘑菇提取物。

　　在应用 PE、PE + PEF 或 AE 技术后,附加 EE 提取固体残渣(蘑菇饼)可额外增加生物活性化合物的产量。图 5.18 比较了 PE、PE + PEF、水提法(WE)和乙醇提取法(EE)得到的总多酚的浓度,还对附加乙醇提取进行了评估。一般来说,PE + PEF 可以生产富含新鲜蛋白和多糖的蘑菇提取物。

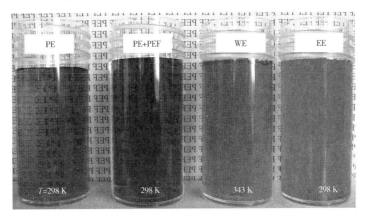

图 5.17　压力提取法(PE)、PEF 辅助压力提取法(PE+PEF)、水提法(WE)和乙醇提取法(EE)提取液的比较,PE 法和 PE+PEF 法提取的提取物用蒸馏水稀释至与水提法提取的相同比例(源自:Parniakov 等,2014)

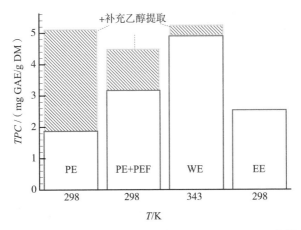

图 5.18　压力提取法(PE)、PEF 辅助压力提取法(PE + PEF)、水提法(WE)和乙醇提取法(EE)四种方法提取的蘑菇提取物中多酚类物质 TPC 的浓度。附加乙醇提取蘑菇饼($T=298$ K,24 h)的效果用虚线表示(源自:Parniakov 等,2014)

Xue 和 Farid 研究了 PEF 辅助固/液提取蘑菇(双孢蘑菇,*Agaricus bisporus*)多糖的方法(Xue 和 Farid,2015),在流动室中以连续方式对蘑菇悬浮液(9% w/w)进行 PEF 处理,在电场强度 $E = 38.4$ kV/cm,$t_{PEF} = 272$ μs 和温度 $T = 85℃$ 条件下,PEF 辅助提取法可以得到约 98% 的多糖、51% 的总多酚和 49% 的蛋白质,而传统的提取法(95℃提取 1 h)只能得到约 56% 的多糖、25% 的总多酚和 45% 的蛋白质。

Liu 等研究了 PEF 辅助固/液提取羊肚菌(*Morchella esculenta*)中羊肚菌多糖(MEP)的工艺(Liu 等,2016),在 $E = 15 \sim 25$ kV/cm,固液比为 $S/L = 1/20 \sim 1/40$ 条件下进行 PEF 处理,发现 PEF 辅助提取法的多糖降解率低于热提取法。

Roselló-Soto 等最近对酶法辅助提取、PEF、超声波、微波、亚临界和超临界流体萃取等新型非常规方法从蘑菇中提取有价值化合物的应用进行了综述(Roselló-Soto 等,2016)。

5.3.3　叶子和草本植物

5.3.3.1　茶

茶(茶树)广泛用于制备世界上消费最多的非酒精饮料。茶叶有不同种类:白茶(加工最少)、绿茶(不发酵)、乌龙茶(部分发酵)、红茶(发酵)(Sharma 和 Kosankar,2018;Dias 等,2019;Figueira,2019)。在发酵过程中,一些重要的生物活性分子可能丢失(如多酚)或被氧化(如类黄酮),因此,最少加工的茶含有最多的生物活性分子,对健康有益。茶的化学成分包括多酚、维生素 K、咖啡因、生物碱、氨基酸、甘油酯、挥发性化合物以及必需的常量元素和微量元素(Karak 和 Bhagat,2010)。茶的有益作用如抗氧化、抗癌和抗肿瘤活性,归因于儿茶素(儿茶素、没食子儿茶素、没食子儿茶素没食子酸、表儿茶素、表没食子儿茶素)、槲皮素、酚酸和其他生物活性分子。

Zderic 等利用 PEF 对鲜茶叶进行处理,以提高茶多酚的固液提取效果(Zderic,2013;Zderic 和 Zondervan,2016,2017)。在 0.1 ~ 1.1 kV/cm 的电场作用下,对新鲜茶叶的悬浮液在室温下进行 PEF 处理,并进行茶多酚的提取试验,发现对于 PEF 处理的样品,多酚的最大提取率约为 27%(Zderic 等,2013)。Liu 等还测试了 PEF 对鲜绿茶非水(丙酮)固/液提取的影响(Liu 等,2019b)。在电场强度为 $E = 0.75 \sim 1.20$ kV/cm、固液比 $S/L = 1/100$ 的 50% 丙酮/水(w/w)溶液中进行 PEF 处理提取 24 h,发现 PEF 处理提高了提取率,缩短了提取时间,但没有明显改变酚类物质的形态。

有几项研究以绿茶(Chen 等,2014)和红茶(Ye 等,2014)为原料,应用 PEF 处理辅助制备高香气速溶茶粉。在电场强度为 37 kV/cm、固液比为 $S/L=1/30$ 的条件下,对绿茶悬浮液进行 PEF 处理(Chen 等,2014),发现 PEF 处理样品所提取多酚类化合物的量与热提法几乎相同,但与热提法相比,PEF 处理能更好地保存茶汤中的芳香化合物。Ye 等比较了固液比为 $S/L=1/16$ 时,热水、冷水和 PEF 辅助提取红茶的效率(Ye 等,2014),在电场强度 20 kV/cm 条件下进行 PEF 处理,发现热水、冷水和 PEF 辅助提取的总多酚含量分别为 43. 78 mg/g、26. 58 mg/g 和 40. 73 mg/g;与热提法相比,PEF 辅助提取法可以更好地保存 61 种主要芳香化合物、花香和甜味成分。研究表明,PEF 辅助提取技术与冷冻浓缩技术相结合能够保持茶的色、香、味,并且在速溶茶粉的工业化生产中具有潜在的应用价值。

Wang 等的一些研究测试了 PEF 处理绿茶冲剂对微生物的灭活作用(Wang 等,2008;Zhao 等,2009a,b),结果表明,PEF 处理能够保留冲剂的生物活性成分、原有色泽和风味,可以用于制备商品化的即饮绿茶冲剂。一些研究还致力于 PEF 处理对云南普洱茶杀菌保鲜的影响(Yan 等,2014;Chen 等,2016)。云南普洱茶是产于中国云南省的一种特殊的发酵茶,鲜茶有刺激性气味和苦涩味,PEF 辅助加工改善了茶叶的口感和香气。

5.3.3.2　其他叶子和草本植物

琉璃苣(*Borago officinalis L*)的叶子具有很高的药用价值和营养价值(Tewari 等,2019),其提取物具有较高的抗氧化活性,在呼吸道、胃肠道疾病和肾脏疾病方面具有潜在的治疗作用。Segovia 等研究了在 PEF 辅助下从琉璃苣叶中提取生物活性分子的方法(Segovia 等,2015),将琉璃苣的碎叶在 $E=1\sim7$ kV/cm 下进行 PEF 处理,然后在不同温度 $T=10\sim40℃$、酸性水(pH 1.5)条件下进行提取试验,结果表明 PEF 处理加速了多酚的提取率(从 1.3 倍提高到 6.6 倍)和抗氧化能力(从 2.0 倍提高到 13.7 倍)。

留兰香提取物(*Mentha spicata*)具有良好的抗氧化、抗菌和抗肿瘤功能,其富含生物活性类黄酮化合物、萜类香芹酮和紫苏醇(Ulbricht 等,2010;Bimakr 等,2011)。Fincan 研究了 PEF 对新鲜留兰香叶中酚类物质提取能力的影响(Fincan,2015),叶片经 $E=3$ kV/cm 的 PEF 处理后,在乙醇—水(80/20,v/v)、$T=70℃$ 的混合液中进行固液提取,以总酚含量(TPC)、抗氧化能力(AC)和抗氧化活性(AA)为指标对其进行了表征,结果显示 PEF 辅助提取产生了与热处理($T=80℃$,2.5 h)和微波处理(800 W 30 s,$T=85\sim90℃$)相当的 TPC、AC 和

AA 值。

甜菊糖(*Stevia rebaudiana Bertoni*)以其糖苷所带来的甜味而闻名,它可以作为糖的替代品(Harismah 等,2018;Dhanish 和 Junia,2019),还含有蛋白质、单宁、维生素、脂类、生物碱、糖苷、皂苷、甾醇、矿物质和三萜。甜菊糖也具有很强的抗菌、抗糖尿病和抗肿瘤特性(Lemus-Mondaca 等,2012)。Barba 等研究了不同处理[PEF、HVED、超声波(US)和微波(MW)]对甜菊叶中有价值化合物提取的影响(Barba 等,2015b;Carbonell-Capella 等,2017)。在 $E = 13.3$ kV/cm 下进行 PEF、$E = 80$ kV/cm 下进行 HVED 处理和 400 W 进行 US 辅助固/液提取(Barba 等,2015b)来测定叶绿素、总类胡萝卜素、总酚类化合物含量及抗氧化能力,发现所有处理(PEF,HVED 和 US)都提高了提取动力和可溶性物质的提取率。例如,HVED 辅助提取的叶绿素含量明显高于对照样品(增加了 3 倍),类似的研究(Carbonell-Capella 等,2017)表明,使用 US 辅助提取可以在纯水中获得最高的甜菊糖苷提取率(50.9 mg/g),而使用 MW 辅助提取可以获得最高的甜菊糖双甙产量(22.8 mg/g),PEF 在 50%乙醇水溶液中辅助提取可有效提取甜菊糖苷(44.3 mg/g)和甜菊糖双甙(22.5 mg/g)。

足叶草是一种多年生草本植物,富含足叶草毒素(或足叶草素)。足叶草毒素可用于治疗癌症、性疣(作为细胞抑制剂)以及防止便秘。通常传统方法提取足叶草毒素的效率很低,Abdullah 等采用 PEF 辅助提取法提取足叶草毒素(Abdullah 等,2012)。PEF 处理前,将干燥的足叶草根茎进行研磨、筛分和去离子水浸泡,在间歇室中进行 PEF 处理,电场强度分别为 17.7 kV/cm 和 19.4 kV/cm,固液比 $S/L = 2/3$。经 PEF 处理的样品和对照样品在真空烘箱中干燥,然后在 50℃、30%乙醇水溶液中提取足叶草毒素,发现在 PEF 处理的样品中,足叶草毒素的浓度增加了高达 47%,并始终高于对照样品。

参考文献

[1] Abdel-Kader ZM (1991) A study of the apparent diffusion coefficients for ascorbic acid losses from peas during blanching in water. Food Chem 40: 137-145

[2] Abdullah SH, Zhao S, Mittal GS, Baik O-D (2012) Extraction of podophyllotoxin from Podophyl-lum peltatum using pulsed electricfield treatment. Sep Purif Technol 93:92-97

[3] Adesina F, Mohammed TI, Ojo OT (2018) Design and fabrication of a manually operated hydraulic press. Open Access Libr J 5:1

[4] Aguilera JM (2003) Solid-Liquid Extraction. In: Tzia C, Liadakis G (eds) Extraction optimization in food engineering. Marcel Dekker, Inc., New York, pp 35-55

[5] Andrusishin A V (2017) Simulation of mass exchange processes in electroporated tissues. In: Yakimenko YI (ed) X international scientic and technical conference of yaung scientist "Elec-tronics 2017", collection of papers, ELCONF-2017. http://elconf. kpi. ua. Igor Sikorsky Kyiv Polytechnic Institute, pp 174-178

[6] Asadi M (2006) Beet-sugar handbook. Wiley, Hoboken

[7] Asavasanti S, Ersus S, Ristenpart W et al (2010) Critical electricfield strengths of onion tissues treated by pulsed electricfields. J Food Sci 75:E433-E443. https://doi. org/10. 1111/j. 1750- 3841. 2010. 01768. x

[8] Asavasanti S, Ristenpart W, Stroeve P, Barrett DM (2011) Permeabilization of plant tissues by monopolar pulsedelectricfields: effect of frequency. J Food Sci 76: E98-E111. https://doi. org/ 10. 1111/j. 1750-3841. 2010. 01940. x

[9] Asavasanti S, Stroeve P, Barrett DM et al (2012) Enhanced electroporation in plant tissues via low frequency pulsed electricfields: influence of cytoplasmic streaming. Biotechnol Prog 28:445-453. https://doi. org/10. 1002/btpr. 1507

[10] Azarpazhooh E, Ramaswamy HS (2009) Evaluation of diffusion and Azuara models for mass transfer kinetics during microwave-osmotic dehydration of apples under continuous flow medium-spray conditions. Dry Technol 28:57-67

[11] Banupriya, Radha R, Basavaraj VM (2015) Automation of sectional drive paper machine using PLC and HMI. Int J Eng Res Gen Sci 3(4):842-847

[12] Barba FJ, Galanakis CM, Esteve MJ et al (2015a) Potential use of pulsed electric technologies and ultrasounds to improve the recovery of high-added value compounds from blackberries. J Food Eng 167:38-44

[13] Barba FJ, Grimi N, Vorobiev E (2015b) Evaluating the potential of cell disruption technologies for green selective extractionof antioxidant compounds from Stevia rebaudiana Bertoni leaves. J Food Eng 149:222-228. https://doi. org/10. 1016/j. jfoodeng. 2014. 10. 028

[14] Barba FJ, Parniakov O, Pereira SA et al (2015c) Current applications and new

opportunities for the use of pulsed electricfields in food science and industry. Food Res Int 77:773-798

[15] Barba FJ,Putnik P,Kovačević DB et al (2017) Impact of conventional and non -conventional processing on prickly pear (Opuntia spp.) and their derived products:from preservation of beverages to valorization of by-products. Trends Food Sci Technol 67:260-270

[16] Bart H-J (2011) Extraction of natural products from plants:An introduction. In: Bart H-J,Pilz S(eds) Industrial scale natural products extraction. Wiley-VCH Verlag GmbH & Co. KGaA,Weinheim,Germany,pp 1-26

[17] Ben Ammar J,Van Hecke E,Lebovka N,et al (2011) Freezing and freeze-drying of vegetables:benefits of a pulsed electricfields pre-treatment. In:CIGR section VI international symposium on "towards a sustainable food chain food process,bioprocessing and food quality management. "Nantes,pp 1-6

[18] Bimakr M,Rahman RA,Taip FS et al (2011) Comparison of different extraction methods for the extraction of major bioactiveflavonoid compounds from spearmint (Mentha spicata L.) leaves. Food Bioprod Process 89:67-72

[19] Bobinaite R,Pataro G,Lamanauskas N et al (2015) Application of pulsed electricfield in the production of juice and extraction of bioactive compounds from blueberry fruits and their by-products. J Food Sci Technol 52:5898-5905

[20] Bobinaite R,Pataro G,Raudonis R et al (2016) Improving the extraction of juice and anthocyanin compounds from blueberry fruits and their by-products by pulsed electricfields. IFMBE Proc 53:363-366. https://doi. org/10. 1007/978 -981-287-817-5_80

[21] Carbonell - Capella JM, Šic Žlabur J, Rimac Brnčić S et al (2017) Electrotechnologies,microwaves,and ultrasounds combined with binary mixtures of ethanol and water to extract steviol glyco-sides and antioxidant compounds from Stevia rebaudiana leaves. J Food Process Preserv 41:e13179

[22] Chalermchat Y,Fincan M,Dejmek P (2004) Pulsed electricfield treatment for solid-liquid extraction of red beetroot pigment:mathematical modelling of mass transfer. J Food Eng 64:229-236. https://doi. org/10. 1016/j. jfoodeng. 2003. 10. 002

[23] Chemat F,Strube J (eds) (2015) Green extraction of natural products:theory

and practice. Wiley-VCH Verlag GmbH & Co. ,Weinheim

[24]Chen J,Li Y,Sun S,Fang T (2014) Concentrated green tea soup produced by pulsed electricfield and freeze concentration. Nongye Gongcheng Xuebao/Trans ChineseSoc Agric Eng 30:260-268. https://doi. org/10. 3969/j. issn. 1002-6819. 2014. 02. 034

[25]Chen T,Zhao Y,Wang L et al (2016) Study on ripening process of:Pu'er fermented tea by high voltage pulsed electricfield technique. Agro Food Ind Hi Tech 27:68-71

[26]Cheremisinoff NP (2017) Industrial liquidfiltration equipment. In:Fibrousfilter media. Woodhead Publishing,Duxford,pp 27-50

[27]Crank J (1979) The mathematics of diffusion. Oxford University Press,London

[28]Crossley JI, Aguilera JM (2001) Modeling the effect of microstructure on food extraction. J Food Process Eng 24:161-177

[29]Dhanish J,Junia G (2019) Remedial potentials of sweet leaf:a review on stevia rebaudiana. Int J Pharm Sci Rev Res 54(1):91-95

[30]Dias TR,Carrageta DF,Alves MG et al (2019) White tea. In:Nabavi SM,Silva AS (eds)Nonvitamin and nonmineral nutritional supplements. Academic Press Inc. ,London,pp 437-445

[31]El Belghiti K,Vorobiev E (2004) Mass transfer of sugar from beets enhanced by pulsed electric field. Food Bioprod Process 82:226-230

[32]El-Belghiti K, Rabhi Z, Vorobiev E (2007) Effect of process parameters on solute centrifugal extraction from electropermeabilized carrot gratings. Food Bioprod Process 85:24-28

[33]EPA (2000) Biosolids technology fact sheet. beltfilter press. United states environmental protection agency. https://www3. epa. gov/npdes/pubs/belt_filter. pdf

[34]Ersus S, Barrett DM (2010) Determination of membrane integrity in onion tissues treated by pulsed electricfields:use of microscopic images and ion leakage measurements. Innov Food Sci Emerg Technol 11:598-603. https://doi. org/10. 1016/j. ifset. 2010. 08. 001

[35]Ersus S,Oztop MH,McCarthy MJ,Barrett DM (2010) Disintegration efficiency of pulsedelectric field induced effects on onion (Allium cepa L.) tissues as a

function of pulse protocol and determination of cell integrity by 1H - NMR relaxometry. J Food Sci 75: E444 - E452. https://doi. org/10. 1111/j. 1750 - 3841. 2010. 01769. x

[36]Figueira ME (2019) Tea extracts. In: Nabavi SM, Silva AS (eds) Nonvitamin and nonmineral nutritional supplements. Academic Press Inc. , London, pp 433 -436

[37]Fincan M (2015) Extractability of phenolics from spearmint treated with pulsed electricfield. J Food Eng 162:31-37

[38]Fincan M (2017) Potential application of pulsed electricfields for improving extraction of plant pigments. In: Miklavcic D (ed) Handbook of electroporation. Springer International Publishing AG, Cham, pp 2171-2192

[39]Fincan M, Dejmek P (2002) In situ visualization of the effect of a pulsed electricfield on plant tissue. J Food Eng 55: 223 - 230. https://doi. org/10. 1016/S0260-8774(02)00079-1

[40]Fincan M, DeVito F, Dejmek P (2004) Pulsed electricfield treatment for solid - liquid extraction of red beetroot pigment. J Food Eng 64: 381 - 388. https:// doi. org/10. 1016/ j. jfoodeng. 2003. 11. 006

[41]Gekas V (1992) Transport phenomena of foods and biological materials. CRC Press/Taylor & Francis Group, Boca Raton

[42]Grimi N (2009) Vers l'intensification du pressage industriel des agroressources par champs électriques pulsés: étude multi-échelles. PhD Thesis, Universite de Technologie de Compiegne, Compiegne, France

[43]Grimi N, Lebovka N, Vorobiev E, Vaxelaire J (2009) Compressing behavior and texture evaluation for potatoes pretreated by pulsed electricfield. J Texture Stud 40:208-224

[44]Grimi N, Vorobiev E, Lebovka N, Vaxelaire J (2010) Solid--liquid expression from denatured plant tissue: filtration--consolidation behaviour. J Food Eng 96:29-36

[45]Harismah K, Mirzaei M, Fuadi AM (2018) Stevia rebaudiana in food and beverage applications and its potential antioxidant and antidiabetic: mini review. Adv Sci Lett 24:9133-9137

[46]Jackman RL, Smith JL (1996) Anthocyanins and betalains. In: Hendry GAF,

Houghton JD（eds）Natural food colorants. Springer, Dordrecht, pp 244-309

[47] Kalil SJ, Moraes CC, Sala L, Burkert CAV（2017）Bioproduct extraction from microbial cells by conventional and nonconventional techniques. In: Grumezescu AM, Holban AM（eds）Food bioconversion. Academic Press Inc. , London, pp 179-206

[48] Karak T, Bhagat RM（2010）Trace elements in tea leaves, made tea and tea infusion: a review. Food Res Int 43:2234-2252

[49] Kim JY, Kim CL, Chung CH（2002）Modeling of nuclide release from low-level radioactive paraffin waste: a comparison of simulated and real waste. J Hazard Mater 94:161-178

[50] Kitanović S, Milenović D, Veljković VB（2008）Empirical kinetic models for the resinoid extraction from aerial parts of St. John's wort（Hypericum perforatum L. ）. Biochem Eng J 41:1-11

[51] Koubaa M, Barba FJ, Grimi N et al（2016）Recovery of colorants from red prickly pear peels and pulps enhanced by pulsed electricfield and ultrasound. Innov Food Sci Emerg Technol 37:336-344. https://doi. org/10. 1016/j. ifset. 2016. 04. 015

[52] Kriaa K, Hadrich B（2019）A new modeling approach of ultrasonic extraction of polyphenols from carob. J Pharm Innov 14:141-151

[53] Kumari B, Tiwari BK, Hossain MB et al（2018）Recent advances on application of ultrasound and pulsed electricfield technologies in the extraction of bioactives from agro-industrial by-products. Food Bioprocess Technol 11:223-241

[54] Laisney J（1984）L'huilerie Moderne, Art et techniques. Paris（France）Compagnie Francaise pour le Developpement des Fibres Textiles

[55] Lanoisellé J-L, Vorobyov EI, Bouvier J-M, Pair G（1996）Modeling of solid/liquid expression for cellular materials. AICHE J 42:2057-2068

[56] Lebovka NI, Praporscic I, Vorobiev E（2003）Enhanced expression of juice from soft vegetable tissues by pulsed electricfields: consolidation stages analysis. J Food Eng 59:309-317

[57] Lebovka NI, Shynkaryk MV, El-Belghiti K et al（2007）Plasmolysis of sugarbeet: pulsed electric fields and thermal treatment. J Food Eng 80:639-644

[58] Lemus-Mondaca R, Vega-Gálvez A, Zura-Bravo L, Ah-Hen K（2012）Stevia

rebaudiana Bertoni, source of a high – potency natural sweetener: a comprehensive review on the biochemical, nutritional and functional aspects. Food Chem 132:1121–1132

[59] Leong HY, Show PL, Lim MH et al (2018) Natural red pigments from plants and their health benefits: a review. Food Rev Int 34:463–482

[60] Li Z, Fan Y, Xi J (2019) Recent advances in high voltage electric discharge extraction of bioactive ingredients from plant materials. Food Chem 277:246–260. https://doi.org/10.1016/ j. foodchem. 2018. 10. 119

[61] Linder PW, Nassimbeni LR, Polson A, Rodgers AL (1976) The diffusion coefficient of sucrose in water. A physical chemistry experiment. J Chem Educ 53:330

[62] Liu C, Sun Y, Mao Q et al (2016) Characteristics and antitumor activity of Morchella esculenta polysaccharide extracted by pulsed electricfield. Int J Mol Sci 17:986

[63] Liu Z – W, Zeng X – A, Ngadi M (2018) Enhanced extraction of phenolic compounds from onion by pulsed electricfield (PEF). J Food Process Preserv 42:e13755

[64] Liu T, Burritt DJ, Oey I (2019a) Understanding the effect of pulsed electricfields on multilayered solid plant foods: bunching onions (Alliumfistulosum) as a model system. Food Res Int 120: 560 – 567. https://doi. org/10. 1016/j. foodres. 2018. 11. 006

[65] Liu Z, Esveld E, Vincken J–P, Bruins ME (2019b) Pulsed electricfield as an alternative pre-treatment for drying to enhance polyphenol extraction from fresh tea leaves. Food Bioprocess Technol 12:183–192. https://doi. org/10. 1007/ s11947-018-2199-x

[66] Loginova KV, Lebovka NI, Vorobiev E (2011) Pulsed electricfield assisted aqueous extraction of colorants from red beet. J Food Eng 106: 127 – 133. https://doi.org/10. 1016/ j. jfoodeng. 2011. 04. 019

[67] López N, Puértolas E, Condón S et al (2009) Enhancement of the extraction of betanine from red beetroot by pulsed electricfields. J Food Eng 90:60–66. https://doi. org/10. 1016/j. jfoodeng. 2008. 06. 002

[68] Luengo E, Martinez JM, Ǵlvarez I, Raso J (2016) Comparison of the efficacy of

pulsed electric fields treatments in the millisecond and microsecond range for the extraction of betanine from red beetroot. In: Kramar P, Jarm T (eds) IFMBE proceedings. Springer Verlag, pp 375-378

[69] Mahnič-Kalamiza S (2016) Dual-porosity model of liquid extraction by pressing from plant tissue modified by electroporation. In: Handbook of electroporation. Springer International Publishing AG, Cham, pp 1-25

[70] Mahnič-Kalamiza S, Vorobiev E (2014) Dual-porosity model of liquid extraction by pressing from biological tissue modified by electroporation. J Food Eng 137:76-87

[71] Mahnič-Kalamiza S, Miklavčič D, Vorobiev E (2015) Dual-porosity model of mass transport in electroporated biological tissue: simulations and experimental work for model validation. Innov Food Sci Emerg Technol 29:41-54

[72] Mhemdi H, Bals O, Grimi N, Vorobiev E (2012) Filtration diffusivity and expression behaviour of thermally and electrically pretreated sugar beet tissue and press-cake. Sep Purif Technol 95:118-125

[73] Monteith H, Parker W (2016) Emissions from wastewater treatment plants. In: Tata P, Witherspoon J, Lue-Hing C (eds) VOC emissions from biosolid's dewatering processes. CRC Press/Taylor & Francis Group, Boca Raton, pp 171-188

[74] Moreira SA, Alexandre EMC, Pintado M, Saraiva JA (2019) Effect of emergent non-thermal extraction technologies on bioactive individual compounds profile from different plant mate-rials. Food Res Int 115:177-190

[75] Muszyńska B, Grzywacz-Kisielewska A, Kała K, Gdula-Argasińska J (2018) Anti-inflammatory properties of edible mushrooms: a review. Food Chem 243:373-381

[76] Nandakumar R, Eyres GT, Burritt DJ et al (2018) Impact of pulsed electricfields on the volatile compounds produced in whole onions (Allium cepa and Alliumfistulosum). Foods 7:1-15. https://doi.org/10.3390/foods7110183

[77] Ngamwonglumlert L, Devahastin S, Chiewchan N (2017) Natural colorants: pigment stability and extraction yield enhancement via utilization of appropriate pretreatment and extraction methods. Crit Rev Food Sci Nutr 57:3243-3259. https://doi.org/10.1080/ 10408398. 2015. 1109498

[78] Parniakov O, Lebovka NI, Van Hecke E, Vorobiev E (2014) Pulsed electricfield assisted pressure extraction and solvent extraction from mushroom (Agaricus bisporus). Food Bioprocess Technol 7:174-183

[79] Pataro G, Bobinaitè R, Bobinasč et al (2017) Improving the extraction of juice and anthocyanins from blueberry fruits and their by-products by application of pulsed electricfields. Food Bioprocess Technol 10:1595-1605. https://doi. org/ 10. 1007/ s11947-017- 1928 -x

[80] Patras A, Choudhary P, Rawson A (2017) Recovery of primary and secondary plant metabolites by pulsed electricfield treatment. In: Miklavčič D (ed) Handbook of electroporation. Springer International Publishing AG, Cham, pp 2517-2537

[81] Pavlin M, Miklavčič D (2008) Theoretical and experimental analysis of conductivity, ion diffusion and molecular transport during cell electroporation: relation between short-lived and long-lived pores. Bioelectrochemistry 74: 38-46

[82] Peleg M (1988) An empirical model for the description of moisture sorption curves. J Food Sci 53:1216-1217

[83] Qingwen Q, Xiaoqing H, Chunmei L et al (2018) Study on modular design and key technology of screw pressing for sludge treatment system. J Eng Manuf Technol 6(1):1-7

[84] Rathore H, Prasad S, Sharma S (2017) Mushroom nutraceuticals for improved nutrition and better human health: a review. PharmaNutrition 5:35-46

[85] Rocha CMR, Genisheva Z, Ferreira-Santos P et al (2018) Electric field-based technologies for valorization of bioresources. Bioresour Technol 254:325-339. https://doi. org/10. 1016/ j. biortech. 2018. 01. 068

[86] Rodriguez-Amaya DB (2019) Update on natural food pigments-a mini-review on carotenoids, anthocyanins, and betalains. Food Res Int 124:200-205

[87] Roselló-Soto E, Parniakov O, Deng Q et al (2016) Application of non-conventional extraction methods: toward a sustainable and green production of valuable compounds from mushrooms. Food Eng Rev 8:214-234

[88] Rutkowska M, Namieśnik J, Konieczka P (2017) Ultrasound-assisted extraction. In: Pena-Pereira F, Tobiszewski M (eds) The application of green solvents in

separation processes. Elsevier, Amsterdam, pp 301-324

[89] Saini RK, Keum Y-S (2018) Carotenoid extraction methods: a review of recent developments. Food Chem 240:90-103. https://doi. org/10. 1016/j. foodchem. 2017. 07. 099

[90] Segovia FJ, Luengo E, Corral-Pérez JJ et al (2015) Improvements in the aqueous extraction of polyphenols from borage (Borago officinalis L.) leaves by pulsed electricfields: pulsed electric fields (PEF) applications. Ind Crop Prod 65:390-396

[91] Selman JD, Price P, Abdul-Rezzak RK (1983) A study of theapparent diffusion coefficients for solute losses from carrot tissue during blanching in water. Int J Food Sci Technol 18:427-440

[92] Sharma D, Kosankar KV (2018) Green tea in green world an updated review. PharmaTutor 6:9-16

[93] Sheikh SM, Kazi ZS (2016) Technologies for oil extraction: a review. Int J Environ Agric Biotechnol 1(2):106-110

[94] Shirato M, Murase T, Atsumi K (1980) Simplified computational method for constant pressure expression offilter cakes. J Chem Eng Japan 13:397-401

[95] Silin PM (1964) Technology of beet-sugar production and refining. Israel Program for Scientific Translations/Old-bourne Press, Jerusalem/London

[96] Tewari D, Bawari S, Patni P, Sah AN (2019) Borage (Borago officinalis L.). In: Nabavi SM, Silva AS (eds) Nonvitamin and nonmineral nutritional supplements. Academic Press Inc. , London, pp 165-170

[97] Tiwari BK, Cullen PJ (2012) Extraction of red beet pigments. In: Neelwarne B (ed) Red beet biotechnology: food and pharmaceutical applications. Springer, New York, pp 373-391

[98] To VHP, Nguyen TV, Vigneswaran S, Ngo HH (2016) A review on sludge dewatering indices. Water Sci Technol 74:1-16

[99] Ulbricht C, Costa D, Grimes M, Serrano J et al (2010) An evidence-based systematic review of spearmint by the natural standard research collaboration. J Diet Suppl 7:179-215

[100] Vander Poel PW, Schiweck H, Schwartz T (1998) Sugar technology. Beet and cane sugar manufacture. Bartens KG, Berlin

[101] Varzakas TH, Leach GC, Israilides CJ, Arapoglou D (2005) Theoretical and experimental approaches towards the determination of solute effective diffusivities in foods. Enzym Microb Technol 37:29–41

[102] Virkutyte J (2017) Aerobic treatment of effluents from pulp and paper industries. In: Wong JW-C, Tyagi RD, Pandey A (eds) Current Developments in Biotechnology and Bioengineering. Elsevier, Amsterdam, Netherland, pp 103–130

[103] Wang M, Yang R, Zhao W (2008) Effects of heat and pulsed electricfields on bioactive components and color of green tea infusions. Int J Food Eng 4:11. https://doi. org/10. 2202/ 1556–3758. 1332

[104] Xue D, Farid MM (2015) Pulsed electricfield extraction of valuable compounds from white button mushroom (Agaricus bisporus). Innov Food Sci Emerg Technol 29:178–186

[105] Yan Z, BaiJuan W, BoJun C et al (2014) The effects of theine content of Pu'er tea in hige pulsed electricfield. Adv J Food Sci Technol 6:1041–1044. https://doi. org/10. 19026/ajfst. 6. 156

[106] Yan L-G, He L, Xi J (2017) High intensity pulsed electricfield as an innovative techniquefor extraction of bioactive compounds: a review. Crit Rev Food Sci Nutr 57:2877–2888

[107] Ye D, Zhang L, Sun S et al (2014) Production of high-aroma instant tea powder using various novel technologies. J Food Process Eng 37:273–284. https://doi. org/10. 1111/jfpe. 12083

[108] Yin YG, Cui YR, Wang T (2008) Study on extraction of polysaccharide from Inonotus obliquus by high intensity pulsed electricfields. Trans Chin Soc Agric Mach 39:89–92

[109] Zderic A, Zondervan E (2016) Polyphenol extraction from fresh tea leaves by pulsed electricfield: a study of mechanisms. Chem Eng Res Des 109:586–592. https://doi. org/10. 1016/ j. cherd. 2016. 03. 010

[110] Zderic A, Zondervan E (2017) Product-driven process synthesis: extraction of polyphenols from tea. J Food Eng 196:113–122. https://doi. org/10. 1016/j. jfoodeng. 2016. 10. 019

[111] Zderic A, Zondervan E, Meuldijk J (2013) Breakage of cellular tissue by

pulsed electricfield：extraction of polyphenols from fresh tea leaves. Chem Eng Trans 32：1795−1800

［112］Zhang T − H, Wang S − J, Liu D − R et al （2011） Optimization of exopolysaccharide extraction process from Tibetan spiritual mushroom by pulsed electricfields. Jilin Daxue Xuebao （Gongxueban）/J Jilin Univ （Eng Technol Ed） 41：882−886

［113］Zhao W, Yang R, Wang M （2009a） Cold storage temperature following pulsed electricfields treatment to inactivate sublethally injured microorganisms and extend the shelf life of green tea infusions. Int J Food Microbiol 129：204−208

［114］Zhao W, Yang R, Wang M, Lu R （2009b） Effects of pulsed electricfields on bioactive components, colour andflavour of green tea infusions. Int J Food Sci Technol 44：312−321

［115］Zhou Y, Zhao X, Huang H （2015） Effects of pulsedelectricfields on anthocyanin extraction yield of blueberry processing by−products. J Food Process Preserv 39：1898−1904. https：//doi. org/10. 1111/jfpp. 12427

［116］Zogzas NP, Maroulis ZB （1996） Effective moisture diffusivity estimation from drying data. A comparison between various methods of analysis. Dry Technol 14：1543−1573

第6章 干燥

摘要 干燥广泛应用于食用品植物(水果、蔬菜)和生物质原料的脱水。干燥效率取决于处理条件、材料的结构(细胞的大小、排列方向和完整性)以及样品中细胞的水的类型。传统的对流风干效率较低,处理时间长且能耗高。采用微波、真空、冷冻辅助干燥或将其组合可以获得高质量的产品,但操作能耗高。本章分析干燥的物理基础(水的蒸发、相图、能源需求和蒸发率)、干燥模型和干燥食物的不同方法、辅助干燥的物理处理方法(超声波、微波和射频加热技术相结合)和主要电场对干燥的影响,包括电流体动力干燥和脉冲电场(PEF)辅助干燥。还介绍PEF在不同干燥操作和不同产品干燥中的应用实例,还讨论PEF与真空、微波干燥相结合的干燥效果。

干燥经常用于食用植物(水果、蔬菜)和生物质原料脱水(Sagar 和 Kumar,2010;Maisnam 等,2017)。未加工的生物原料(食物、蔬菜和水果)的水分含量很高(≈90%),因此,需要除去其中微生物生长、不同酶反应和氧化降解反应可用的游离水。例如,干果含有12%~14%的水,而蔬菜含有较少的糖和4%~8%的水(James 和 Kuipers,2003)。

本章简要分析干燥的主要问题和PEF在不同干燥操作中的应用实例。

6.1 干燥的物理基础

6.1.1 自由水和结合水

饱水的材料和粉末均含有两种类型的液态水,即自由水和结合水。自由水通过微弱的毛细管力附着在材料上,结合水与多孔基质表面的极性基团紧密结合。自由水和结合水的定性分离是相对的,是建立在结合水采用的定义基础上的。Hatakeyama 等采用不同的实验技术,如差示扫描量热法、核磁共振光谱法、吸附量测定、黏度测定等对冻结水和非冻结水、束缚水、受限水和其他类型的水进行了测定(Hatakeyama 等,2016;Wong,2017)。

在植物基材料中,细胞内和细胞外的水可以通过不同的迁移途径排出到外部介质中(Khan 等,2017),细胞膜破裂后开始细胞内水的迁移。在 $T=60℃$ 条件下对马铃薯进行对流空气干燥处理,结果表明大部分细胞在干燥中期破裂,此时样品含水率约为 2~4 kg/kg 干重。

6.1.2　水的活度

水分活度是脱水材料最重要的特征之一(Syamaladevi 等,2016),定义为相同温度下材料中的水蒸气压 P_w 与纯水中的饱和水蒸气压 P_w^S 的比值:

$$A_w = P_w / P_w^S \tag{6.1}$$

测量水活度的主要方法是基于冷镜露点技术和电容湿度计技术(Fontana,2008)。通常认为,水分活度低于 0.7,则干燥食品在微生物方面是安全的。

6.1.3　水分的蒸发

6.1.3.1　相图

水在沸点时能达到最有效的蒸发,水相图如图 6.1 所示。饱和线和升华线显示了沸腾和升华温度对压力的依赖关系。对于给定的温度,蒸汽相的相对湿度 Φ 定义为实际水蒸气压力与饱和水蒸气压力的比值:

$$\Phi = P_w / P_w^S \tag{6.2}$$

在饱和状态下,$\Phi = 1$。

6.1.3.2　能量需要量

利用 Clausius-Clapeyron 方程(Murphy 和 Koop,2005),根据饱和蒸气压 P_w^S (T) 对温度的依赖关系,可以估算出蒸发的潜热 L_v:

$$L_v = \frac{RT^2}{M_w} \frac{\mathrm{dln}(P_w)}{\mathrm{d}T} \tag{6.3}$$

其中,M_w 为水的分子质量($=18.02$ g/mol),R 为通用气体常数 $=8.3144$ J/(mol·K)。

报道称,水的 L_v 值在 0℃ 时 ≈ 2500 kJ/kg,在 100℃ 时 ≈ 2260 kJ/kg。L_v 值取决于温度(见图 6.1),随着温度的升高而降低,并在临界点($T=374.15℃$)时趋于零(Henderson-Sellers,1984;Agrawal 和 Menon,1992)。水的汽化是高耗能的操作,例如,水从 25℃ 加热到 100℃($\Delta T=75℃$)和蒸发所需的能量可以估计为

$$W = C_w \Delta T + L_v \approx 315 \text{ kJ/kg} + 2260 \text{ kJ/kg} = 2575 \text{ kJ/kg} \tag{6.4}$$

$C_w = 4.2$ kJ/(kg·K)是水的比热

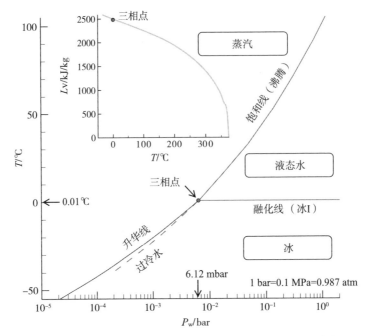

图 6.1 水在温度 T 下相对于水压 P_w 的相图。插图显示了潜在的(隐藏的)汽化热 L_v 与温度 T 的关系(Henderson−Sellers, 1984; Agrawal 和 Menon, 1992; Murphy 和 Koop, 2005; Cantrell 等, 2008)

6.1.3.3 蒸发率

饱水生物材料水分蒸发效率可由温度 T、外界压力 P 控制,并取决于材料的多孔结构、细胞损伤程度、热输入方式和材料周围气流的特性(温度、湿度和速度)。

空气湿度 H 可定义为干燥空气中水的相对含量(kg H_2O/kg 空气)。它取决于水蒸气的分压 P_w 和干燥空气的分压 P_a:

$$H = (M_w/M_a) P_w/P_a \approx 0.62 P_w/P_a \tag{6.5}$$

其中, $M_w = 18.02$ g/mol 和 $M_a = 28.97$ g/mol 分别为水和空气的分子质量,总压力 $P = P_w + P_a$。在室温下, $P_a \gg P_w$,所以 $H \approx 0.62 P_w/P$。

图 6.2 给出了在不同相对水蒸气湿度 Φ Eq 条件下,空气湿度 H 与温度 T 的关系示例(6.2)。在固定的空气湿度下,温度的降低会引起 Φ 值的增加。例如:在 $H = 0.05$ kg/kg 干燥空气的温度 T 约为 40℃时对应于饱和水蒸气($\Phi = 100\%$),这个温度称为露点,在进一步冷却时,水蒸气发生冷凝。

需要注意的是,即使是在自由水面上,水的蒸发机制也还没有被完全理解,

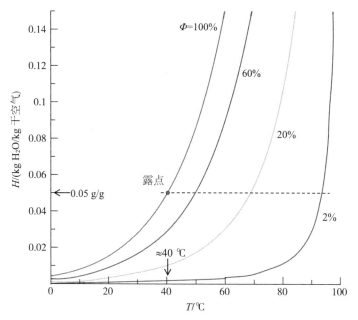

图 6.2　大气压 $P=0.01$ MPa 下,空气湿度 H 与温度 T 的关系

人们提出了许多不同的模型来描述它(Sartori,2000;Kröger 和 Branfield,2007 和其中的参考文献进行审查),指出了蒸发过程中可以控制传热传质的两个过程:

通过界面(吸附和解吸)分子运动(扩散)。

通过水面上整体运动(平流)输送物质。

例如,在有水面以上气流存在的经验模型中,假定蒸发速率 U 与饱和空气和潮湿空气的湿度差成正比:

$$U \approx h_c (H^s - H)/(\rho_w C_a)(\text{m/s}) \tag{6.6}$$

其中,h_c[以 J/(s·m²)]为对流换热系数,V(以 m/s)为风速,ρ_w($\approx 10^3$ kg/m³)为水的密度,C_a[$\approx 10^3$J/(kg·K)]为空气比热,H^s 和 H 分别为饱和空气和湿润空气的湿度。

实验数据证实了系数随温度的线性增加,拟合相关系数为公式(6.6)的 $h_c =$ 3.1+ 2.1V。所以,前面的方程可以写成

$$U \approx (3.1+2.1V) \times (H^s - H)(\mu\text{m/s}) \tag{6.7}$$

温度的升高导致蒸发速率明显加快。例如,在 $V=1$ m/s 和气流湿度较小($H \ll H^s$)时,利用此方程可计算出在 $T \approx 25℃$($H^s = 0.02$ g/g)时 $U = 0.1$ μm/s,在 $T \approx 60℃$($H^s = 0.15$ g/g)时 $U = 7.8$ μm/s(图 6.2)。

6.2 食品干燥模型

食品的干燥过程伴随各种复杂的传热传质过程。在干燥过程中会发生各种物理和化学变化以及水分和温度的重新分布(收缩、颜色、质地、气味或其他特性的变化)。

目前,人们普遍认为食品干燥的机理主要受水分扩散的控制,但对于多孔食品材料,干燥的机理还包括表面扩散、毛细管流动作用等(Onwude 等,2016)。最近研究者发表了关于蔬菜、水果、水产品、香料和草药等不同食品材料干燥的详细综述(Orphanides 等,2016;Wang 等,2016;Jin 等,2017;Zhang 等,2017)。

为表征食品在干燥过程中的水分含量,将含水率定义为:

$$MR = \frac{M - M_e}{M_0 - M_e} \tag{6.8}$$

此公式是经常使用的,其中 M, M_0, M_e 是产品在干燥过程中、干燥前和干燥后(在干燥时间 $t \to \infty$)所测量的水分含量。

干燥过程中含水率 MR 和样品内部温度 T 的典型演变如图 6.3 所示(Carrin 和 Crapiste,2009)。干燥的初始阶段(图中未显示)对应着温度上升到平衡表面温度 T_s 的水平,这个温度低于热风干燥温度 T_d,它反映了水分从食品表面的蒸发。在恒定速率期间(dMR/dt =常数),样品内部温度几乎恒定,显著小于干燥温度 T_a[图 6.3(a)]。在此期间,水分被强烈地从试样表面除去(图 6.3b),水分由内部向表面扩散,导致试样含水率降低(Lewicki,2006)。

但在某一临界含水率以下(对产品表面水分进行部分干燥后),温度开始升高[图 6.3(b)]。在这一点之后,干燥表面开始向内迁移,从样品表面的蒸发速率已经超过了水分传递到表面的速率。在第一个下降速率时期,干燥速率变缓,受试样内部湿度和温度梯度的控制。最后,随着干燥过程的继续,第二个下降速率周期逐渐显现,试样内部温度逐渐接近热风温度 T_d。

一般来说,干燥曲线取决于毛细管—多孔材料的类型、形状和其他干燥特性(见 Carrin 和 Crapiste,2009)。

最简单的干燥理论是基于菲克第二定律的解析(Crank,1979)。在该理论中,干燥过程用试样内部温度的水分分布来表示(等温模型),扩散系数与含水率无关,试样形状保持恒定,表面含水率与周围空气存在瞬时平衡。得到含水率的演化方程如下:

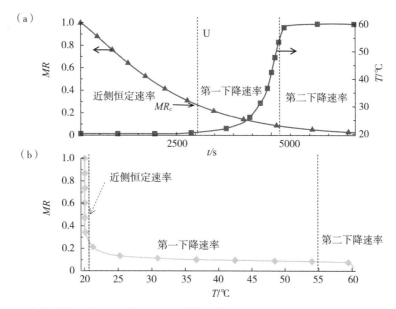

图 6.3　食品干燥过程中,含水率 MR 和样品内部温度 T(a)和 MR 与 T 的对应关系(b)的演变示意图

$$MR = (8/\pi^2) \sum_{n=0}^{\infty} \exp\left(-(2n+1)^2 t/\tau\right)/(2n+1)^2 \qquad (6.9)$$

式中,$\tau = d^2/(\pi^2 D_e)$ 为特征干燥时间,d 其中为板坯厚度,D_e 为有效扩散系数。以马铃薯为例,其 D_e 值在对流热风干燥实验中估计为 $0.5 \sim 1 \times 10^{-9}\ \mathrm{m^2/s}$ (Srikiatden 和 Roberts,2006)。

有时为了拟合实验数据,采用上述级数的第一项进行简化,

$$MR = \frac{8}{\pi^2} \exp/(-t/\tau) \qquad (6.10)$$

这会导致在 $t \to 0$ 时数值 $MR = 8/\pi^2 \approx 0.81$ 不准确(Hassini 等,2004)。
用简单的一级动力学模型拟合干燥数据

$$MR = \exp/(-t/\tau) \qquad (6.11)$$

在 1921 年被提出(Lewis,1921)。
文献中的扩展指数模型(Page 1949)

$$MR = \exp\left[(-t/\tau)^\beta\right] \qquad (6.12)$$

还有许多其他研究者的也经常使用此模型(Onwude 等,2016;Ertekin 和 Firat,2017)。

扩展指数函数,又称威布尔定律或科尔劳施定律,常被用于拟合流变、介电、

光学等响应,对拟合干燥曲线非常有用。需要注意的是,正式的一阶动力学模型($\beta=1$)对应于具有单个特征时间和 τ 的过程,而扩展指数模型则说明了特征时间分布的存在(例如,$\beta=2$ 对应于高斯分布)(Elton,2018)。分布函数的平均特征时间和宽度可计算为

$$<\tau>/\tau=\beta^{-1}\Gamma(\beta^{-1}), \tag{6.13a}$$

$$<\Delta\tau>/\tau=(\beta^{-2}\Gamma^2(\beta^{-1})-\beta^{-1}\Gamma(2\beta^{-1})), \tag{6.13b}$$

其中,Γ 为 gamma 函数(Gradshteyn 和 Ryzhik,2015)。

图 6.4 展示了 $<\tau>/\tau$ 和 $<\Delta\tau>/\tau$ 与 β 依赖性。平均特征时间($<\tau>/\tau$)的值随着 β 的增加而减小,分布函数的宽度($<\Delta\tau>/\tau$)在 $\beta=1$ 处经过一个最小值(对于单个特征时间)。$\beta<1$ 和 $\beta>1$ 的区域被称为拉伸和压缩分布函数区域。

图 6.5 比较了 Fick 定律式(6.9)、指数定律式(6.11)和扩展指数定律式(6.12)在扩展($\beta=0.5$)和拉伸($\beta=1.5$)时的动态干燥曲线。可见观察到不同规律的 $MR(t^*)$ 行为存在显著的偏差(图 6.5a)。数据表明,恒定速率周期不符合 Fick 函数、指数函数和拉伸指数函数($\beta<1$)(图 6.5b)。但是我们可以看到,压缩指数函数($\beta>1$)对于揭示恒定速率周期的数据拟合是有用的。

6.3 食品干燥方法和干燥过程控制

不同干燥过程所涉及的机制、持续时间和能耗可能有很大的不同,而且,选择合适的干燥技术对于保证食品质量至关重要(Omolola 等,2017)。露天(自然)晒干是最古老、最便宜的方法,但所需干燥时间长,产品可能会发生变质(Clark,1981;Maisnam 等,2017)。

研究表明,食品中病原体的深度灭活需要各种预干燥处理,例如,偏重亚硫酸钠和酸(柠檬酸和抗坏血酸)处理以及热烫处理(Chitrakar 等,2018)。Oikonomopoulou 等研发了在水果、蔬菜及其他食品物料干燥时加速传热和传质过程的不同方法,包括对流热空气、流化床和喷动床、过热蒸汽、减压和超临界 CO_2 干燥(Oikonomopoulou 和 Krokida,2013;Mujumdar,2014;Karam 等,2016;Jin 等,2017;Mallik 等,2018)。另外,Liu 等测试了真空、超声波、微波、电场辅助干燥及其不同组合干燥技术(Liu 和 Lee,2015;Zhang 等,2017)。

6.3.1 对流空气(热)干燥

在对流空气(CA)干燥中,热空气流用作驱动力以加速干燥。CA 干燥技术

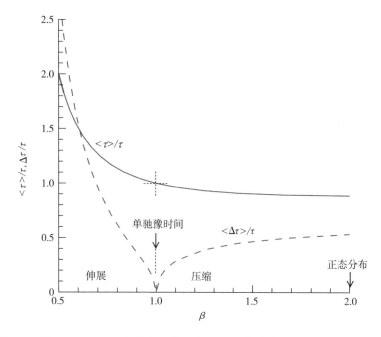

图 6.4　平均时间$<\tau>/\tau$和分布函数宽度$<\Delta\tau>/\tau$与公式(6.12)扩展指数函数方程中指数β的关系

在干制食品生产中非常流行。然而,CA 干燥技术存在一些缺点:所需干燥时间长;干燥不均匀;CA 干燥过程中表面硬化的形成会导致干燥速率受限。而且,由于气孔的收缩,产品质量会显著降低,食品形状会显著变化(收缩)(Nguyen 等,2018)。CA 干燥的典型特征是热空气干燥的产品有价值成分发生氧化,色、香、味及其复水能力受损(Lewicki,2006;Sablani,2006;Sagar 和 Kumar,2010;Tsotsas 和 Mujumdar,2011;Tan 等,2018)。

6.3.2　真空干燥

真空干燥(VD)是以低于大气压条件下食品中水的沸点降低为基础,显著改善产品质量(Ratti,2008;Karimi,2010)。从图 6.1 中水的相图可知,水的沸点 T_b 随着压力 P_w 的下降而降低。例如,所用压力 $P_w \approx 0.6$ Pa(6×10^{-4} MPa)时,对应的水的沸点为 $T_b = 0℃$;压力 $P_w \approx 2.34$ kPa(2.3×10^{-3} MPa)时,对应的水的沸点为室温,$T_b = 20℃$;压力 $P_w \approx 31.2$ kPa(3.12×10^{-2} MPa)时,对应的水的沸点 $T_b = 70℃$。因此,VD 应用能降低最高的干燥温度。

普遍认为,VD 是获得高质量终产品的最佳方法之一(Ratti 2008)。与 CA 干

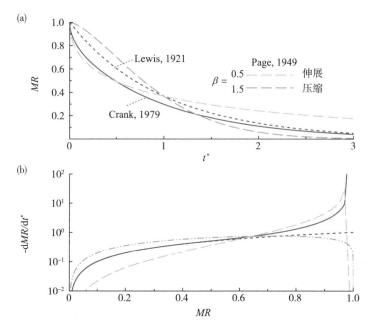

图 6.5　含水率 MR 与归一化时间 $t=t/\tau$（a）和导数 dMR/t^* 与式（6.9）、式（6.11）和式（6.12）所表示的干燥规律中 MR 的关系

燥相比，VD 可以在与空气接触减少和温度较低的情况下进行。VD 适用于热敏性物料的干燥，并能保持食品的感官和营养质量。VD 工业应用的主要障碍是操作和维护成本高。因此，它仅用于高价值物料的干燥或与其他干燥技术联用，如采用微波或渗透处理辅助（Burova 等，2017）。

6.3.3　冷冻干燥或冻干

在冷冻干燥（FD）或冻干技术中，食品在干燥前先冷冻，然后在低于大气压的条件下，冰在低于熔点温度时直接升华为气相（Ratti，2008）。FD 技术的优势与可能更好地保留蛋白质、维生素等生物活性物质的形态、生化特性以及产品的结构和表面积有关。FD 技术对食品粉体的生产也很有吸引力（Ratti，2013）。然而，由于操作和维护成本高，FD 被认为是最昂贵的技术。FD 是一个非常耗时和昂贵的过程（Liu 等，2008）。例如，FD 的典型成本可能超过 CA 干燥成本的 4~8 倍（Ratti，2001）。

6.3.4　物理处理辅助干燥

6.3.4.1　超声波

超声波(US)辅助干燥是以食物内部诱导超声波振动为基础,主要频率为20~40 kHz。这些振动导致影响食品多孔结构的气泡空化、交替压缩和膨胀的发生。US 强化传质过程,使食品中水分更容易去除(la Fuente-Blanco 等,2006;Garcia-Perez 等,2007)。Fan 等综述了以空气为媒介的超声波在果蔬对流干燥中的应用(Fan 等,2017;Rodriguez 等,2018)。超声波可以作为干燥前的预处理技术(例如,预浸泡辅助声学)以及辅助空气干燥过程本身(Magalhães 等,2017)。

6.3.4.2　微波和射频加热

目前,使用微波(MW=915~2450 MHz)或射频(RF=1~40 MHz)对食品进行介电加热非常流行(Jiao 等,2018)。该技术中,能量吸收与残余含水量成正比,食品内部会产生热量,水分会因蒸发而迅速从样品中排出(Michailidis 和 Krokida 2014)。MW 的主要加热机制与水分子的剧烈运动有关;RF 的主要加热机制与离子电荷迁移有关。MW 或 RF 激发内部产热,引发复杂的传热和传质现象(Arballo 等,2010)。MW 和 RF 波的渗透深度都很大,例如,苹果在 20℃(*Golden Delicious*)的 MW(915 MHz)渗透深度为 5.3 cm;RF(27.1 MHz)渗透深度为 15.1 cm(Wang 等,2011)。

MW 和 RF 辅助干燥技术非常高效,而且节能(Wray 和 Ramaswamy,2015;Rattanadecho 和 Makul,2016)。然而,MW 或 RF 干燥中最主要的内在问题与加热均匀性以及食品中冷热点的存在有关(Li 等,2011;Datta 和 Rakesh,2013;Huang 等,2018)。热点内部温度的显著升高可能导致局部燃烧、物质破坏以及色泽、风味、营养和质地特性不良变化(Nijhuis 等,1998;Gulati 和 Datta,2015)。因此,只有使用合适的 MW 干燥方法才能获得高质量的食品。Wray 和 Ramaswamy 等最近讨论了 MW 干燥走向商业化(Wray 和 Ramaswamy,2015)及不同工业系统的前景(Schiffmann,2014)。

6.3.4.3　联用技术

蔬菜、水果和其他固体生物材料复合脱水技术是以组合两种或多种不同干燥技术为基础。Zhang 等测试了 CA 与 US、MW、紫外线(UV)或脉冲电场组合形成的,具有不同成本效益的非热混合干燥技术。Zhang 等最近对不同混合技术进行了综合分析,包括设计、安装成本的估算,并阐述了其优缺点(Zhang 等,2015,2017;Hashima 等,2017;Jin 等,2017)。

6.4 电场对干燥的影响

6.4.1 电流体动力学干燥

所谓电流体动力学(EHD)技术是以线或针电极附近的空气局部电离为基础(Bajgai 等,2006)。对于工业规模的 EHD 干燥,通常使用具有标准频率(50 或 60 Hz)的高电压(15~20 kV)来电离食品物料附近或内部的空气(Singh 等,2012)。EHD 干燥所生成的离子风速度为 0.1~10 m/s,能强化干燥时传热传质过程。通常,EHD 干燥也可以通过诱导 EHD 流动、电泳以及介电泳力来控制(Allen 和 Karayiannis 1995)。多种点对板电极系统用于果蔬干燥的有效性得到了证明。EHD 干燥技术具有非热性质,能生产出具有优越营养成分、风味和色泽的高质量干制食品。此外,该技术设计相对简单,能耗要求适中。Singh 等综述了食品和生物加工中的 EHD 干燥技术,并列举了该技术在不同水果和蔬菜的应用实例,同时也讨论了能源方面的问题(Singh 等,2012;Kudra 和 Martynenko,2015;Defraeye 和 Martynenko,2018)。

6.4.2 脉冲电场辅助干燥

在过去的几十年里,研究人员为了提高 PEF 辅助干燥的效率进行了很多尝试。一般来说,PEF 处理能够缩短干燥时间从而减少能耗。观察到的 PEF 处理效果取决于干燥条件、膜电穿孔水平和处理过的食用植物组织的类型。

6.4.2.1 不同产品的 CA 干燥

CA 干燥研究采用的农产品和食品物料包括马铃薯(Angersbach 和 Knorr,1997;Arevalo 等,2004;Lebovka 等,2006,2007;Toepfl,2006)、苹果(Arevalo 等,2004)、胡萝卜(Amami 等,2008;Gachovska 等,2008,2009)、红甜菜(Shynkaryk 等,2008)、红辣椒和甜椒(Ade-Omowaye 等,2001a,2003;Won 等,2015)、洋葱(Ostermeier 等,2018)、水稻(Dev 等,2008)、秋葵(Adedeji 等,2008)、猕猴桃(Lamanauskas 等,2015)、椰子(Ade-Omowaye 等,2000)、烟叶(Armyanov 等,2001)和其他果蔬组织(Ade-Omowaye 等,2001a;Jäger 等,2014;Witrowa-Rajchert 等,2014)。

马铃薯

许多研究工作中使用马铃薯为样品来研究 PEF 对空气干燥的影响,以及

PEF 辅助干燥的机理。例如,Angersbach 和 Knorr 研究了 PEF 处理($E = 350 \sim$ 3000 V/cm)对马铃薯块(1 cm×1 cm×1 cm)流化床干燥($T_d = 55℃$ 和 70℃)特性的影响(Angersbach 和 Knorr 1997),最佳参数下的 PEF 处理可减少干燥时间高达 20%~25%。Arevalo 等随后对未经处理和经 PEF 处理的马铃薯和苹果片的 CA 干燥过程($T_d = 70℃$)进行了研究(Arevalo 等,2004),发现经 PEF 处理样品的马铃薯组织扩散系数 D_e 比未经处理样品增加了 40%。

　　马铃薯电穿孔也可以通过低电场($E < 100$ V/cm)交流电持续进行欧姆加热(OH)来实现。Lebovka 等研究了上述处理对马铃薯组织 CA 干燥的影响(Lebovka 等,2006),低电场下持续应用 OH 导致马铃薯电穿孔不完全,仅在 $E >$ 70 V/cm 时获得高水平的电导率衰变指数 $Z_c \approx 0.7$。

　　图 6.6 为在干燥温度 $T_d = 50℃$ 时,未经处理(U)、通过欧姆加热电穿孔(OH, $Z_c \approx 0.48$ 和 0.75)和冻融(FT)处理的马铃薯样品含水率 MR 与干燥时间 t 的关系。实验观察到 FT 样品的干燥速率最高,OH 处理对提高干燥过程也有一定的促进作用。在降速期出现之前,FT 样品和通过 OH 处理高水平电穿孔($Z_c \approx$ 0.75)的样品的内部温度明显低于 U 样品(见图 6.6 插图)。然而,对于低水平电

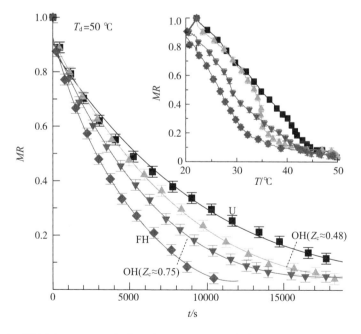

图 6.6　在干燥温度 $T_d = 50℃$ 时,未经处理(U)、通过欧姆加热电穿孔(OH, $Z_c = 0.48$ 和 0.75)和冻融(FT)处理的马铃薯样品含水率 MR 与干燥时间 t 的关系。在电场强度 $E =$ 100 V/cm 下用交流电进行欧姆加热电穿孔。插图为样品含水率 MR 与样品几何中心温度 T 的关系(源自:Lebovka 等,2006)

穿孔($Z_c \approx 0.48$)的样品在干燥初期($MR \geqslant 0.5$)PEF($Z_c \approx 0.48$)内部温度的演变和 U 样品非常相似。

菲克第二定律的解(公式 6.9)用来估计有效水分扩散系数 D_e(Lebovka 等, 2007)。图 6.7 比较了在两种干燥温度($T_d = 30℃$ 和 $50℃$)下,U、OH 和 FT 样品的 D_e 值。D_e 值随 Z_c 的增加而显著增加,但即使在最高电穿孔程度 $Z_c \approx 0.7$ 时,其值都明显低于 FT 样品($D_e \approx 10^{-8}$ m^2/c)。数据还证明,OH 处理可以使干燥温度降低大约 20℃。

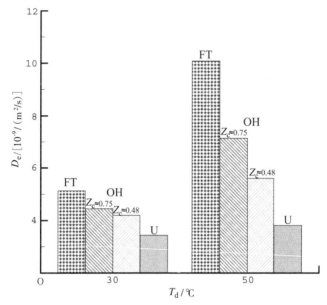

图 6.7　在干燥温度 $T_d = 30℃$ 和 $50℃$ 时,未经处理(U)、通过欧姆加热电穿孔($Z_c = 0.48$ 和 0.75)和冻融(FT)处理马铃薯样品的有效水分扩散系数 D_e(源自:Lebovka 等,2007)

Lebovka 等详细研究了 PEF 处理和干燥温度($T_d = 30℃ \sim 70℃$)对马铃薯 CA 干燥的影响(Lebovka 等,2007)。在干燥前和干燥过程中均进行 PEF 处理(Lebovka 等,2007),并比较了未经处理(U)、不同程度组织分解(Z_c)的 PEF 处理(PEF)和冻融(FT)样品的实验结果。

如图 6.8 所示为在 U、PEF($Z_c \approx 1$)和干燥温度 $T_d = 60℃$,FT 样品干燥过程中含水率 MR 变化。在这些实验中观察到了恒定速率周期。PEF 处理加快了水分输送过程,并提高了干燥速率。实验观察到 PEF 处理样品的相关性与图 6.6 中 OH 处理样品的相关性十分相似。如图 6.8 的插图所示为含水率 MR 与样品

几何中心温度 T 的对应关系。所有样品的温度 T 持续升高,达到热风温度($T_d=$ 60℃)时干燥结束。然而,U、PEF 和 FT 样品的 $MR(T)$ 曲线形状有显著差异。在降速期出现之前,PEF 和 FT 处理的样品内部温度明显小于 U 样品。

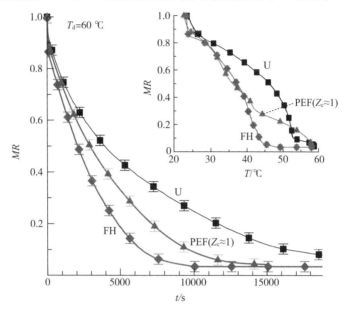

图 6.8 　未经处理(U)、PEF 处理($Z_c=1$)和冻融(FT)处理的马铃薯样品含水率 MR 与 CA 干燥时间 t 的关系。在 $E=400$ V/cm 的电场强度和干燥温度 $T_d=60$℃ 下进行 PEF 处理。插图显示了含水率 MR 与样品中心温度 T 的关系(源自: Lebovka 等,2007)

如图 6.9 所示为 D_e 值与反热能 $1/(RT_d)$ 的关系,其中 R 为通用气体常数。有效扩散系数随着温度的升高而增加。所有线性关系都近似满足 Arrhenius,D_e $=D_o\exp(-\Delta U_a/RT_d)$,干燥活化能 $\Delta U_a \approx 20 \sim 27$ kJ/mol。这些值接近于对流和等温实验测定的马铃薯活化能 $\Delta U_a \approx 23.6 \sim 25.8$ kJ/mol(Srikiatden 和 Roberts 2006)。根据所提供数据可以得出如下结论:具有强电穿孔($Z_c=1$)的 PEF 处理能将干燥温度降低大约 20℃。如图 6.9 的插图所示为在 $T_d=50$℃时 PEF 处理的样品干燥扩散系数 D_e 与电导率衰变指数 Z_c 的关系。在相同的实验条件下,FT 处理的样品扩散系数 $D_e \approx 1.03 \times 10^{-8}$ m²/s(Lebovka 等,2007)。D_e 值随着 Z_c 增加而持续增加,假设电穿孔组织可以表示为完整细胞和电穿孔细胞的混合物,则电穿孔细胞的相对比例估计为 $P=Z_c^{1/m}$,其中 $m \approx 1.68$。

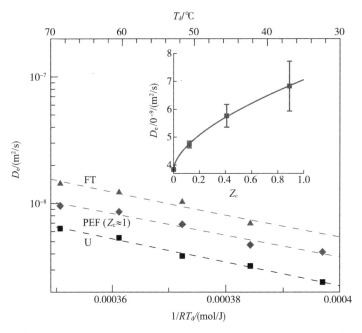

图 6.9 未经处理(U)、PEF($Z_c = 1$)处理和冻融(FT)的马铃薯样品水分扩散系数 D_e 值与反热能 $1/(RT_d)$ 的阿伦尼乌斯图。插图为在 $T_d = 50℃$ 时 PEF 处理样品干燥扩散系数 D_e 与电导率衰变指数 Z_c 的关系。在 $E = 400$ V/cm 的电场强度下进行 PEF 处理。在相同的实验条件下,FT 样品的扩散系数 $D_e \approx 1.03 \times 10^{-8}$ m²/s(源自:Lebovka 等,2007)

苹果

Arevalo 等在多项工作中研究了 PEF 处理对苹果 CA 干燥的影响(Arevalo 等,2004;Wiktor 等,2013;Chauhan 等,2018)。例如,在 CA($T_d = 70℃$)干燥平行实验中,PEF 处理($E = 0.75 \sim 1.5$ kV/cm)对苹果的影响不显著,而对马铃薯的影响显著(Arevalo 等,2004)。所得结果的差异可以用产物薄壁组织的形态差异来解释(Arevalo 等,2004)。在其他研究工作中,苹果经 PEF 处理($E = 5 \sim 10$ kV/cm)后再进行 CA 干燥($T_d = 70℃$),PEF 处理缩短干燥时间高达 12%。U 样品估算的有效干燥扩散系数 $D_e = 1.04 \times 10^{-9}$ m²/s;而经 10 kV/cm PEF 处理的样品有效干燥扩散系数 $D_e = 1.25 \times 10^{-9}$ m²/s。实验测试了用于拟合干燥曲线的不同数学模型,在这些实验中,没有观察到恒速干燥周期($dMR/dt = const$)。在干燥几分钟后含水率 $MR \approx 0.9$ 时,观察到所有样品的最大干燥速率,之后干燥速率持续下降。样品内部温度接近热风温度 T_d。PEF 处理也适用于 CA 干燥前辅助热烫。(Chauhan 等,2018)。将苹果切片在 60℃ ~ 80℃ 水浴中 PEF 处理($E = 1 \sim$

2 kV/cm)后进行 CA 干燥($T_d = 60℃$),在 PEF 处理的样品中观察到最高干燥速率。为生产高质量的脱水苹果片,推荐了最佳工艺条件(电场强度 1025 V/cm、脉冲 50、热烫温度 80℃)。

胡萝卜和欧洲防风草

Gachovska 等开展了 PEF 处理对胡萝卜影响的许多研究(Gachovska 等,2008,2009;Bessadok-Jemai 等,2016;Wiktor 等,2016;Alam 等,2018)。Wiktor 等研究了 PEF 处理($E = 5$ kV/cm,$W = 8$ kJ/kg)对胡萝卜片 CA 干燥($T_d = 70℃$)的影响(Wiktor 等,2016),与未经处理(U)的胡萝卜相比,PEF 样品干燥时间减少了 8.2%,有效水分扩散系数增加了 16.7%,并讨论了 PEF 处理对颜色变化的影响。PEF 处理和 CA 干燥使胡萝卜的颜色发生了改变,对于 PEF 样品,干燥后的胡萝卜中出现了更大的孔隙。Wiktor 等采用不同的经验模型对 U 和 PEF 样品的干燥曲线进行了拟合,其中 Midilli 模型能最准确地描述干燥动力学(Wiktor 等,2016)。在类似的实验中,公式(6.12)使用 Page 模型来拟合 U 和经 PEF 处理胡萝卜丝样品的干燥曲线(Page,1949)。

PEF 处理($E = 500 \sim 1500$ V/cm)将 CA 干燥($T_d = 70℃$)时间缩短约 20%。干燥曲线存在恒速干燥期和两个降速干燥期且 PEF 处理对干燥特性有显著影响(Gachovska 等,2008)。Gachovska 等将 PEF 处理样品的数据与热烫(BL,在 100℃,3 min)样品进行了比较(Gachovska 等,2009),PEF 处理和 BL 样品的干燥速率明显高于 U 样品。因此,干燥 8 h 后,U、BL、PEF(1000 V/cm)和 PEF(1500 V/cm)的含水率 MR 分别为 0.32、0.25、0.22 和 0.18。热烫效果可以用胡萝卜组织的热质壁分离来解释。经 PEF 处理的样品在复水后的硬度比 U 样品更高。PEF 处理使过氧化物酶活性降低 30% ~ 50%,而热烫则使酶完全灭活。结果还表明,PEF 处理对胡萝卜干的颜色没有影响。

Alam 等研究了 PEF 处理对 CA 干燥特性($T_d = 50℃、60℃$ 和 70℃)及切成薄片的胡萝卜和欧洲防风草颜色和质地变化的影响(Alam 等,2018)。整个根经 PEF($E = 0.9$ kV/cm)处理,然后切片进行干燥。在相同 PEF 处理条件下,胡萝卜组织的细胞崩解程度明显高于欧洲防风草,欧洲防风草细胞比胡萝卜细胞的崩解时间多一倍,这反映了两种产品在结构、细胞大小和纤维组成上的不同。干燥特性的显著差异也与干燥温度 T_d 有关。胡萝卜在温和的加热条件下(50℃ 和 60℃)进行 PEF 处理会使干燥明显加快,而在 70℃ 时 PEF 处理对其影响并不显著。在 50℃ 和 60℃ 时对欧洲防风草进行 PEF 处理对干燥特性影响很小,而在 70℃ 时 PEF 处理效果最好。在此高温下,PEF 处理样品的水分扩散系数显著高于 U 样品（38%）。Alam 等还观察到胡萝卜干和欧洲防风草在颜色和质地上的不同变化（Alam 等，2018）。

胡萝卜样品经 PEF 处理（$E = 600$ V/cm）后进行离心渗透（在蔗糖溶液中 OD）脱水。最后，Amami 等对渗透脱水的样品进行 CA 干燥（$T_d = 40 \sim 60℃$）（Amami 等，2008）。PEF 和 OD 处理显著降低了 CA 干燥的有效水分扩散系数 D_e。例如，在干燥温度 $T_d = 60℃$ 时，U 样品 $D_e \approx 0.93 \times 10^{-9}$ m²/s；OD 样品 $D_e \approx 3.85 \times 10^{-9}$ m²/s；PEF+OD 样品 $D_e \approx 5.1 \times 10^{-9}$ m²/s。实验还证明，可以通过优化离心 OD 时间来降低整个脱水操作过程。

红甜菜

PEF 处理对红甜菜干燥的影响与马铃薯相似（Shynkaryk 等，2008）。在这些实验中，干燥温度变化范围在 $30 \sim 100℃$。如图 6.10 所示为在不同干燥温度下未经处理（U）、PEF 处理（$Z_c = 1$）和冻融（FT）样品的含水率 MR 与样品几何中心温度 T 的关系。从图中可以看出，在降速干燥期出现之前，PEF 处理和 FT 样品的内部测量温度明显小于 U 样品的内部测量温度。因此，PEF 处理可以使干燥温度降低 $20 \sim 25℃$。中温干燥可以更好地保护色素，这对红甜菜根组织的干燥很重要，因为在高温下进行干燥会增强黄色着色剂成分褐变。对于 PEF 处理样品，在 $T_d = 70℃$ 的干燥温度下红甜菜组织的热降解效果不显著；观察发现，U 和 PEF 样品复水后的结构性质十分相似。

红辣椒和甜椒

Ade-Omowaye 等比较了 PEF（$E = 2400$ V/cm）、热水烫漂、浸渍处理（浸渍在 NaOH 溶液中）和高压处理对红辣椒（*Capsicum annuum*）脱水特性的影响（Ade-Omowaye 等，2001b）。在 60℃ 使用流化床干燥设备进行干燥，PEF 和高压处理均可提高干燥速率。例如，据报道，经 PEF 处理的样品，干燥时间减少了约 25%，热烫也是有效的方法，但热烫会伴随营养物质的浸出和破坏。

Ade-Omowaye 等还研究了 PEF 处理对红辣椒 CA 干燥的影响（Ade-Omowaye 等，2003；Won 等，2015）以及 PEF 处理（$1000 \sim 2000$ V/cm）和部分渗透脱水（OD，蒸馏水中放入蔗糖和氯化钠）对辣椒流化床干燥（$T_d = 60℃$）的联合影响（Ade-Omowaye 等，2003）。结果表明，PEF 能显著提高干燥速率。例如，未经处理（U）样品的有效水分扩散系数 $D_e = 1.1 \times 10^{-9}$ m²/s；而 PEF 处理的样品的有效水分扩散系数的变化范围从 1.36×10^{-9} m²/s 到 1.58×10^{-9} m²/s。D_e 值的增加归因于不可逆的细胞通透性（电穿孔）。在干燥前应用 PEF 可能有助于中等水分食品的生产。这些结果也证明了在空气干燥前进行 PEF 和 OD 联用处理能显

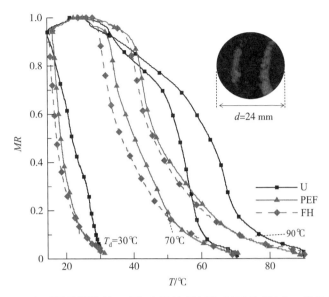

图 6.10　在不同干燥温度 T_d 下,未经处理(U)、PEF 处理(Z_c =1)和冻融
(FT)红甜菜样品的含水率 MR 与样品几何中心温度 T 的关系(源自:
Shynkaryk 等,2008)

著提高传质速率,并能更好地保持红辣椒的色泽。

将红辣椒(*Capsicum annuum L.*)切片进行 CA 干燥(T_d =45℃)前经 PEF 处理(1.0~2.5 kV/cm)(Won 等,2015)。在 PEF 处理的最佳工艺条件下,观察到干燥时间减少了 34.7%。有效水分扩散系数的计算值从 U 样品的 D_e =2.42× 10^{-9} m²/s 增加到 PEF 处理样品的 D_e =3.71×10^{-9} m²/s。Page 模型[式(6.12)]被选为拟合干燥数据的最佳模型。PEF 样品干燥时间越短,类胡萝卜素色素保留越好。

洋葱

Ostermeier 等研究了 PEF(E =360~1070 V/cm)对新鲜洋葱 CA 干燥(T_d =45℃、60℃和75℃)的影响(Ostermeier 等,2018)。在干燥温度 T_d =60℃, E =1.07 kV/cm(4 kJ/kg)时处理样品,结果发现,干燥时间最短。U 和 PEF 样品的有效水分扩散系数分别为 D_e ≈3.7×10^{-9} m²/s 和 1.8×10^{-8} m²/s。在最高干燥温度 75℃时,PEF 对其影响不显著,这是因为湿度梯度和温度梯度的影响更为显著。研究发现,Page 模型[公式(6.12)]适合描述恒温干燥。

葡萄干

Dev 等探究 PEF(约 1000 V/cm)、MW 和化学(C)处理(浸渍在 80°C 的氢氧

化钠或油酸乙酯溶液30 s)对葡萄干 CA 干燥($T_d = 65℃$)和质量参数的影响(Dev 等,2008)。与 PEF 和 MW 样品相比,C 处理样品的干燥速率最高,但 PEF 和 MW 干燥样品的外观和市场质量均优于 C 和 U 干燥样品。

秋葵

Adedeji 等研究了不同预处理(热烫、MW 和 PEF)对秋葵 CA 干燥的影响 (Adedeji 等,2008)。在90℃的热水中烫漂处理5 min、不同功率的 MW 处理 60 s,以及在2.5 kV/cm、4 kV/cm 电场强度下进行 PEF 处理。结果发现,CA 干燥有一个恒速干燥期和两个降速干燥期。所有研究的处理方式都导致干燥加速,其中以电场强度为4 kV/cm 下 PEF 处理样品获得的结果最佳。与 U 样品 $D_e = 4.56 \times 10^{-10}$ m^2/s 相比,经 PEF 处理的样品最大有效水分扩散系数 $D_e = 8.05 \times 10^{-10}$ m^2/s。在干燥的前3 h,PEF 和 U 样品间的复水能力差异显著。

猕猴桃

猕猴桃(*Actinidia kolomikta*)中富含维生素 C、E、K、叶黄素、矿物质和酚类物质,它们都有益于身体健康。然而,猕猴桃的保质期很短,并且由于它们的表皮紧致,通过干燥进行保存需要很长的干燥时间。Lamanauskas 等测试了在干燥温度 $T_d = 50℃$ 下,PEF($E = 5$ kV/cm)在流化床热风干燥设备中辅助干燥的应用 (Lamanauskas 等,2014)(Lamanauskas 等,2015)。为使电场分布更加均匀,将整个水果在 KCl 溶液中进行 PEF 处理。在不影响颜色参数和抗坏血酸含量的条件下,PEF 处理可将干燥时间缩短近两倍(Lamanauskas 等,2014)。PEF 处理辅助流化床热风干燥、红外干燥和冷冻干燥(冻干)方面的应用测试结果表明,与 U 猕猴桃相比,PEF 的应用使猕猴桃的冷冻干燥、热风干燥和红外干燥速率显著加快,PEF 处理对干燥速率的影响在冷冻干燥中最为显著。

椰子

Ade-Omowaye 等研究了 PEF 处理($E = 100 \sim 2500$ V/cm)对椰子细胞通透性、离心脱水($10^4 \times g$ 进行10 min)和流化床干燥($T_d = 60℃$)的影响(Ade-Omowaye 等,2000)。仅 PEF 处理就可以提高优质椰奶产量。与未经处理的样品相比,PEF 处理和离心脱水结合可使干燥时间降低(约22%)。实验结果表明,该组合方法的优点在于生产干制椰子产品(干椰子肉或椰子仁)时能耗成本降低。

6.4.2.2 PEF 对真空和微波干燥的影响

真空干燥

Yu 等在低压[$P_w = 1$ kPa $= 10^{-3}$ MPa(Parniakov 等,2016)]、中压[$P_w = 30$ kPa $= 3 \times 10^{-2}$ MPa(Liu 等,2018a)和 $P_w = 96$ kPa $= 9.6 \times 10^{-2}$ MPa(Yu 等,

2017)]条件下进行了 PEF 辅助真空干燥实验。

用苹果在低压下进行实验(Parniakov 等,2016)。当 P_w = 1 kPa 时,水的沸点降低至 7.2℃,并且观察到样品初始冷却到零度以下(Parniakov 等,2016)。在 PEF 处理的样品中,观察到冷却和干燥动力学加速。微观和宏观分析以及毛细管浸渍试验证明,PEF 处理有助于保持干燥样品的形状,可避免收缩,并导致组织孔隙增大。

在中压 p = 96 kPa,干燥温度 T_d = 45℃、60℃和 75℃下,比较了 PEF 对蓝莓 CA 干燥和 VD 的影响(Yu 等,2017)。PEF 和 U 样品的 CA 干燥曲线大致相似。然而,在 VD 的所有研究温度下,PEF 处理影响显著。

Liu 等还研究了 PEF 处理对马铃薯 VD 的影响(Liu 等,2018a)。PEF 处理(E = 600 V/cm)可获得高水平的组织电穿孔(Z_c = 1)。P_w = 30 kPa 的低气压对应的水的沸点约为 70℃。在两种不同的干燥温度 T_d = 40℃ 和 T_d = 70℃下进行真空干燥,如图 6.11 所示为在两种不同的干燥温度 T_d = 40℃(a)和 T_d = 70℃(b)下,马铃薯样品几何中心温度 T 和含水率 MR 与 VD 干燥时间 t 的关系。

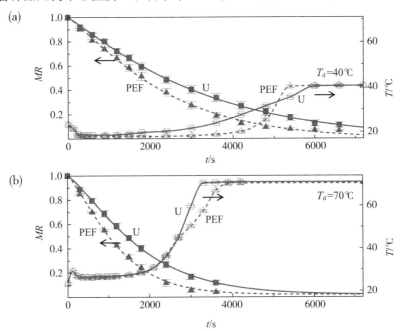

图 6.11   在两种不同的干燥温度 T_d = 40℃(a)和 T_d = 70℃(b)下,未经处理马铃薯样品和 PEF 处理的马铃薯样品几何中心温度 T 和含水率 MR 与 VD 干燥时间 t 的关系(源自:Liu 等,2018a)

PEF 处理使干燥时间明显减少(在 $T_d = 40 \sim 70℃$ 下减少 22% ~ 27%)。VD 对 PEF 样品的辅助加速,明显反映了马铃薯组织电穿孔的影响。在不同 VD 温度 T_d 下进行的所有实验中,样品的内部温度几乎保持不变,并长时间稳定在 18 ~ 27℃。U 和经 PEF 处理的马铃薯样品的最低温度基本相同。然而,U 和经 PEF 处理的样品的恒温期持续时间不同,它取决于真空室内的温度 T_d。干燥温度越高,所观察的恒温期越短(图 6.11)。

恒温期与恒速干燥期($dMR/dt = const$,见图 6.11 MR 曲线初始线性部分)大致相当。在非热条件下(接近室温),该时期的 VD 有大量水分蒸发(MR 的水平低至 0.2 ~ 0.3)。然而,当 MR 低于某一临界值(0.2 以下)时,样品内部温度开始升高,最终稳定在 $T = T_d$ 的水平。这显示,PEF 对干制马铃薯组织结构和微观结构有显著影响。结果表明,在这种 VD 条件下,淀粉糊化的影响被排除在外(Liu 等,2018a)。

微波干燥

微波辅助干燥具有节能、干燥速度快、加工时间短以及微波穿透深等优点,是目前比较流行的干燥方法(Rattanadecho 和 Makul,2016)。有一些关于 PEF 处理对 MW 干燥的影响的研究,但得到的结论颇有争议。Dev 等研究了化学、MW 和 PEF 处理对葡萄干 CA 干燥($T_d = 65℃$)的影响(Dev 等,2008),研究发现,经 PEF 处理样品的 MW 干燥时间缩短。此外,PEF 处理样品的外观和质量均优于 U 或化学处理的样品。然而,在没有直接与电极接触(气隙为 1cm)的条件下,通过高静电场(4 kV/cm)处理马铃薯片,对 MW – CA 或 CA 干燥均无影响(Singh 等,2013)。在我们看来,这可能反映了在这样的电处理条件下没有电穿孔。Xiaoli 和 Wei 研究了 PEF 预处理对胡萝卜片 MW 干燥的影响(Xiaoli 和 Wei,2010),结果表明 MW 干燥速率受 PEF 的脉冲频率和电场强度的影响。

Liu 等还研究了 PEF 对马铃薯 CA($T = 50℃$)和 MW(75 W)干燥的影响(Liu 等,2018b),比较了干燥曲线、样品内部温度的变化、微观结构和毛细管吸收能力。如图 6.12 所示为 U 和经 PEF 处理的样品含水率 MR 和样品几何中心温度 T 与 MW 干燥时间 t 的关系。

由图可以看出,PEF 处理加速了 MW 干燥过程。在较短的 MW 干燥时间下,U 和 PEF 样品内部温度迅速升高至 95℃。此外进一步观察到,样品内部温度特征有明显差异。对于 U 样品,在含水率 $MR \approx 0.3$($t \approx 750$ s)时,温度超过水的沸点,而 PEF 样品在 $MR \approx 0.03$($t \approx 1700$ s)时,发生这种现象。这证明了在 PEF 辅助下更加缩短了 MW 干燥过程。显然,它反映了电穿孔对 MW 干燥过程中传热传质过程的影响。

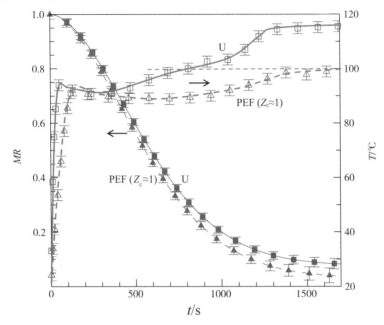

图 6.12　未经处理(U)样品和 PEF($Z_{c} \approx 1$)处理样品的含水率 *MR* 和样品几何中心温度 *T* 与微波干燥时间 *t* 的关系(源自:Liu 等,2018b)

参考文献

[1] Adedeji AA, Gachovska TK, Ngadi MO, Raghavan GSV (2008) Effect of pretreatments on drying characteristics of okra. Dry Technol 26:1251-1256

[2] Ade-Omowaye BIO, Angersbach A, Eshtiaghi NM, Knorr D (2000) Impact of high intensity electric field pulses on cell permeabilisation and as pre-processing step in coconut processing. Innov Food Sci Emerg Technol 1:203-209

[3] Ade-Omowaye BIO, Angersbach A, Taiwo KA, Knorr D (2001a) Use of pulsed electric field pre-treatment to improve dehydration characteristics of plant based foods. Trends Food Sci Technol 12:285-295

[4] Ade-Omowaye BIO, Rastogi NK, Angersbach A, Knorr D (2001b) Effects of high hydrostatic pressure or high intensity electrical field pulse pre-treatment on dehydration characteristics of red paprika. Innov Food Sci Emerg Technol 2:1-7

[5] Ade-Omowaye BIO, Rastogi NK, Angersbach A, Knorr D (2003) Combined effects of pulsed electric field pre-treatment and partial osmotic dehydration on air drying behaviour of red bell pepper. J Food Eng 60:89-98

[6] Agrawal DC, Menon VJ (1992) Surface tension and evaporation: an empirical relation for water. Phys Rev A 46:2166

[7] Alam MDR, Lyng JG, Frontuto D et al (2018) Effect of pulsed electric field pretreatment on drying kinetics, color, and texture of parsnip and carrot. J Food Sci 83:2159-2166

[8] Allen PHG, Karayiannis TG (1995) Electrohydrodynamic enhancement of heat transfer and fluid flow. Heat Recover Syst CHP 15:389-423

[9] Amami E, Khezami L, Vorobiev E, Kechaou N (2008) Effect of pulsed electric field and osmotic dehydration pretreatment on the convective drying of carrot tissue. Dry Technol 26:231-238. https://doi.org/10.1080/07373930701537294

[10] Angersbach A, Knorr D (1997) High intensity electric field pulses as pretreatment for effecting dehydration characteristics and rehydration properties of potato cubes (Anwendung elektrischer Hochspannungsimpulse als Vorbehandlungsverfahren zur Beeinflussung der Trocknungscharakteristika und Rehydratationseigenschaften von Kartoffelwürfeln). Nahrung (Germany) 41: 194-200

[11] Arballo JR, Campañone LA, Mascheroni RH (2010) Modeling of microwave drying of fruits. Dry Technol 28:1178-1184

[12] Arevalo P, Ngadi MO, Bazhal MI, Raghavan GSV (2004) Impact of pulsed electric fields on the dehydration and physical properties of apple and potato slices. Dry Technol 22:1233-1246

[13] Armyanov N, Gachovska T, Stoyanova T, Nedyalkov N (2001) An investigation of longitudinal electrical spark treatment of tobacco leaves brand "Burley". Agric Eng Sofia 2:39-45

[14] Bajgai TR, Raghavan GSV, Hashinaga F, Ngadi MO (2006) Electrohydrodynamic drying: a concise overview. Dry Technol 24:905-910

[15] Bessadok-Jemai A, Khezami L, Hadjkali MK, Vorobiev E (2016) Enhanced permeability of biological tissue following electric field treatment and its impact on forced convection dehydration. Int J Chem Eng Appl 7:42

［16］Burova N, Kislitsina N, Gryazina F et al（2017）A review of techniques for drying food products in vacuum drying plants and methods for quality control of dried samples. Rev Espac 38:35-44

［17］Cantrell W, Ochshorn E, Kostinski A, Bozin K（2008）Measurements of the vapor pressure of supercooled water using infrared spectroscopy. J Atmos Ocean Technol 25:1724-1729. https:// doi. org/10. 1175/2008/JTECHA1028. 1

［18］Carrin ME, Crapiste GH（2009）Convective drying of foods. In: Ratti C（ed）Advances in food dehydration. CRC Press, Taylor & Francis Group, Boca Raton, pp 123-152

［19］Chauhan OP, Sayanfar S, Toepfl S（2018）Effect of pulsed electric field on texture and drying time of apple slices. J Food Sci Technol 55:2251-2258

［20］Chitrakar B, Zhang M, Adhikari B（2018）Dehydrated foods: are they microbiologically safe? Crit Rev Food Sci Nutr 59:2734-2745. https://doi. org/10. 1080/10408398. 2018. 1466265

［21］Clark CS（1981）Solar food drying: a rural industry. Int Energy J 3(1):23-36

［22］Crank J（1979）The mathematics of diffusion. Oxford University Press, London

［23］Datta AK, Rakesh V（2013）Principles of microwave combination heating. Compr Rev Food Sci Food Saf 12:24-39

［24］Defraeye T, Martynenko A（2018）Future perspectives for electrohydrodynamic drying of biomaterials. Dry Technol 36:1-10

［25］Dev SRS, Padmini T, Adedeji A et al（2008）A comparative study on the effect of chemical,microwave, and pulsed electric pretreatments on convective drying and quality of raisins. Dry Technol 26:1238-1243

［26］Elton DC（2018）Stretched exponential relaxation. ArXiv Prepr arXiv 1808（00881）:1-9

［27］Ertekin C, Firat MZ（2017）A comprehensive review of thin-layer drying models used in agricultural products. Crit Rev Food Sci Nutr 57:701-717

［28］Fan K, Zhang M, Mujumdar AS（2017）Application of airborne ultrasound in the convective drying of fruits and vegetables: a review. Ultrason Sonochem 39: 47-57

［29］Fontana AJ Jr（2008）Measurement of water activity, moisture sorption isotherms, and moisture content of foods. In: Barbosa-Cánovas GV, Fontana

AJF, Schmidt SJ, Labuza TP (eds) Water activity in foods. Blackwell Publishing Professional, Ames, Oxford, pp 155-171

[30] Gachovska TK, Adedeji AA, Ngadi M, Raghavan GVS (2008) Drying characteristics of pulsed electric field - treated carrot. Dry Technol 26: 1244-1250

[31] Gachovska TK, Simpson MV, Ngadi MO, Raghavan GSV (2009) Pulsed electric field treatment of carrots before drying and rehydration. J Sci Food Agric 89:2372-2376

[32] Garcia-Perez JV, Cárcel JA, Benedito J, Mulet A (2007) Power ultrasound mass transfer enhancement in food drying. Food Bioprod Process 85:247-254

[33] Gradshteyn IS, Ryzhik IM (2015) Table of integrals, series, and products. Academic, London

[34] Gulati T, Datta AK (2015) Mechanistic understanding of case-hardening and texture development during drying of food materials. J Food Eng 166:119-138

[35] Hashima N, Janiusa R, Abdana K et al (2017) Non-thermal hybrid drying of fruits and vegetables: a review of current technologies. Innov Food SciEmerg Technol 43:223-238

[36] Hassini L, Azzouz S, Belghith A (2004) Estimation of the moisture diffusion coefficient of potatoduring hot-air drying. In: Silva MA (ed) Proceedings of the 14th international drying symposium. State University, Chemical Engineering School, Campinas, Paulo, pp 1488-1495

[37] Hatakeyama T, Iijima M, Hatakeyama H (2016) Role of bound water on structural change of water insoluble polysaccharides. Food Hydrocoll 53:62-68

[38] Henderson-Sellers B (1984) A new formula for latent heat of vaporization of water as a function of temperature. Q J R Meteorol Soc 110:1186-1190

[39] Huang Z, Marra F, Subbiah J, Wang S (2018) Computer simulation for improving radio frequency (RF) heating uniformity of food products: a review. Crit Rev Food Sci Nutr 58:1033-1057

[40] Jäger H, Schössler K, Knorr D (2014) Process-induced minimization of mass transfer barriers for improved drying. In: Tsotsas E, Mujumdar AS (eds) Modern drying technology. Wiley Online Library, pp 191-236

[41] James FJ, Kuipers B (2003) Preservation of fruits and vegetables. Agromisa

Foundation，Wageningen

[42] Jiao Y，Tang J，Wang Y，Koral TL（2018）Radio-frequency applications for food processing and safety．Annu Rev Food Sci Technol 9：105-127

[43] Jin W，Mujumdar AS，Zhang M，Shi W（2017）Novel drying techniques for spices and herbs：a review．Food Eng Rev 10：34-45

[44] Karam MC，Petit J，Zimmer D et al（2016）Effects of drying and grinding in production of fruit and vegetable powders：a review．J Food Eng 188：32-49

[45] Karimi F（2010）Properties of the drying of agricultural products in microwave vacuum：a review article．J Agric Technol 6：269-287

[46] Khan MIH，Wellard RM，Nagy SA et al（2017）Experimental investigation of bound and free water transport process during drying of hygroscopic food material．Int J Therm Sci 117：266-273

[47] Kröger DG，Branfield GR（2007）Evaporation from a water surface theory and experiment．R D J 23：5

[48] Kudra T，Martynenko A（2015）Energy aspects in electrohydrodynamic drying．Dry Technol 33：1534-1540

[49] La Fuente-Blanco S，De Sarabia ER-F，Acosta-Aparicio VM et al（2006）Food drying process by power ultrasound．Ultrasonics 44：e523-e527

[50] Lamanauskas N，Viškelis P，Bobinaité R et al（2014）Pulsed electric field assisted drying of Actinidia kolomikta fruits．Planta Med 80：LP85

[51] Lamanauskas N，Šatkauskas S，Ramuné B，Viškelis P（2015）Pulsed electric field（PEF）impact on a ctinidia kolomikta drying efficiency．J Food Process Eng 38：243-249

[52] Lebovka NI，Shynkaryk MV，Vorobiev E（2006）Drying of potato tissue pretreated byohmic heating．Dry Technol 24：601-608

[53] Lebovka NI，Shynkaryk NV，Vorobiev E（2007）Pulsed electric field enhanced drying of potato tissue．J Food Eng 78：606-613

[54] Lewicki PP（2006）Design of hot air drying for better foods．Trends Food Sci Technol 17：153-163

[55] Lewis WK（1921）The rate of drying of solid materials．Ind Eng Chem 13：427-432

[56] Li ZY，Wang RF，Kudra T（2011）Uniformity issue in microwave drying．Dry

Technol 29:652-660

[57] Liu X, Lee D-J (2015) Some recent research and development in drying technologies: product perspective. Dry Technol 33:1339-1349

[58] Liu Y, Zhao Y, Feng X (2008) Exergy analysis for a freeze-drying process. Appl Therm Eng 28:675-690

[59] Liu C, Grimi N, Lebovka N, Vorobiev E (2018a) Effects of pulsed electric fields treatment on vacuum drying of potato tissue. LWT - Food Sci Technol 95:289-294

[60] Liu C, Grimi N, Lebovka N, Vorobiev E (2018b) Effects of preliminary treatment by pulsed electric fields and convective air-drying on characteristics of fried potato. Innov Food Sci Emerg Technol 47:454-460

[61] Magalhães ML, Cartaxo SJM, Gallão MI et al (2017) Drying intensification combining ultrasound pre-treatment and ultrasound-assisted air drying. J Food Eng 215:72-77

[62] Maisnam D, Rasane P, Dey A et al (2017) Recent advances in conventional drying of foods. J Food Technol Preserv 1:1-10

[63] Mallik A, Arefin AM, Kundu S et al (2018) Drying and dehydration technologies: a compact review on advance food science. MOJ Food Process Technol 6:142

[64] Michailidis PA, Krokida MK (2014) Drying and dehydration processes in food preservation and processing. In: Bhattacharya S (ed) Conventional and Advanced Food Processing Technologies. John Wiley & Sons, Ltd, Chichester, UK, pp 1-32

[65] Mujumdar AS (2014) Handbook of industrial drying. CRC Press, Taylor & Francis Group, Boca Raton

[66] Murphy DM, Koop T (2005) Review of the vapour pressures of ice and supercooled water for atmospheric applications. Q J R Meteorol Soc 131:1539-1565

[67] Nguyen TK, Mondor M, Ratti C (2018) Shrinkage of cellular food during air drying. J Food Eng 230:8-17

[68] Nijhuis HH, Torringa HM, Muresan S et al (1998) Approachesto improving the quality of dried fruit and vegetables. Trends Food Sci Technol 9:13-20

[69] Oikonomopoulou VP, Krokida MK (2013) Novel aspects of formation of food structure during drying. Dry Technol 31:990−1007

[70] Omolola AO, Jideani AIO, Kapila PF (2017) Quality properties of fruits as affected by drying operation. Crit Rev Food Sci Nutr 57:95−108

[71] Onwude DI, Hashim N, Janius RB et al (2016) Modeling the thin−layer drying of fruits and vegetables: a review. Compr Rev Food Sci Food Saf 15:599−618

[72] Orphanides A, Goulas V, Gekas V (2016) Drying technologies: vehicle to high −quality herbs. Food Eng Rev 8:164−180

[73] Ostermeier R, Giersemehl P, Siemer C et al (2018) Influence of pulsed electric field (PEF) pre−treatment on the convective drying kinetics of onions. J Food Eng 237:110−117

[74] Page GE (1949) Factors influencing the maximum rates of air drying shelled corn in thin layers. Master of Science thesis, Purdue University, West Lafayette

[75] Parniakov O, Bals O, Lebovka N, Vorobiev E (2016) Pulsed electric field assisted vacuum freeze−drying of apple tissue. Innov Food Sci Emerg Technol 35:52−57. https://doi.org/10.1016/j.ifset.2016.04.002

[76] Rattanadecho P, Makul N (2016) Microwave−assisted drying: a review of the state−of−the−art. Dry Technol 34:1−38

[77] Ratti C (2001) Hot air and freeze−drying of high−value foods: a review. J Food Eng 49:311−319

[78] Ratti C (2008) Freeze and vacuum drying of foods. In: Chen XD, Mujumdar AS (eds) Drying technologies in food processing. Wiley, Chichester, Singapore, pp 225−251

[79] Ratti C (2013) Freeze drying for food powder production. In: Bhandari B, Bansal N, Zhang M, Schuck P (eds) Handbook of food powders. Woodhead Publishing Limited, Cambridge, pp 57−84

[80] Rodriguez Ó, Eim V, Rosselló C et al (2018) Application of power ultrasound on the convective drying of fruits and vegetables: effects on quality. J Sci Food Agric 98:1660−1673

[81] Sablani SS (2006) Drying of fruits and vegetables: retention of nutritional/ functional quality. Dry Technol 24:123−135

［82］Sagar VR, Kumar PS（2010）Recent advances in drying and dehydration of fruits and vegetables：a review. J Food Sci Technol 47：15-26

［83］Sartori E（2000）A critical review on equations employed for the calculation of the evaporation rate from free water surfaces. Sol Energy 68：77-89

［84］Schiffmann RF（2014）Microwave and dielectric drying. In：Mujumdar AS（ed）Handbook of industrial drying. CRC Press, Taylor & Francis Group, Boca Raton, pp 283-303

［85］Shynkaryk MV, Lebovka NI, Vorobiev E（2008）Pulsed electric fields and temperature effects on drying and rehydration of red beetroots. Dry Technol 26：695-704

［86］Singh A, Orsat V, Raghavan V（2012）A comprehensive review on electrohydrodynamic drying and high-voltage electric field in the context of food and bioprocessing. Dry Technol 30：1812-1820

［87］Singh A, Nair GR, Rahimi J et al（2013）Effect of static high electric field pre-treatment on microwave-assisted drying of potato slices. Dry Technol 31：1960-1968

［88］Srikiatden J, Roberts JS（2006）Measuring moisture diffusivity of potato and carrot（core and cortex）during convective hot air and isothermal drying. J Food Eng 74：143-152

［89］Syamaladevi RM, Tang J, Villa-Rojas R et al（2016）Influence of water activity on thermal resistance of microorganisms in low-moisture foods：a review. Compr Rev Food Sci Food Saf 15：353-370

［90］Tan DT, Poh PE, Chin SK（2018）Microorganism preservation by convective air-drying：a review. Dry Technol 36：764-779

［91］Toepfl S（2006）Pulsed Electric Fields（PEF）for permeabilization of cell membranes in food- and bioprocessing：applications, process and equipment design and cost analysis. PhD thesis, von der Fakultät Ⅲ-Prozesswissenschaften der Technischen Universität Berlin

［92］Tsotsas E, Mujumdar AS（eds）（2011）Modern drying technology. Wiley, Hoboken

［93］Wang Y, Li Y, Wang S et al（2011）Review of dielectric drying of foods and agricultural products. Int J Agric Biol Eng 4：1-19

[94] Wang J, Mujumdar AS, Mu W et al (2016) Grape drying: current status and future trends. In: Morata A, Loira I (eds) Grape and wine biotechnology. InTech, Rijeka, pp 145-166

[95] Wiktor A, Iwaniuk M, Śledź M et al (2013) Drying kinetics of apple tissue treated by pulsed electric field. Dry Technol 31:112-119. https://doi.org/10. 1080/07373937. 2012. 724128

[96] Wiktor A, Nowacka M, Dadan M et al (2016) The effect of pulsed electric field on drying kinetics, color, and microstructure of carrot. Dry Technol 34:1286-1296

[97] Witrowa-Rajchert D, Wiktor A, Sledz M, Nowacka M (2014) Selected emerging technologies to enhance the drying process: a review. Dry Technol 32:1386-1396

[98] Won Y-C, Min SC, Lee D-U (2015) Accelerated drying and improved color properties of red pepper by pretreatment of pulsed electric fields. Dry Technol 33:926-932

[99] Wong EH (2017) Characterizing the kinetics of free and bound water using a non-isothermal sorption technique. Dry Technol 35:46-54

[100] Wray D, Ramaswamy HS (2015) Novel concepts in microwave drying of foods. Dry Technol 33:769-783

[101] Xiaoli H, Wei Y (2010) Experiments on microwave drying of carrot slices using pulsed electric field pre-treatment. Trans Chinese Soc Agric Eng 26 (2):325-330(6)

[102] Yu Y, Jin TZ, Xiao G (2017) Effects of pulsed electric fields pretreatment and drying method on drying characteristics and nutritive quality of blueberries. J Food Process Preserv 41:e13303

[103] Zhang M, Chen H, Mujumdar AS et al (2015) Recent developments in high-quality drying with energy-saving characteristic for fresh foods. Dry Technol 33:1590-1600

[104] Zhang M, Chen H, Mujumdar AS et al (2017) Recent developments in high-quality drying of vegetables, fruits, and aquatic products. Crit Rev Food Sci Nutr57:1239-125

第7章 冷却、冷冻、解冻和结晶

摘要 0℃以下冷冻广泛用于保存食品质量,使食品原有的色泽、风味、质地以及其他感官和营养特性的变质程度降到最低(Delgado 和 Sun,2001;Sun 和 Li,2003)。现有的冷冻保存技术倾向于通过控制热量的去除避免食品内部形成大的冰晶。结晶过程在糖的生产(Duroudier,2016)以及食品和药品的加工中应用广泛(Wang 和 Truong,2017;Hao 等,2018)。

本章讨论水和食品材料冷冻的物理基础和改善冷冻的不同方法,包括物理处理的应用,如超声波、微波、射频、高压、电场和真空冷却,并详细讨论电场(静电、AC 和 PEE)对成核和结晶的影响,包括 PEE 应用于辅助冷冻、脱水冷冻、真空冷却/冷冻、结晶以及冰压的影响。

7.1 冷冻的物理基础

文献中广泛讨论了冷冻过程的物理基础(Le Bail,2004;Zaritzky,2006;Pham,2014;Adams 等,2015)。小水样的典型冻结曲线如图 7.1a 所示。

冻结过程可分为三个主要阶段(Zaritzky,2006):

第一阶段是初步冷却(A~B 点),温度降低至冰点。冰点的降低可以用水相中离子溶质的存在来解释(Franks,1985)。Pham 根据基础热力学原理(Pham,2014)估算出 $\Delta T \approx 1.86 C_m$(℃),其中 C_m 是溶质的摩尔浓度(mol/L)。许多食品均可认为是初始冻结点低于 0℃的稀水溶液,不同食品的初始冻结点位于 $-0.5 \sim -2.8$℃之间。在某些情况下,当温度降至冰点以下时,可以观察到过冷期(图 7.1a 中的虚线部分),过冷期过后,可观察到温度突然升高。

第二阶段是结晶(B~C 点),水转变成冰。在结晶阶段,由于冷冻过程放热,温度大致保持恒定[水的冻结焓为 $H_f = 6.0$ kJ/mol(0.336 J/g)],并且在这一阶段,成核和晶体生长这两个过程可以同时发生。冻结时间表示成核开始到晶体生长结束之间的时间。注意,成核过程取决于水中杂质的数量和物理性质。冰的微小晶体也可以作为有效的成核中心。

第三阶段是最终冷却,温度降低至最终温度 T_e(C~D 点)。

食品体系的冻结曲线比纯水的更复杂(Zaritzky,2006)。对于延展的水样,如水平板,其样品中心和表面,冻结的阶段可能不同(图 7.1b)。样品表面几乎没有结晶期,而样品中心的结晶期最长。一般情况下,温度曲线受样品形状的影响显著(Ilicali 等,1999)。

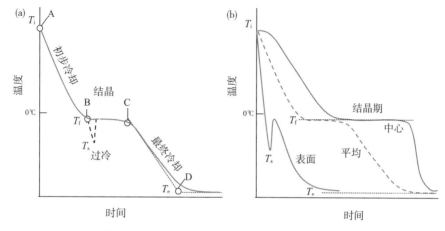

图 7.1 小水样(a)和延展的水样(b)的冻结曲线

一个多世纪前,学者开发了首个计算冻结时间的分析模型(Plank,1913,1914),然后不同研究人员对其进行了改进(López-Leiva 和 Hallström,2003;Pham,2014)。无限大平板最简模型假设如下:(ⅰ)相变在规定温度 T_f 下发生;(ⅱ)冷冻材料的导热系数 k_f 恒定不变;以及(ⅲ)表面热通量 q 与表面温度 T_s 和外部温度 T_a 之差成正比,即 $q = h(T_s - T_s) = h\Delta T$(图 7.2)。这里,$h[\text{W}/(\text{m}^2 \cdot \text{K})]$ 为传热系数。

该理论给出了以下普朗克(Plank)冻结时间表达式(Pham,2014):

$$\Delta t_f = \frac{\rho L_f d}{2h\Delta T}\left(1 + \frac{hd}{4k_f}\right) \tag{7.1}$$

其中,ρ 为密度,L_f 为每单位质量的相变潜热,d 为平板的厚度。

在 $T_s = T_a$,即在忽略表面电阻的条件下,$h \to \infty$;在绝热边界条件下,$h \to 0$。这两种极限情况下的冻结时间可估算为:

$$\Delta t_f = \frac{\rho L_f d^2}{8k_f \Delta T} \qquad h \to \infty \tag{7.2a}$$

$$\Delta t_f = \frac{\rho L_f d}{2h\Delta T} \qquad h \to 0 \tag{7.2b}$$

193

对于温度 $T = ℃$ 的水,具有以下参数: $\rho = 916.2$ kg/m^3, $L_f = 333$ kJ/kg, $k_f = 2.22$ W/(m·K)。然后对于厚度 $d = 0.01$ m,温差 $\Delta T = 20℃$ 的水平板,我们可根据等式(7.2a)估算出 $\Delta t_f = 85.9$ s。

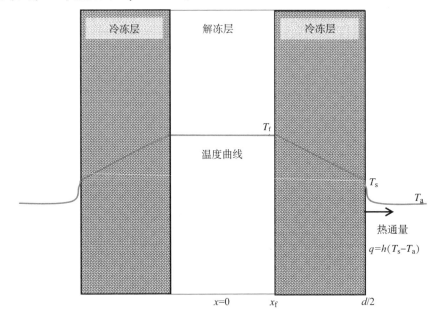

图 7.2 冷冻材料内部的温度曲线

7.2 食品材料的冷冻

冷冻食品的质量取决于成核速率、冷冻导致的细胞脱水程度、冰晶的大小及其在食品中的位置。冰晶的体积比水大,且大冰晶的形成会导致机械应力、高压的产生以及细胞壁和细胞膜的损伤。在现有的文献中,对细胞和组织中冰晶形成的复杂机制进行了广泛的讨论(Reid,1997;Pearce,2001;Zaritzky,2006)。

冰的结晶可以发生在细胞外和细胞内空间(Mazur 等,1972)。由于细胞内离子组分浓度较高,细胞内空间的冰点低于细胞外。现有理论表明,不管冻结速率如何,冰核都是从细胞外空间开始,之后冰经细胞外蔓延进入过冷的细胞质(Muldrew 和 McGann,1990)或者在细胞外冰的存在下由质膜催化而进一步冻结(Toner 等,1990)。然而,在某些情况下,细胞外体积相对较小[例如,在完整的马铃薯中,细胞外体积约占总体积的 1%(Aguilera 和 Stanley,1999)],对这类食品来说,细胞内结晶可能更为重要(Khan 和 Vincent,1996)。

通常,结晶过程主要受冷却速率的控制。冷却速率会影响大晶体的形成。在传统的冷冻技术中,如鼓风冷冻、浸渍冷冻、接触冷冻及其组合,冷却行为可能差别相当大(Mascheroni,2012;Swer 等,2018)。在缓慢冷却速率下,当温度接近固/液平衡曲线时,长时间的结晶可以形成大冰晶(Le Bail,2004)。快速冷却通常会形成更多更小的冰晶,这能够更好地避免细胞结构的损伤,然而,超快速冷却会使形成的冰晶产生破损和裂纹(Tremeac 等,2007)。此外,冰的形成会导致气泡释放、溶质浓度增加以及细胞渗透压增加。膜通透性也是控制结晶过程的重要因素(Reid,1993)。在低于冰点的高温下,细胞膜可作为有效屏障来阻止晶体生长。例如,在低冷冻速率下,膜通透性低或高的细胞组织能够有效脱水。在这种情况下,释放的细胞内水在外部冰晶表面沉积会导致大冰晶的形成,这会导致细胞产生相当大的收缩和损伤(Fennema 等,1973)。在高速冻结条件下,结晶的发生与膜的渗透性密切相关。由于细胞膜通透性低,细胞外空间与细胞内空间的水分交换少,细胞内液体可以过冷。在某些临界过冷条件下,冰晶的突然形成会导致细胞结构损伤。同时,细胞外未冻结区域的溶质浓度迅速增加。对于高通透性的细胞膜,水可以从细胞内部转移到细胞外空间,在这种情况下,细胞脱水后,不是随之而来的细胞冻结(Reid,1997)。

7.3　冷冻过程的调节

初步脱水过程和物理因素(如超声波、微波、压力等)的作用能够显著影响食品中的水冻结。先进的技术可使冰成核快速开始,并在食品内部产生均匀的晶体分布。

7.3.1　脱水冷冻

在脱水冷冻中,食品在冻结前通过蒸发去除 50%~60% 的水分来进行保存。人们认为这样冻结的食品质地和风味比单独脱水或冷冻更好,且复水更快。初步脱水可采用渗透脱水(OD)、风干(AD)和真空干燥(VD),这些方法各有优缺点。例如,OD 能够在低温下进行,不会造成营养物质的热降解。OD 的一些优点还与较低的能源成本和抑制酶的褐变有关。然而,OD 处理通常需要较长的脱水时间,且伴随着天然酸的浸出以及食品中糖浓度的增加等(Shete 等,2018)。AD处理容易实现且不需要非常昂贵的设备,但加工时间长,并且使用的高温会导致颜色和风味严重损失、细胞组织收缩等(Zhang 等,2017;Nguyen 等,2018)。VD

处理能够显著减少处理时间,此外,OD 还减少产品的氧化,可用于热敏性材料的脱水,但这种处理方法通常需要高能耗(Reis,2014)。

初步脱水可作为辅助冷冻的有效手段。它可以防止大晶体的形成、减少组织损伤以及改善冻融工序后最终食品的质地和感官特性。最终产品的质量特征取决于冻融前的脱水方法、应用温度、去除的水分含量、组织质地和细胞结构的损伤程度。

7.3.2 物理技术

最近,Cheng 等对辅助和加快食品(如水果、蔬菜、肉类和鱼类等)冷冻过程的许多不同的新兴物理技术进行了测试(Cheng 等,2017;Dalvi - Isfahan 等,2017)。

7.3.2.1 超声

应用超声波(US)可以控制、刺激和强化成核过程(Feng 等,2011;Bermudez-Aguirre,2017)。压力变化和蒸汽腔(气泡)的形成都会引起成核,空化气泡的大小约为 $5 \sim 30~\mu m$,并随超声频率的增加而减小。超声结晶的主要机制如图 7.3 所示。通过超声波在冰晶颗粒之间的边界处形成空化气泡,使现有的晶体破裂,形成新的成核中心,并通过空化气泡使冰逐渐融化(Deora 等,2013)。空化气泡也可作为结晶核。目前已有许多关于超声辅助结晶技术在食品中应用的详细综述(Delgado 和 Sun,2011;Deora 等,2013;Kiani 等,2015;Islam 等,2017;Xu 等,2017;Zhang 等,2018)。

7.3.2.2 微波和射频

电磁场可对食品的冷冻产生重要影响。射频(RF)辐射覆盖的频率范围为 300 kHz ~ 300 GHz,微波(MW)辐射是 RF 辐射的一个子集,其频率范围介于 300 MHz ~ 300 GHz。射频波可使水和带电离子发生极化,并且能够加热食品材料。最近的研究发现,RF 能够影响成核和结晶过程。然而,关于 RF 对冷冻的影响的基本机制仍知之甚少(Cheng 等,2017)。

Anese 等已报道了电磁场辅助食品冷冻的几种应用(Anese 等,2012;Xanthakis 等,2014;Hafezparast-Moadab 等,2018)。例如,应用 MW 可以减少冷冻过程中对肉类组织的损伤,并保持肉的质地(Xanthakis 等,2014)。在这些试验中,MW 功率作为系列短时间周期应用于家用烤箱,这导致温度摆动式下降。应用 MW 辅助冷冻的结果还显示,它使冰晶尺寸减少了 62%,但与传统冷冻方法相比,MW 辅助冷冻的总冷冻时间明显更长。Anese 等还报道了 RF 在低温流体(低

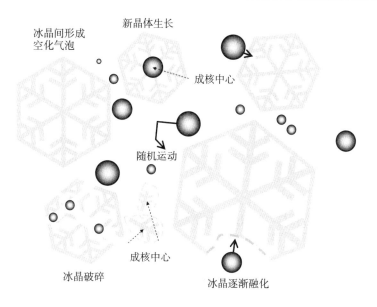

图 7.3　超声结晶过程中主要机制的示意图

温冷冻)下辅助肉制品冷冻的应用(Anese 等,2012)。MF 冷冻组织表现出较好的细胞结构,且具有较小的细胞间隙和细胞分裂,观察到的效应主要归因于 RF 降低冰点从而产生更多的成核位点的能力。Hafezparast-Moadab 等将 RF 处理应用于辅助鱼类冷冻(Hafezparast-Moadab 等,2018),总冷冻时间不受 RF 处理的影响,与 MW 辅助冷冻相比,这是 RF 处理技术的主要优势。观察到的效应归因于射频波使水分子移动/旋转,这使得鱼组织中晶体的成核程度更高,较小尺寸冰晶高达75%,并且晶体尺寸分布更均匀。得出的结论是,RF 辅助技术在改善冷冻鱼的失水、质构和微观结构方面具有很大的潜力。

7.3.2.3　高压

目前,高压(HP)被认为是一种辅助不同食品用加工技术的方便工具(Balasubramaniam 等,2015)。在食品冻结过程中,应用 HP 处理可以降低成核率、破坏细胞的完整性以及改变水分子的离子解离(Le Bail 等,2002)。注意,当压力达到210 MPa 时,水的冰点也会降低至−21℃,而当压力在210 MPa 以上时,则观察到相反的效果。Knorr 等根据相变发生的方式,对高压冻结过程如高压辅助冻结、高压变换冻结和高压诱导冻结进行了区分(Knorr 等,1998)。最近的综述文献对高压过程和高压冷冻食品质量更详细的信息进行了总结(Sanz 和 Otero,2015;Otero 和 Sanz,2016;Wang 等,2016a;Zhu 和 Ramaswamy,2016)。

7.3.2.4 真空

由于食品中的水分在外加真空下蒸发,因此可以实现真空冷却/冷冻。最大程度的蒸发是在与给定温度下水分沸腾相对应的压力下发生的。为了防止水分冻结,压力应高于 0.65 kPa(6.5×10^{-4} MPa),其他条件下温度应低于 0℃。文献中对真空冷却原理、数学模型、现有设备、该技术优缺点以及真空冷却在食品加工中应用的不同实例进行了全面的综述(Singh 和 Ozen,2010;Drummond 等,2014;Wang 等,2016b;Zhu 等,2019)。

7.4 电场对成核和结晶的影响

7.4.1 静电场和交变电场

科学文献中广泛讨论了电场(直流(DC)和交流(AC)电流)对食品体系中的成核、晶体生长和结晶(所谓的电冷冻)的影响(Hammadi 和 Veesler,2009;Orlowska 等,2009;Jha 等 2017,2018)。最近,Xanthakis 等还对冷冻与电和磁干扰相结合的影响进行了综述(Xanthakis 等,2015)。

关于电冻结的第一份报告发表于 1862 年(Dufour,1862),报告指出可通过施加外加电场来提高水的冻结温度,但该试验并没有提供详细的描述。

现有的试验可分为样品与电极直接接触和不直接接触两种。在样品与电极直接接触的试验中,样品内部的体积电场被感应。观察到的电冻结效应受电场对成核行为、电极上的化学反应、焦耳热以及气泡生成的直接影响,且这些影响的物理机制截然不同。

电场对均匀成核的直接影响可以用热力学理论来估计。在没有杂质的情况下,成核现象反映了亚稳态超饱和相向热力学稳定相的转变(Volmer 和 Weber,1926)。当吉布斯自由能为负($\Delta G < 0$)时,成核现象能自发发生。对于半径为 r 的球形核,其 ΔG 的值为表面(正)功和体积(负)功之和:

$$\Delta G = 4\pi r^2 \gamma - (4\pi r^3/3)\Delta\mu\rho, \tag{7.3}$$

其中, γ 为冰-水界面的表面张力,水的密度 $\rho \approx 5.55 \times 10^4$ mol/m^3,冰与水的化学势差 $\Delta\mu = H\Delta T/T_m$,过冷度 $\Delta T = T - T_m$ ($T_m \approx 273.15$ K)。

电场 E 对成核的影响可以用吉布斯自由能的附加体积贡献来解释(Isard,1977):

$$\Delta G_E = 4\pi r^2 \gamma - (4\pi r^3/3)\Delta\mu\rho(1 + \alpha_E), \tag{7.4}$$

其中,表征电场对均匀成核影响的电系数 $\alpha_E = 1.5\varepsilon_w\varepsilon_0 fE^2/\Delta\mu\rho$,真空介电常数 $\varepsilon_0 = 8.854\times10^{-12}$ F/m, $f = (\varepsilon_i/\varepsilon_w - 1)/(\varepsilon_i/\varepsilon_w + 2)$,这里, ε_i 和 ε_w 分别是冰核和液态水的介电常数。在 273.15 K 时, $\varepsilon_i \approx 88.2$, $\varepsilon_w \approx 92$, $f \approx 0.014$ (Haggis 等,1952);当 $\varepsilon_i > \varepsilon_w$ 时,表示电场降低了冰核的自由能。

在均匀成核中,应克服晶体的临界尺寸和临界自由能垒,这些值取决于过冷度 ΔT 。水的最大过冷度是由其稳定性极限定义的,约为 228 K(-45℃),当低于这个值时,液态水在大气压下就不能存在(Speedy 和 Angell,1976)。根据 γ 的近似估计值($\gamma \approx 0.030$ J/m²)及 $H = 4.88$ kJ/mol(Gránásy 等,2002;Li 等,2011),我们可以从等式(7.3)中得到临近半径和临近自由能的下列关系式,分别为: $r_c = 2\gamma/(\rho\Delta\mu)$, $\Delta G_c = 16\pi\gamma^3/3(\rho\Delta\mu)^2$ 。在过冷温度 $\Delta T = 10$ K 时,可以估算出 $r_c \approx 6$ nm, $\Delta G_c \approx 4.6\times10^{-18}$ J。实际上这些估计相当粗略,因为对水的 γ 和 $\Delta\mu$ 值的精确估计仍在讨论中(Espinosa 等,2016;Koop 和 Murray,2016)。注意,该理论预测电场对 ΔG 的影响与电场强度的平方成正比($\propto E^2$),这对高电场强度 E 值可能相当重要。然而,在纯水中,即使在电场强度 E 值相对高,即明显超过蒸馏水的击穿强度[$E_b \approx 1\sim1.5\times10^5$ V/cm(Thivya 和 Sree,2015)]的情况下,等式(7.4)中的电系数 α_E 也相当小。例如,当 $E = 10^6$ V/cm 时, $\alpha_E \approx 0.0056$;当 $E = 5\times10^6$ V/cm 时, $\alpha_E \approx 0.14$ 。最近的计算机模拟也证明了在压力为 1×10^{-4} MPa 时,合理的电场(强度不足以分解水)并不能导致均匀冰核(Zaragoza 等,2018)。

水中的异相成核仍然是一个有争议的话题(Zhang 和 Liu,2018),并且电场对这种成核的影响可能取决于水与分散粒子的相互作用、电场诱导的这些粒子的运动以及许多其他因素。食品中的水更可能发生异相成核,且活组织中的细胞壁和其他内含物的存在促进了这种异相成核。我们可以预测,异相成核优先发生在在食物组织中的水—固相边界附近。

早期关于食品与电极直接接触的电冻结的研究,讨论了强电场对无和有放电的过冷水滴冻结的影响(Rau,1951;Salt,1961;Pruppacher,1973)。这些研究揭示了过冷水滴冻结对电极材料(Rau,1951;Salt,1961;Pruppacher,1973)、电极的形状和表面粗糙度(Hozumi 等,2005)、离子添加剂的存在以及许多其他因素的影响(Jha 等,2017),得出的结论是,电解产生的气泡的分解会影响成核(Shichiri 和 Araki,1986)。然而,在许多情况下,观察到的效果是相当具有争议的,这可以用成核过程固有的随机性掩盖电场的影响来部分解释(Wilson 等,2009)。

在没有与电极直接接触的情况下,样品内部的电场强度可能比外部电场的施加强度低许多数量级（Jha 等,2018）。例如,在电极上存在介电层的情况下,样品内部没有电场和电流,但在这种情况下可以产生界面（电润湿）电场。最近,Acharya 和 Bahadur 对电冷冻的基本界面机制进行了综述（Acharya 和 Bahadur,2018）。在电介质表面的水滴实验中,证明了成核动力学主要受三相边界接触线上的场诱导过程的影响（Carpenter 和 Bahadur,2015）。施加高达 8×10^5 V/cm 的超高电场能够显著提高冷冻温度（>15℃）。

在以前的研究中,静电场（SEF）很少应用于食品的处理。最近的综述仅提及三篇关于 SEF 应用于辅助肉类冷冻的研究文章（Jha 等,2018）。报道的数据显示,SEF 能够保持冷冻产品的质量,并确保食品具有较低的蛋白质变性、最低程度的细胞损伤以及更好的质地（Xanthakis 等,2013；Dalvi-Isfahan 等,2016；Jia 等,2017）。

7.4.2 脉冲电能

7.4.2.1 冷冻

Jalté 等研究了 PEF 预处理对马铃薯组织的冷冻、冷冻干燥以及复水行为的影响（Jalté 等,2009）。将经 PEF 处理过的样品和未处理的样品置于温度为-35℃、速度为 2 m/s 的鼓风冷冻机冷冻或在 0℃、4×10^{-6} MPa 压力下冷冻干燥,然后在 25℃ 的水中复水。

图 7.4 为不同损伤程度 Z_c（电导率分解指数）的样品的几何中心温度 T 与冷却时间 t 之间的典型曲线。从图中观察到的曲线稳定期对应于冰结晶带。注意的是,未处理的马铃薯和经 PEF 预处理的马铃薯大约在相同的温度（$T_f \approx -1℃$）下冻结,然而,PEF 处理明显加快了冷冻过程。随着 Z_c 的增加,有效冻结时间 t_f 几乎直线下降（见图 7.4 中的插图）。观察到的现象被解释为 PEF 处理引起的不同影响所致。PEF 处理可以诱导新的成核中心的产生,从而加快结晶。正如研究结果所示,PEF 处理对细胞壁结构没有显著影响（Fincan 和 Dejmek,2002；Vorobiev 和 Lebovka,2006）,但它会产生电穿孔膜的残留物,膜残留物可作为新的成核位点,加快成核速率（Toner 等,1990）。

此外,消除细胞组织内的扩散屏障能够加速细胞外和细胞内（细胞质溶液）环境之间的交换,并且可以严重影响结晶过程和组织结构。鼓风冷冻后解冻的马铃薯组织的扫描电镜图像（SEM）显示,冻融会导致具有嵌入淀粉颗粒的多面体形状的细胞发生明显的变形（Jalté 等,2009）。大量冰结晶的形成证明了这一点,并且它能在一定程度上降低解冻后的马铃薯的品质。

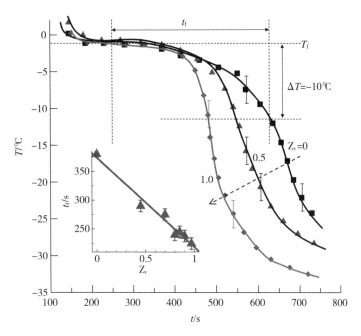

图7.4　不同电导率分解指数 Z_c 的样品的几何中心温度 T 与冷却时间 t 之间的典型曲线。这里，t_f 为有效冻结时间，T_f 为冻结时间（Bogh-Sorensen, 2006）。插图为 t_f 与 Z_c 的关系（源自:Jalté 等,2009）

　　然而,在0℃以下应用冷冻干燥就可以无需解冻。图7.5为样品的相对质量 m/m_i 与干燥时间 t 之间的关系曲线。值得注意的是,PEF 处理缩短了真空干燥时间,并使干燥后的马铃薯样品的形状更均匀、颜色更清晰、收缩更小、褐变水平更低以及感官质量更好（见图7.5中的插图）。干燥26 h 后,未处理的马铃薯组织和经 PEF 处理过的马铃薯组织的最终含水量分别为16%和6%干重。

　　据报道,PEF 处理对其他类型的蔬菜组织也有类似的冷冻效果,如洋葱、多叶蔬菜（菠菜）和蔬菜茎（绿豆）（Ben Ammar 等,2009,2010b,2011）。

　　图7.6为冷冻过程中未处理（U）和经 PEF 处理过的洋葱上表皮组织的光学显微镜图像（Ben Ammar 等,2011）。在冷却过程中,当细胞质变得浑浊并出现不透明时,反映了冷冻的开始。图像中箭头所示的黑点代表成核中心,冷冻细胞的细胞质逐渐变暗。值得注意的是,未处理样品的细胞质逐渐凝结,即一个接一个凝结,冷冻过程持续约60 s。相比之下,经 PEF 处理过的样品在短暂的2~3 s 后同时凝结。

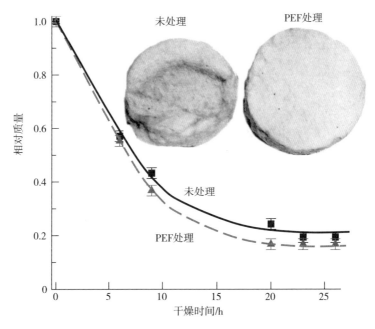

图 7.5 未处理的($Z_c = 0$)马铃薯组织和经 PEF 处理的($Z_c \approx 1$)马铃薯组织的相对质量 m/m_i 与干燥时间 t 之间的关系曲线。这里， m_i 为冷冻干燥前的初始质量，整个冷冻过程的室压为 4×10^{-6} MPa。插图为 $t = 26$ h 时的样品形状(源自:Jalté 等,2009)

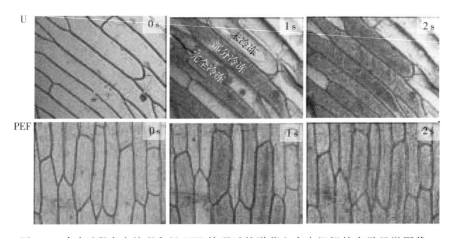

图 7.6 冷冻过程中未处理和经 PEF 处理过的洋葱上表皮组织的光学显微图像。洋葱上表皮细胞组织的大小约为 400 μm×45 μm,图像为未冷冻、部分冷冻和完全冷冻细胞的图像,箭头所示的是成核中心(源自:Ben Ammar 等,2011)

7.4.2.2 脱水冷冻

Chiralt 等注意到,冷冻前的渗透脱水(部分干燥)(渗透脱水冷冻)可以限制食品中由于大冰晶的形成所导致的负面影响(Chiralt 等,2001)。脱水冷冻能够延长储存时间,并使食品在解冻后仍保持良好的质地、颜色和风味(James 等,2014)。因此,PEF 结合渗透处理辅助冷冻显得令人关注。Ben Ammar 等还研究了 PEF 结合渗透处理部分脱水对马铃薯组织结构、冷冻和冻干行为的影响(Ben Ammar 等,2010a)。马铃薯样品(直径 26 mm,厚 10 mm)经 PEF(400 V/cm,$Z_c \approx 0.95$)处理后置于盐水(氯化钠的浓度为 4% wt)中渗透处理 3h,然后将样品置于鼓风冷冻机中进行冷冻($-80^\circ\!C$,2 m/s)或冻干($0^\circ\!C$,4×10^{-6} MPa)。

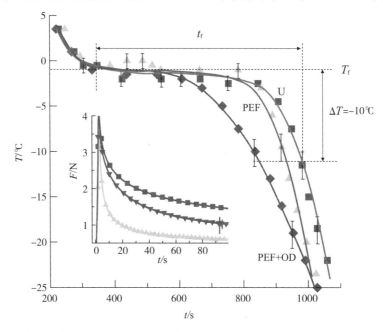

图 7.7　未处理的(U)、经 PEF 处理过的(PEF)和经 PEF 结合渗透脱水处理的(PEF+OD)样品在鼓风冷冻过程中样品几何中心温度 T 与冷却时间 t 之间的典型曲线,这里,t_f 为有效冻结时间,T_f 为冻结温度(Bogh-Sorensen,2006)。插图为松弛力 F 与时间 t 之间的关系(源自:Ben Ammar 等,2010a)

　　图 7.7 是未处理的(U)、经 PEF 处理过的(PEF)和经 PEF 结合渗透脱水处理的(PEF+OD)样品在鼓风冷冻过程中的典型冷冻曲线。冻结曲线 $T(t)$ 的变化高度取决于样品的预处理(PEF 或 PEF+OD),有效冻结时间 t_f 按以下顺序递减:U>PEF>PEF+OD。图 7.7 中的插图为相同样品的力松弛试验数据。对于经 PEF 处理过的样品,观察到出现明显的组织软化,这一观察结果与其他报告的数据一致(De Vito 等,2008)。然而,与经 PEF 处理过的样品相比,经 PEF 结合渗透脱水处理过的样品表现出更硬的质地,这种行为反映了电解质、最终成分和水分

含量对加强马铃薯组织的影响。

图 7.8 为 U、PEF 以及 PEF+OD 样品质量的减少量（这里，m_i 和 m_f 是样品在 $t=0$ 时的初始质量和 $t=48$ h 时的最终质量）与干燥时间 t 之间的关系（Ben Ammar 等，2010a）：

$$m^* = (m - m_f)/(m_i - m_f)$$

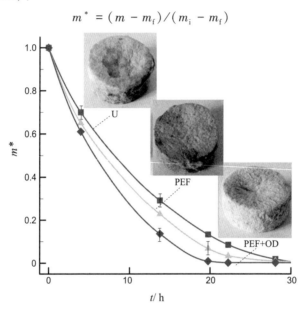

图 7.8 U、PEF 以及 PEF+OD 样品质量的减少量 $m^* = (m - m_f)/(m_i - m_f)$（其中，$m_i$ 和 m_f 是样品在 $t=0$ h 时的初始质量和 $t=48$ h 时的最终质量）与干燥时间 t 之间的关系。整个干燥过程室压维持在 4×10^{-6} MPa。插图为样品在 $t=48$ h 的形状（源自：Ben Ammar 等，2010a）

数据证明，初步 PEF 处理或 PEF+OD 处理显著加快了样品的冻干过程。与 U 样品相比，经 PEF 或 PEF+OD 处理过的样品的感官质量更好（见图 7.8 中的插图）。此外，经 PEF+OD（≈0.89）或 PEF（≈0.84）处理后冻干样品的孔隙度的估计值明显高于 U 样品（≈0.71）（Ben Ammar 等，2010a）。冻融循环会导致马铃薯淀粉颗粒表面破碎和穿孔（SzymoEska 等，2003）。样品冻干后的 SEM 分析也显示，与 U 样品和经 PEF 处理过的样品相比，经 PEF+OD 处理过的样品淀粉表面形态和细胞内的淀粉物质的再分布更加无序（Ben Ammar 等，2010a）。

甘油常被用作食品的冷冻保护剂和纹理剂。甘油在食品组织中的渗透抑制了冰晶的生长（Fuller，2004）。Parniakov 等已经研究了在甘油溶液中 PEF 结合渗透处理辅助苹果组织的冻融机制（Parniakov 等，2015，2016a，c），他们还研究了

PEF、欧姆加热（OH）和渗透脱水（OD）处理对苹果冻融行为的影响（Parniakov 等，2015）。苹果在电场强度 $E=800$ V/cm（PEF，等温状态）或 $E=40$ V/cm（OH，非等温状态）下处理至高水平的组织崩解（$Z_c \approx 0.98$）。OD 处理是在浓度为 20wt%的甘油溶液中进行的。

需要注意的是，样品内部水分和甘油含量的实验测定值是在样品体积上的空间平均值。样品中固有水分和甘油的梯度分布如图7.9所示，这些分布可以用菲克扩散理论来评估（Crank，1979）。

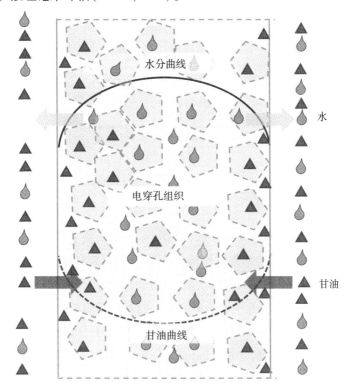

图7.9 电穿孔苹果组织渗透脱水图，以及水和甘油的分布情况图（源自：Parniakov 等，2015）

将苹果样品切成薄片，OD 处理4 h后测定固有果汁 $\Delta°\text{Brix} = °\text{Brix} - °\text{Brix}$ 的空间分布。测量值与 $\Delta°\text{Brix} \approx 0$ 的偏差反映了甘油在苹果薄片内部的渗透程度。

如图7.10所示的是未处理（U）、PEF 处理和 OH 处理样品的 $\Delta°\text{Brix}$。对于周边（表面）的平板，观察到所有样品具有相同的 $\Delta°\text{Brix}$ 值（$\Delta°\text{Brix} \approx 12.0 \pm 1.0$）。对于经 PEF 处理过的样品，观察到甘油完全渗透到苹果样品内部，而对于 U 和经 OH 处理过的样品，甘油的分布是高度不均匀的。

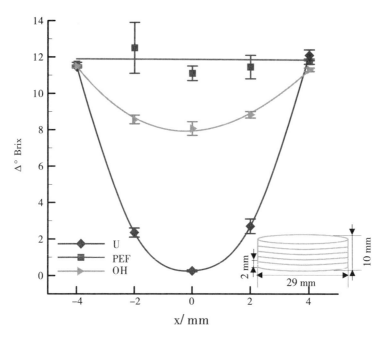

图 7.10 未处理的(U)、经 PEF 处理过的和经 OH 处理过的样品苹果片中固有果汁的 Δ°Brix,这里的 x 是距苹果片中心的距离。OD 处理 4 h(源自:Parniakov 等,2015)

例如,在 U 样品中观察到薄片中心的 Δ°Brix ≈ 0,这反映了该苹果薄片中没有甘油。这可以用排成一排的苹果组织的扩散效率不同来解释:PEF>OH>U。冻融(FT)实验(+20℃→-40℃→+20℃)显示,对于经 PEF 处理过的样品,观察到样品的冷冻和解冻持续时间发生最显著的减少以及苹果的质地增强。

在其他实验中,Parniakov 等研究了甘油浓度 C_g 对 U、PEF 和 PEF+OD 处理过的苹果样品的冷冻行为的影响(Parniakov 等,2016a)。渗透脱水处理是在 $C_g = 0 \sim 60$ wt%下进行的。图 7.11 为 U、PEF 和 PEF+OD 样品在超低温通风室内获得的冷冻曲线示例。对于经 PEF+OD 处理过的样品,研究者观察到冷冻持续时间 t_f 显著减少。此外,研究者还观察到解冻时间 t_m、冻结温度 T_f 的显著变化以及苹果质地的增强。在最佳参数(如 $C_g \approx 20$ wt%)下进行渗透处理时,组织解冻后的质地与新鲜苹果相当。

这些变化可以反映样品内部水分和甘油高度不均匀的空间分布对结晶和解冻过程的影响。有趣的是,注意到冰结晶区的稳定期在甘油的某个临界浓度($C_g >$ 60wt%)之上几乎消失不见(图 7.11)。这种效应反映了不可冻结水或结合水在甘油浓度高时的表现。先前报道的 Weng 等通过差示扫描量热法(DSC)(Weng

等,2011)和分子动力学模拟(Zhang 等,2013a,b)甘油水溶液的实验研究揭示了甘油分子可以充当"水阻断剂",并且不可冻结水/结合水的比例随甘油浓度的升高而增加。注意,结合水的概念对理解食品的冷冻行为和微生物稳定性具有重要意义(Wolfe 等,2002;Blanch 等,2015)。

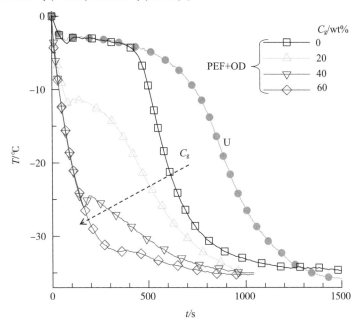

图 7.11　未处理(U)和 PEF 结合渗透脱水处理(PEF+OD)的苹果样品在超低温通风室内获得的冷冻曲线示例。渗透处理在不同甘油浓度(C_g = 0 ~ 60 wt%)下处理 180 min(源自:Parniakov 等,2016a)

Parniakov 等利用低温差示扫描量热法详细研究了甘油溶液中 PEF 结合渗透脱水处理(PEF+OD)对苹果组织的影响(Parniakov 等,2016c)。OD 处理是水—甘油(AWG 样品)或苹果汁—甘油(AJG 样品)溶液在不同甘油浓度(C_g = 0% ~ 70 wt%)中进行的。将得到的 DSC 热谱图与纯水—甘油溶液(WG 样品)的热谱图进行比较。据观察,游离水只能在甘油的某个临界浓度以下存在。图 7.12 为不同样品(WG、AJG 和 AWG)中不可冻结水 R 的含量与甘油浓度 C_g 之间的关系。渗透处理前,U 和 PEF 处理(Z_c = 0.95)的苹果样品的 R 值分别为 0.092 ± 0.004 和 0.116 ± 0.004。渗透处理显著增加了 R 值。对于 WG 和 AJG 样品,当甘油浓度处于临界浓度(相当于共晶浓度)以上时,其内部的水变得不可冻结($R \approx 1$)。在给定的 W 值下,R 值按原始顺序排列:AJG>WG>AWG。

Shayanfar 等分析了 PEF 对冻融实验后的胡萝卜(Shayanfar 等,2014)和马铃

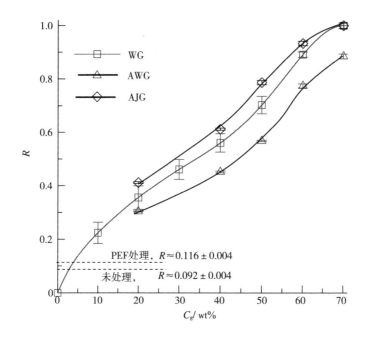

图 7.12 不同样品(WG、AJG 和 AWG)中不可冻结水 R 的含量与水或果汁中甘油浓度 C_g 之间的关系。苹果样品(AJG 或 AWG)经 PEF 处理后再进行渗透处理(源自:Parniakov 等,2016c)

薯(Shayanfar 等,2013)组织品质保持的影响。浸泡在不同溶液(氯化钙、氯化钠、蔗糖、甘油、自来水中的海藻糖)中的组织经 PEF(0.5~1 kV/cm,100 脉冲,4 Hz)处理后置于−18℃冷冻保存,然后在室温(20℃)下解冻 3 h,研究组织的失重、硬度、微观变化和比色特性情况。氯化钙和海藻糖结合 PEF 处理可以保持所研究组织的质构硬度。

7.4.2.3 真空冷却/冻结

真空冷却广泛应用于食品加工过程中(McDonald 和 Sun,2000;Drummond 等,2014),可以加快冰晶生长速率(Lin 和 Chou,2001),获得高质量的食品(Feng 等,2012)。食品在低压下的冷却与水的剧烈蒸发有关,在压力低于水的饱和蒸汽压即0℃、$p \approx 0.6$ kPa 的条件下,对样品进行冻结时会使水分快速蒸发,这会导致样品内部形成多孔结构(Cheng 和 Lin2007)。

Parniakov 等研究了真空冷却、冷冻和干燥过程中,PEF 处理对苹果组织的影响(Parniakov 等,2016b)。苹果切片先经 PEF 处理得到不同电导率分解指数 Z_c,然后在 $p = 1$ kPa 条件下进行真空冷却。图 7.13 为真空冷却、冷冻和干燥过程中,未处理($Z_c = 0$)和经 PEF 处理($Z_c = 0.96$)的苹果几何中心内部温度 T 与处理时间 t 的关系。在真空冷却初期($t<2\sim4$ min),由于水的剧烈蒸发,样品温度下降到 0℃ 以下;在水的结晶期,温度几乎保持不变;然后,可以观察到最终冷却伴随着冰的升华,在长时间的处理后($t>40\sim130$ min),温度开始上升,且二次干燥未冻结(结合)的水在这一阶段开始转移(Patel 等,2015)。经 PEF 处理过的样品,温度下降幅度更大,且传热传质过程明显加快。这就导致了 PEF 处理过的样品蒸发过程加快。

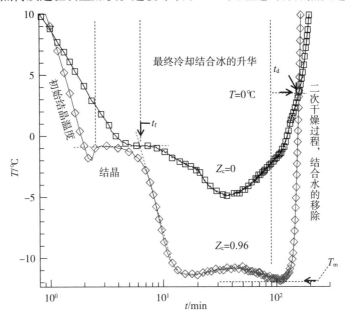

图 7.13　未经处理($Z_c=0$)和经 PEF 处理($Z_c=0.96$)苹果组织在真空冷却、冷冻和干燥过程中温度 T 的变化,其中 T_m 为最低温度,t_f 和 t_d 分别为有效冻结时间和干燥时间(源自:Parniakov 等,2016b)

图 7.14 为未处理(U,$Z_c=0$)和 PEF 预处理(PEF,$Z_c=0.96$)在真空冷冻干燥后的苹果样品(a)和其组织结构光学显微图像(b)。数据表明,PEF 处理有利于保持干燥样品的形状,还可以避免组织收缩[图 7.14(a)]。而且,PEF 处理过的样品中存在可见的微孔,而未处理样品中没有[图 7.14(b)]。毛细管浸渍试验证明,经过 PEF 处理的样品具有最高的再水化能力(≈1.3)。总而言之,Parniakov 等报道的数据证明了 PEF 辅助真空冷冻干燥水果和蔬菜组织有良好的前景(Parniakov 等,2016b)。

PEF 处理技术目前应用于辅助减少海参真空冷冻干燥时间(Bai 和 Luan,2018)。有文献研究了 PEF 对组织收缩率、复水率、蛋白质含量、质构等特性的影响。结果表明,PEF 处理可显著缩短真空冷冻干燥时间,降低能量消耗,提高样

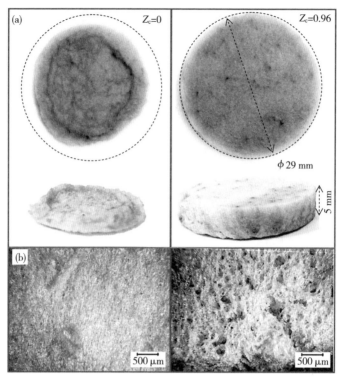

图 7.14 真空冷冻干燥后未处理($Z_c = 0$)和 PEF 预处理($Z_c = 0.96$)苹果样品宏观照片(a)和组织结构显微图像(b)。干燥前的苹果盘状样品直径 $d_i = 2.9$ mm,厚度 $h_i = 5$ mm(源自:Parniakov 等,2016b)

品的复水率。

7.4.2.4 结晶

Mok 等研究了 PEF 和静电磁场(SMF)联合作用对 0.9% NaCl(生理)水溶液在冷冻柜中结晶的影响(Mok 等,2015)。在非常小的电场强度($E = 1.78$ V/cm),频率为 0~20 kHz,无焦耳加热模式下进行 PEF 处理。在与样品直接接触的钛电极之间施加电压,使用钕永磁盘式磁铁提供磁通密度为 480 mT 和 50 mT 的磁场吸引和排斥模式。纯 PEF 处理的实验表明,随着电场频率的增加,冻结时间明显缩短。此外,PEF 的应用对冰晶的影响较均匀。排斥性 SMF 处理也有类似的效果。PEF 和排斥性 SMF 联合处理可以显著降低相变时间,并影响冰晶粗糙性和均匀性,这些现象可以用过冷水的电极化和反磁效应来解释。采用类似的方法,应用 PEF 和 1 Hz 振荡磁场(OMF)处理,可以延长鸡胸肉内部过冷状态(Mok 等,2017)。所得数据表明,过冷后的产品可以保持原来的质量(微观结构、滴水损失、pH、颜色和质地),不会变质。

现在已经有一些关于 PEF 处理对过饱和蔗糖水溶液结晶影响的研究(Hu 等,2015;Parniakov 等,2017)。Hu 等最近研究了在 PEF($E=10\sim30$ kV/cm)作用下,过饱和度为 1.05～1.20 时,流动状态下蔗糖的成核现象(Hu 等,2015),用聚焦光束反射测量法观察经 PEF 处理诱导形成的结晶核,结果表明,PEF 处理对蔗糖成核有显著影响。

此外,Parniakov 等讨论了 PEE 处理对蔗糖在过饱和水溶液中成核的影响(Parniakov 等,2017)。过饱和度和温度是固定的,分别是 $S=1.32$ 和 $T=25℃$。处理方式为:有效电场强度为 $E=20\sim80$ kV/cm,PEF 模式(无放电)使用面—面电极处理室;HVED 模式(带放电)使用杆—面电极处理室。

图 7.15 显示了未处理(U)、PEF 处理(PEF)和 HVED 处理的蔗糖溶液过饱和度 S 随时间 t 的变化情况。三种处理下的样品都有诱导期,例如,未处理的、PEF 处理的和 HVED 处理的样品诱导时间分别为 $t_{ind}\approx110$ min、$t_{ind}\approx100$ min、$t_{ind}\approx55$ min[图 7.15(a)]。从图 7.15(a)可以看出,HVED 处理加速成核的效果最为显著。这表明通过棒电极弯曲边缘附近强烈的不均匀电场和在 HVED 处理时腔室内产生的气泡对成核具有诱导作用。为了检验气泡对成核动力学的影响,对有气泡和无气泡的样品进行了比较。通过离心法消除气泡[图 7.15(b)],但气泡的消除会导致结晶动力学较慢。最后,Parniakov 等总结了在工业应用中通过 HVED 处理调控蔗糖结晶的前景(Parniakov 等,2017)。

7.4.2.5　冷冻浓缩和压榨

冷冻浓缩和压榨通常用于非常美味的产品,如果汁、咖啡、茶和酒精饮料(Deshpande 等,1984;Sánchez 等,2009)。冷冻浓缩是基于从冷冻溶液中选择性分离冰。冷冻辅助压榨也是一种很有前景的技术,用于生产富含糖和其他有价值的生物化合物的浓缩果汁(Petzold 等,2015)。这些技术已用于生产由冷冻水果加工成的浓缩"冰"果汁和葡萄酒(Motluk,2003;Bowen,2010;Alessandria 等,2013;Musabelliu,2013;Kirkey 和 Braden,2014;Crandles 等,2015)。在第一次霜冻之前不采收水果的国家(如加拿大和德国)中,它们非常受欢迎。但是,这种加工过程相当昂贵,风险很大,并且需要对产品质量进行严格的控制。

然而,迄今为止,文献中很少讨论 PEF 在辅助冷冻浓缩和压榨中的应用。Meiying 等讨论了用于果汁加工的 PEF 与冷冻浓缩联合技术,旨在通过 PEF 杀菌、利用冷冻浓缩抑制酶(Meiying 等,2008)。

Carbonell-Capella 等测试了 PEF 处理($E=800$ V/cm)对冷冻辅助压榨法提

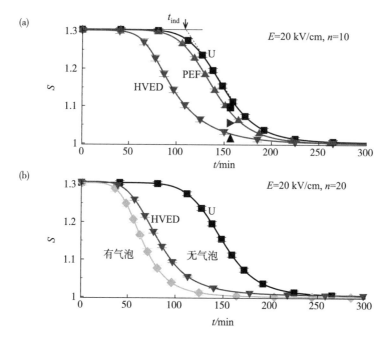

图 7.15 未处理的(U)和在结晶过程中经 PEE 处理过的蔗糖溶液的过饱和度 S 的变化。电场强度为 $E=20\ kV/cm$:(a) 经 PEF 和 HVED 处理,脉冲数 $n=10$;(b) 仅进行 HVED 处理,脉冲数 $n=20$ 的条件下测试有没有气泡产生(源自:Parniakov 等,2017)

取苹果汁的影响(Carbonell-Capella 等,2016)。苹果经 PEF 处理后,鼓风冷冻(至-40℃),然后压榨(压强为 0.2~0.5 MPa)。研究者比较了经 PEF 处理和未处理(U)样品的出汁率和营养品质。结果表明,采用 PEF 处理、0.5 MPa 压榨和低于零度的温度相结合的方法效果最佳,提取的果汁中碳水化合物和抗氧化活性化合物含量高。

参考文献

[1] Acharya PV, Bahadur V (2018) Fundamental interfacial mechanisms underlying electrofreezing. Adv Colloid Interf Sci 251:26-43

[2] Adams GDJ, Cook I, Ward KR (2015) The principles of freeze-drying. In: Wolkers WF, Oldenhof H (eds) Cryopreservation and freeze-drying protocols. Springer, New York, pp 121-143

[3] Aguilera JM, Stanley DW (1999) Microstructural principles of food processing and

engineering. Aspen Publishers, Inc/A Wolters Kluwer Company, Gaithersburg

[4] Alessandria V, Giacosa S, Campolongo S et al (2013) Yeast population diversity on grapes during on-vine withering and their dynamics in natural and inoculated fermentations in the production of icewines. Food Res Int 54:139-147

[5] Ando Y, Maeda Y, Mizutani K et al (2016) Effect of air - dehydration pretreatment before freezing on the electrical impedance characteristics and texture of carrots. J Food Eng 169:114-121

[6] Anese M, Manzocco L, Panozzo A et al (2012) Effect of radiofrequency assisted freezing on meat microstructure and quality. Food Res Int 46:50-54

[7] Bai Y, Luan Z (2018) The effect of high-pulsed electric fifield pretreatment on vacuum freeze drying of sea cucumber. Int J Appl Electromagn Mech 57:1-10. https://doi.org/10.3233/JAE-180009

[8] Balasubramaniam VM, Martinez-Monteagudo SI, Gupta R (2015) Principles and application of high pressure-based technologies in the food industry. Annu Rev Food Sci Technol 6:435-462

[9] Ben Ammar J, Van Hecke E, Lebovka N, Vorobiev E, Lanoisellé J-L (2009) Pulsed electric fifields improves freezing process. In: Vorobiev E, Lebovka N, Hecke E Van, Lanoiselle J-L (eds) Proceedings of the international conference on Bio and Food Electrotechnologies, BFE2009. Université de Technologie de Compiégne, Compiégne, France, pp 95-100

[10] Ben Ammar J, Lanoisellé J-L, Lebovka NI, Vorobiev E, Lanoisellé J-L (2010a) Effect of a pulsed electric fifield and osmotic treatment on freezing of potato tissue. Food Biophys 5:247-254

[11] Ben Ammar J, Van Hecke E, Vorobiev E et al (2010b) Surgélation et cryodessiccation des tissus végétaux: apports d'un prétraitement par champs électriques puisés. Rev Gen Du Froid nB 1107:29-38

[12] Ben Ammar J, Van Hecke E, Lebovka N, Vorobiev E, Lanoisellé J-L (2011) Freezing and freezedrying of vegetables: benefifits of a pulsed electric fifields pre-treatment. In: CIGR section VI International Symposium on "Towards a Sustainable Food Chain Food Process, Bioprocessing and Food Quality Management." ONIRIS, Nantes, France, pp 1-6

[13] Bermudez-Aguirre D (ed) (2017) Ultrasound: advances in food processing and

preservation. Academic, London

[14] Blanch M, Sanchez-Ballesta MT, Escribano MI, Merodio C (2015) The relationship between bound water and carbohydrate reserves in association with cellular integrity in Fragaria vesca stored under different conditions. Food Bioprocess Technol 8:875-884

[15] Bogh-Sorensen L (2006) Recommendations for the processing and handling of frozen foods. International Institute of Refrigeration (IIR)

[16] Bowen AJ (2010) Managing the quality of icewines. In: Reynolds A (ed) Managing wine quality: oenology and wine quality. Woodhead Publishing Limited/CRC Press LLC, Cambridge,

[17] Carbonell-Capella JM, Parniakov O, Barba FJ et al (2016) "Ice" juice from apples obtained by UK/Boca Raton, pp 523 - 552 pressing at subzero temperatures of apples pretreated by pulsed electric fifields. Innov Food Sci Emerg Technol 33:187-194. https://doi. org/10. 1016/j. ifset. 2015. 12. 016

[18] Carpenter K, Bahadur V (2015) Electrofreezing of water droplets under electrowetting fifields. Langmuir 31:2243-2248

[19] Cheng H-P, Lin C-T (2007) The morphological visualization of the water in vacuum cooling and freezing process. J Food Eng 78:569-576

[20] Cheng L, Sun D-W, Zhu Z, Zhang Z (2017) Emerging techniques for assisting and accelerating food freezing processes: a review of recent research progresses. Crit Rev Food Sci Nutr 57:769-781

[21] Chiralt A, Martınez-Navarrete N, Martınez-Monzó J et al (2001) Changes in mechanical properties throughout osmotic processes: cryoprotectant effect. J Food Eng 49:129-135

[22] Crandles M, Reynolds AG, Khairallah R, Bowen A (2015) The effect of yeast strain on odor active compounds in Riesling and Vidal blanc icewines. LWT-Food Sci Technol 64:243-258

[23] Crank J (1979) The mathematics of diffusion. Oxford University Press, London

[24] Dalvi-Isfahan M, Hamdami N, Le-Bail A (2016) Effect of freezing under electrostatic fifield on the quality of lamb meat. Innov Food Sci Emerg Technol 37:68-73

[25] Dalvi-Isfahan M, Hamdami N, Xanthakis E, Le-Bail A (2017) Review on the

control of ice nucleation by ultrasound waves, electric and magnetic fifields. J Food Eng 195:222-234

[26]De Vito F, Ferrari G, Lebovka NI et al (2008) Pulse duration and effificiency of soft cellular tissue disintegration by pulsed electric fifields. Food Bioprocess Technol 1:307-313

[27]Delgado AE, Sun D-W (2001) Heat and mass transfer models for predicting freezing processes--a review. J Food Eng 47:157-174

[28]Delgado AE, Sun D-W (2011) Ultrasound-assisted freezing. In: Feng H, Barbosa-Cánovas GV, Weiss J (eds) Ultrasound technologies for food and bioprocessing. Springer, New York, pp 495-509

[29]Deora NS, Misra NN, Deswal A et al (2013) Ultrasound for improved crystallisation in food processing. Food Eng Rev 5:36-44

[30]Deshpande SS, Cheryan M, Sathe SK et al (1984) Freeze concentration of fruit juices. Crit Rev Food Sci Nutr 20:173-248

[31]Drummond L, Zheng L, Sun D-W (2014) Vacuum cooling of foods. In: Sun D-W (ed) Emerging Technologies for Food Processing. Academic Press, London, UK, pp 477-494

[32]Dufour L (1862) Ueber das Gefrieren des Wassers und Ïjber die Bildung des Hagels (About the freezing of the water and the formation of the hail). Ann Phys 190:530-554

[33]Duroudier J-P (2016) Crystallization and crystallizers. ISTE Press Ltd/Elsevier Ltd, London/Oxford Espinosa JR, Navarro C, Sanz E et al (2016) On the time required to freeze water. J Chem Phys 145:211922

[34]Feng H, Barbosa-Cánovas GV, Weiss J (eds) (2011) Ultrasound technologies for food and bioprocessing. Springer, New York

[35]Feng C, Drummond L, Zhang Z et al (2012) Vacuum cooling of meat products: current state-of-theart research advances. Crit Rev Food Sci Nutr 52:1024-1038

[36]Fennema OR, Powrie WD, Marth EH (1973) Low-temperature preservation of foods and living matter. Marcel Dekker, New York

[37]Fincan M, Dejmek P (2002) In situ visualization of the effect of a pulsed electric fifield on plant tissue. J Food Eng 55:223-230. https://doi.org/10.

1016/S0260-8774(02)00079-1

[38] Franks F (1985) Biophysics and biochemistry at low temperatures. Cambridge University Press, Cambridge

[39] Fuller BJ (2004) Cryoprotectants: the essential antifreezes to protect life in the frozen state. CryoLetters 25:375-388

[40] Gránásy L, Pusztai T, James PF (2002) Interfacial properties deduced from nucleation experiments: a Cahn--Hilliard analysis. J Chem Phys 117:6157 -6168

[41] Hafezparast-Moadab N, Hamdami N, Dalvi-Isfahan M, Farahnaky A (2018) Effects of radiofrequency-assisted freezing on microstructure and quality of rainbow trout (Oncorhynchus mykiss) fifillet. Innov Food Sci Emerg Technol 47:81-87

[42] Haggis GH, Hasted JB, Buchanan TJ (1952) The dielectric properties of water in solutions. J Chem Phys 20:1452-1465

[43] Hammadi Z, Veesler S (2009) New approaches on crystallization under electric fifields. Prog Biophys Mol Biol 101:38-44

[44] Hao H, Zhong J, Yin Q, Wang X (2018) Editorial for the thematic issues "crystallization for pharmaceutical and food science". Curr Pharm Des 24:1-2

[45] Hozumi T, Saito A, Okawa S, Watanabe K (2003) Effects of electrode materials on freezing of supercooled water in electric freeze control. Int J Refrig 26:537-542

[46] Hozumi T, Saito A, Okawa S, Eshita Y (2005) Effects of shapes of electrodes on freezing of supercooled water in electric freeze control. Int J Refrig 28:389- 395

[47] Hu B, Huang K, Zhang P et al (2015) Pulsed electric field effects on sucrose nucleation at low supersaturation. Sugar Tech An Int J Sugar Crop Relat Ind 17: 77-84

[48] Ilicali C, Teik TH, Shian LP (1999) Improved formulations of shape factors for the freezing and thawing time prediction of foods. LWT − Food Sci Technol 32: 312-315

[49] Isard JO (1977) Calculation of the inflfluence of an electric field on the free energy of formation of a nucleus. Philos Mag 35:817-819

[50]Islam MN, Zhang M, Adhikari B (2017) Ultrasound-assisted freezing of fruits and vegetables: design, development, and applications. In: Barbosa-Cánovas GV, Pastore GM, Candoǧan K et al (eds) Global food security and wellness. Springer, New York, pp 457-487

[51]Jalté M, Lanoiselle J-L, Lebovka NI, Vorobiev E (2009) Freezing of potato tissue pre-treated by pulsed electric fields. LWT - Food Sci Technol 42:576 -580

[52]James C, Purnell G, James SJ (2014) A critical review of dehydrofreezing of fruits and vegetables. Food Bioprocess Technol 7:1219-1234

[53]Jha PK, Sadot M, Vino SA et al (2017) A review on effect of DC voltage on crystallization process in food systems. Innov Food Sci Emerg Technol 42:204- 219

[54]Jha PK, Xanthakis E, Jury V et al (2018) Advances of electro-freezing in food processing. Curr Opin Food Sci 23:85-89

[55]Jia G, He X, Nirasawa S et al (2017) Effects of high-voltage electrostatic field on the freezing behavior and quality of pork tenderloin. J Food Eng 204:18-26

[56] Khan AA, Vincent JFV (1996) Mechanical damage induced by controlled freezing in apple and potato. J Texture Stud 27:143-157

[57]Kiani H, Zheng L, Sun D-W (2015) Ultrasonic assistance for food freezing. In: Sun D-W (ed) Emergingtechnologies for food processing, 2nd edn. Academic, London, pp 495-513

[58] Kirkey C, Braden T (2014) An introduction to ice cider in Quebec: a preliminary overview. J East Townships Stud/Rev d'études des Cantons-de-l' Est 43:47-62

[59]Knorr D, Schlueter O, Heinz V (1998) Impact of high hydrostatic pressure on phase transitions of foods. Food Technol 52:42-45

[60]Koop T, Murray BJ (2016) A physically constrained classical description of the homogeneous nucleation of ice in water. J Chem Phys 145:211915

[61]Le Bail A (2004) Freezing processes: physical aspects. In: Hui YH, Hui YH, Legarretta IG et al (eds) Handbook of frozen foods. Marcel Dekker, Inc., New York, pp 10-20

[62]Le Bail A, Chevalier D, Mussa DM, Ghoul M (2002) High pressure freezing

and thawing of foods: a review. Int J Refrig 25:504-513

[63] Li T, Donadio D, Russo G, Galli G (2011) Homogeneous ice nucleation from supercooled water. Phys Chem Chem Phys 13:19807-19813

[64] Lin H-I, Chou S-F (2001) Theoretical model of a thin-film vacuum freezing ice production (VFIP) method. J Chinese Inst Eng 24:463-471

[65] López-Leiva M, Hallström B (2003) The original Plank equation and its use in the development of food freezing rate predictions. J Food Eng 58:267-275

[66] Mascheroni RH (2012) Operations in food refrigeration. CRC Press/Taylor & Francis Group, Boca Raton

[67] Mazur P (1966) Physical and chemical basis of injury in single celled microorganisms subjected to freezing and thawing. In: Meryman HT (ed) Cryobiology. Academic, London/New York, pp 213-315

[68] Mazur P, Leibo SP, Chu EHY (1972) A two-factor hypothesis of freezing injury: evidence from Chinese hamster tissue-culture cells. Exp Cell Res 71: 345-355

[69] McDonald K, Sun D-W (2000) Vacuum cooling technology for the food processing industry: a review. J Food Eng 45:55-65

[70] Meiying C, Xuemei G, Wencheng W et al (2008) The discuss of integration with PEF and freeze concentration in processing fruit juice. Chinese Agric Sci Bull 4:95

[71] Mok JH, Choi W, Park SH et al (2015) Emerging pulsed electric field (PEF) and static magnetic field (SMF) combination technology for food freezing. Int J Refrig 50:137-145

[72] Mok JH, Her J-Y, Kang T et al (2017) Effects of pulsed electric field (PEF) and oscillating magnetic field (OMF) combination technology on the extension of supercooling for chicken breasts. J Food Eng 196:27-35

[73] Motluk A (2003) Extreme winemaking. New Sci 180:54-55

[74] Muldrew K, McGann LE (1990) Mechanisms of intracellular ice formation. Biophys J 57:525-532

[75] Musabelliu N (2013) Sweet, reinforced and fortified wines. In: Mencarelli F, Tonutti P (eds) Sweet, reinforced and fortified wines. Wiley, Ltd, pp 301 -304

[76] Nguyen TK, Mondor M, Ratti C (2018) Shrinkage of cellular food during air drying. J Food Eng 230:8-17

[77] Orlowska M, Havet M, Le-Bail A (2009) Controlled ice nucleation under high voltage DC electrostatic field conditions. Food Res Int 42:879-884

[78] Otero L, Sanz PD (2016) High-pressure shift freezing. In: Handbook of frozen food processing and packaging. CRC Press/Taylor & Francis Group, Boca Raton, pp 684-701

[79] Parniakov O, Lebovka NI, Bals O, Vorobiev E (2015) Effect of electric field and osmotic pre-treatments on quality of apples after freezing-thawing. Innov Food Sci Emerg Technol 29:23-30. https://doi. org/10. 1016/j. ifset. 2015. 03. 011

[80] Parniakov O, Bals O, Lebovka N, Vorobiev E (2016a) Effects of pulsed electric fields assisted osmotic dehydration on freezing-thawing and texture of apple tissue. J Food Eng 183:32-38

[81] Parniakov O, Bals O, Lebovka N, Vorobiev E (2016b) Pulsed electric field assisted vacuum freezedrying of apple tissue. Innov Food Sci Emerg Technol 35: 52-57. https://doi. org/10. 1016/j. ifset. 2016. 04. 002

[82] Parniakov O, Bals O, Mykhailyk V et al (2016c) Unfreezable water in apple treated by pulsed electric fifields: impact of osmotic impregnation in glycerol solutions. Food Bioprocess Technol 9:243-251

[83] Parniakov O, Adda P, Bals O et al (2017) Effects of pulsed electric energy on sucrose nucleation in supersaturated solutions. J Food Eng 199:19-26

[84] Patel SM, Jameel F, Sane SU, Kamat M (2015) Lyophilization process design and development using QbD principles. In: Jameel F, Hershenson S, Khan MA, Martin-Moe S (eds) Quality by design for biopharmaceutical drug product development. Springer, New York, pp 303-329

[85] Pearce RS (2001) Plant freezing and damage. Ann Bot 87: 417 - 424 References 205

[86] Petzold G, Moreno J, Lastra P et al (2015) Block freeze concentration assisted by centrifugation applied to blueberry and pineapple juices. Innov Food Sci Emerg Technol 30:192-197

[87] Pham QT (2014) Food freezing and thawing calculations. Springer, New York

[88] Plank R (1913) Die gefrierdauer von eisblocken (The freezing time of ice blocks). Zeitschrift fur die gesamte Kalte Ind 20:109-114

[89] Plank R (1914) Beitrage zur Berechnung und Bewertung der Gefriergeschwindigkeit von Lebensmitteln (contributions to the calculation and evaluation of the freezing rate of food). Zeitschrift fur die gesamte Kalte Ind 3:1 -16

[90] Pruppacher HR (1973) Electrofreezing of supercooled water. Pure Appl Geophys 104:623-634

[91] Rau W (1951) Eiskeimbildung durch dielektrische Polarisation. Zeitschrift für Naturforsch A 6:649-657

[92] Reid DS (1993) Basic physical phenomena in the freezing and thawing of plant and animal tissues. In: Mallett CP (ed) Frozen Food Technology. Blackie Academic and Professional, London, UK, pp 1-19

[93] Reid DS (1997) Overview of physical/chemical aspects of freezing. In: Erickson MC, Hung Y-C (eds) Quality in frozen food. Springer, New York, pp 10-28

[94] Reis FR (ed) (2014) Vacuum drying for extending food shelf - life. Springer, Cham

[95] Salt RW (1961) Effect of electrostatic field on freezing of supercooled water and insects. Science (80-) 133:458-459

[96] Sánchez J, Ruiz Y, Auleda JM et al (2009) Review. Freeze concentration in the fruit juices industry. Food Sci Technol Int 15:303-315. https://doi. org/ 10. 1177/1082013209344267

[97] Sanz PD, Otero L (2015) High - pressure freezing. In: Sun D - W (ed) Emerging technologies for food processing, 2nd edn. Academic, London, pp 515-538

[98] Shayanfar S, Chauhan OP, Toepflfl S, Heinz V (2013) The interaction of pulsed electric fields and texturizing-antifreezing agents in quality retention of defrosted potato strips. Int J Food Sci Technol 48:1289-1295

[99] Shayanfar S, Chauhan OP, Toepflfl S, Heinz V (2014) Pulsed electric field treatment prior to freezing carrot discs sigginificantly maintains their initial quality parameters after thawing. Int J Food Sci Technol 49:1224-1230

[100]Shete YV, Chavan SM, Champawat PS, Jain SK (2018) Reviews on osmotic dehydration of fruits and vegetables. J Pharmacogn Phytochem 7:1964-1969

[101] Shichiri T, Araki Y (1986) Nucleation mechanism of ice crystals under electrical effect. J Cryst Growth 78:502-508

[102]Shichiri T, Nagata T (1981) Effect of electric currents on the nucleation of ice crystals in the melt. J Cryst Growth 54:207-210

[103]Singh RK, Ozen BF (2010) Vacuum cooling. In: Heldman DR, Moraru CI (eds) Encyclopedia of agricultural, food, and biological engineering. CRC Press/Taylor & Francis Group, Boca Raton, pp 1777-1782

[104]Speedy RJ, Angell CA (1976) Isothermal compressibility of supercooled water and evidence for a thermodynamic singularity at 45 C. J Chem Phys 65:851 -858

[105]Sun D-W, Li B (2003) Microstructural change of potato tissues frozen by ultrasound-assisted immersion freezing. J Food Eng 57:337-345

[106] Swer TL, Mukhim C, Sehrawat R, Gaikwad ST (2018) Applications of freezing technology in fruits and vegetables. In: Rachna S, Khursheed AK, Megh RG, Prodyut KP (eds) Technological interventions in the processing of fruits and vegetables. Apple Academic Press Inc. , Oakville, pp 179-208

[107] SzymoE„ ska J, Krok F, Komorowska-Czepirska E, Rebilas K (2003) Modification of granular potato starch by multiple deep-freezing and thawing. Carbohydr Polym 52:1-10

[108] Thivya S, Sree VG (2015) Breakdown study of water with different conductivities. In: Proceedings of 13th IRF international conference, Bengaluru, pp 39-45

[109]Toner M, Cravalho EG, Karel M (1990) Thermodynamics and kinetics of intracellular ice formation during freezing of biological cells. J Appl Phys 67: 1582-1593

[110]Tremeac B, Datta AK, Hayert M, Le-Bail A (2007) Thermal stresses during freezing of a two-layer food. Int J Refrig 30:958-969

[111]Volmer M, Weber A (1926) Keimbildung in ubersättigten Gebilden. Z Phys Chem 119:277-301

[112] Vorobiev E, Lebovka NI (2006) Extraction of intercellular components by

pulsed electric fields. In: Raso J, Heinz V (eds) Pulsed electric fields technology for the food industry. Springer, New York, pp 153-193

[113] Wang Y, Truong T (2017) Glass transition and crystallization in foods. In: Bhandari B, Roos YH (eds) Non-equilibrium states and glass transitions in foods. Woodhead Publishing, Duxford, pp 153-172

[114] Wang C-Y, Huang H-W, Hsu C-P, Yang BB (2016a) Recent advances in food processing using high hydrostatic pressure technology. Crit Rev Food Sci Nutr 56:527-540

[115] Wang D, Zhang Z, Wang M (2016b) Modeling of vacuum cooling for porous food: size and pore diameter. J Comput Theor Nanosci 13:2259-2263

[116] Weng L, Li W, Zuo J (2011) Two applications of the thermogram of the alcohol/water binary system with compositions of cryobiological interests. Cryobiology 62:210-217

[117] Wilson PW, Osterday K, Haymet AD (2009) The effects of electric field on ice nucleation may be masked by the inherent stochastic nature of nucleation. CryoLetters 30:96-99

[118] Wolfe J, Bryant G, Koster KL (2002) What is 'unfreezable water', how unfreezable is it and how much is there? CryoLetters 23:157-166

[119] Xanthakis E, Havet M, Chevallier S et al (2013) Effect of static electric field on ice crystal size reduction during freezing of pork meat. Innov Food Sci Emerg Technol 20:115-120

[120] Xanthakis E, Le-Bail A, Ramaswamy H (2014) Development of an innovative microwave assisted food freezing process. Innov Food Sci Emerg Technol 26: 176-181

[121] Xanthakis E, Le-Bail A, Havet M (2015) Freezing combined with electrical and magnetic disturbances. In: Sun D-W (ed) Emerging technologies for food processing, 2nd edn. Academic Press, London, pp 563-579

[122] Xu B, Zhang M, Ma H (2017) Food freezing assisted with ultrasound. In: Bermudez-Aguirre D (ed) Ultrasound: advances for food processing and preservation. Academic Press Inc., London, pp 293-321

[123] Zaragoza A, Espinosa JR, Ramos R et al (2018) Phase boundaries, nucleation rates and speed of crystal growth of the water-to-ice transition under

an electric field: a simulation study. J Phys Condens Matter 30:174002

[124]Zaritzky N (2006) Physical-chemical principles in freezing. In: Sun D-W (ed) Handbook of frozen food processing and packaging. CRC Press/Taylor & Francis Group, Boca Raton, pp 3-31

[125]Zhang Z, Liu X-Y (2018) Control of ice nucleation: freezing and antifreeze strategies. Chem Soc Rev 47:7116-7139

[126]Zhang N, Li W, Chen C et al (2013a) Molecular dynamics investigation of the effects of concentration on hydrogen bonding in aqueous solutions of methanol, ethylene glycol andglycerol. Bull Kor Chem Soc 34:2711-2719

[127]Zhang N, Li W, Chen C et al (2013b) Molecular dynamics study on water self-diffusion in aqueous mixtures of methanol, ethylene glycol and glycerol: investigations from the point of view of hydrogen bonding. Mol Phys 111:939-949

[128]Zhang M, Chen H, Mujumdar AS et al (2017) Recent developments in high-quality drying of vegetables, fruits, and aquatic products. Crit Rev Food Sci Nutr 57:1239-1255

[129]Zhang P, Zhu Z, Sun D-W (2018) Using power ultrasound to accelerate food freezing processes: effects on freezing effifiiciency and food microstructure. Crit Rev Food Sci Nutr 58 (16):2842-2853

[130]Zhu S, Ramaswamy HS (2016) Pressure-shift freezing effects on texture and microstructure of foods. In: Ahmed J, Ramaswamy HS, Kasapis S, Boye JI (eds) Novel food processing: effects on rheological and functional properties. CRC Press/Taylor & Francis Group, Boca Raton, pp 323-336

[131]Zhu Z, Li Y, Sun D-W, Wang H-W (2019) Developments of mathematical models for simulating vacuum cooling processes for food products--a review. Crit Rev Food Sci Nutr 59:715-727

第 3 部分　应用脉冲电场加工食品和生物质原料的实例

第8章　水果：苹果、番茄和柑橘

摘要　对于苹果,本章分析脉冲电能(PEE)辅助苹果汁和苹果酒生产、渗透脱水、热干燥、冻融和冷冻脱水技术。综述了近年来有关脉冲电场对苹果细胞电穿孔、组织结构和苹果汁品质影响的研究进展,介绍了 PEF 电场辅助苹果酒生产的中试和工业方案及实验结果。简要评述 PEF 在苹果汁微生物灭活方面的应用。

对于番茄,本章介绍 PEF 辅助生产去皮食品的方法,并对番茄皮中类胡萝卜素的提取和番茄组织中类胡萝卜素的累积进行讨论,还简要讨论 PEF 在灭活番茄汁微生物方面的应用。

对于柑橘类水果,本章讨论 PEE 辅助生产果汁和从橙皮中提取有价值化合物。综述近年来 PEE 对柑橘(橙、柚、柠檬)细胞电穿孔、组织结构和汁液压榨的影响研究。简述 PEE 诱导橙汁和其他柑橘类果汁中微生物的灭活作用。

通常,"果实"是指植物的与种子伴生的肉质结构,有甜味或酸味,在未加工的状态下可以食用(Wikipedia,2019)。水果分类系统与食物成分有关,以植物的科、颜色和植物的可食用部分为基础。例如,水果可以分为深橙色/黄色水果、柑橘类水果、番茄和其他红色水果、红/紫/蓝色浆果(Pennington 和 Fisher,2009)。本章讨论 PEE 在苹果,番茄和柑橘三种水果加工中的应用实例。综述果汁的生产、微生物的灭活以及果实、果皮提取中存在的问题。对于番茄,还考虑去皮过程。

8.1　苹果

苹果由于其多汁、酥脆、风味和吸引力,是世界上最古老和最受欢迎的水果之一。2017 年全球苹果产量超过 8900 万吨(FAOSTAT,2019)。一般来说,成熟的苹果含有 85% 的水、12% ~ 14% 的碳水化合物(主要是果糖、葡萄糖和蔗糖)、0.3% ~ 1% 的有机酸、0.3% 的蛋白质、可以忽略的脂类(<0.1%)、多种维生素和矿物质(Moreiras Tuni 等,2004),而且还含有丰富的多酚类物质。

苹果组织对 PEF 处理敏感。在较早期研究中,Bazhal 等测定了不同 PEF 强度($E=80\sim1500$ V/cm)和处理时间下,苹果组织(*Golden Delicious*)的细胞电导率分解指数 Z_c(Bazhal 等,2003)。当 $E=1500$ V/cm,总 PEF 持续时间 $t_{PEF}\approx0.3\sim0.4$ ms 时,PEF 处理足以使苹果组织完全受损($Z_c\approx1$)。然而即使在较低的 PEF 强度下($E=400$ V/cm),当 $t_{PEF}\approx30\sim40$ ms 时,苹果组织也高度受损($Z_c\approx0.8$)。在 $E=400$ V/cm 时,苹果组织一半细胞受损($Z_c\approx0.5$)的特征时间约为 8 ms,电能消耗为 12 kJ/kg(Lebovka 和 Vorobiev,2011)。Wiktoret 等测定了苹果(*varietyIdared*)在 5 kV/cm 和 10 kV/cm 的高 PEF 下的 Z_c 值(Wiktor 等,2013)。结果表明,在 $E=5$ kV/cm,脉宽 10 μs($t_{PEF}=0.5$ ms),频率 50 Hz,能量输入为 20 kJ/kg 时,细胞损伤程度大($Z_c\approx0.8$)。当施加 20 次、5 kV/cm 的脉冲($t_{PEF}=0.5$ ms)(能量输入为 10 kJ/kg)时,$Z_c\approx0.5$。因此,在较低的 PEF 强度和较长的 PEF 处理时间(400 V/cm 8 ms)(Lebovka 和 Vorobiev,2011)以及较高的 PEF 强度和较短的 PEF 处理时间(5 kV/cm 0.2 ms)(Wiktor 等,2013)的实验中,要达到相同的细胞分解程度($Z_c\approx0.5$),需要几乎相同的能量输入($10\sim12$ kJ/kg)。

图 8.1 显示由声脉冲响应计算得到的声衰变指数 Z_a(见公式 3.10)。关于 Z_a 的更多测定信息见第 3 章。从图 8.1 可以看出,以电学和声学估算为基础测定的苹果组织受损的特征时间($Z_c\approx0.5$ 或 $Z_a\approx0.5$),在 $E=400$ V/cm 时证实相当准确(在这两种情况下,t_{PEF} 都略低于 10 ms)。然而,基于声学测量,当组织受损达到细胞受损同样程度时,所需的持续时间略低。

在外加电场中,苹果组织的各向异性和样品的取向影响细胞分解指数(Chalermchat 等,2010;Grimi 等,2010)。当施加平行于细胞最长轴的电场时,需要较低强度的 PEF 处理才能透过苹果薄壁组织内部的细长细胞。苹果薄壁组织外部区域的圆形细胞无电场方向依赖性。当 PEF 作用于整个苹果时,垂直于电场方向比平行于电场方向更有效(有更高的声衰变指数 Z_a 值)(Grimi 等,2010)。

研究发现,在与外界空气接触时,PEF 处理的苹果表面发生了更明显的褐变(图 8.2)。当细胞受损时,氧气进入细胞,多酚氧化酶(PPO)会迅速氧化自然存在于苹果果肉中的酚类化合物,使苹果变成棕色。用糖、糖浆或酸性溶液对处理过的苹果组织进行涂膜可以减少酶促褐变。此外,在外部导电溶液中用 PEF 处理苹果组织可以更有效地使细胞发生电穿孔(Grimi,2009;Grimi 等,2009)。多酚氧化酶(PPO)引起的褐变反应并不总是认为不合需要。棕色可能是可取的,估计很有可能作为某些饮料的质量参数。

8.1.1 苹果汁及其相关产品生产

制作苹果汁有多道加工工序,不同国家和不同果汁加工者的加工工序各不

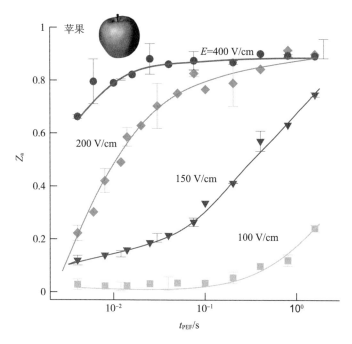

图 8.1　苹果组织的声学分解指数 Z_a 与 PEF 处理时间 t_{PEF} 的关系(源自:Grimi 等,2010)

相同。通常,可以将几个品种的苹果混合在一起,以制作可口的苹果汁和苹果酒。苹果汁加工包括苹果的选择和产品制备(空气净化、清洗、检验、分级、质量检查);粉碎或切片(将苹果粉碎/捣碎/切片);压榨/提取;通过过滤或离心来澄清;巴氏杀菌和装瓶(Hui,2006)。除此之外,苹果酒的生产还包括额外的发酵步骤。在工业设备(如带式和螺旋压榨机)中,粉碎(研磨)后的碎苹果榨汁率从70%到80%不等。也可以通过酶和在离心机中逆流水相提取碎苹果汁,然后用反渗透和超滤来浓缩果汁(Hui,2006)。压榨得到的果渣可用于生产果胶。图8.3 为含 PEF 处理的苹果酒生产工艺流程,其中 PEF 处理可用于提高后续压榨中果汁的产量。

在粉碎前应用 PEF 处理也可以减少把苹果片切碎成泥所需的切削(磨削)力。切苹果组织所需的力低于切胡萝卜或土豆组织所需的力(见第 10 章)。苹果组织对 PEF 处理也很敏感,PEF 处理后苹果组织的切削力显著降低(从 75 N 左右降低到 55 N 左右)(图 8.4)。

PEF 处理降低苹果的切削力有利于降低苹果研磨或切片时的能耗。另外,与热处理或冻融的苹果组织相比,PEF 处理后的苹果组织仍然更强壮(图 8.5)。Lebovka 等研究了 PEF($E = 1100$ V/cm、$t_{PEF} = 0.1 \sim 100$ ms)处理下未加热(20℃)和

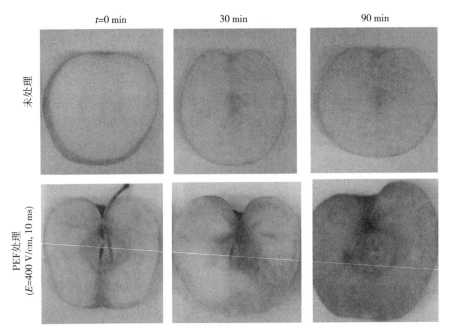

图 8.2　未处理和 PEF 处理后苹果表面不同时间的照片（与外界空气接触）（源自：Grimi 等，2009）

轻度预热（50℃、10 min）苹果组织的结构特性（Lebovka 等，2004）。在没有预热的情况下即使用很强的 PEF 处理（$E = 1100$ V/cm、$t_{PEF} = 100$ ms），也不能产生冻融苹果组织的质构状态。尽管在这种 PEF 处理条件下，电导率衰变指数达到了最大值 $Z_c = 1$，可温和加热（50℃、10 min）与 PEF 的结合会对苹果组织的质构特性产生协同效应，使（在 $t_{PEF} \geqslant 10$ ms 时）弛豫时间接近于冻融组织的弛豫时间。

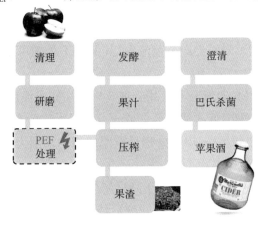

图 8.3　PEF 处理下的苹果酒的生产流程

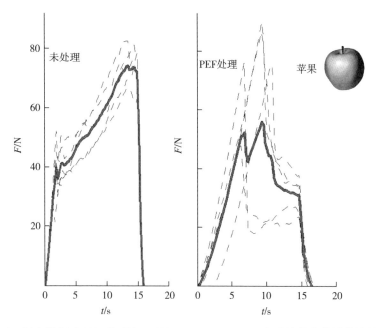

图 8.4　切未处理或 PEF 处理($E = 400$ V/cm、$t_{PEF} = 100$ ms)过的整个苹果样品所需的力 F(源自:Grimi 等,2009)

使用 6 mm 磨碎机制备的"冠金"苹果片经 PEF 处理($E = 0.5$ kV/cm、$t_{PEF} = 100$ ms)后,相比未经 PEF 处理的苹果片,实验室获得的果汁出汁率显著增加(Bazhal 和 Vorobiev,2000)。例如,在 0.3 MPa 的压力下,未处理的苹果片的出汁率约为 49%,而 PEF 处理的苹果片的出汁率大约增加到 70%。当 PEF 处理总时间减少到 $t_{PEF} = 10$ ms 时,增加的出汁率较低(约 7%)。榨出果汁的 pH、°Brix 和电导率无明显变化,但 PEF 处理使果汁的颜色变浅。

果汁出汁率的提高取决于 PEF 处理的苹果品种及其破碎程度。PEF 处理($E = 320$ V/cm,$t_{PEF} = 40$ ms)细(1.5 mm×2 mm×30 mm)和粗(7 mm×2 mm×30 mm)的澳洲青苹果(Granny Smith)泥,出汁率分别从 80% 增加到 85%,以及从 55% 增加到 70%(Praporscic 等,2007)。此外,与胡萝卜(第 10 章)类似,电处理后立即检测到果汁的吸光度下降相当大,糖度(°Brix)增加(图 8.6)。从视觉上看,经 PEF 处理后的苹果榨出汁更透明,更少浑浊。这可能是在挤压苹果片的预压层中,胶体颗粒的滞留所致。在另一项实验室规模的研究中(Schilling 等,2007),用 PEF($E = 1 \sim 3$ kV/cm、$t_p = 400$ μs、$n = 30$ 次脉冲)处理"Roter Boskoop"品种的苹果浆。将苹果浆与抗坏血酸(1 g/kg 浆汁)混合以防止氧化。与对照相比,产量提高 1.7% ~ 7.7%。苹果汁的 pH、总糖、总酸度或酚类物质含量均无明

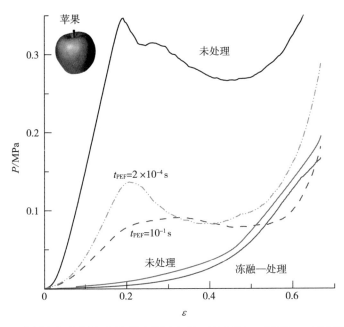

图 8.5　苹果组织分别在未处理、PEF(在 E=1100 V/cm、不同 t_{PEF} 下)温热处理(温度 T=65℃、处理 2 h)和冻融处理条件下,应力 P 与相对变形程度 ε=Δh/h 的关系曲线(Δh 和 h 分别为变化量和初始样本的形态)(源自:Lebovka 等,2004)

显变化(Schilling 等,2007)。然而,当改变 PEF 处理条件(E=1.2 kV/cm、n=20 次脉冲)时,处理苹果汁中的总酚含量则会降低 29%(Balasa 等,2009)。

　　Grimi 等研究了 1.5 mm×1 mm×20 mm、4 mm×1.5 mm×25 mm 和 7 mm×3 mm×30 mm 大小的苹果切片的压榨出汁率(Grimi 等,2009)。苹果切片在 10 min 内经 PEF(E=400 V/cm、t_{PEF}=100 ms)处理,用带压机在 0.5 MPa 压力下压榨,如第 10 章(10 kg 处理过的切片)的图 10.11 所示。结果表明,未处理(Y=61%)和 PEF 处理(Y=66%)的最小尺寸(1.5 mm×1 mm×20 mm)的苹果片的出汁率 Y 最高。但 PEF 处理后,苹果出汁率显著提高,特别是对于较大的苹果片,如 4 mm×1.5 mm×25 mm 和 7 mm×3 mm×30 mm 的苹果片,其出汁率分别从 45% 提高到 59%、从 30% 提高到 58%。从"Jona Gold"和"Royal Gala"两个苹果品种中获得的苹果浆经 PEF 处理(E=2 kV/cm、能量输入 6 kJ/kg),然后用 Hollmann 压榨包装机压榨(处理 50 kg 苹果),出汁率分别增加 14% 和 5%(Toepfl,2006)。相比之下,6 个苹果品种的混合浆液经 3 kV/cm、10 kJ/kg 的 PEF 处理后,再用中试水平的 HPL200 压滤机(处理 220 kg 苹果)压榨,并没有在非常高(84.9%±

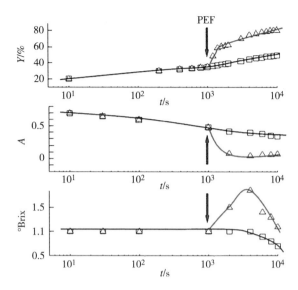

图 8.6　苹果片在 PEF 处理(E = 320 V/cm、t_{PEF} = 40 ms)前后的产汁量 Y、吸光度 A 和糖度与时间 t 的关系(源自:Praporscic 等,2007)

0.4%)的平均出汁率基础上提高出汁率(Schilling 等,2008)。与之前实验室规模的研究结果(Schilling 等,2007)相比,Schilling 等的研究结果(Schilling 等,2008)显示,PEF 处理后的苹果浆中多酚类物质的提取量显著增加(大约 80%)。

　　Turk 等将法式苹果酒用苹果浆以 280 kg/h 的流速泵入共线处理室,用 PEF 对其进行处理(E = 1000 V/cm、f = 200 Hz、t_{PEF} = 32 ms、能量输入 46 J/kg)(Turk 等,2012a)。然后用带式压机连续压榨处理过的苹果浆(图 8.7)。

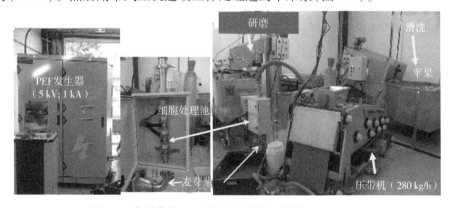

图 8.7　苹果浆的 PEF 处理和压榨试验设备(280 kg/h)

　　PEF 处理使出汁率提高了 4.1%,多酚氧化酶(PPO)的氧化作用使果汁中总多酚含量降低了 17.8%,汁液中 PPO 的活性也降低了 18.3%。可以推测出:由于细胞内膜的电穿孔,PEF 处理增强了细胞内天然多酚化合物的氧化。PPO 活性的丧失与氧化酚类化合物对酶的抑制有关。在对照组和 PEF 处理过的果汁之间可以发现显著的颜色差异:与对照组相比,经过 PEF 处理的果汁颜色在感官评定小组中最受欢迎,而所有化学成分与各自的对照组没有区别(Turk 等,2012a)。

Jäger 等(2012)研究了 PEF 辅助压榨苹果浆,使用四种榨汁设备:带式压榨机(250 kg/h)、机架布式压榨机(250 kg/h)、液压机(250 kg/h)和离心式压榨机(50 kg/h)。在共线处理室中施加的局部电场为 2.1~7 kV/cm,平均值为 3 kV/cm。经研究,低(2~4 kJ/kg)和高(12 kJ/kg)PEF 处理能量输入取决于 PEF 处理的总时间。脉冲持续时间 3 μs,采用不同孔径的离心式粉碎机制备苹果浆。在孔径分别为 9 mm 和 5 mm 的粉碎机上进行粉碎,在 $E = 3$ kV/cm 和能量输入为 12 kJ/kg 的 PEF 处理条件下,细胞分解指数 Z_c 的最大值分别为 86% 和 89%。对于磨孔尺寸为 2 mm 的细颗粒果浆,PEF 处理效果不佳,因为 PEF 处理后果浆的细胞分解度(86%)没有增加。在所有榨汁系统和粗浆(孔径为 9 mm)细浆(孔径为 5 mm)(除用压滤机加工的细浆外)中,可以观察到电穿孔后果汁的出汁率的增加;而对于粗粒果浆,PEF 处理对其出汁率的提高较为显著。

这与其他所有证明 PEF 对粗粒子有最重要影响的研究结果一致。不同榨汁体系、汁液类型和 PEF 处理强度间,总溶解固形物(TDS)含量相差不大。与 Turk 等得到的结果相反(Turk 等,2012a),除带式压榨机加工的细浆外,所有榨汁系统和浆汁都显示,PEF 处理导致总多酚含量(TPC)增加的趋势(Jäger 等,2012)。在 PEF 处理后的浆液中,粗浆液 TPC 增幅高于细浆液。对于粗浆,PEF 处理后 TPC 增加了 63%~71%;而对于细浆,TPC 增加了 17%~26%。有关从 PEF 处理的苹果浆中提取 TPC 研究获得的结果存在一些自相矛盾,这可能与苹果品种、成熟度、电参数、物料破碎程度(颗粒大小)、压力参数(压力、设备类型)、防氧化方法等因素有关。需要进一步研究来更好地阐明所有工艺参数的影响。

Turk 等研究了在工业规模上用 PEF 辅助压榨苹果浆的工艺(Turk 等,2012b)。图 8.8 是法国苹果酒工厂安装的 PEF 发生器和处理室。试验选用 30 t 澳洲青苹果(*Granny Smith*)品种的苹果,苹果洗净后,用带有直径为 9 mm 筛网的锤式粉碎机粉碎。在原料到达处理池之前,用螺旋泵通过 25 m 的软管输送苹果浆。4 个处理室组成的共线设计模块中苹果浆流量为 4400 kg/h。每个腔室由一个电极组成,这个电极由一个绝缘体(高度和直径为 80 mm)与地面隔开,用 PEF($E = 650$ V/cm、$t_{PEF} = 23.2$ ms、能量输入为 32 kJ/kg)处理该苹果浆,处理后的苹果浆流到带式压滤机的入口,经压榨获得果汁和果渣(图 8.8)。表 8.1 为从每公斤对照组和 PEF 处理的苹果浆评定出的主要化合物。经 PEF 处理的果浆出汁率为 763 g/kg(76.3%),而对照组为 711 g/kg(71.1%)。而且,与对照组(201.3 g/kg±2.2 g/kg)相比,PEF 处理使果渣干物质(225.1 g/kg±2.2 g/kg)显著增加($P<0.001$)。

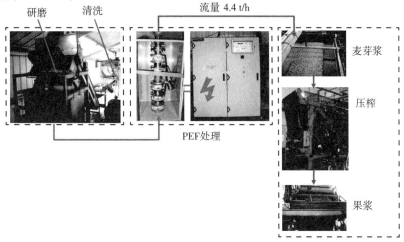

图 8.8　苹果浆 PEF 处理和压榨的工业设备(4.4 t/h)

表 8.1　来源于对照(0 V/cm)和 PEF(650 V/cm)处理的样品中 1 kg 新鲜浆液、果汁和果渣中的主要化合物质量平衡(Turk 等,2012b)。

	麦芽汁/(g·kg⁻¹)			果汁/(g·kg⁻¹)			果渣/(g·kg⁻¹)		
	0	650 V/cm	CI	0	650 V/cm	CI	0	650 V/cm	CI
产量	1000	1000		711	763[a]		289	237[a]	
水	859,2	861,2	3.4	641.9	686.1[a]	3.8	230.5	183.9[a]	0,6
苹果酸	3,6	3,5	0.9	2.9	3,2	0.2	0.5	0,7	0,1
果糖	58,3	56,7	6.1	42.4	45,5	4.4	15.2	11,8	0,4
葡萄糖	26,8	26	1.9	18.7	21,3	2	7.5	5,9	0
灰分	8,1	7,6	7.6	6.1	7,8	3.6	1.4	1,2	0,3

CI:置信区间为 95%。

a 显著性差异(Tukey HSD test. $P=0.05$)。

该结果证实了如中试所观察到的,PEF 处理使出汁率增加(Turk 等,2012a),而对果浆成分没有明显的影响。PEF 处理的果渣(184 g/kg 果浆)与对照组(231 g/kg 果浆)相比,水分含量显著降低($P<0.001$)。因此,果汁的含水量也从 642 g/kg 果浆(对照)提高到 686 g/kg 果浆(PEF 处理)($P<0.001$)(表 8.1),果

汁干物质从 70 g/kg 果浆提高到 77 g/kg 果浆($P=0.03$)。这可能与较好的果浆中溶质提取有关。此外,处理后的果汁中果糖(45.5 g/kg 果浆)和葡萄糖(21.3 g/kg 果浆)含量均高于对照组果糖(42.4 g/kg 果浆)和葡萄糖(18.7 g/kg 果浆)含量。与对照组(果糖 15.2 g/kg 和葡萄糖 7.5 g/kg)相比,处理后的果渣中果糖(11.8 g/kg 果浆,$P=0.0017$)和葡萄糖(5.9 g/kg 果浆,$P<0.001$)含量显著减少。然而,苹果酸、果糖、葡萄糖和矿物质在果汁中的浓度没有显著差异,这与中试获得的结果相印证(Turk 等,2012a;Schilling 等,2008)。PEF 处理对果浆天然多酚混合物的浓度没有显著影响,如对照组(768.1 mg/kg 果浆)的 TPC 与处理组(776.6 mg/kg 果浆)无显著差异($P=0.959$)。原花青素作为主要化合物,对电处理不敏感(Turk 等,2012b)。样品经 PEF 处理后,再进行防氧化处理,原汁中天然多酚的总含量可达到 8.8%($P=0.027$),多酚氧化产物的含量在处理过的果汁中也显著地提高,导致果汁色调的改变,褐变增强(图 8.9)。

对照组和经 PEF 处理组的果汁由 12 名评委组成的专家小组进行评估。对照和处理过的果汁差异如图 8.10 所示。两组果汁的感官特征有显著差异:与对照组相比,PEF 处理的果汁浑浊度明显降低,风味也不那么浓烈。相反,用气味强度和典型的苹果气味描述经 PEF 处理的苹果浆得到的果汁,这些属性显著高于未经处理的果汁。同样,经 PEF 处理后,苹果汁的整体味道强度和典型味道明显更强烈。虽然两种果汁颜色的显著差异可以客观测量到,但两种果汁的酸度、甜度和涩味并没有显著差异。由此得出,PEF 处理对苹果汁的感官属性有积极的影响,导致苹果汁具有更高的苹果典型气味强度。

0 V/cm   650 V/cm

图 8.9 对照组(未处理、$E=0$ V/cm)和 PEF 处理($E=650$ V/cm)工业规模苹果汁(源自:Turk,2010)

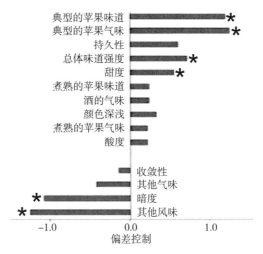

图 8.10　对照和处理组果汁感官差异概况。0.05 显著水平下的差异用星号标出(Turk 等,2012b)

8.1.2　苹果汁中微生物的灭活

PEF 处理可能成为一种替代加热灭活苹果汁中微生物的有趣方法。尽管热巴氏杀菌能有效防止果汁中微生物腐败,但它也会降低果汁的营养价值和整体质量。用高 PEF(20~40 kV/cm)短时间内(以微秒为单位计)处理苹果汁可以低能量输入及在接近环境温度下使微生物和酶失活,提供安全、新鲜的果汁。关于液体食品微生物非热失活有大量的文献(如 Barbosa-Cánovas 等,1997;Raso 和 Heinz,2007),描述了高 PEF 对苹果汁和其他果汁的不同影响,更近的有关综述见(Evrendilek,2017)。例如,通过 PEF 处理(25 kV/cm、150 个 2~20 μs 的指数脉冲)和低能耗(比热巴氏灭菌所需能量少 10%)可以使苹果汁中的酿酒酵母减少 7 个对数周期(Zhang 等,1994;Qin 等,1995)。Heinz 等发现,PEF(34 kV/cm、初始温度 55℃、40 kJ/kg)处理的大肠杆菌 K12 减少了 6.2 个对数周期,*L. innocua* 减少了 4.2 个对数周期,*L. rhamnosusin* 苹果汁减少了 4.9 个对数周期(Heinz 等,2003)。Saldaña 等人发现 PEF 处理苹果汁(20~30 kV/cm、处理时间为 5~125 μs、20~40℃)可以使大肠杆菌 O157:H7 减少 0.4~3.6 个对数周期(Saldaña 等,2011)。他们还证明,使用一种物质(添加 50 mg/kg 的月桂酰精氨酸乙酯)可以更好地灭活苹果中的大肠杆菌 O157:H7(最多减少 6.2 个对数周期)(Saldaña 等,2011)。Liang 等在处理温度为 45~50℃ 的条件下,研究了高 PEF(27~33 kV/cm、17~58 次脉冲)对鲜榨苹果汁中天然微生物(酵母和霉菌)

失活的影响(Liang 等,2006)。在最佳工艺条件下,微生物总数减少了3.10个对数周期。当存在栅栏因子(乳酸链球菌素/酵母菌酶和丁香油的混合物)时,处理效率甚至更高。在 PEF(32.3 kV/cm、2.5 μs 脉冲宽度、19℃)处理的苹果汁中,Raso 等观察到 *Z. bailiiascospores* 和 *Z. bailiivegetativecell* 分别减少3.6和4.8个对数周期(Raso 等,1998)。

有几项研究致力于高 PEF 对苹果汁中酶的灭活的影响。Giner 等发现高 PEF 处理(24.6 kV/cm、6 ms)可以用于灭活从苹果中提取的 PPO 酶(Giner 等,2001)。结果发现,苹果中 PPO 残留活性略有降低(约3%),高脉冲电场与温和加热相结合有利于降低酶的活性。例如,50℃预热和高 PEF(40 kV/cm、100 μs)处理相结合降低了71%的 PPO 酶活性(Riener 等,2008)。Sanchez-Vega 等发现在苹果汁中以50℃预热,PEF 处理(38.5 kV/cm 和300次脉冲/s)后,可以得到类似的 PPO 活性(Sanchez-Vega 等,2009)。Ertugay 等采用在40℃下对浑浊的苹果汁进行预热和高 PEF(30~40 kV/cm、50~200次脉冲)处理的方法(Ertugay 等,2013)。在40 kV/cm 下,100 或更多次脉冲均可完全抑制 PPO 活性。

Aguilar-Rosas 等比较了高 PEF、巴氏杀菌(35 kV/cm、4 μs 双相脉冲、1200次脉冲/s)的苹果(*Golden Delicious*)提取汁与高温瞬时杀菌(HTST)(90℃、处理30s)的传统果汁(Aguilar-Rosas 等,2007),发现 pH 仅有微小的差异,酸度未检测到显著变化。但是,酚类物质含量和挥发性物质含量在 PEF 和 HTST 处理后的统计学差异很大。一般来说,这些化合物受 PEF 处理的影响小于热巴氏杀菌。PEF 处理过的苹果汁能更好地保留大部分的挥发性化合物,这些化合物是苹果汁色泽和味道的来源。

利用 PEF 和其他替代技术(超声、脉冲光)相结合对苹果汁进行微生物灭活处理也是可行的(Caminiti 等,2011;Sulaiman 等,2017)。在美国2005年进行苹果汁产品商业巴氏杀菌和 PEF 处理,同时还测试了2000~50000 L/h 的大规模加工系统(Ravishankar 等,2008)。

8.1.3 苹果的渗透脱水

渗透脱水(OD)自然发生在苹果和其他水果的高渗糖溶液中。OD 具有相对较慢的扩散速度,而 PEF 可以用来加速这一过程。在苹果渗透脱水期间,应用 PEF 可以增加失水(WL)和固形物含量(SG)。Amami 等将苹果样品(*Golden variety*)进行 PEF 预处理($E = 100 \sim 1100$ V/cm、$t_{PEF} = 10 \sim 100$ ms),然后将片状样品(直径2.8 cm,厚度0.85 cm)浸泡在25℃、44.5 w/w 蔗糖渗透溶液中,不断搅拌（Amami 等,2005）。与对照相比,PEF 预处理使渗透液中糖浓度降低,而固形物含量增加。随着电场强度和脉冲数的增加,WL 和 SG 均增大。研究结果显示,PEF 处理的样品 WL 显著增加（50%）,而 SG 仅略有增加（6%）。SG 仅略有增加可能是由于 PEF 处理的样品细胞结构几乎完整未受损,这将有益于同时从食品中获取高 WL（脱水效果）和少量溶质（糖）。电场强度增加是有效的,直至达到其最佳水平（在 E = 900 V/cm、t_{PEF} = 75 ms 时）,此时对应的能量输入为 13.5 kJ/kg。随着渗透浓度从 44.5 w/w 增加到 55 w/w、65 w/w 蔗糖,WL 和 SG 值变得更高,特别是对于 PEF 处理后的苹果来说（Amami 等,2006）。Wiktor 等人研究了在高 PEF（5 kV/cm、10 kV/cm）和不同脉冲数处理的苹果（*variety Idared*）OD 情况（Wiktor 等,2014）。与未处理的样品的 OD 相比,PEF 处理的样品 OD 后的 WL 增加了 36% ~ 46%；电场强度增加到 5 ~ 10 kV/cm,导致了更高的 SG 含量。

Allali 等研究了经欧姆加热漂烫苹果（金冠,*Golden Delicious*）的 OD（Allali 等,2009,2010）。欧姆加热是提高 OD 的有效方法,因为它可以导致细胞膜的电穿孔（Praporscic 等,2006）,并通过溶解果胶类物质影响其细胞壁的形成,从而影响生物组织的完整性。Allali 等发现在 15°Brix 的蔗糖糖浆中加热苹果样品（1 cm³ 的方块）,同时施加交变电场（E = 60 V/cm、50 Hz）,可以限制水果和糖浆之间的传质（Allali 等,2009）。OD 温度选择范围为 60 ~ 95℃,加热时间为 0 ~ 6 min 不等。将漂烫后的样品浸泡在含 70 w/w 蔗糖的渗透溶液中、37℃下欧姆加热后,样品的 OD 明显加快。对于未处理的样品,获得约 25% 的 WL 需要 240 min 的 OD,而对于欧姆漂烫（95℃、1 min）过的样品仅需要 60 min 即可达到相同的 WL 值。当 OD 的持续时间从 3 min 增加到 4 min 时,WL 从 20% 增加到 35%（在 30 min 的 OD 处理后）。OD 预处理对传质选择性（WL/SG 比）有显著影响。对于未处理苹果的 WL/SG 比值在 OD 处理后可以达到 4。在 95℃、1 ~ 2 min、OD 处理后,WL/SG 比值开始时 3.3,然后下降到约 2.7。然而,当 OH 时间为 4 ~ 6 min 时,所有细胞可能被破坏,WL/SG 比下降到约 1.5（Allali 等,2010）。

8.1.4　苹果热干燥

利用 PEF 对苹果进行热干燥的研究相当少。早期的研究（Arevalo 等,2004）表明,PEF 处理（0.75 ~ 1.5 kV/cm、高达 120 次脉冲、处理 100 ~ 300 μs）没有提高 70℃对流空气烘箱中的苹果（*McIntosh variety*）的干燥速率。之后,Wiktor 等研究表明,对于高强度（5 ~ 10 kV/cm、10 ~ 50 次脉冲/10 μs）PEF 处理后,70℃干燥的苹果（*ldared variety*）,干燥时间可以适当减少（12%）（Wiktor 等,2013）。然而,当苹果干燥时,质量因素也应考虑。例如,PEF 处理后,由于酚类化合物的氧化导致苹果组织褐变(图 8.2),可能影响干燥过程中的食品质量。其他脱水方法,如冷冻干燥,可能是苹果 PEF 处理后干燥的替代方法(Wu 等,2011)。

8.1.5 苹果的冷冻融解与冷冻脱水

冷冻是保存食品最有效的方法之一,但也是一种高能耗的单元操作。冷冻包括 3 个阶段:将产品冷却到冰点的预冷阶段,形成玻璃晶体的相变阶段,以及将产品冷却到最后存储温度的最终阶段(Zaritzky,2006)。PEF 处理可以影响冷冻机理(见第 7 章),缩短冷冻时间。冷冻时间越短,能耗越低,食品质量越好。

最近进行了几项研究,以调查苹果组织的冻融情况。Wiktor 等研究了 PEF 处理($E = 1.85 \sim 5$ kV/cm、$10 \sim 100$ 次脉冲/10 μs)对苹果("埃尔斯塔"品种,*Elstar*)浸渍冷冻(使用乙醇作为冷却剂)和解冻行为的影响(Wiktor 等,2015)。冻融方案为:$+20℃→-15℃→+10℃$。与未处理的苹果样品相比,PEF 处理($E = 5$ kV/cm、50 次脉冲)后的苹果样品相变阶段的持续时间减少了 33%,总冷冻时间缩短,且总融化时间也减少 71.5%,但其质量损失增加,且明显变黑(Wiktor 等,2015)。

Parniakov 等研究发现苹果("乔纳金"品种,*Jonagold*)经 PEF($E = 800$ V/cm)处理后进行冻融会导致组织高度崩解($t_{PEF} = 0.1$ s 时 $Z_c \approx 0.98$)(Parniakov 等,2015)。将经 PEF 处理和未处理的样品(片)在甘油水溶液(20 wt%)中渗透浸渍/脱水,然后冻融($+20℃→-15℃→+10℃$)。未处理的细胞完整的苹果组织对甘油浸渍的渗透性较差,且其内部甘油的浓度非常不均匀。相反,在 PEF 处理后的苹果组织内部甘油的渗透浸渍非常均匀,浸渍 3.5 h 后与外部渗透溶液达到浓度平衡(见第 7 章,图 7.10)。由于增加的甘油浸渍以及 PEF 处理造成的水分损失,苹果组织冷冻或解冻的过程明显加快。对于经过 PEF 处理和渗透脱水的样品,与冰结晶相对应的相变阶段的持续时间相当短。因此,将样品温度从 0℃ 降到 $-30℃$ 可以显著缩短有效冷冻时间 t_f(未处理的样品 $t_f \approx 17$ min,经 PEF 处理且在浓度为 60 wt% 的甘油溶液中渗透脱水的样品 $t_f \approx 3$ min)。对于经过 PEF 处理和渗透脱水的样品,解冻时间也大大缩短。经过 PEF 处理、甘油浸渍、冻结后解冻的样品质构强,接近于新鲜苹果的质构,这种强的质构表明苹果组织中存在甘油(Parniakov 等,2015,2016b)。

真空冷冻干燥的食品品质高,但能耗也高(Chalermchat 等,2010)。PEF 处理可成为改进真空冷冻干燥过程的一个有趣工具。近期,Parniakov 等研究了将

PEF 处理（$E = 800$ V/cm，不同 Z_c 值）应用于乔纳金苹果的真空冷冻干燥中（Parniakov 等，2016a）。用 PEF 处理苹果样品，使其细胞膜电穿孔达到不同程度（$Z_c = 0.18$、0.49、0.96），然后在 $1×10^{-3}$ MPa 的压力下进行冻干。PEF 处理加速了苹果的冷却和干燥过程，尤其是在 Z_c 值较高时（Parniakov 等，2016a）。

　　图 8.11 显示的是相同实验条件下未处理的（$Z_c = 0$）和 PEF 处理的苹果片样品在水分含量 W（湿基）与时间 t、W 与 $-dW/dt$ 坐标中的干燥曲线。细胞电穿孔程度越高，干燥动力学越快。例如，使 PEF 处理的苹果样品和未处理的苹果样品达到相同的最终水分（$W = 0.1$），需要的真空冷冻干燥时间分别为 150 min 和 200 min（图 8.11a）。在 W 值相同的情况下，经过 PEF 处理的苹果干燥速率 dW/dt 持续提高（图 8.11b）。与未处理样品和冻干样品相比，经电穿孔和冻干联合处理的苹果样品整体萎缩更少、孔隙更多，具有更好的复水能力（Parniakov 等，2016a）。

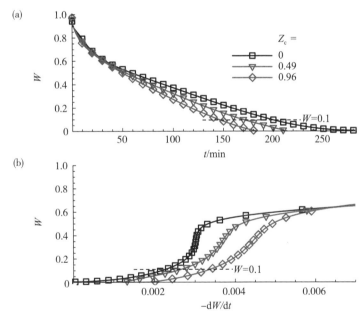

图 8.11　未处理的（$Z_c = 0$）和 PEF 预处理的（$Z_c = 0.49$ 和 $Z_c = 0.96$）样品水分含量（湿基）W 与时间 t（a）以及 W 与 $-dW/dt$ 的关系（b）（源自：Parniakov 等，2016a）

　　冷冻浓缩是基于水以冰的形式从前期冷冻的溶液中选择性地分离出来。它可用于生产浓缩苹果"冰"汁（Hernandez 等，2009）。Carbonell-Capella 等提出了一种电穿孔乔纳金苹果组织冷冻脱水压榨过程中的冷冻浓缩新方法（Carbonell-

Capella 等,2016)。苹果片先经 PEF 处理(E = 800 V/cm、t_{PEF} = 10 ms),然后冷冻至-35℃,再在 20℃的压力室中以不同的压力 2 bars(0.2 MPa)、3 bars(0.3 MPa)和 5 bars(0.5 MPa)进行压榨。当苹果组织内部温度达到-5℃时开始压榨并持续 100 min。图 8.12 为在不同压力下可溶性固形物°Brix 和总酚类化合物 C_{TPC} 的浓度与苹果汁产量 Y 的关系。苹果组织经 PEF 处理后,冷冻压榨效果明显改善,特别是在 0.5 MPa 的高压下。

值得注意的是,从 PEF 处理的苹果中提取的"冰"汁的°Brix[图 8.12(a)]和 C_{TPC} 含量[图 8.12(b)]明显高于从未处理苹果中提取的"冰"汁。PEF 处理也可以更好地提取有价值的生物化合物(碳水化合物、类黄酮、强化抗氧化剂)。Carbonell-Capella 等提出的 PEF 辅助冷冻压榨工艺可用于不同的食品,以获得富含生物活性化合物的高质量"冰"汁(Carbonell-Capella 等,2016)。

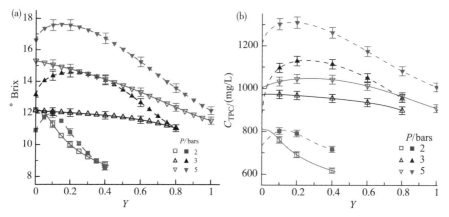

图 8.12　在不同压力下(0.2 MPa、0.3 MPa 和 0.5 MPa)可溶性固形物°Brix(a)和总酚类化合物 C_{TPC}(b)的浓度与果汁产量 Y 的关系。PEF 处理的苹果样品用有填充符号的虚线表示,未处理的苹果样品用有开放符号的实线表示(源自:Carbonell-Capella 等,2016)

8.2　番茄

番茄被认为是最常食用和生产的农产品之一。从全球范围来看,每年新鲜番茄的产量约为 1.6 亿吨。番茄加工业种植约 4000 万吨番茄,使番茄成为世界上主要的加工蔬菜(Tomatonews,2019)。在加工最初阶段,番茄经清洗、分级、分类,然后去皮。通常情况下,人们用蒸汽或水热烫法对整个番茄进行去皮,然后将番茄真空冷却并输送到压轮或研磨表面进行机械去皮。去皮后的番茄可以罐装或加工成果肉、糊、番茄酱和汤(Rock 等,2012)。

8.2.1 番茄去皮

用蒸汽和水热烫法去除番茄皮需要大量水和能量,属于高能耗操作,且很有可能会降低产品质量。近期,Arnal 等研究了将 PEF 用于番茄去皮中,使其更容易去皮并且减小蒸汽去皮过程中的能耗(Arnal 等,2018)。

Arnal 等进行了番茄("泰勒"品种, *Taylor*)产量为 35 t/h 的工业比较试验(有无 PEF 预处理),来评估 PEF 结合热物理(蒸汽)处理的去皮性能(Arnal 等,2018),所研究的去皮番茄生产流程如图 8.13 所示。在番茄加工的清洗阶段进行 PEF 处理($E = 0.2 \sim 0.5$ kV/cm、能量输入 $W = 0.2 \sim 0.5$ kJ/kg),经 PEF 处理后,洗涤水的使用量没有发生变化,但是在洗涤系统中没有使用吹气,因而减少了电力消耗。在去皮操作中引入 PEF 最重要的收益是将使用的蒸汽总量减少了 17%~20%,并将产生蒸汽所需的天然气用量降至最低(Arnal 等,2018)。

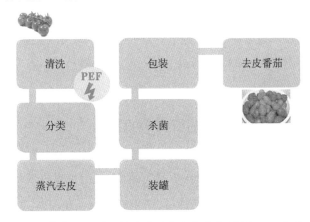

图 8.13 带有 PEF 处理的去皮番茄生产流程(源自:Arnal,2018)

8.2.2 从番茄皮中提取类胡萝卜素

番茄皮、种子和果肉是番茄加工过程中的主要废弃物,占番茄加工总量的2%~5%(Knoblich 等,2005)。大约70%的湿果渣是由皮和果肉组成的番茄红素成分。番茄红素是番茄果实中的主要类胡萝卜素,约占类胡萝卜素总量的80%~90%,这即是番茄呈现红色的原因。Luengo 等研究了在正己烷、丙酮、乙醇混合溶剂中,PEF 处理($E = 3 \sim 7$ kV/cm、$t_{PEF} = 0 \sim 300$ μs)对番茄果皮和果肉中类胡萝卜素提取的影响(Luengo 等,2014)。采用最佳条件的 PEF 处理(5 kV/cm、90 μs)比采用正己烷、乙醇和丙酮组合处理(50/25/25)的类胡萝卜素提取率可提高39%。经 PEF 处理得到的提取物具有比对照更高的类胡萝卜素浓度和抗氧化能力。

Gachovska 等研究了利用 PEF 技术从番茄("萨沃拉"品种,Savoura)中提取番茄红素(Gachovska 等,2013)。先将番茄切成小块,用 PEF(E = 4~24 kV/cm、10~50 次脉冲)处理,然后均质得到果浆,最后采用小容量己烷萃取法,用分光光度法测定番茄红素含量。与未处理样品相比,PEF 处理样品的番茄红素提取量增加了 68.8%。Pataro 等研究了对整个番茄("帕奇诺"品种,Pachino)果实进行 PEF(E = 0.25~0.75 kV/cm、W = 1 kJ/kg)和蒸汽热烫(SB)(50~70℃ 处理 1 min)后,以丙酮为溶剂,从番茄皮中提取类胡萝卜素的能力(Pataro 等,2018)。在 0.25 kV/cm、0.50 kV/cm 和 0.75 kV/cm 条件下,与对照组(9.26 mg/100 g 鲜重番茄皮)相比,单独使用 PEF 处理时,总类胡萝卜素提取率分别提高了 44%、144% 和 189%。单独使用 SB 处理时,总类胡萝卜素提取率也提高了 60%~188%。然而,PEF+SB 的协同效应表明,在 60℃(37.9 mg/100 g 鲜重番茄皮)时类胡萝卜素提取效果最好。此外,与未处理番茄的果皮相比,经 PEF 和 SB 处理的番茄果皮抗氧化能力也显著提高(PEF 处理组高达 372%,SB 处理组高达 305%)(Pataro 等,2018)。

8.2.3 类胡萝卜素在番茄组织中的积累

PEF 处理可促进番茄果实中类胡萝卜素等次生代谢产物的生物合成。通常,类胡萝卜素在番茄果实成熟期间积累。然而,它们也可以通过氧化应激反应中产生的活性氧引起酶软化现象发生(Shohael 等,2006)。PEF 处理(E = 0.4~2.0 kV/cm、5~30 次脉冲)的番茄("丹尼尔拉"品种,Daniella)果实在 4℃ 冷藏 24 h 后,单个多酚和类胡萝卜素的产量增加(Vallverdú-Queralt 等,2013)。1.2 kV/cm 和 5 次脉冲的 PEF 处理对 α-胡萝卜素、9-顺式番茄红素和 13-顺式番茄红素产量的增幅最大,分别为 93%、94% 和 140%。近期的研究表明,对整个番茄果实进行 2 kV/cm(2.31 kJ/kg)和 30 次脉冲的 PEF 处理后,再在 4℃ 贮藏 24h,其类胡萝卜素和番茄红素的含量分别提高了 50% 和 53%(Gonzalez-Casado 等,2018)。PEF 诱导的类胡萝卜素积累量会随着番茄果实呼吸活性的变化、pH 和 TSS 值的升高以及果实表面颜色的变化而改变。然而,PEF 处理也会引起组织损伤和番茄硬度的急剧下降。因此,人们将 PEF 作为一种预加工处理,来生产具有高抗氧化能力的番茄制品(Gonzalez-Casado 等,2018)。

8.2.4　番茄汁中微生物的灭活

加热是通过灭活微生物和酶来延长番茄汁货架期的常用方法。然而,热处理可能会使果汁的感官和营养品质变坏。人们开展了大量研究来评估 PEF 诱导的微生物失活以及番茄和其他果蔬汁的保存性。例如,这些研究被引用在下述文献(Barbosa-Cánovas 等,1997;Barbosa-Cánovas 和 Altunakar,2006;Evrendilek,2017)。结果表明,高 PEF 处理(40 kV/cm、57 μs 处理时间、2 μs 脉冲宽度、500 L/h 商业规模系统)可使番茄汁中的好氧微生物、酵母菌和霉菌减少 6 个对数周期(Min 等,2003b)。PEF 处理(E = 30~40 kV/cm、19~34℃、2~3.3 μs 脉冲宽度、指数衰减脉冲)使番茄汁中的 *B. fulva* 分生孢子减少 6 个对数周期,而 *N. fischeri* 子囊孢子减少 1 个对数周期(Raso 等,1998)。还有大量文献对番茄汁中的酶失活进行了研究(例如 Evrendilek,2017)。例如,PEF 处理(E = 35 kV/cm、4 μs 脉冲宽度、1500 μs 持续时间)可使 97% 的过氧化物酶和 82% 的果胶甲基酯酶失活(Aguilo-Aguayo 等,2008)。PEF 处理(E = 24 kV/cm、320 μs 和 962 μs 持续时间)还会使 69% 的多酚氧化酶和 88% 的脂氧合酶失活(Luo 等,2010)。PEF 可以与其他处理方法相结合,以更好地灭活微生物(Arroyo 和 Lyng,2017)。例如,经 PEF 处理(E = 35 kV/cm、1000 μs)的番茄汁,分别添加 2% 的柠檬酸和 0.1% 的肉桂皮油后,肠炎链球菌(*S. Enteritidis*)分别减少 5.08 和 6.04 个对数周期(Mosquda － Melgar 等,2008)。PEF 处理(E = 80 kV/cm、20 次脉冲)结合 50℃ 加热及乳酸链球菌素(100 U/mL)使番茄汁中天然存在的微生物减少 4.4 个对数周期(Nguyen 和 Mittal,2007)。

8.3　柑橘类水果

柑橘是世界上最丰富的水果作物。据估计,2012 年柑橘年产量为 1.155 亿吨。柑橘类水果中橙子产量最高(7060 万吨),其次是橘子和柠檬(Ledesma-Escobar 和 de Castro,2014)。2011~2018 年,橙汁全球产量从 4906 万吨增长到 5328 万吨(Statista,2019)。柑橘类作物转化过程中,柑橘枝条及其他部位产生大量的废弃物,应予以重视。

近期 Kantar 等研究了橙子和其他一些柑橘类水果对 PEF 处理的敏感性(Kantar 等,2018a)。图 8.14 为对整个果实(E = 3 kV/cm、指数脉冲约 70 μs)进行测量,基于声学 Z_a[式 3.10]、电导率 Z_c[式 3.8(a)]和切削力 Z_f 计算的细胞崩解指数。关于 Z_a 和 Z_c 测定步骤的更多信息可见第 3 章。

切削力崩解指数 Z_f 定义为：

$$Z_f = (F^c - F_i^c)/(F_d^c - F_i^c) \tag{8.1}$$

其中，F^c 为经过 PEF 处理的果实的最大切削力，下标 i 和 d 为未处理（完整）和完全损坏的果实。

从图 8.14 可以看出，3 kV/cm、20~40 次脉冲的 PEF 处理足以使所研究的柑橘作物出现明显的电穿孔（$Z_a \approx 0.8$、$Z_c = 0.6 \sim 0.8$）[图 8.14(a)、(b)]。PEF 处理也降低了柑橘类水果的最大切削力。从图 8.14(c) 可以看出，橙子、柚子和柠檬的最大切削力分别从约 200 N、250 N 和 320 N 下降到约 80 N、120 N 和 150 N。在工业果汁生产中，降低切削力是一项重要的节能措施。未处理和 PEF 处理的橙子所需切削力最低，其次是柚子和柠檬。

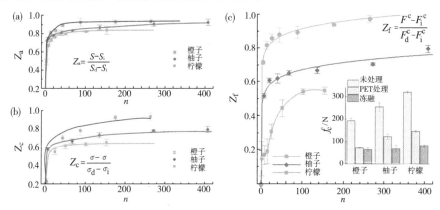

图 8.14　整个水果 PEF 处理（E = 3 kV/cm）过程中声学 Z_a(a)、电导率 Z_c(b) 和切削力 Z_f(c) 崩解指数与脉冲数 n 的关系。(c) 表示未处理、PEF 处理（橙子 n = 176、柚子 n = 272、柠檬 n = 102）和完全损坏（冻融）水果的切削力（源自：Kantar 等，2018a）

8.3.1　柑橘类果汁生产

柑橘类水果接收后，进行分级，洗涤，根据大小分开，然后输送至果汁提取处。通过机械压力方式从橙子整果或半果中挤压或锥体压榨提取果汁（Tetrapak，2019）。果汁提取工艺旨在获得最大的果汁提取量，同时防止油和其他果皮成分进入果汁，这些物质可能会使果汁变苦。柑橘的提取操作决定产品的质量和产量，因此其对柑橘加工操作的总体经济性会有重要影响。Kantar 等研究了 PEF 处理对柑橘压榨的影响（Kantar 等，2018a）。整个果实先经 PEF 处理（E = 3 kV/cm、指数脉冲约 70 μs），然后切成约 0.5 cm 大小的方块，最后在实验室半球形压力机中用弹性膜片施加 0.4 MPa 的压力进行压榨。

结果如图 8.15 所示。未经处理的水果中提取汁液,橙子的最终出汁率为48%、柚子为54%、柠檬为39%[图 8.15(a)]。经过 PEF 处理后的水果出汁率显著提高(橙子高达60%、柚子高达74%、柠檬高达63%)。橙子、柚子和柠檬的相对出汁率($Y - Y_i$)/Y_i 分别提高了约25%、37%和59%(图 8.15a)。经 PEF 处理的水果果汁中多酚的释放量也明显更高,橙子、柚子和柠檬分别增加了约39%、66%和135%[图 8.15(b)]。

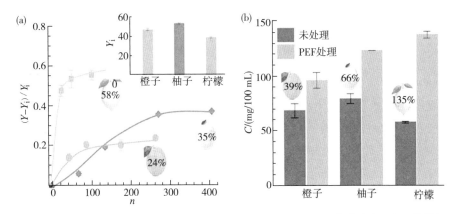

图 8.15　PEF 处理水果经压榨后果汁相对产量($Y - Y_i$)/Y_i(a)和多酚浓度 C(b)的增加。Y_i 是指未处理水果的果汁产量(源自:Kantar 等,2018a)

8.3.2　橙汁中微生物的灭活

巴氏杀菌是一种灭活橙汁及其他柑橘汁中存在的腐败、病原微生物和酶的传统热杀菌方法。然而,热处理会降低橙汁的感官和营养品质(Braddock,1999)。有很多文献探究了 PEF 对橙汁品质和微生物灭活的影响。(Barbosa-Canovas 等,1997)和(Rodrigo 等,2005)对早期研究进行了综述。例如,一些研究集中在 PEF 对橙汁中天然微生物菌群灭活、果胶甲基酯酶灭活、橙汁品质(维生素 C 损失、香气损失、褐变指数、颜色、白利糖度和 pH 变化)、酵母(酿酒酵母 *S. cerevisiae*)和特定微生物(肠系膜明串珠菌 *Leuconostoc mesenteroides*、大肠杆菌 *E. coli*、李斯特菌 *Listeria* 和植物乳杆菌 *L. plantarum*)灭活的影响。研究表明,高 PEF 处理(E = 20~80 kV/cm)可以将橙汁中的天然微生物群(尤其是霉菌和酵母)减少到足够"低水平"[减少 5~6 个 log(对数周期)],这可以延长冷藏温度下橙汁的货架期(Rodrigo 等,2005)。此外,经过 PEF 处理的橙汁保持了较新鲜的香气和风味。美国俄亥俄州立大学开发了商业规模的 PEF 处理系统并且进行了生产速度从 400 L/h 到 2000 L/h 的橙汁加工测试（Min 等，2003a）。热处理（90℃、90 s）和商业规模 PEF 系统（$E = 40$ kV/cm、$t_{PEF} = 97$ ms）都灭活了橙汁中约 6 个对数周期的内源性微生物。值得注意的是，在 PEF 处理过程中温度从 45℃ 上升到 58℃，然后保持稳定。这样的温度可能在一定程度上提高了灭活效应，尽管在该研究中它并不是酵母失活的主要原因（Min 等，2003a）。PEF 处理橙汁（$E = 30$ kV/cm 或 50 kV/cm、试验规模为 100 L/h），可使大肠杆菌 $K12$ 减少 5.5~6.6 个对数周期，酿酒酵母子囊孢子减少 2.2 个对数周期（McDonald 等，2000）。PEF 处理橙汁（$E = 35$ kV/cm、$t_{PEF} = 1000$ μs、脉冲宽度为 4 μs、双极模式），可使酿酒酵母减少 5.1 个对数周期（Elez – Martinez 等，2004）。橙汁中的酶失活也有大量研究（Evrendilek，2017）。例如，PEF 处理橙汁（$E = 35$ kV/cm、$t_{PEF} = 59$ μs、脉冲宽度为 1.4 μs、试验规模为 98 L/h）可灭活 88% 的果胶甲基酯酶（Yeom 等，2000）。PEF 和其他处理相结合可能会增强橙汁中微生物的灭活作用（Arroyo 和 Lyng，2017）。

例如，当进行 PEF 处理（$E = 40$ kV/cm、100 μs）且添加乳酸（500 μL/L）时，对英诺克李斯特菌（*L. innocua*）和发酵苗霉（*P. fermentans*）失活有协同效应，但对大肠杆菌失活有累加效应（McNamee 等，2010）。当进行同样的 PEF 处理（$E = 40$ kV/cm、100 μs）且添加乳酸链球菌素（2.5 mg/kg）时，显示了对英诺克李斯特菌和大肠杆菌的协同效应（McNamee 等，2010）。在橙汁中加入 100 U/mL 的乳酸链球菌素，在 44℃ 下进行 PEF 处理（$E = 80$ kV/cm、20 次脉冲），可使微生物数量减少 6.8 个对数周期（Hodgins 等，2002）。一些研究集中在较高 PEF 处理与热处理对橙汁不同品质参数的影响。例如，PEF 处理（21.5 kV/cm、1.2 ms）的橙汁中酚类化合物含量高于热处理的橙汁（90℃、10 s 和 90℃、20 s）（Agcam 等，2014），PEF 处理的橙汁比热处理的橙汁的褐变指数更低，颜色维持效果更好（Cortes 等，2008）。PEF 处理（$E = 28$ kV/cm、50 次脉冲、2 μs 双极脉冲）的柑橘类果汁（柚子、柠檬、橙子、柑橘）的 pH、白利糖度、电导率、黏度、非酶褐变指数均无显著变化（Cserhalmi 等，2006）。

8.3.3 橙子皮提取物

工业化的柑橘汁生产会产生大量的废物，这些废物应该被妥善处理。橙子和其他柑橘皮是多酚、天然色素和精油的最主要来源（Putnik 等，2017）。黄酮和总多酚估计分别占干柑橘皮的 2%~3% 和 0.91%~4.92%（Putnik 等，2017）。PEF 和 HVED 可以成功地应用于提取橙子和其他柑橘果皮中有价值的化合物。

Luengo 等研究了从 PEF 处理(E = 1~7 kV/cm、5~50 次脉冲/3 μs)橙子皮中提取多酚和类黄酮(柚皮苷和橙皮苷)(Luengo 等,2013)。在 0.5 MPa 的压力下,PEF 处理的橙子皮在 5 min 内进行 6 次压榨步骤。在每个压榨步骤前,将一定量的蒸馏水加到压榨过的橘皮醪液中,提取细胞释放出的胞内化合物。经过 6 个压榨步骤后,采用 1 kV/cm、3 kV/cm、5 kV/cm、7 kV/cm 的 PEF 处理的橙子皮中总多酚提取率分别提高了 20%、129%、153% 和 159%。

PEF 处理(E = 5 kV/cm、20 次脉冲)也能增加橙子皮中黄酮类化合物的提取量(柚皮苷提取量为 1.3~4.6 mg/100 g 鲜重橙子皮,橙皮苷提取量为 1.3~4.6 mg/100 g 鲜重橙皮)。与未处理果皮相比,1 kV/cm、3 kV/cm、5 kV/cm 和 7 kV/cm 的 PEF 处理分别使提取物的抗氧化活性提高了 51%、94%、148% 和 192%(Luengo 等,2013)。

Kantar 等研究了 PEF 处理(E = 10 kV/cm、100 次指数脉冲)橙子皮中总多酚的提取(Kantar 等,2018a)。在 0~50% 的乙醇—水溶液中提取 1 h。图 8.16 显示,在水中 PEF 处理橙子皮的多酚提取量没有增加,而在乙醇—水溶液中其提取量显著增加(从 12 mg GAE/g DM 左右增加到 22 mg GAE/g DM 左右)。

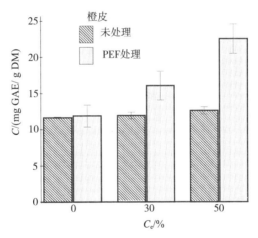

图 8.16   不同乙醇浓度下水—乙醇提取物中多酚 C 的含量,C_e。以 E = 10 kV/cm,n = 100 脉冲进行 PEF 处理(源自:Kantar 等,2018a)

橙子皮中的碳水化合物成分是转化为生物燃料(如乙醇和沼气)的一种极好原料(Putnik 等,2017)。利用绿色溶剂萃取技术可回收橙子皮中的可溶性化合物(葡萄糖、果糖、蔗糖)。然而,需要先进行酶解才能从碳水化合物聚合物中释放可发酵糖用于生产生物燃料(Satari 和 Karimi,2018)。分解纤维素和半纤维素的酶促反应是相当缓慢的。

近期,Kantar 等使用 HVED(E = 40 kV、W = 0~900 kJ/kg)(单独或结合酶)来提高新鲜或脱脂的橙子皮中可发酵糖和多酚的提取量(Kantar 等,2018b)。分别在酶混合物 Viscozyme ® L（12 FBGU/g 橙子皮）水解前或水解过程中应用 HVED。采用 HVED 处理脱脂橙子皮,在水中对其进行高压放电(44 kJ/kg、222 kJ/kg 和 448 kJ/kg)处理。预处理后,将混合酶加入 HVED 处理过的橙子皮,在 50℃、pH 4.5 条件下提取 180 min。在 HVED 和酶水解同时进行的实验中,在 50℃、pH 4.5 条件下向橙子皮中加入酶混合物,然后采用 HVED,能量输入为 222 kJ/kg。HVED 处理后,酶解继续进行,酶解持续时间为 180 min。

从图 8.17 中可以看出,在酶提取前进行 HVED 处理增强了还原糖和总多酚的提取动力学。在 HVED 处理后,酶解约 2 min 时还原糖和多酚的产率接近最高。222 kJ/kg 相比 44 kJ/kg 的 HVED 处理的最大提取率更高。结果表明,HVED 提高了底物对酶的可及性。与此相反,HVED 与酶水解同时应用时还原糖和总多酚的提取率并没有提高,其提取率与酶解法相当。这可能是因为 HVED 引起了酶的可逆变性,在不使酶失活的情况下降低了酶的初始酶解速率(Kantar 等,2018b)。

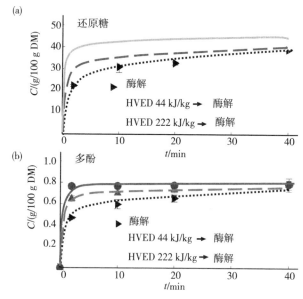

参考文献

[1] Agcam E, Akyıldız A, Evrendilek GA (2014) Comparison of phenolic compounds of orange juice processed by pulsed electric fields (PEF) and conventional thermal pasteurisation. Food Chem 143：354-361

[2] Aguilar-Rosas SF, Ballinas-Casarrubias ML, Nevarez-Moorillon GV et al (2007) Thermal and pulsed electric fields pasteurization of apple juice：effects on physicochemical properties and flavour compounds. J Food Eng 83：41-46

[3] Aguiló-Aguayo I, Soliva-Fortuny R, Martin-Belloso O (2008) Comparative study on color, viscosity and related enzymes of tomato juice treated by high-intensity pulsed electric fields or heat. Eur Food Res Technol 227：599-606

[4] Allali H, Marchal L, Vorobiev E (2009) Effect of blanching by ohmic heating on the osmotic dehydration behavior of apple cubes. Dry Technol 27：739-746

[5] Allali H, Marchal L, Vorobiev E (2010) Effects of vacuum impregnation and ohmic heating with citric acid on the behaviour of osmotic dehydration and structural changes of apple fruit. Biosyst Eng 106：6-13

[6] Amami E, Vorobiev E, Kechaou N (2005) Effect of pulsed electric field on the osmotic dehydration and mass transfer kinetics of apple tissue. Dry Technol 23：581-595

[7] Amami E, Vorobiev E, Kechaou N (2006) Modelling of mass transfer during osmotic dehydration of apple tissue pre-treated by pulsed electric field. LWT-Food Sci Technol 39：1014-1021

[8] Arevalo P, Ngadi MO, Bazhal MI, Raghavan GSV (2004) Impact of pulsed electric fields on the dehydration and physical properties of apple and potato slices. Dry Technol 22：1233-1246

[9] Arnal Á, Royo P, Pataro G et al (2018) Implementation of PEF treatment at real-scale tomatoes processing considering lca methodology as an innovation strategy in the agri-food sector. Sustainability 10：979

[10] Arroyo C, Lyng JG (2017) Pulsed electric fields in hurdle approaches for microbial inactivation. In：Miklavčič D (ed) Handbook of Electroporation. Springer International Publishing AG, Cham, Switzerland, pp 2591-2620

[11] Balasa A, Heckelmann AK, Frandsen HB et al (2009) Pulsed electric fields processingand its potential to induce stress in plant systems. In: Proceedings of EuroFoodChemXV Congress, Copenhagen, p 198

[12] Barbosa-Cánovas GV, Altunakar B (2006) Pulsed electric fields processing of foods: an overview. In: Raso J, Heinz V (eds) Pulsed electric fields technology for the food industry. Springer Science-Business Media/LLC, New York/Boston, pp 3-26

[13] Barbosa-Cánovas GV, Pothakamury UR, Palou E, Swanson BG (1997) Nonthermal preservation of foods. Marcel Dekker, Inc, New York

[14] Bazhal M, Vorobiev E (2000) Electrical treatment of apple cossettes for intensifying juice pressing. J Sci Food Agric 80: 1668-1674

[15] Bazhal M, Lebovka N, Vorobiev E (2003) Optimisation of pulsed electric field strength for electroplasmolysis of vegetable tissues. Biosyst Eng 86: 339-345

[16] Braddock RJ (1999) Handbook of citrus by-products and processing technology. Wiley, New York

[17] Caminiti IM, Palgan I, Noci F et al (2011) The effect of pulsed electric fields (PEF) in combination with high intensity light pulses (HILP) on Escherichia coli inactivation andquality attributes in apple juice. Innov Food Sci Emerg Technol 12: 118-123

[18] Carbonell-Capella JM, Parniakov O, Barba FJ et al (2016) "Ice" juice from apples obtained by pressing at subzero temperatures of apples pretreated by pulsed electric fields. Innov Food Sci Emerg Technol 33: 187-194. https://doi.org/10.1016/j.ifset.2015.12.016

[19] Chalermchat Y, Malangone L, Dejmek P (2010) Electropermeabilization of apple tissue: effect of cell size, cell size distribution and cell orientation. Biosyst Eng 105: 357-366. https://doi.org/10.1016/j.biosystemseng.2009.12.006

[20] Cortés C, Esteve MJ, Frígola A (2008) Color of orange juice treated by high intensity pulsed electric fields during refrigerated storage and comparison with pasteurized juice. Food Control 19: 151-158. https://doi.org/10.1016/j.foodcont.

[21] Cserhalmi Z, Sass-Kiss ΓΓ, Toth-Markus M, Lechner N (2006) Study of

pulsed electric field treated citrus juices. Innov Food Sci Emerg Technol 7：49-54. https：//doi. org/10. 1016/j. ifset. 2005. 07. 001

[22] Kantar SE, Boussetta N, Lebovka N et al (2018a) Pulsed electric field treatment of citrus fruits：improvement of juice and polyphenols extraction. Innov Food Sci Emerg Technol 46：153-161. https：//doi. org/10. 1016/j. ifset. 2017. 09. 024

[23] Elez-Martínez P, Escolà-Hernández J, Soliva-Fortuny RC, Martín-Belloso O (2004) Inactivation of Saccharomyces cerevisiae suspended in orange juice using high-intensity pulsed electric fields. J Food Prot 67：2596-2602. https：//doi. org/10. 4315/0362-028X-67. 11. 2596

[24] Ertugay MF, BaEular M, Ortakci F (2013) Effect of pulsed electric field treatment on polyphenol oxidase, total phenolic compounds, and microbial growth of apple juice. Turk J Agric For 37：772-780. https：//doi. org/10. 3906/tar-1211-17

[25] Evrendilek GA (2017) Pulsed electric field treatment for beverage production and preservation. In：Miklavčič D (ed) Handbook of Electroporation. Springer International Publishing AG, Cham, Switzerland, pp 2477-2494

[26] FAOSTAT (2019) Food and agriculture organization corporate statisticaldatabase (FAOSTAT). http：//en. wikipedia. org/wiki/Food _ and _ Agriculture _ Organization_Corporate_Statistical_Database

[27] Gachovska TK, Ngadi M, Chetti M, Raghavan GSV (2013) Enhancement of lycopene extraction from tomatoes using pulsed electric field. In：2013 19th IEEE pulsed power conference (PPC), pp 1-5

[28] Giner J, Gimeno V, Barbosa-Cánovas GV, Martín O (2001) Effects of pulsed electric field processing on apple and pear polyphenoloxidases. Food Sci Technol Int 7：339-345

[29] González-Casado S, Martín-Belloso O, Elez-Martínez P, Soliva-Fortuny R (2018) Enhancing the carotenoid content of tomato fruit with pulsed electric field treatments：effects on respiratory activity and quality attributes. Postharvest Biol Technol 137：113-118. https：//doi. org/10. 1016/j. postharvbio. 2017. 11. 017

[30] Grimi N (2009) Vers l'intensification du pressage industriel des agroressources

par champs électriques pulsés: étude multi-échelles. PhD Thesis, Universite de Technologie de Compiegne, Compiegne, France

[31] Grimi N, Vorobiev E, Vaxelaire J (2009) Développement d'un procédé de pressage des végétaux assisté par CEP: application à une presse à bandes. Récents Progrès en Génies des Procédés, XIIème congrès la Société Française Génie des Procédés, Marseille N98: 580 (1-8)

[32] Grimi N, Mamouni F, Lebovka N et al (2010) Acoustic impulse response in apple tissues treated by pulsed electric field. Biosyst Eng 105: 266-272. https://doi. org/10. 1016/j. biosystemseng. 2009. 11. 005

[33] Heinz V, Toepfl S, Knorr D (2003) Impact of temperature on lethalityand energy efficiency of apple juice pasteurization by pulsed electric fields treatment. Innov Food Sci Emerg Technol 4: 167-175. https://doi. org/10. 1016/S1466-8564(03)00017-1

[34] Hernández E, Raventós M, Auleda JM, Ibarz A (2009) Concentration of apple and pear juices in a multi-plate freeze concentrator. Innov Food Sci Emerg Technol 10: 348-355. https://doi. org/10. 1016/j. ifset. 2009. 02. 001

[35] Hodgins AM, Mittal GS, Griffiths MW (2002) Pasteurization of fresh orange juice using low-energy pulsed electrical field. J Food Sci 67: 2294-2299. https://doi. org/10. 1111/j. 1365-2621. 2002. tb09543. x

[36] Hui YH (2006) Handbook of Fruits and Fruit Processing. Blackwell Publishing Ltd. , Oxford, UK

[37] Jäger H, Schulz M, Lu P, Knorr D (2012) Adjustment of milling, mash electroporation and pressing for the development of a PEF assisted juice production in industrial scale. Innov Food Sci Emerg Technol 14: 46-60

[38] Kantar SE, Boussetta N, Rajha HN et al (2018b) High voltage electrical discharges combined with enzymatic hydrolysis for extraction of polyphenols and fermentable sugars from orange peels. Food Res Int 107: 755-762. https://doi. org/10. 1016/j. foodres. 2018. 01. 070

[39] Knoblich M, Anderson B, Latshaw D (2005) Analyses of tomato peel and seed byproducts and their use as a source of carotenoids. J Sci Food Agric 85: 1166-1170. https://doi. org/10. 1002/jsfa. 2091

[40] Lebovka N, Vorobiev E (2011) Food and biomaterials processing assisted by

electroporation. In： G PA， Miklavčič D， Markov MS （eds） Advanced electroporation techniques in biology and medicine. CRC Press， Taylor & Francis Group， Boca Raton， Florida， USA， pp 463-490

[41] Lebovka NI， Praporscic I， Vorobiev E （2004） Combined treatment of apples by pulsed electric fields and by heating at moderate temperature. J Food Eng 65： 211-217. https： //doi. org/10. 1016/j. jfoodeng. 2004. 01. 017

[42] Ledesma-Escobar CA， de Castro MDL （2014） Towards a comprehensive exploitation of citrus. Trends Food Sci Technol 39： 63-75. https： //doi. org/ 10. 1016/j. tifs. 2014. 07. 002

[43] Liang Z， Cheng Z， Mittal GS （2006） Inactivation of spoilage microorganisms in apple cider using a continuous flow pulsed electric field system. LWT-Food Sci Technol 39： 351-357. https： //doi. org/10. 1016/j. lwt. 2005. 02. 019

[44] Luengo E， Álvarez I， Raso J （2013） Improving the pressing extraction of polyphenols of orange peel by pulsed electric fields. Innov Food Sci Emerg Technol 17： 79-84. https： //doi. org/10. 1016/j. ifset. 2012. 10. 005

[45] Luengo E， Álvarez I， Raso J （2014） Improving carotenoid extraction from tomato waste by pulsed electric fields. Front Nutr 1： 12. https： //doi. org/10. 3389/fnut. 2014. 00012

[46] Luo W， Zhang R B， Wang LM et al （2010） Conformation changes of polyphenol oxidase and lipoxygenase induced by PEF treatment. J Appl Electrochem 40： 295-301

[47] McDonald C J， Lloyd S W， Vitale MA et al （2000） Effects of pulsed electric fields on microorganisms in orange juice using electric field strengths of 30 and 50 kv/cm. J Food Sci 65： 984-989. https： //doi. org/10. 1111/j. 1365-2621. 2000. tb09404. x

[48] McNamee C， Noci F， Cronin DA et al （2010） PEF based hurdle strategy to control Pichia fermentans, Listeria innocua and Escherichia coli k12 in orange juice. Int J Food Microbiol 138： 13-18. https： //doi. org/10. 1016/j. ijfoodmicro. 2009. 12. 001

[49] Min S， Jin ZT， Min SK et al （2003a） Commercial-scale pulsed electric field processing of orange juice. J Food Sci 68： 1265-1271. https： //doi. org/10. 1111/j. 1365-2621. 2003. tb09637. x

［50］ Min S, Jin ZT, Zhang QH（2003b）Commercial scale pulsed electric field processing of tomato juice. J Agric Food Chem 51：3338-3344. https：//doi. org/10. 1021/jf0260444

［51］ Moreiras Tuni O, Carbajal Á, Cabrera Forneiro L, Cuadrado Vives C（2004）Tablas de Composición de Alimentos：Gu'\ia de Prácticas（Espagnol）. Piramide Ediciones, Madrid Espagne

［52］ Mosqueda-Melgar J, Raybaudi-Massilia RM, Martin-Belloso O（2008）Combination of high-intensity pulsed electric fields with natural antimicrobials to inactivate pathogenic microorganisms and extend the shelf-life of melon and watermelon juices. Food Microbiol 25：479-491. https：//doi. org/10. 1016/ j. fm. 2008. 01. 002

［53］ Nguyen P, Mittal GS（2007）Inactivation of naturally occurring microorganisms in tomato juice using pulsed electric field（PEF）with and without antimicrobials. Chem Eng Process Process Intensif 46：360-365. https：// doi. org/10. 1016/j. cep. 2006. 07. 010

［54］ Parniakov O, Lebovka NI, Bals O, Vorobiev E（2015）Effect of electric field and osmotic pre-treatments on quality of apples after freezing-thawing. Innov Food Sci Emerg Technol 29：23-30. https：//doi. org/10. 1016/j. ifset. 2015. 03. 011

［55］ Parniakov O, Bals O, Lebovka N, Vorobiev E（2016a）Pulsed electric field assisted vacuum freeze-drying of apple tissue. Innov Food Sci Emerg Technol 35：52-57. https：//doi. org/10. 1016/j. ifset. 2016. 04. 002

［56］ Parniakov O, Bals O, Mykhailyk V et al（2016b）Unfreezable water in apple treated by pulsed electric fields：impact of osmotic impregnation in glycerol solutions. Food Bioprocess Technol 9：243-251

［57］ Pataro G, Carullo D, Siddique MAB et al（2018）Improved extractability of carotenoids from tomato peels as side benefits of PEF treatment of tomato fruit for more energy-efficient steam-assisted peeling. J Food Eng 233：65-73. https：//doi. org/10. 1016/j. jfoodeng. 2018. 03. 029

［58］ Pennington JAT, Fisher RA（2009）Classification of fruits andvegetables. J Food Compos Anal 22：S23-S31. https：//doi. org/10. 1016/j. jfca. 2008. 11. 012

［59］ Praporscic I, Lebovka NI, Ghnimi S, Vorobiev E（2006）Ohmically heated, enhanced expression of juice from apple and potato tissues. Biosyst Eng 93: 199-204. https://doi. org/10. 1016/j. biosystemseng. 2005. 11. 002

［60］ Praporscic I, Shynkaryk MV, Lebovka NI, Vorobiev E（2007）Analysis of juice colour and dry matter content during pulsed electric field enhanced expression of soft plant tissues. J Food Eng 79: 662-670

［61］ Putnik P, Bursać Kovačević, Režek Jambrak A et al（2017）Innovative "green" and novel strategies for the extraction of bioactive added value compounds from citrus wastes—a review. Molecules 22（5）: 680. https://doi. org/10. 3390/molecules22050680

［62］ Qin B-L, Chang F-J, Barbosa-Cánovas GV, Swanson BG（1995）Nonthermal inactivation of Saccharomycescerevisiae in apple juice using pulsed electric fields. LWT-Food Sci Technol 28: 564-568. https://doi. org/10. 1016/0023-6438（95）90002-0

［63］ Raso J, Heinz V（eds）（2007）Pulsed electric fields technology for the food industry. Springer, New York, USA

［64］ Raso J, Calderón ML, Góngora M et al（1998）Inactivation of Zygosaccharomyces bailii in fruit juices by heat, high hydrostatic pressure and pulsed electric fields. J Food Sci 63: 1042-1044

［65］ Ravishankar S, Zhang H, Kempkes ML（2008）Pulsed electric fields. Food Sci Technol Int 14: 429-432. https://doi. org/10. 1177/1082013208100535

［66］ Riener J, Noci F, Cronin DA et al（2008）Combined effect of temperature and pulsed electric fields on apple juice peroxidase and polyphenoloxidase inactivation. Food Chem 109: 402 - 407. https://doi. org/10. 1016/j. foodchem. 2007. 12. 059

［67］ Rock C, Yang W, Goodrich-Schneider R, Feng H（2012）Conventional and alternative methods for tomato peeling. Food Eng Rev 4: 1-15. https://doi. org/10. 1007/s12393-011-9047-3

［68］ Rodrigo D, Sampedro F, Martínez A, Rodrigo M（2005）Application of PEF on orange juice products. In: Barbosa-Canovas GV, Tapia MS, Cano MP （eds）Novel Food Processing Technologies. CRC Press, Taylor & Francis Group, Boca Raton, Florida, USA, pp 131-144

［69］Saldaña G, Puértolas E, Monfort S et al（2011）Defining treatment conditions for pulsed electric field pasteurization of apple juice. Int J Food Microbiol 151：29-35. https：//doi. org/10. 1016/j. ijfoodmicro. 2011. 07. 033

［70］Sanchez-Vega R, Mujica-Paz H, Marquez-Melendez R et al（2009）Enzyme inactivation on apple juice treated by ultrapasteurization and pulsed electric fields technology. J Food Process Preserv 33：486-499. https：//doi. org/10. 1111/j. 1745-4549. 2008. 00270. x

［71］Satari B, Karimi K（2018）Citrus processing wastes：environmental impacts, recent advances, and future perspectives in total valorization. Resour Conserv Recycl 129：153-167. https：//doi. org/10. 1016/j. resconrec. 2017. 10. 032

［72］Schilling S, Alber T, Toepfl S et al（2007）Effects of pulsed electric field treatment of apple mash on juice yield and quality attributes of apple juices. Innov Food Sci Emerg Technol 8：127-134. https：//doi. org/10. 1016/j. ifset. 2006. 08. 005

［73］Schilling S, Toepfl S, Ludwig M et al（2008）Comparative study of juice production by pulsed electric field treatment and enzymatic maceration of apple mash. Eur Food Res Technol 226：1389-1398

［74］Shohael AM, Ali MB, Yu KW et al（2006）Effect of light on oxidative stress, secondary metabolites and induction of antioxidant enzymes in Eleutherococcus senticosus somatic embryos in bioreactor. Process Biochem 41：1179-1185. https：//doi. org/10. 1016/j. procbio. 2005. 12. 015

［75］Statista（2019）Orange production worldwide from 2012/2013 to 2017/2018 （in millionmetric tons）. http：//www. statista. com/statistics/577398/world-orange-production/

［76］Sulaiman A, Farid M, Silva FVM（2017）Quality stability and sensory attributes of apple juice processed by thermosonication, pulsed electric field and thermal processing. Food Sci Technol Int 23：265-276. https：//doi. org/10. 1177/1082013216685484

［77］Tetrapak（2019）The orange book. http：//orangebook. tetrapak. com/

［78］Toepfl S（2006）Pulsed Electric Fields（PEF）for permeabilization of cell membranes in food- and bioprocessing - applications, process and equipment design and cost analysis. Technische Universität Berlin, Fakultät Ⅲ

– Prozesswissenschaften

[79] Tomatonews（2019）The global tomato processing industry. http：//www. tomatonews. com/en/background_47. html

[80] Turk M（2010）Vers une amélioration du procédé industriel d'extraction des fractions solubles de pomme à l'aide de technologies électriques. Thèse présentée pour l'obtention du grade de Docteur de l'UTC（University of Technology of Compiègne）

[81] Turk MF, Billaud C, Vorobiev E, Baron A（2012a）Continuous pulsed electric field treatment of French cider apple and juice expression on the pilot scale belt press. Innov Food Sci Emerg Technol 14：61-69. https：//doi. org/10. 1016/ j. ifset. 2012. 02. 001

[82] Turk MF, Vorobiev E, Baron A（2012b）Improving apple juice expression and quality by pulsed electric field on an industrial scale. LWT-Food Sci Technol 49：245-250. https：//doi. org/10. 1016/j. lwt. 2012. 07. 024

[83] Vallverdú-Queralt A, Oms-Oliu G, Odriozola-Serrano I et al（2013）Metabolite profiling of phenolic and carotenoid contents in tomatoes after moderate-intensity pulsed electric field treatments. Food Chem 136：199-205. https：//doi. org/10. 1016/j. foodchem. 2012. 07. 108

[84] Wikipedia（2019）Fruit. http：//en. wikipedia. org/wiki/Fruit

[85] Wiktor A, Iwaniuk M, śledź M et al（2013）Drying kinetics of apple tissue treated by pulsed electric field. Dry Technol 31：112-119. https：//doi. org/ 10. 1080/07373937. 2012. 724128

[86] Wiktor A, śledźM, Nowacka M et al（2014）Pulsed electric field pretreatment for osmotic dehydration of apple tissue：experimental and mathematical modeling studies. Dry Technol 32：408-417. https：//doi. org/10. 1080/ 07373937. 2013. 834926

[87] Wiktor A, Schulz M, Voigt E et al（2015）The effect of pulsed electric field treatment on immersion freezing, thawing and selected properties of apple tissue. J Food Eng 146：8-16. https：//doi. org/10. 1016/j. jfoodeng. 2014. 08. 013

[88] Wu Y, Guo Y, Zhang D（2011）Study of the effect of high-pulsed electric field treatment on vacuum freeze-drying of apples. Dry Technol 29：1714-

1720. https：//doi. org/10. 1080/07373937. 2011. 601825

［89］Yeom HW, Streaker CB, Zhang QH, Min DB (2000) Effects of pulsed electric fields on the activities of microorganisms and pectin methyl esterase in orange juice. J Food Sci 65：1359-1363. https：//doi. org/10. 1111/j. 1365-2621. 2000. tb10612. x

［90］Zaritzky N (2006) Physical-chemical principles in freezing. In：Sun D-W (ed) Handbook of Frozen Food Processing and Packaging. CRC Press, Taylor & Francis Group, Boca Raton, Florida, USA, pp 3-31

［91］Zhang Q, Monsalve-González A, Qin B-L et al (1994) Inactivation of saccharomyces cerevisiae in apple juice by square-wave and exponential-decay pulsed electric fields. J Food Process Eng 17：469-478. https：//doi. org/10. 1111/j. 1745-4530. 1994. tb00350

第9章　糖料作物

摘要　研究人员以甜菜为研究对象,研究 PEF 辅助下不同的提取和压榨工艺,以替代传统的热水扩散工艺。本章对这一课题的最新研究进行详细的概述。首先,本章描述 PEF 对甜菜细胞电穿孔和甜菜组织结构的影响,然后讨论甜菜经 PEF 处理后的压榨和冷扩散实验结果。在此基础上,本章提出并分析几种不同的 PEF 辅助提取新技术:冷压技术、冷扩散技术、暖扩散技术和挤压—扩散联合技术。本章介绍这些新技术在试验规模上的最新进展,说明预处理方法(甜菜切片、加热)对电穿孔效率和果汁品质的影响,阐述 PEF 对后处理工艺(果汁净化和膜过滤)的影响,并介绍为甜菜加工而研制的工业化 PEF 设备。PEF 辅助技术也可用于处理生物质原料。描述 PEF 对甜菜根部糖提取的影响,也证实了高压放电(HVED)对甜菜果肉中果胶提取的影响。

本章还介绍 PEF 在甘蔗制糖和菊苣根压榨制糖中的应用。

糖料作物包括甜菜、甘蔗、甜高粱、糖枫、糖棕榈、蜂蜜、玉米和菊苣。糖是一个广泛的术语,用于表示大量有或多或少甜味的碳水化合物。糖料作物是运用传统转化技术生产糖、菊粉和其他食品配料的基本原料。制糖业产出的糖蜜是生物乙醇生产的主要来源。糖料作物残渣适合生产沼气。

本章概述 PEF 在糖料作物加工中的应用;介绍 PEF 辅助冷水或温水提取糖、甜菜冷压、挤压-扩散联合工艺等新技术;介绍在甜菜工业中为试验和工业应用而研制的电穿孔设备。

9.1　甜菜

甜菜(*Beta vulgaris*)是一种根部含有高浓度蔗糖的可用于制糖的植物。甜菜根含有 73%~76%的水、23.5%~27%的干物质、14%~20%的蔗糖、7%~9.5%的非蔗糖物质,其中含 4.5%~5%的水不溶物质(甜菜渣)(van der Poel 等,1998)。甜菜渣含有果胶物质(高达 2.4%)、纤维素和半纤维素,以及少量的木质素、蛋白质、皂苷和脂类。可溶性化合物包括蛋白质、甜菜碱、氨基酸、棉子糖和其他胶状物质(van der Poel 等,1998;Asadi,2006)。甜菜生产的典型副产品有果肉(70%)、糖蜜(10%)、甜菜尾(2%~6%)和绿色生物量(叶、叶柄、细根等)。

传统的甜菜加工(图 9.1)基于热水提取,然后进行非常复杂的多级纯化。这项技术从 20 世纪至今几乎没有改变。首先把甜菜切成薄片(称为切片或小块),然后用热水(95℃)或蒸汽热烫(变性)切片。热烫对破坏甜菜组织细胞膜(阻碍蔗糖扩散)是必要的。此操作作为水提取糖前的一个预处理。在 70~75℃下对流水提取 60~90 min,这是一个耗费时间和精力的过程,得到的提取液用水稀释,然后消耗很多能量进行浓缩。提取液含有许多非糖物质(杂质),如蛋白质、果胶、还原糖、氨基酸和色素等。除去这些杂质需要通过多级纯化,包括几个单元操作:提取液预浸石灰、浸石灰、一次和二次饱和、多次过滤和亚硫酸化。然后用水蒸发浓缩得到稀释液,糖浆结晶得到糖和糖蜜。甜菜糖蜜含糖量为甜菜干重的 50%,主要是蔗糖,但也有葡萄糖和果糖。糖蜜被用作动物饲料的添加剂或生物乙醇生产的发酵原料。甜菜渣只有 8%~15% 的干物质,经过压榨和干燥以后可以用作动物饲料或果胶生产的原料。相对于甜菜根,甜菜尾的蔗糖含量较低,含有更多的杂质,但它们也有一定的利用价值。

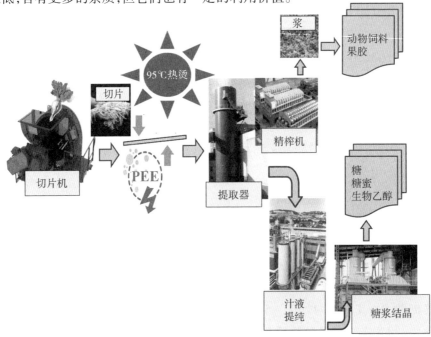

图 9.1　热烫处理和 PEF 处理甜菜工艺的简化方案

PEF 处理可以替代甜菜的热烫处理(图 9.2),并完全改变下游甜菜加工工艺。甜菜的活细胞由于细胞汁的内部渗透压(膨胀压力)过大而膨胀。在膨胀压力的影响下,细胞膜上的电穿孔导致细胞内的细胞液瞬间释放到被处理根的表面,肉眼很容易发现这些变化(图 9.2)。由于电穿孔,甜菜组织的表面瞬间被细胞汁液湿润。这种汁液可以通过后续压榨很容易地提炼出来。即使在室温下,蔗糖也很容易从电穿孔的甜菜组织扩散到周围的水中。

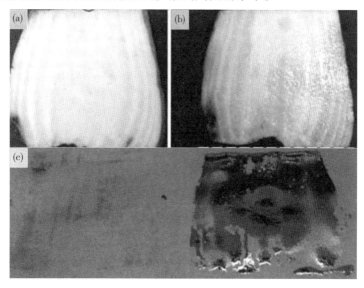

图 9.2　甜菜根在 PEF 处理前(a)和处理后(b)及相应的水分印迹(c)(源自:Mahnič-Kalamiza 和 Vorobiev,2014)

图 9.3 为热处理(a)和 PEF 处理(b)下的细胞电导率崩解指数 Z_c 值(Lebovka 等,2011)。未经 PEF 处理($E = 0$)的情况下,热处理甜菜组织会导致 Z_c 逐渐增加,然而在 50℃和 60℃的温度下这个过程是缓慢的,而且在 40℃时非常慢。很容易看出[图 9.4(a)],50% 的细胞热损伤($Z_c = 0.5$)要在 50℃下加热许多小时,在 60℃下加热接近 1 h 或在 70℃下加热 15 min(103 s)。即使在 PEF 强度相当低的情况下($E = 100$ V/cm),电穿孔仍能急剧加速细胞损伤,从而导致 Z_c 值的快速增加[图 9.3(b)]。例如,即使在 50℃和 60℃的温度下,也能很快造成 50% 的细胞($Z_c = 0.5$)电损伤(少于 0.1 s)。此外,即使在较低的温度下,电穿孔也会导致甜菜组织的细胞损伤。例如,在 $E = 100$ V/cm 且温度为 40℃时,也会有一半细胞在 1.5 s 内损伤(图 9.3b)。结果表明,PEF 强度越高,甜菜组织的电穿孔越明显。例如,在 PEF 强度为 500~600 V/cm 时,即使不加热,甜菜组

织电穿孔的时间也会减少到几毫秒。

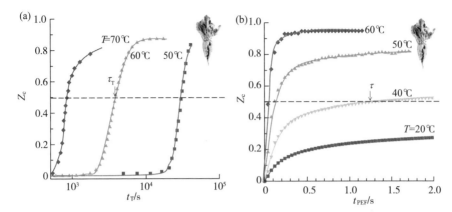

图9.3　甜菜组织细胞电导率崩解指数 Z_c 与热处理时间 t_T[（a），$E = 0$] 以及 PEF 处理时间 t_{PEF}[（b），$E = 100$ V/cm] 的关系（源自：Lebovka 等，2011）

因此，电穿孔预处理为甜菜工艺的改进开辟了新的途径：

· 不加热冷压法回收电穿孔甜菜细胞汁；

· 在较低的温度下、较短的时间内或较低的用水量下通过水分扩散回收蔗糖；

· 开发新型挤压—扩散技术；

· 改进下游果汁净化工艺。

1940~1950 年，乌克兰的 Zagorulko 教授发表了关于 PEF 作用使甜菜组织变性的第一个出版物（命名为"电分离胞浆"）（Zagorul'ko，1958）。他的研究成果随后在俄罗斯和乌克兰发表（Kupchik 等，1988），但在欧洲并不为人所知，直到近期发表的历史评论才让其重新被重视起来（Sitzmann 等，2016 a,b）。近 20 年来德国和法国的研究成果使欧洲人重新燃起了对 PEF 处理甜菜组织的兴趣（Bouzrara 和 Vorobiev，2001；Eshtiaghi 和 Knorr，2002；Frenzel 等，2004；Jemai and Vorobiev，2006；Sack 等，2010）。

下面介绍了基于 PEF 处理的一些甜菜新工艺的研究。

9.1.1　冷榨技术

在 0.5 MPa 的机械压力下，用带弹性膜片的实验室压力机，从电穿孔处理的甜菜丝中榨取甜菜汁（Mhemdi 等，2014）。图 9.4 显示了未经处理、加热到 70℃ 和经电穿孔处理的甜菜丝中（$E = 600$ V/cm，$t_{PEF} = 7$ ms）所获得的出汁率。即使经过数小时的长时间压榨,从未经处理的新鲜甜菜丝中榨出的汁液量也没有超过 25%。甜菜丝预热到 70℃ 和经脉冲电场处理都使出汁率有非常显著的提高(30 min 后可达 70%~75%),之后出汁率仍缓慢提高(Mhemdi 等,2014)。

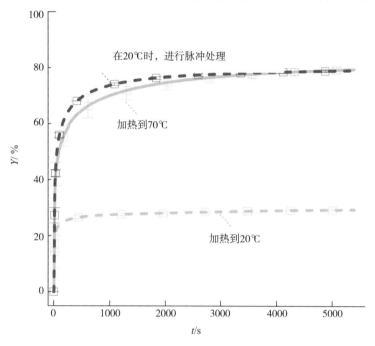

图 9.4 在 0.5 MPa 下,未经电穿孔处理并加热到 70℃ 和通过电穿孔处理($E =$ 600 V/cm, $t_{PEF} = 7$ ms)的甜菜丝所获得的出汁率(以甜菜丝最初质量的百分数为单位),Y 与相对压榨时间 t 的关系(源自:Mhemdi 等,2014)

当甜菜丝加热到 70~80℃ 时可提高出汁率,但榨出的汁液质量相当差。在 80℃,得到甜菜丝汁液的纯度和颜色分别为 92.5% 和 7800 ICUMSA 单位(图 9.5)(Mhemdi 等,2014)。通过冷榨(20℃)可以从电穿孔处理的甜菜丝中获得更高纯度和更低颜色的汁液。在这个温度下,原榨出汁的纯度和颜色分别为 93.5% 和 5600 ICUMSA 单位(是表示糖纯度的国际单位)(图 9.6)。经过有效电穿孔处理之后的甜菜丝不适宜加热,因为加热不仅不会增加汁液的产量,而且得到的汁液质量较差,并导致额外的能耗。

加热到 80℃ 以后,经脉冲处理和未经处理的甜菜丝所榨出的汁液质量几乎相同(图 9.5)。因此,经脉冲场处理的甜菜丝应该冷压处理。众所周知,甜菜丝加热到 70~80℃ 时,将导致水溶性细胞果胶的溶解,增强汁液着色和酶促反应。

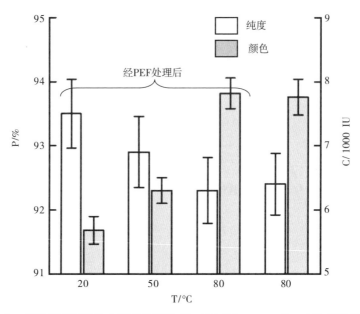

图 9.5　表示不同温度下,电穿孔处理的($E = 600$ V/cm,$t_{\text{PEF}} = 7$ ms)甜菜丝所得的
纯度 P 和颜色 C。上图还显示在 80℃时,未经处理的甜菜丝所获得的结果(源自:
Mhemdi 等,2014)

　　获取的甜菜原汁质量较差,需要多级净化,这涉及众多的单元操作,需要大
量的石灰去除大部分杂质。将电穿孔处理的甜菜丝进行冷压制得的原汁质量较
好,可简化原汁提纯过程,减少制糖过程中石灰的用量。在 0.5 MPa 的机械压力
下,用带弹性膜片的实验室压力机,对经电穿孔($E = 600$ V/cm,$t_{\text{PEF}} = 7$ ms)处理
的甜菜丝进行挤压 15 min(Mhemdi 等,2015)。将得到的细胞原汁加热至 45℃,
然后加入 2.5 kg CaO/m³ 汁液,在 30 min 内进行渐进式预浸。预浸灰的汁液加
热到 85℃,用于主浸灰。添加不同石灰量进行主浸灰。用于净化的石灰总量,包
括预浸灰和主浸灰,为 4 kg、6 kg、8 kg、10 kg 和 15 kg CaO/m³ 的汁液。在温度为
85℃,pH 值为 11.2 的条件下,进行压榨汁液的第一次饱和。在 50℃和 0.1 MPa
的压力下,对第一次饱和的汁液进行过滤。在温度为 90℃,pH 值为 9.2 的条件
下,对过滤后的汁液进行第二次饱和,并再次过滤。所得稀汁用于分析。分析结
果表明,用电穿孔法得到的初饱和萃取液的过滤性能优于用热处理法得到的萃
取液(Mhemdi 等,2015)。

　　通常用过滤系数 F_k 来评价汁液的过滤性能,当 $F_k \leqslant 5$ 时,汁液的过滤性能
被认为是满意或良好的。当用于汁液净化的石灰总量(包括预浸灰和主浸灰)为

7.5 kg CaO/m³ 汁液时,从电穿孔处理的甜菜丝中得到的第一次饱和汁液的过滤效果令人满意($F_k = 5$)。当加入两倍量的石灰(15 kg CaO/m³)于热处理过的甜菜丝得到榨汁液中进行净化,得到相同的过滤系数 $F_k = 5$。当用于净化的石灰总量为 10 kg CaO/m³ 汁液时,从电穿孔处理的甜菜丝中获得的汁液的过滤性能是极好的($F_k = 2$),这与热处理的甜菜丝滤出效果相比明显更好($F_k = 8.5$)。因此,电穿孔法处理甜菜丝可以显著减少用于汁液净化的石灰用量,并减少部分过滤设备,这将减少甜菜厂过滤站产生的废物数量,并能改善糖厂周围的环境情况。从电穿孔处理的甜菜丝中获得第二次饱和的稀汁液比从热处理的甜菜丝中获得的汁液具有更好的品质。当用于净化的石灰总量为 8 kg CaO/m³ 汁液时,从电穿孔处理的甜菜丝中获得的汁液纯度从 93.5%(原汁)提高到 95.5%(稀汁),并且当石灰总量为 10 kg CaO/m³ 汁液时,汁液纯度达到 96.2%(Mhemdi 等,2015)。而用于净化的石灰总量相同(10 kg CaO/m³),从热处理过的甜菜丝中获得的稀汁具有较低的纯度(94.5%)。非常明显的是,与从热处理过的甜菜丝中获得的稀汁相比,从电穿孔处理的甜菜丝中获得的稀汁颜色更低(图 9.6)(Mhemdi 等,2015)。

应该注意的是,从电穿孔处理的甜菜丝中获得的稀汁,其质量特性也明显好于加热到 80℃ 的甜菜丝中所获得的稀汁相应特性。例如,当用于汁液净化的石灰总量为 8 kg CaO/m³ 汁液时,经电穿孔处理和加热到 80℃ 的甜菜丝的质量特征相对应为:汁液中胶体物质的量为:1.05 g/L 和 1.35 g/L,释放到汁液中的蛋白质的量为:19.4 mg/L 和 22.5 mg/L(Mhemdi 等,2014)。

由于通过冷榨从电穿孔处理的甜菜丝中可获得高质量的原汁,因此 Mhemdi 等还提出了汁液的膜纯化替代方法(Mhemdi 等,2014)。在这种方法中,从电穿孔处理的甜菜丝中获得的原汁,在实验室离心机上最初以 4000 tr/min 的转速离心 15 min,以去除悬浮颗粒。在室温和 0.2 MPa 条件下,使用实验室空气过滤器将澄清的汁液进行膜过滤,并以 500 tr/min 的速度混合。膜过滤使用孔径为 10 kDa、10 kDa、30 kDa、50 kDa 和 100 kDa 的聚醚砜膜。

从图 9.7 可以看出,通过冷榨技术,从电穿孔处理的甜菜丝中获得的超滤液具有非常好的质量(纯度 $P \approx 96\%$ 和更低的着色)。Zhu 等使用旋转圆盘动态过滤器专门研究了膜超滤(Zhu 等,2015)。这项研究工作表明,当使用更高的圆盘旋转速度(1000 tr/min)时,可以提高从电穿孔处理的甜菜中获得汁液的超滤率。此外,当使用孔径为 10 kDa 的聚醚砜膜时,汁液纯度也提高了(达到 96.4%)。当加入石灰进行压榨时,从电穿孔处理的甜菜丝中获得的出汁率可以增加更多(Almohammed 等,2016a,b)。

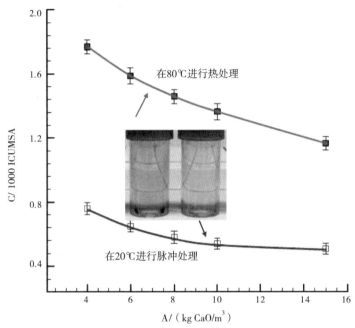

图 9.6　通过电穿孔($E = 600$ V/cm,$t_{PEF} = 7$ ms)和热处理(80℃)甜菜丝后进行压榨所获得的稀汁液颜色 C,相对浸灰汁液碱度 A 的关系(源自:Mhemdi 等,2015)

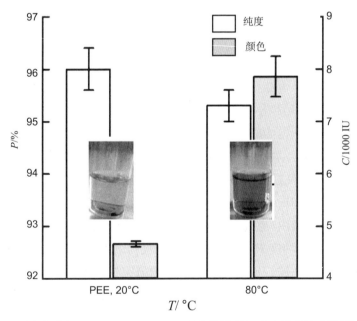

图 9.7　通过电穿孔($E = 600$ V/cm,$t_{PEF} = 7$ ms)和热处理(80℃)甜菜丝后进行压榨所获得的超滤汁液的纯度 P 和颜色 C。在实验过程中使用孔径为 10 μm、10 μm、30 μm、50 μm 和 100 μm 的聚醚砜膜(源自:Mhemdi 等,2014)

图 9.8 显示了在实验室条件下,实现的冷榨技术回收细胞汁液的方案。在 1.5 MPa 的机械压力下,将经电穿孔处理的甜菜丝进行第一次压滤,得到第一次榨汁液和第一次压浆。然后,在 10℃的温度下,用石灰乳浸渍第一次压浆,石灰的添加量固定在每 100 kg 甜菜加 0.6 kg CaO。此石灰添加量是最佳的,因为随着石灰的添加并没有导致较高的出汁率(Almohammed 等,2016a,b)。浸灰后,对第一次压浆进行第二次压滤,获得第二次榨汁液和第二次压浆。第二次压浆中仍含有大量的蔗糖。这是为什么另需要两个额外的加压阶段(第三和第四阶段)的原因,在一定量的甜菜中加入 $w=5\%$ 或 $w=10\%$ 的水,就获得了经第三次和第四次压滤后得到的榨汁液和第三次和第四次压浆。将第三次、第四次压滤汁液与第一次、第二次压滤汁液混合,得到混合汁液(图 9.8)。

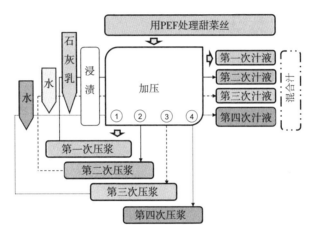

图 9.8　采用冷榨技术回收细胞汁的方案(源自:Almohammed 等,2016a,b; Almohammed,2017)

图 9.9 显示了从电穿孔处理的甜菜丝(第一次压滤)和从第一、第二和第三榨浆(与图 9.8 的方案相对应)中榨出的可溶性固形物的产量。石灰的加入显著地增加了第二次压滤后的可溶性固形物的产量(从 87%增加到 94%)。在第三次和第四次压滤的过程中,每次加入甜菜中的水的质量分数 $w=5\%$,比仅在一定量的甜菜中加入水质量分数为 $w=10\%$ 的第三次压滤更有效(图 9.10)。当第三次和第四次压滤时,每次添加水的质量分数 $w=5\%$ 时,可溶性固形物得率为 99.53%。而在加入水的质量分数 $w=10\%$ 的情况下,进行第三次压滤时,可溶性固形物得率为 98.25%。

混合汁液的总量约为 108%。经浸灰,四个压滤阶段后浆料中的蔗糖含量为

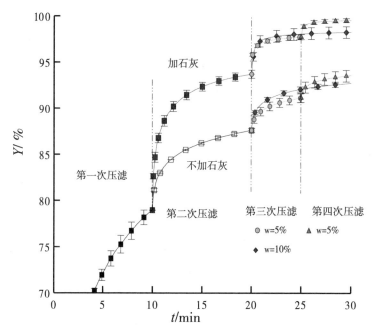

图 9.9 从电穿孔处理的甜菜丝(第一次压滤)和从第一、第二和第三次榨浆(第二、第三和第四次压榨)中所获的汁液中,可溶性固体产量 Y 和相对表达时间 t 的关系(源自:Almohammed 等,2016a,b)

甜菜质量的 0.23%。最后一次滤浆的干物质是 39%。不加石灰时,可溶性固形物总得率不超过 93.56%。与之相对应,在不加石灰的情况下,第四次压滤后的蔗糖损失量仍然很高(约为甜菜质量的 1.32%)。

将从电穿孔处理的甜菜丝中所获得的榨汁液和浸灰后的第一次滤浆混合得到的混合汁液与用热处理的甜菜丝得到的扩散汁液进行比较(Almohammed 等,2015)。从电穿孔处理的甜菜丝中得到的榨汁液可溶性固形物含量较高(取而代之是 18% 而不是 14.5%°Brix),纯度更高(取而代之是 93.16% 而不是 91.62%),颜色更浅(取而代之是 2619 而不是 9842 ICUMSA),更低的胶体含量(可溶性物质从 17.66 mg/g 降至 9.94 mg/g)和蛋白质含量(可溶性物质中蛋白质含量从 2.08 mg/g 降到 0.92 mg/g)。显然,随着石灰的添加,经电穿孔处理的甜菜丝所获得的榨汁液相对传统的汁液纯化效果更明显。在 0.5 MPa 大气压下,电穿孔(600 V/cm,10 ms)处理后,得到的甜菜丝,被轻微压缩 15 s。经过这样轻微的压缩后,榨汁液加入石灰并浸渍甜菜丝。然后,以同样的 0.5 MPa 大气压力下再次压制石灰化的甜菜丝,但时间提高到 30 min,得到的榨汁液含 3.5 kg CaO/m³ 汁液。将这种汁液加热,并加入不同数量的石灰进行主浸灰处理。石灰的总量包括压榨汁液中所含的石灰和主浸灰时所添加的石灰,在 4~15 kg CaO/m³ 汁液之间变化。在 85℃ ,pH 值为 11.2 的条件下,将浸灰后的榨汁液进行第一次饱和。在 50℃ 和 1 个标准的大气压强下,将第一次饱和的汁液进行过滤。在 90℃ 和 pH 为 9.2 的条件下,将过滤后的汁液进行第二次饱和,然后再次过滤,所得稀汁用于分析。分析比较了经电穿孔处理后,加石灰和不加石灰的甜菜丝所得稀液的质量。

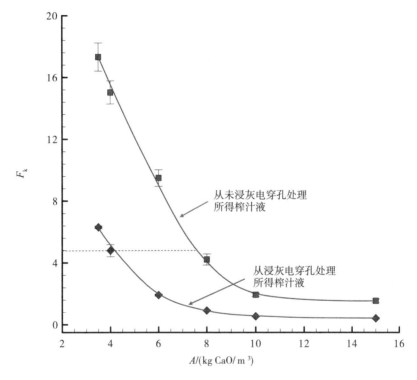

图 9.10　通过浸灰和不浸灰的情况下压榨电穿孔处理 $(E = 600 \text{ V/cm}, t_{\text{PEF}} = 7 \text{ ms})$ 的甜菜丝所获得的第一次饱和汁液的过滤系数 F_{k} 与相对浸灰汁液碱度 A 的关系(源自:Almohammed 等,2017a,b)

　　图 9.10 表明,当在电穿孔处理的甜菜丝中加入石灰时,初饱和汁液的过滤性能明显提高(Almohammed 等,2017a,b)。例如,把电穿孔处理的甜菜丝进行浸灰,用于净化的石灰总量相当低(6 kg CaO/m³),可获得良好的过滤初饱和汁液性能(F_{k}=2)。但是,如果没有对电穿孔处理的甜菜丝进行浸灰处理,得到相同汁液性能 F_{k}=2 的值,用于净化的石灰总量就会大大增加(10 kg CaO/m³)。当用于净化的石灰总量仅为 4 kg CaO/m³ 时(此量中 3.5 kg CaO/m³ 已溶解于被石灰水所浸的榨汁液中),所得过

滤效果良好($F_k=5$)。即使没有主浸灰,在第一次饱和($F_k<8$)后,从电穿孔和浸灰处理的甜菜丝(3.5 kg CaO/m³)中得到榨汁液仍然可以过滤。在石灰总量相同的情况下,电穿孔法和石灰浸提法处理甜菜丝所得的二次饱和稀汁的质量优于电穿孔法处理而未石灰浸提处理所得的稀汁。当用于净化的石灰总量为 6 kg CaO/m³ 时,电穿孔和石灰浸提处理的甜菜丝所得到的稀汁纯度约为 95.5%。用于纯化的石灰总量相同(6 kg CaO/m³)时,该方法获得的稀汁纯度高于未加石灰的电穿孔处理的甜菜丝所得的稀汁纯度(94.3%)。从电穿孔和石灰浸提法处理的甜菜丝中获得的稀汁的其他特性也比从电穿孔但未石灰浸提处理的甜菜丝中获得的好。例如,用于净化的石灰总量为 6 kg CaO/m³ 汁液,从电穿孔法和石灰浸提法处理以及未石灰浸提处理所得稀汁液特性相对应的为:颜色为 550 ICUMSA 和 670 ICUMSA 单位,汁液中胶体化合物的数量分别为 0.9 g/L 和 1.05 g/L(Almohammed 等,2017a,b)。

9.1.2　冷热扩散

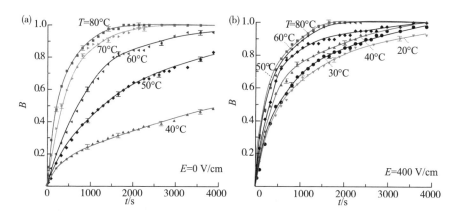

图 9.11　表示在不同温度下,未处理(a)和电穿孔($E=400$ V/cm)处理(b)甜菜丝的标准化可溶性固形物的含量 B 与相对扩散时间 t 的关系

以脉冲电场($E=400$ V/cm,$t_{PEF}=0.1$ s)进行电穿孔处理后甜菜丝为原料,进行水提取(扩散)蔗糖的研究,该研究在先充满蒸馏水的实验室玻璃槽中进行。提取溶液在搅拌下保持不同温度(从 20℃到 80℃),提取期间测量扩散汁的白利糖度并以无量纲的标准化形式表示:

$$B = (°\text{Brix} - \text{Brix}_i)/(°\text{Brix}_f - \text{Brix}_i) \tag{9.1}$$

°Brix,°Brix$_i$,°Brix$_f$ 分别代表扩散汁白利糖度的实际值、初始值和最终值。

方程(9.1)给出了 $B=0$ 在初始时刻($°Brix=°Brix_i$)和 $B=1$ 在提取结束时($°Brix=°Brix_f$)。

图 9.11 显示,不同温度下可溶性固体从未处理(a)和经电穿孔处理(b)甜菜丝中扩散的动力学(Lebovka 等,2007a,b)。在 70~80℃时,对于未经处理的甜菜丝,达到最大的白利糖度值 $B=1$(图 9.11a),需要持续扩散 50~60 min。在 40~50℃的较低温度下,提取相当数量的可溶性固形物需要很长的时间。然而,对于电穿孔处理的甜菜丝,即使在 60℃的较低温度下,白利糖度也能够较快达到最大值。并且即使在 40~50℃的较低温度下,可以实现有效的扩散(图 9.11b),甚至在 20~30℃的温度下,冷扩散似乎也可以实现。

Loginova 等研究了一种具有特殊电极室和双层包膜的实验室逆流萃取器,用于加热汁液和甜菜丝混合物(图 9.12)(Loginova 等,2011a,b)。根据从 6 个热电偶获得的数据,温控器将所需的萃取温度维持在 30~70℃。

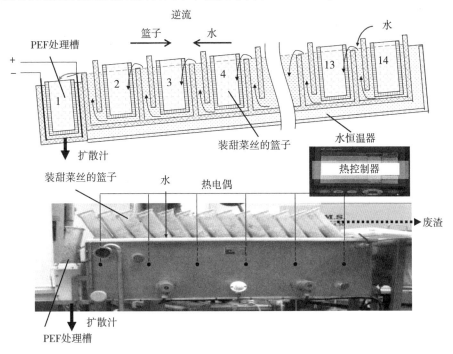

图 9.12　装有电极和脉冲发生器的实验室逆流提取器(Loginova 等,2011a,b)

提取器包含 14 个区段。甜菜丝通过穿孔的塑料筐来进行运输。在既定的提取方案下,篮子在两个相邻的区段之间每 5 分钟进行手动移动一次(从第 1 区段到第 2 区段,从第 2 区段到第 3 区段,…,从第 13 区段到第 14 区段)。每隔 5 分钟将提取水加入最后一个区段即第 14 区段,并从第 14 区段流到第 13 区段,…,从第 2 区段流到第 1 区段。在第 1 区段中,与新鲜的甜菜丝接触产生了浓度最高的溶液(扩散汁)。在第 14 区段产生沥滤渣(浆料)。整个提取时间是 14×5 min = 70 min。这种 14 区段提取器相当于含有 14 个工作单元的罗伯特(Robert)电池。

它再现了使用工业逆流提取器获得的相当好的提取结果。在实验中(带有电极和双层包膜用于加热汁液和甜菜丝混合物)(图 9.12)(Loginova 等,2011a,b),每个篮子里装满 500 g 甜菜丝,汁液和甜菜丝的比例从 120% 到 90% 不等,沥滤浆在 0.5 MPa 大气压下进行挤压,脉冲强度是 600 V/cm。

图 9.13 显示了在不同提取温度下,电穿孔处理的甜菜丝和汁液中蔗糖浓度的变化。在这些实验中,汁液和甜菜丝的比例为 120%。主要趋势很明显:随着温度的升高,汁液在提取器的最初区段(1~5)浓缩得更好,而甜菜丝在最后区段(12~14)沥滤更充分。例如,在 60~70℃下,第 11~14 区段从电穿孔处理的甜菜丝中提取蔗糖无效,从而缩短了提取时间。即使 30~50℃的冷热扩散也能有效沥滤电穿孔处理的甜菜丝,尽管使用了全部 14 个区段(带有电极和双层外壳,用于加热汁液和甜菜丝混合物)(图 9.12)(Loginova 等,2011a,b)。

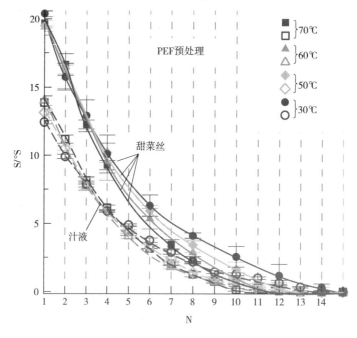

图 9.13 在不同提取温度下,电穿孔处理的甜菜丝和汁液中蔗糖浓度 S 与提取器截面数 N 的关系。汁液和甜菜丝比例为 120%(带电极和双层外壳,用于加热汁液和甜菜丝混合物)(源自:Loginova 等,2011a)

图 9.14 显示,30℃和 50℃电穿孔处理甜菜丝和 70℃未处理的甜菜丝中获得的扩散汁液的质量特性。这两种情况均使用了实验室逆流提取器(图 9.12)(Loginova 等,2011a,b)。在 30~50℃时,进行冷热扩散会导致从甜菜组织进入汁液的胶质和果胶化合物的数量减少。在汁液温度为 70℃时,水溶性果胶进入汁液,会降低其质量并使汁液净化复杂化。此外,在较低的扩散温度时(30~50℃),汁液混浊度降低(10%),汁液颜色变浅(27%)。与在 70~75℃下热扩散获得的汁液相比,通过冷热扩散从电穿孔处理甜菜丝中获得的汁液具有更高的纯度和更低的着色。

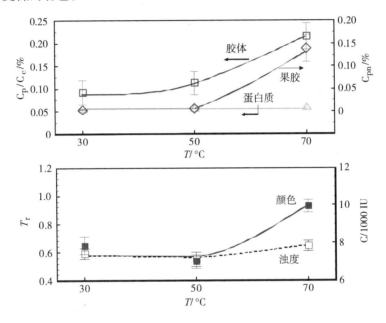

图 9.14 在 70℃时未处理的甜菜丝和从 30℃和 50℃经电穿孔处理甜菜丝中获得的扩散汁的定性特征(蛋白质浓度 C_p、胶体 C_c、果胶 C_{pn}、浊度 T_r 和颜色 C)(源自:Loginova 等,2011a,b)

Loginov 等用提取器纯化从电穿孔处理的甜菜丝中获得的扩散(原)汁液(图 9.12)(Loginov 等,2011,2012)。将原汁加热到 45℃,然后在 30 min 内加入 2.5 kg CaO/m³ 汁液进行逐步预浸灰。将预浸灰的汁液加热至 85℃进行主浸灰。用不同量的石灰进行主浸灰。用于净化的石灰总量,包括预浸灰和主浸灰,为 4 kg CaO/m³、6 kg CaO/m³、8 kg CaO/m³、10 kg CaO/m³ 和 15 kg CaO/m³ 汁液。在 85℃和 pH 值为 11.2 时,对提取液进行了第一次饱和。在 50℃和 0.1 MPa 大气压力下,进行饱和汁液的第一次过滤。将滤过的汁液在 90℃和 pH 值为 9.2 的条件下进行第二次饱和,然后进行再次过滤,将获得的稀汁用于分析。在 30℃ 和 50℃时,通过冷热扩散从电穿孔处理的甜菜丝中获得的第一次饱和汁液的过滤性能比 70℃ 热扩散得到的汁液好的多。例如,当用于汁液纯化的石灰总量为 8 kg CaO/m³ 汁液时,第一次饱和后从电穿孔处理的甜菜丝中获得的汁液过滤效果是令人满意的($F_k < 5$)(Loginova 等,2012)。在 70℃ 时,使用传统的热水扩散法从未经处理的甜菜丝中提取原汁,加入几乎两倍量的石灰(15 kg CaO/m³ 汁液)可获得相同的 F_k 值。从电穿孔处理的甜菜丝中获得的第二次饱和稀汁液的色度显著低于通过热扩散但未处理的甜菜丝获得的相应稀汁液(图 9.15)。

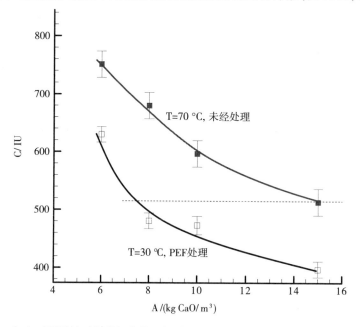

图 9.15 加入不同量的石灰进行净化后得到的稀汁液的颜色(源自:Loginova 等,2012)

将石灰添加到甜菜丝中时,扩散可以被进一步增强。有一些专利致力于研究电穿孔处理石灰化的甜菜丝中蔗糖的扩散(例如,参见,Arnold 等,2014a;Frenzel 等,2012)。在甜菜丝切片过程中,直接添加石灰将甜菜丝石灰化,石灰添加量为 0.6 g CaO/100 g 甜菜丝。因此,主浸灰过程中石灰的添加量比传统的净化方法要少。在中试逆流提取器上实现了扩散,产量为 200 kg/h。扩散温度为 55~80℃。电穿孔处理后,即使在 60℃ 的较低温度下,石灰化的甜菜丝扩散也是有效的。从电穿孔和石灰化处理的甜菜丝中获得的压浆比传统的制糖技术要好得多。从电穿孔和石灰化处理的甜菜丝中获得的压浆的干燥度比从未经电穿孔和石灰化处理的甜菜丝中获得的压浆干燥度高 10%。通过电穿孔和石灰化处理甜菜丝中制备的扩散液具有与预浸出液相似的特性。为了获得质量令人满意的汁液,主石灰的碱度接近 0.4 g / 100 cm³。然而,为获得更优质汁液,主石灰的碱度应该增加到 1.0 g/100 cm³。当用电穿孔和石灰浸提法处理甜菜丝时,可提高汁液的纯度,使汁液的颜色变浅(Arnold 等,2014b;Frenzel 等,2012)。

9.1.3　复合压榨扩散技术

图 9.16 显示在实验室条件下,实现的复合压榨—扩散技术示意图(Mhemdi 等,2016)。用脉冲技术($E = 600$ V/cm,$t_{PEF} = 10$ ms)处理甜菜丝。然后在 0.5 MPa 压力下实现冷榨。当压榨出的汁液量为甜菜丝质量的 50% 时,停止压榨(通常需要 4 min 的压榨)。榨浆量以甜菜丝质量的 50% 装载到实验室逆流提取器的多孔篮中(图 9.12)(Mhemdi 等,2016)。带浆的穿孔篮在萃取器相邻部分之间用于运输甜菜丝。实验中使用提取器 12 个区段,其运行如同罗伯特(Robert)电池。在已建立的提取方案中,篮子在两个相邻区段之间每 6 min 进行手动移动一次(从第 1 区段到第 2 区段,从第 2 区段到第 3 区段,……从第 11 区段到第 12 区段)。每 6 分钟向最后一个区段即第 12 区段加入提取水,并从第 12 区段流向第 11 区段,…,从第 2 区段流向第 1 区段。在最后的第 12 区段,产生沥滤渣(浆料)。整个提取时间是 12×6 min = 72 min。提取水部分浸入浆料中并使其膨胀。在计算汁液和甜菜丝比例的过程中考虑了浸渍水,并且甜菜丝的质量从 80% 到 100% 不等。提取温度固定在 30℃ 或 70℃,并通过热控制器进行保持。将扩散汁与压榨汁混合,得到混合汁。在 0.5 MPa 压力下,将提取器中产生的压浆,在实验室间歇式压榨机上进行压榨。

在提取温度 70℃ 下且汁液和甜菜丝比例为 120% 条件下,将获得的结果与使用相同提取器,从未处理的甜菜丝中扩散所获得的结果进行比较。

图 9.17 显示,通过冷榨电穿孔处理的甜菜丝所获得的浆料扩散动力学(Mhemdi 等,2016)。蔗糖从榨浆中获得的扩散动力学取决于汁液和甜菜丝的比例。图 9.17 中显示比例为 120%,从未处理的甜菜丝中获得的蔗糖扩散动力学。在所有给出的实验中,扩散的温度均是 70℃。从图 9.17 中可以看出,起初对电穿孔处理甜菜丝的压榨降低了蔗糖的初始含量,其提取含量应该从 18.5% 降到 14%。这就是为什么即使在较低的比例(甜菜质量的 80%~100%)下也能达得良好的排出果浆的目的,从而导致扩散时耗水量降低。

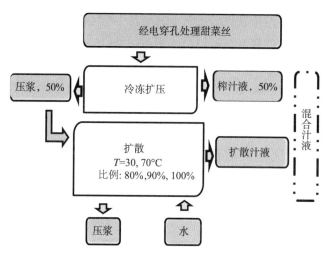

图 9.16 复合压榨扩散技术示意图(源自:Mhemdi 等,2016)

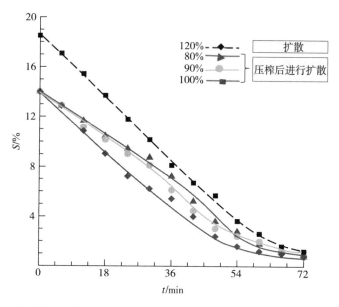

图 9.17 通过冷压电穿孔处理的甜菜丝中所获得的浆料中提取蔗糖浓度 S 与相对扩散时间 t 的关系。汁液和甜菜丝的比例分别为 80%、90% 和 100%。也给出了汁液和甜菜丝的比例为 120% 时,未处理甜菜丝的蔗糖扩散动力学。所有呈现实验的扩散温度都是 70℃(源自:Mhemdi 等,2016)

图 9.18 显示,通过混合压榨汁和扩散汁获得可溶性固形物含量(°Brix)(Mhemdi 等,2016)。由于扩散过程中使用的水量较少,降低比例会增加混合汁液的浓度。混合汁液的白利糖度从 14.6(在 70℃ 和比例为 120% 的条件下,未经

处理的甜菜丝进行常规扩散)增加到 16.2(在 70℃扩散和比例为 80%的条件下，经电穿孔处理的甜菜丝使用冷榨—扩散技术)。汁液浓度越高,在蒸发站中水分蒸发消耗的能量越少。

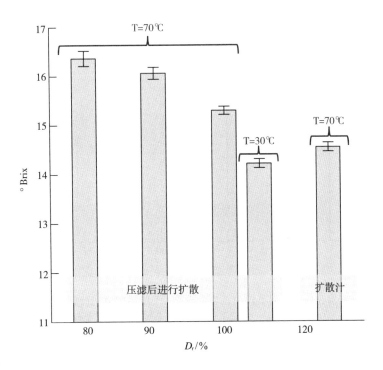

图 9.18　通过混合从电穿孔处理甜菜丝所获得的压榨汁和扩散汁所得可溶性固形物含量°Brix 与相对牵引值 D_r 的关系。为了比较,给出了从未经处理的甜菜丝中获得的扩散汁的白利糖度值(源自:Mhemdi 等,2016)

图 9.19 显示从电穿孔处理的甜菜丝中获得的混合压榨汁和扩散汁的定性特征。混合后的汁液比传统扩散法得到的汁液纯度更高,颜色更浅(Mhemdi 等,2016)。在 70℃时用,用冷榨扩散技术从电穿孔处理的甜菜丝中得到混合汁液比从未经处理的甜菜丝中常规扩散获得的汁液着色低 30%(处理前大约 7000 单位 ICUMSA,处理后 10000 个单位 ICUMSA)。混合汁液的纯度(92.5%~92.8%)高于常规扩散法的纯度(91.8%),这主要是由于电穿孔处理的甜菜丝经冷榨得到的汁液纯度更高。将扩散温度从 70℃降到 30℃更能提高混合汁液的质量。这种汁液的颜色最低(约 5500 单位 ICUMSA)、纯度最高(约 93.3%),净化所需的石灰量最低。

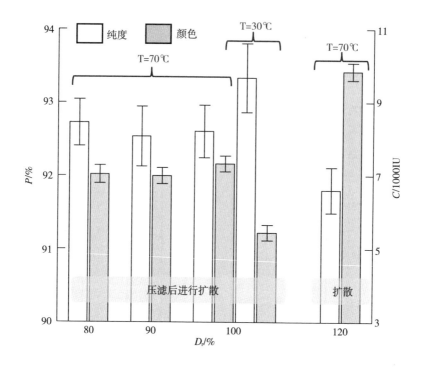

图 9.19　从电穿孔处理的甜菜丝中获得的混合(压榨和扩散)汁液的纯度 P 和颜色 C (提取值:80%、90%和100%)。为了比较,给出了未经处理的甜菜丝中获得的扩散汁的纯度和颜色(源自:Mhemdi 等,2016)

9.1.4　甜菜丝电穿孔设备

　　法国"Basis"公司开发了容量 1~200 t/h 的 PEF 发生器,用于处理甜菜丝和其他生物材料。这些脉冲电场发生器输出电压高达 30 kV,电流高达 2000 A 的矩形脉冲。脉冲的频率可以达到 500 Hz,持续时间从 1 μs 到 1 ms 不等。图 9.20 展示的是功率 50 kW 的 PEF 发生器"Basis"的照片。

　　法国"Maguin"公司与法国贡比涅理工大学联合获得了甜菜丝和其他植物材料电穿孔方法的专利,该方法在不添加果汁或水情况下实现脉冲电场处理 (Vidal,Vorobiev,2011 年)。"Maguin"公司开发了几种实现这些方法的设备。"Maguin"设备处理甜菜丝和其他植物材料无需添加任何水或果汁,这使得能源消耗最小化。图 9.21 为"Maguin"装置方案,包括双筒送料器和用于脉冲电场处理的卧式腔室(照片见图 9.22)。

图 9.20　功率为 50 kW 的 PEF 发生器"Basis"的照片

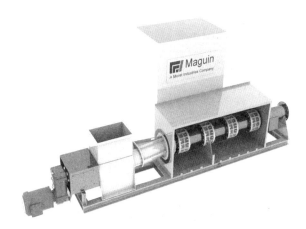

图 9.21　"Maguin"卧式腔室 PEF 处理设备图

在这种设备中,甜菜丝在水平共线处理室推进过程中被电穿孔。

图 9.23 为"Maguin"公司开发的用于甜菜丝电穿孔的两辊装置。在该装置中,甜菜丝在两个辊电极之间进行处理。

"Basis"和"Maguin"公司与法国贡比涅理工大学合作开发了半工业试验装置用于研究电穿孔对甜菜下游加工技术的影响。在装有电极的水平腔室内对新鲜的甜菜丝进行处理(图 9.24)。PEF 参数如下:$E = 600$ V/cm、$t_{PEF} = 7 \sim 10$ ms。每吨甜菜的能量输入$(1 \sim 2)$kW·h。在螺杆压力机中对电穿孔的甜菜丝进行单次压榨(图 9.24)。冷榨果汁的产率约为 80%,果汁的糖度为 19.6 °Brix 及以上,纯度为 92%~93%,色泽为 2580~2690 IUICUMSA。浆料干燥度为 36%,优化后还可

图 9.22 容量 10 t/h PEF 处理卧式腔室的"Maguin"设备照片

图 9.23 "Maguin"公司研制的容量为 1 t/h 的甜菜电穿孔双辊设备

以更高。这种富含糖的浆料具有额外的营养价值,并被用作动物饲料。得到的压榨汁先进行微滤,去除浊度,然后在不添加石灰的情况下用超滤进行纯化。

使用孔径为 50 kDa 的聚醚砜(PES)膜可使果汁纯度达到 95.5%,并使其色度降低至 1230 IU。使用孔径为 20 kDa 的 PES 膜并没有提高汁液的纯度,但使汁液的色度降低至 880 IU,甚至低于传统的石灰碳酸化法得到的汁液的色度(≈ 1400 IU)。

图 9.24　"Maguin"和"Basis"公司用于 PEF 处理甜菜副产品的半工业设备(10 t/h)照片

　　图 9.25 显示的是采用传统甜菜加工技术和电穿孔处理甜菜丝的压榨汁超滤得到的汁、糖浆和糖的照片。

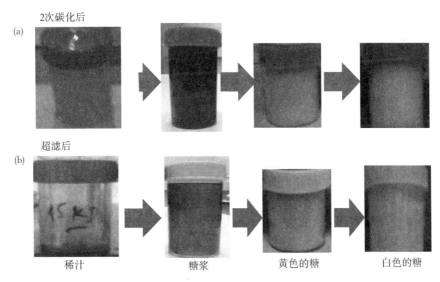

图 9.25　传统甜菜加工技术(a)和电穿孔处理甜菜丝的压榨汁超滤(b)得到的汁、糖浆和糖的照片

一些早期的专利和研究致力于这一过程,包括整颗甜菜或大块甜菜首先进行 PEF 处理,接着是处理后的甜菜进行切片,甜菜切片通过扩散(或者压榨)取汁(Eshtiaghi 和 Knorr,1999,2002),得到的结果表明,整颗甜菜电穿孔行之有效,甜菜切片扩散(或者压榨)取汁过程到强化。但是,这种方法工业化实施需要将 PEF 应用于质量比非常高的水/整颗甜菜混合物,并且 PEF 处理需要输送的电压非常高,这似乎是不现实的(Bluhm,2006)。此外,经 PEF 处理后,在水输送过程中可能会发生额外的糖损失。

9.1.5 甜菜技术的副产品

9.1.5.1 甜菜尾根汁压榨

甜菜尾根可以作为可持续原料生产生物乙醇。Almohammed 等介绍了利用脉冲电场和冷榨法生产可发酵甜菜尾汁新工艺(Almohammed 等,2017a,b)。甜菜尾根在不同脉冲电场强度 E 持续处理不同时间 t_{PEF},最佳条件分别为 $E = 450$ V/cm、$t_{PEF} = 10$ ms、$W = 1.91$ W·h/kg。这些条件与脉冲电场处理甜菜丝的条件相当接近。在最佳的脉冲电场条件下,与未处理的甜菜尾根相比,甜菜尾根的可溶性溶质产率从 16.8% 增加到 79.85%,压榨后饼的干度由 15% 增加到 24%。而且,与未处理的的甜菜尾根压榨汁相比,经脉冲电场处理的甜菜尾根压榨汁的白利糖度(未处理的为 $10°Brix$,处理后为 $5.2°Brix$)、蔗糖含量(未处理的为 $8.9°S$,处理后为 $4.5°S$)分别均较高。另外,与未处理的甜菜尾根压榨汁相比,经脉冲电场处理的压榨汁中发酵糖含量较高,导致蒸馏液中乙醇含量较高(未处理的为 6.1 %V/V,处理后为 2.95 %V/V),二氧化碳重量损失较大(未处理的为 57.2 g/L,处理后为 28.3 g/L)。

9.1.5.2 甜菜浆中果胶的提取

Almohammed 等应用 HVED 技术,采用不同的 HVED 参数(电压 U 和放电次数 n),从传统工艺获得的甜菜浆料中提取果胶(Almohammed 等,2016a,b)。结果表明,较好的预处理条件是 $U = 40$ kV、$n = 100$、总能耗为 76.2 kJ/kg。经过 HVED 处理后,在不同 pH 值和温度下用酸化水进行果胶提取,发现最佳提取条件是 $T = 90℃$、pH = 2。在此条件下,果胶产率从浆料未经 HVED 处理的 42.6% 提高到经 HVED 处理的 53.4%。文献报道,通过比较知,未经 HVED 处理和 HVED 处理的浆料提取物中,甜菜果胶的化学组成和结构相似。

9.2　甘蔗

甘蔗是一种热带禾本科植物,在基部形成侧枝,产生许多茎,通常高 3~4 m,直径约 5 cm。茎长成甘蔗茎,成熟后约占整个植株的 75%。

成熟的茎通常由 11%~16% 的纤维、12%~16% 的可溶性糖、2%~3% 的非糖和 63%~73% 的水组成(van der Poel 等,1998)。到目前为止,几乎没有关于脉冲电场处理甘蔗的文献报道。然而,这种处理对于强化甘蔗的压榨和糖的提取可能是非常有效的。

从图 9.26 中可以看出,经脉冲电场处理甘蔗茎后,可以直观检测到经过电穿孔处理的甘蔗会立即被释放出的细胞汁液湿润。Almohammed 等用 PEF 处理甘蔗茎片(直径 28 mm,厚度 4 mm)($E = 400 \sim 1000$ V/cm、$t_{PEF} = 4$ ms)(Almohammed 等,2016a,b),将经过电穿孔处理的和未经处理的甘蔗茎片($Z_c = 0.97$、$E = 1000$ V/cm)分别泡在 20~80℃ 不同温度下浸提 60 min。在提取过程中测量扩散汁的白利糖度,并以无量纲形式表示[式(9.1)]。对于未处理的样品,在 80℃ 下提取 1 h 几乎就可以得到所有的溶质[式(9.1)中 $B \approx 0.98$],而在 60℃ 和 20℃ 下提取同样的时间分别得到了约 80%($B = 0.8$)和 30%($B = 0.3$)的溶质。经 PEF 处理后,较低温度下提取动力学得到显著提高。例如,60℃ 电穿孔甘蔗茎中提取的溶质量与 80℃ 未处理甘蔗茎中提取的溶质量几乎相同。20℃ 时从电穿孔甘蔗茎中提取的溶质量($B = 0.6$)比未经电穿孔甘蔗茎中提取的溶质量增加了一倍(Almohammed 等,2016a,b)。

结果表明,当脉冲电场强度 E 从 1 kV/cm 增加到 2 kV/cm,甘蔗的脉冲电场能量输入为 2.4 kJ/kg 时,甘蔗的提取效率较高(Eshtiaghi 和 Yoswathana,2012)。Eshtiaghi 和 Yoswathana 等在 45~90℃ 温度范围内,采用中水浸渍法对经过 PEF 处理的甘蔗进行了 5 段压榨试验。虽然是在 45℃ 的中等温度下,但是经电穿孔甘蔗的产糖量与未处理样品在 80~90℃ 的较高温度下的产糖量相近。脉冲电场和 75℃ 常规水浸泡相结合,提取的蔗糖比常规热提取高出约 3%。此外,使用脉冲电场,提取时间可减少 20%。同时,电穿孔样品最终压榨后的浆料重量降低了 12%~14%。

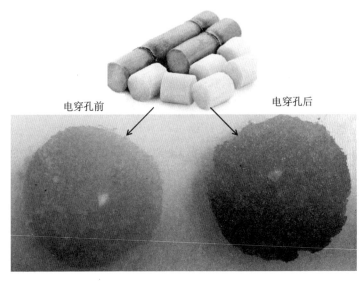

电穿孔前　　　　　　　　　　　　　　电穿孔后

图 9.26　电穿孔前后的甘蔗茎切块(源自:Almohammed 等,2016a,b)

9.3　菊苣

菊苣根(*Cichoriumintybus*)广泛用于生产菊粉,菊粉是重要的食品原料,是脂肪和糖的替代品。菊粉不是一个单一分子,而是由果糖和葡萄糖单位组成的低聚糖和多糖的混合物。菊苣含有高达 20%~23% 的菊糖、蔗糖、蛋白质、纤维素等成分。从菊苣中提取菊粉的技术类似于从甜菜中提取糖。传统的方法是从切片菊苣根中提取菊粉,采用 70~80℃ 热水,连续逆流提取,提取时间长 1.5~2 h。但是,长时间的热浸会导致菊苣组织的改变和不同杂质对汁液的污染,因此菊粉汁需要澄清、过滤和脱色步骤进行纯化。菊苣组织经电穿孔处理可以强化菊粉提取动力学,对菊粉提取具有较好的选择性。

图 9.27 显示热处理(a)和 PEF 处理(b)下的细胞电导率崩解指数 Z_c 的值(Loginova 等,2010)。未经 PEF 处理的菊苣组织会导致 Z_c 值升高,但升高过程在 55℃ 和 60℃ 时相当缓慢,在 40~45℃ 时非常缓慢。由图 9.27(a)不难看出,为了达到 50% 的细胞($Z_c = 0.5$)的热损伤,在 50℃ 时需要加热 5 h 左右,在 60℃ 时需要加热近 1 h[图 9.27(a)],这接近于甜菜组织热损伤所需的时间(图 9.3)。电穿孔处理使细胞损伤急剧加速,从而导致 Z_c 值迅速增加[图 9.27(b)]。例如,在 $E = 400$ V/cm 和 50℃($t_{PEF} < 0.01$ s)的温度下,50% 的细胞($Z_c = 0.5$)很快就会受

到电损伤。此外,即使在较低的温度下,电穿孔也会使菊苣组织的细胞受到损伤。例如,在 $E = 400$ V/cm、温度为 20℃时,在 0.1 s 内一半的细胞被损坏[图 9.27(a)]。Loginova 等研究了电穿孔处理菊苣切片在装有磁搅拌器和数字温度调节装置($E = 400$ V/cm、$t_{PEF} = 0.1$ s)的玻璃烧杯中的菊粉水溶液扩散(Loginova 等,2010)。切片尺寸为 2 mm×10 mm×20 mm。提取液保持在不同的温度下(20～80℃)。在提取过程中测量扩散液的白利糖度,并以无量纲形式 B 表示[式(9.1)]。

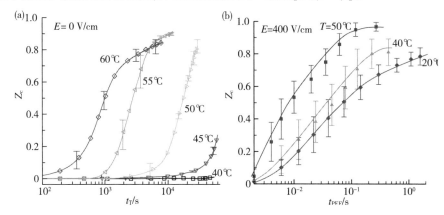

图 9.27　对于菊苣组织,细胞电导率崩解指数 Z_c 与热处理时间 t_T(a)和 PEF 处理时间 t_{PEF}(b)关系(源自:Loginova 等,2010)

　　菊苣组织(图 9.28)的扩散动力学与甜菜组织的扩散动力学非常相似(图 9.11)。尽管如此,对菊苣组织来说,可溶性固形物扩散显得比较慢。未经处理的菊苣切片在 70～80℃,扩散时间>60 min 时,才能达到最大的白利糖度值,白利糖度≈1[图 9.28(a)]。在 40～50℃的较低温度下,提取同样数量的可溶性固形物需要很长的时间。而对于电穿孔的菊苣切片,即使在较低的提取温度(40℃)下,白利糖度也能较快达到最大值。并且即使在 20～30℃的温度下,有效扩散似乎也可以实现[图 9.28(b)]。

　　Zhu 等研究了从电穿孔菊苣片中逆流提取菊粉的工艺(Zhu 等,2012)。使用图 9.12 所示的带有 12 区段的提取器,将菊苣根切成 67 mm×4 mm×2 mm 大小的切片,然后将切片装到有孔的用于运输切片的篮子里。每筐内装 1 kg 菊苣切片,汁与切片的比例固定在 140%,与工业实操一致。在既定的提取方案下,篮子在相邻区段之间每 7.5 min 移动一次(从第 1 区段到第 2 区段,从第 2 区段到第 3 区段,…,从第 11 区段到第 12 区段)。每隔 7.5 min 向最后的第 12 区段中加入 1.4 kg 自来水,与榨干后的切片混合,浸出的汁液从第 12 区段流向第 11 区段,从

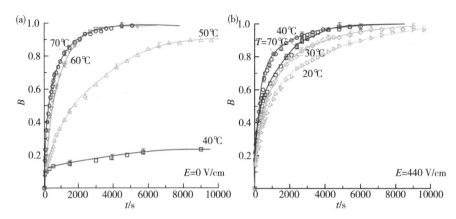

图9.28 不同温度下未经处理(a)和经电穿孔处理(b)的菊苣切片的标准化可溶性固形物含量 B 与扩散时间 t 的关系(源自:Loginova 等,2010)

第11区段流向第10区段,…,从第2区段流向第1区段,在0段(脉冲电场处理室)中产生的汁的浓度最高。总处理时间为90 min,与工业惯例一致。电场强度固定在 E=600 V/cm,处理时间在 $t_{PEF}=10\sim50$ ms 变化。扩散温度在30~80℃变化。结果发现,可溶性物质含量(°Brix)与溶液中的菊粉浓度有很好的相关性(Zhu 等,2012)。

图9.29 显示的是电穿孔菊苣片在逆流提取器扩散过程中可溶性物质含量的变化。与传统的扩散法(80℃)相比,电穿孔处理的菊苣切片在较低的温度(60℃)下可有效地提取可溶性固形物。此外,在30℃脉冲电场处理下,残渣中溶质的损失仅略高于80℃未脉冲电场处理时的损失(图9.29)。

图9.30 显示的是在不同温度下经90 min 扩散提取后菊苣汁(a)和浆料(b)菊粉的含量。在50~60℃下经脉冲电场处理的菊苣切片与在70~80℃下未处理的切片的菊粉含量差不多[图9.30(a)]。当电穿孔处理的切片在70~80℃进行提取时,提取汁中菊粉的浓度更高。当在70~80℃较高温度下对电穿孔处理的切片进行提取时,提余浆料中菊粉损失较低[图9.30(b)]。电穿孔处理的菊苣片经扩散处理后,提取的汁纯度也较高。

研究结果表明,PEF与加热相结合有利于菊苣中菊粉的提取。因此,Zhu 等提出利用脉冲欧姆加热,结合电热效应处理菊苣,来更好地从菊苣中提取菊粉(Zhu 等,2012)。使用中强度(400~1000 V/cm)和高强度(10 kV/cm)PEF 处理,各个脉冲序列之间的停顿持续时间有所不同。欧姆加热随序列数 N 从1~65 的增加而增加。中强度 PEF 联合电穿孔/欧姆加热预处理比非热高强度 PEF(10 kV/cm)处理更耗能,但是,它为处理高产品产量(如从菊苣生产菊粉)提供了一种有趣的替代方法。

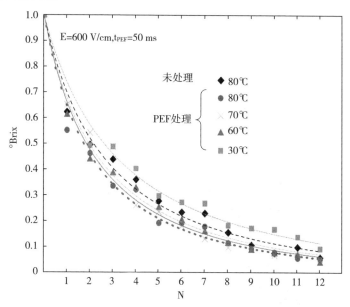

图 9.29　在逆流提取器扩散过程中,电穿孔处理的菊苣切片可溶性物质含量(°Brix)与提取器区段数(N)之间的关系。汁与菊苣切片的比例为 140%(Zhu 等,2012)

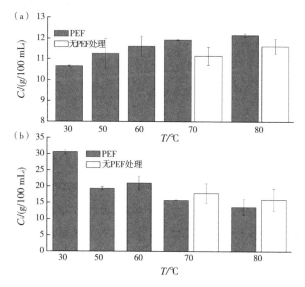

图 9.30　在不同温度下扩散(90 min)后菊苣汁和浆料中菊粉含量 C_i。
PEF 处理参数:$E=600$ V/cm、$t_{PEF}=50$ ms(Zhu 等,2012)

与未处理的菊苣切片相比,从电穿孔菊苣切片中提取的菊粉汁质量更好。它可能会影响下游净化操作。Zhu 等对经 PEF 处理和未处理的菊苣切片提取菊粉汁进行了动态超滤研究(Zhu 等,2013)。高速(1500~2000 r/min)的旋转盘模块(RDM)产生了高渗透通量,减少了通量下降。在高转速下,渗透通量随膜孔径和跨膜压力(TMP)的增大而增大;而在低转速(<1000 r/min)下,由于沉积了较厚的污垢层,渗透通量与膜类型和 TMP 无关。选择高转速(2000 r/min)和最大孔径(0.45 μm)的膜进行浓度测试。在高渗透通量(10^6 L·m^{-2}·h^{-1})时,体积减少比(VRR)可达 10,且渗透澄清较好。原料液、渗透液、贮藏液的外观、色泽差异很大(图 9.31)。

图 9.31　比较(a)菊粉汁原料,(b)菊粉汁渗透液和(c)菊粉汁贮藏液。使用带有 FSM0.45PP 膜的 RDM 模块(源自:Zhu 等,2013)

参考文献

[1] Almohammed F (2017) Application des électrotechnologies pour une valorisation optimisée de la betterave à sucre dans un concept de bioraffinerie. Ph. D. Thesis, Universite de Technologie de Compiegne, Compiegne

[2] Almohammed F, Mhemdi H, Grimi N, Vorobiev E (2015) Alkaline pressing of electroporated sugar beet tissue: process behavior and qualitative characteristics of raw juice. Food Bioprocess Technol 8:1947-1957

[3] Almohammed F, Mhemdi H, Vorobiev E (2016a) Pulsed electric field treatment

of sugar beet tails as a sustainable feedstock for bioethanol production. Appl Energy 162:49-57

[4] Almohammed F, Mhemdi H, Vorobiev E (2016b) Several-staged alkaline pressing-soaking of electroporated sugar beet slices for minimization of sucrose loss. Innov Food Sci Emerg Technol 36:18-25

[5] Almohammed F, Koubaa M, Khelfa A et al (2017a) Pectin recovery from sugar beet pulp enhanced by high-voltage electrical discharges. Food Bioprod Process 103:95-103

[6] Almohammed F, Mhemdi H, Vorobiev E (2017b) Purification of juices obtained with innovative pulsed electric field and alkaline pressing of sugar beet tissue. Sep Purif Technol 173:156-164

[7] Arnold J, Frenzel S, Michelberger T, et al (2014a) Process for the electroporation of beet cossettes and device for carrying out this process. Patent US 8691306B2

[8] Arnold J, Frenzel S, Michelberger T, Scheuer T (2014b) Extraction of constituents from sugar beet chips

[9] Asadi M (2006) Beet-sugar handbook. Wiley, Hoboken

[10] Bluhm H (2006) Pulsed power systems. Principles and applications. Springer, Berlin

[11] Bouzrara H, Vorobiev E (2001) Non-thermal pressing and washing of fresh sugarbeet cossettes combined with a pulsed electrical field. Zuckerindustrie 126: 463-466

[12] Eshtiaghi MN, Knorr D (1999) Method for treating sugar beet. International Patent WO 99/6434

[13] Eshtiaghi MN, Knorr D (2002) High electric field pulse pretreatment: potential for sugar beet processing. J Food Eng 52:265-272

[14] Eshtiaghi MN, Yoswathana N (2012) Laboratory scale extraction of sugar cane using high electric field pulses. World Acad Sci Eng Technol 65:1217-1222

[15] Frenzel S, Michelberger T, Witte G (2004) Electroporation for the treatment of sugarbeet cellsexperience from trials in the laboratory and on a technical scale. Zuckerindustrie 129:242-248

[16] Frenzel S, Michelberger T, Witte G (2012) Extraction of ingredients from

biological material. Patent US 8157917B2

[17] Jemai AB, Vorobiev E (2006) Pulsed electric field assisted pressing of sugar beet slices: towards a novel process of cold juice extraction. Biosyst Eng 93:57–68

[18] Kupchik MP, Gulyi IS, Mank VV (1988) The perspectives in creating of the new electrotecnologies for sugar industry. Review. Izv Vuzov, Pischewaya Tekhnologiya 4:10–20

[19] Lebovka NI, Shynkaryk M, Vorobiev E (2007a) Moderate electric field treatment of sugarbeet tissues. Biosyst Eng 96:47–56

[20] Lebovka NI, Shynkaryk MV, El–Belghiti K et al (2007b) Plasmolysis of sugarbeet: pulsed electric fields and thermal treatment. J Food Eng 80:639–644

[21] Lebovka N, Chemat F, Vorobiev E (eds) (2011) Enhancing extraction processes in the food industry. CRC Press/Taylor & Francis Group, Boca Raton

[22] Loginov M, Loginova K, Lebovka N, Vorobiev E (2011) Comparison of dead–end ultrafiltration behaviour and filtrate quality of sugar beet juices obtained by conventional and "cold" PEF–assisted diffusion. J Membrane Sci 377:273–283

[23] Loginova KV, Shynkaryk MV, Lebovka NI, Vorobiev E (2010) Acceleration of soluble matter extraction from chicory with pulsed electric fields. J Food Eng 96:374–379

[24] Loginova K, Loginov M, Vorobiev E, Lebovka NI (2011a) Quality and filtration characteristics of sugar beet juice obtained by "cold" extraction assisted by pulsed electric field. J Food Eng 106:144–151.

[25] Loginova KV, Vorobiev E, Bals O, Lebovka NI (2011b) Pilot study of countercurrent cold and mild heat extraction of sugar from sugar beets, assisted by pulsed electric fields. J Food Eng 102:340–347

[26] Loginova K, Loginov M, Vorobiev E, Lebovka NI (2012) Better lime purification of sugar beet juice obtained by low temperature aqueous extraction assisted by pulsed electric field. LWT – Food Sci Technol 46:371–374

[27] Mahnič–Kalamiza S, Vorobiev E (2014) Dual–porosity model of liquid extraction by pressing from biological tissue modified by electroporation. J Food Eng 137:76–87

[28] Mhemdi H, Bals O, Grimi N, Vorobiev E (2014) Alternative pressing/

ultrafiltration process for sugar beet valorization: impact of pulsed electric field and cossettes preheating on the qualitative characteristics of juices. Food Bioprocess Technol 7:795-805

[29] Mhemdi H, Almohammed F, Bals O et al (2015) Impact of pulsed electric field and preheating on the lime purification of raw sugar beet expressed juices. Food Bioprod Process 95:323-331

[30] Mhemdi H, Bals O, Vorobiev E (2016) Combined pressing-diffusion technology for sugar beets pretreated by pulsed electric field. J Food Eng 168:166-172

[31] Sack M, Sigler J, Frenzel S et al (2010) Research on industrial-scale electroporation devices fostering the extraction of substances from biological tissue. Food Eng Rev 2:147-156. https://doi. org/10. 1007/s12393-010-9017-1

[32] Sitzmann W, Vorobiev E, Lebovka N (2016a) Pulsed electric fields for food industry: historical overview. In: Miklavčič D (ed) Handbook of electroporation. Springer, Cham, pp 1-20

[33] Sitzmann W, Vorobiev E, Lebovka N (2016b) Applications of electricity and specifically pulsed electric fields in food processing: historical backgrounds. Innov Food Sci Emerg Technol 37:302-311

[34] Van der Poel PW, Schiweck H, Schwartz T (1998) Sugar technology : beet and cane sugar manufacture. Bartens KG, Berlin

[35] Vidal O, Vorobiev E (2011) Procédé et installation de traitement des tissus végétaux pour en extraire une substance végétale, notamment un jus. International Patent No 1053413, WO2011/ 138248 A1

[36] Zagorul'ko AY (1958) Obtaining of the diffusion juice with the help of electroplasmolysis. Ph. D. Thesis (Candidate of technical sciences), All-USSR Central Research Institute of Sugar Industry, Kiev, Ukraine (in Russian)

[37] Zhu Z, Bals O, Grimi N, Vorobiev E (2012) Pilot scale inulin extraction from chicory roots assisted by pulsed electric fields. Int J Food Sci Technol 47:1361-1368

[38] Zhu Z, Luo J, Ding L et al (2013) Chicory juice clarification by membrane filtration using rotating disk module. J Food Eng 115:264-271

[39] Zhu Z, Mhemdi H, Ding L et al (2015) Dead-end dynamic ultrafiltration of juice expressed from electroporated sugar beets. Food Bioprocess Technol 8:615-622

第10章 马铃薯和胡萝卜作物

摘要 马铃薯和胡萝卜是能量(淀粉),优质蛋白质,纤维和维生素的重要来源。本章研究 PEE 应用于马铃薯和胡萝卜作物加工的例子。在马铃薯方面,介绍 PEF 在薯条生产、干燥提取工艺的改进以及马铃薯果皮废弃物的处理中的应用。在胡萝卜方面,讨论 PEF 辅助汁液生产、汁液中微生物的灭活、有价化合物的提取、渗透脱水和干燥。

10.1 马铃薯

马铃薯是一种淀粉质的块茎作物。一个生马铃薯含有 13.1%～36.8% 的干物质、8.0%～29.4% 的淀粉、0.7%～4.6% 的蛋白质、0%～5.0% 的还原糖、0.2%～1.5% 的果胶物质、0.17%～3.5% 的纤维、0.02%～0.2% 的脂质(Andersson,1994)。马铃薯有近 4000 个品种,包括归类为几个主要类别的常见商业品种,如黄褐色马铃薯、红色马铃薯、白色马铃薯、黄色马铃薯、紫色马铃薯。烹调马铃薯可以捣碎、烘烤、烤或煮。马铃薯可以用来做薯片或"炸薯条"。

10.1.1 薯条加工

如今,全球油炸、冷冻马铃薯产品的产量超过 4.5×10^9 kg,其中炸薯条约占 86%(van Loon,2005)。图 10.1 为采用 PEF 处理的炸薯条生产方案。

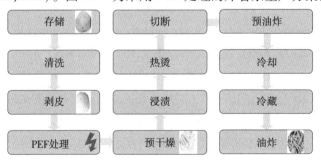

图 10.1 PEF 处理薯条生产方案

削皮前,将马铃薯洗净以去除土壤、石头和其他废料。高压(1.6 MPa)蒸汽去皮使马铃薯皮与肉分离。通常使用水枪将马铃薯切成均匀的条。将马铃薯放到水中,通过一系列的刀片纵向切割,得到所需的马铃薯条大小。然后将薯条焯水。热烫薯条的主要目的是使酶(多酚氧化酶和过氧化物酶)失活和还原糖的控制,以使油炸后的薯条色泽鲜艳、均匀。热烫薯条的其他功能是使淀粉糊化。这一步骤减少了油炸过程中的油脂吸收并改善口感(van Loon,2005)。酶在高温(80~100℃)下迅速失活。然而,还原糖(葡萄糖、果糖)的释放需要时间,应该在较低的温度(50~70℃)下实现,以防止烹饪过度。热烫后,把薯条浸在焦磷酸钠溶液中,焦磷酸钠螯合金属离子会使薯条变色(van Loon,2005)。热风预干燥可以改善结构,减少后续油炸过程中的油脂吸收。油炸通常分为两步:半油炸和全油炸,在这两个阶段之间有一个冷却步骤(冷冻)。在油炸过程中,水分蒸发,产品被炸熟,外皮形成。此外,根据切削尺寸的不同,大约5%的油被吸收。美拉德反应也因温度高,表面水分含量降低而加剧,从而加快了薯条颜色和香气的形成(van Loon,2005)。油炸结束后,黏附在表面的油被振动带除去,以尽量减少油脂吸收。随后产品通过若干步骤被冷空气冷却和冻结。

PEF 处理使马铃薯表面具有较高的湿度和平滑度(图10.2)。这种现象也出现在一些其他植物的根和果实中(甜菜、苹果等)(见第 8 章和第 9 章),它与PEF 处理下细胞汁液的释放有关。细胞内的压力迫使细胞汁液通过电穿孔细胞膜从细胞内部流向细胞外部,该过程导致了离子损失。尤其是经 PEF 处理的马铃薯块茎中钾和钙的浸出验证了这一观点(Faridnia 等,2015)。PEF 处理还降低了不同食品原料的切削力,尤其是对马铃薯块茎的切削力。结果表明,与未处理的样品相比,切割经 PEF 处理的马铃薯样品所需的能耗降低了 35% 左右(Ignat 等,2015)。由于 PEF 处理,磨碎的(肉)组织软化效果比湿润的"kumara"马铃薯茎皮更有效(Liu 等,2017)。刀片穿透表皮所需的力没有改变,但穿透磨碎的组

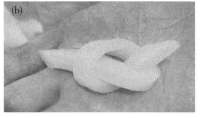

图 10.2　PEF 处理后马铃薯细胞汁液的释放(a)(源自:Oey 等,2016),PEF 处理后的马铃薯条(b)(源自:Worldfoodinnovations,2019)

织所需的力显著降低(约30%)。这意味着在切片前去除甘薯块茎的表皮(去皮,图10.1)对于获得PEF处理的最大优势至关重要。

经PEF处理过的马铃薯条表面较厚的水蒸气层会在油炸过程中形成额外的屏障,从而减少油的吸收。最近的研究表明,经PEF处理和油炸处理的马铃薯的吸油率降低(Janositz 等,2011;Ignat 等,2015;Liu 等,2017,2018a;Fauster 等,2018;Liu,2019)。其原因是经过PEF处理过的组织表面更光滑导致油炸后能更好地排油(Botero-Uribe 等,2017)。经PEF处理后的薯条的吸油率降低38.7%,而热烫过的样品的吸油率仅降低3.8%(Janositz 等,2011)。与浸泡和热烫后的样品相比,PEF处理的马铃薯块茎的吸油量显著降低(表10.1)(Ignat 等,2015)。PEF处理的效果也与PEF处理参数有关。

表10.1 经PEF处理和油炸1 min的马铃薯块的含油量随油炸时间的变化
(浸过水和焯过水的马铃薯块作为对照)

	含油量/(% W/W w.b.)		
	油炸时间/min		
	1	2	4
浸过水	3.61±0.13[a]	4.56±0.16[b]	5.20±0.38[a]
焯过水	3.80±0.17[a]	5.02±0.27[a]	5.80±0.57[a]
低强度 PEF	2.54±0.08[b]	2.62±0.29[c]	3.98±0.47[b]
高强度 PEF	2.38±0.04[b]	3.03±0.37[c]	4.07±0.33[b]

注 a,b,c 在每列中具有相同字母的意思是没有显著差异($P \geqslant 0.05$)。低 PEF:在 0.75 kV/cm 条件下 9000 脉冲;高 PEF:在 2.5 kV/cm 条件下 810 脉冲。

在较低的 PEF 强度下(0.5 kV/cm,540 次 20 μs 的脉冲,2.76 kJ/kg),190℃油炸薯条的吸油率没有降低(Liu 等,2017)。然而,在更高的 PEF 强度下(1.2 kV/cm,540 次 20 μs 的脉冲,21.18 kJ/s)下,吸油率降低了(从 0.22 降低到 0.18 g/g 干薯片)。因此,除了健康方面的优势,这个过程还节省了油的使用并减少了废料的数量。经 PEF 处理过的马铃薯改善糖的浸出也会导致在油炸过程中使薯片呈现出更均匀的棕色(Ignat 等,2015)。Liu 等已评估了从甘薯块茎获得的马铃薯片的褐变指数(Liu 等,2017)。经 PEF 处理的甘薯片需要在较低的油炸温度(150℃)才能达到与在较高温度(170℃和 190℃)下油炸未处理的薯片相同的褐变程度。

传统的炸薯条生产使用预干燥来改善质地和减少油炸过程中的油脂吸收(van Loon,2005)。近年来,Liu 等最近研究了在油炸马铃薯前通过 PEF 进行的空气干燥和真空干燥(VD)(Liu 等,2019;Liu 等,2020)。数据表明,PEF 加速了空气干燥和真空干燥过程,并改善了后续的油炸。

图 10.3 显示未处理(U)和 PEF 处理($E = 600$ V/cm、$t_{PEF} = 0.1$ s)马铃薯片(直径 25 mm,高度 2.5 mm)的 MR 与时间 t 的关系。样品在 70℃进行真空干燥,在不同的初始含水率(MR)条件下油炸。MR 值是根据样品在真空干燥过程中实际质量损失与最大质量损失的比值来确定的。PEF 处理强化了马铃薯样品的真空干燥动力学,如果应用 PEF 处理,随后的油炸工作可能会更早开始(图 10.3)。例如,在未经 PEF 处理的情况下,将马铃薯样品真空干燥至 $MR_v = 0.7$ 时,在约为 900 s 后开始油炸。然而,在 PEF 处理下,将马铃薯样品真空干燥至相同的 $MR_v = 0.7$ 时,在约为 700 s 后开始油炸。当马铃薯样品真空干燥到 $MR_v = 0.2$ 的值时,PEF 预处理所花费的时间就显得尤为重要(约 1000 s)(图 10.3)。

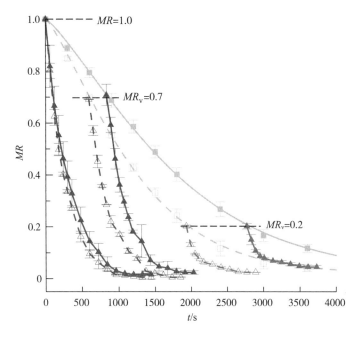

图 10.3　未处理(U)(实线,填充符号)和经 PEF 处理(虚线,开放符号)样品的水分比 MR 与时间 t 的比较。样品初步脱水至 VD 温度 70℃,然后油炸。给出了 $MR = 1$、0.7、0.2 不同值的油炸曲线实例(源自:Liu 等,2020)

图 10.4 显示油炸马铃薯样品前的 PEF 和初始含水率(MR_v)对吸油量 O_f 的影响(以油的质量相对于样品干物质的质量确定)。PEF 处理和较低的初始含水率值 MR_v 均有利于减少油炸过程中的吸油量。

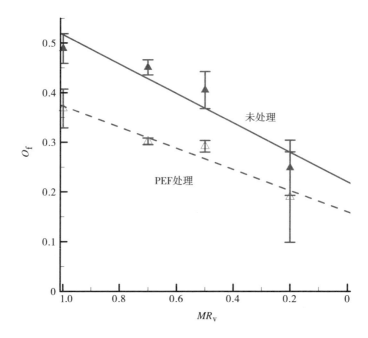

图 10.4　真空干燥后 U(实线,填充符号)和 PEF 处理(虚线,开放符号)马铃薯样品的吸油率 O_f、水分比 MR_v。样品初步脱水至 VD 温度 70℃,然后在 600 s 内油炸(Liu 等,2020)

Elea[图 10.5(a)]和 Pulsemaster[图 10.5(b)]公司实际上对炸薯条的工业 PEF 工艺(处理量高达 80 t/h)进行了商业化(Fauster 等,2018;Pulsemaster,2019)。

图 10.5　用于炸薯条的工业 PEF 系统:Elea process(a)(Elea,2019);Pulsmaster 系统(b)(Pulsemaster,2019)

Fauster 等最近研究了最大流量为 20 t/h 的连续流系统 Smooth Cut 10(Elea,Quakenbruck,德国)(Fauster 等,2018),该系统有相距 170 mm 的平行板电极。与图 10.1 所示的炸薯条生产方案不同,PEF 装置被放置在马铃薯清洗机和蒸汽去皮机之间,因此,未去皮的马铃薯在去皮前要经过 PEF 处理。PEF 装置采用脉冲宽度为 10 ms 的矩形脉冲。在初步试验的基础上,选择了 1.0 kV/cm 的场强。在大多数试验中,比能量输入在 0.2~1.0 kJ/kg 变化。当比能量输入为 0.2 kJ/kg 时,电池电导率崩解指数(Z_c)为 43%,最大切削力降低 29%。当能量输入从 0.2 kJ/kg 增加到 1.0 kJ/kg 时,Z_c 值显著增加,但未发现最大切削力的变化(Fauster 等,2018)。因此,0.2 kJ/kg 的 PEF 能量输入已经足以达到最大细胞分裂的稳定时期。表 10.2 列出具有表面缺陷(如粗糙、破裂和鳞片状外观(称为羽状花纹)的马铃薯的百分比以及断裂的马铃薯条的比例(断裂损失)(Fauster 等,2018)。

马铃薯块的羽状花纹是由于切割造成的机械损坏。羽状花纹百分比随组织硬度和刀钝度而增加。PEF 增强了马铃薯组织的软化,有助于切割并得到更光滑的表面。表 10.2 显示,施加 0.2 kJ/kg 的 PEF 能够将羽状花纹百分比降低约 40%,施加 1.0 kJ/kg 的 PEF 可将羽状花纹百分比降低 80%(Fauster 等,2018)。另外一个受 PEF 影响的质量参数是断裂薯条的比例,这被认为是损失。即使是在较低的能量输入 0.2 kJ/kg 的情况下,PEF 仍可将断裂薯条的比例从 11% 降低至 6%(表 10.2)。

表 10.2　不同公司生产的小型电穿孔器及相关系统说明

处理	羽状花纹	断裂损失/%
控制条件	16.4±3.5[a]	11.0±3.5[a]
PEF,W=0.2 kJ/kg	10.1±1.2[b]	3.6±1.1[c]
PEF,W=0.5 kJ/kg	7.3±1.5[b]	6.2±1.4[b]
PEF,W=1.0 kJ/kg	3.6±1.1[c]	6.3±1.4[b]

　　注　未处理和经 PEF 处理(E=1.0 kV/cm,各种比能量输入,W)的马铃薯条在断裂损失和羽状花纹比例上的比较(源自:Fauster 等,2018)。不同字母的意思是有显著差异的($P<0.05$)。

图 10.6 显示了预油炸阶段后薯条在 PEF 比能量输入下的脂肪吸收测量数据。与未处理的对照样品相比,在 0.2 kJ/kg、0.5 kJ/kg 和 1.0 kJ/kg 的 PEF 处理下,脂肪吸收由平均 7.5% 降低到 6.8%。此外,关于马铃薯副产品(马铃薯泥)的调查显示了考虑副产品质量的重要性。

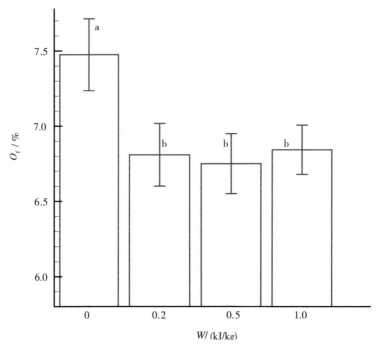

图 10.6　在不同比能量输入下,对照组(未处理)和 PEF 处理($E=1.0$ kV/cm)马铃薯预油炸后的脂肪吸收量 W(源自:Fauster 等,2018)。不同字母的意思是有显著差异的($P<0.05$)

10.1.2　马铃薯加工中的其他应用

　　PEF 处理通常可以用来提高马铃薯的干燥效率(Lebovka 等,2006,2007;Janositz 等,2011;Liu 等,2018a,b,2020)。Janositz 等发现,经对流烤箱中烘焙后,PEF 处理过的马铃薯片的失水量增加(Janositz 等,2011)。与未经处理的切片相比,PEF 处理($E=1.5$ kV/cm,脉冲 20 次,马铃薯品种"$Saturna$")导致切片在 100℃烘烤 10 min(3.89 g/100 g)后失水量较大,在 200℃(8.15 g/100 g)下继续烘烤 20 min 后水分减少较多。Lebovka 等研究了在电场强度为 400V/cm 和干燥温度为 50℃条件下,马铃薯样品(高 1 cm、直径 4 cm 的圆片,品种为"$Agata$")的干燥动力学(Lebovka 等,2007)。图 10.7 中显示的结果表明,随着 PEF 处理时间的延长,干燥动力学过程加速。其中,水分比 MR 确定为样品在干燥过程中的实际质量损失与最大质量损失的比率。PEF 处理时间越长,电导率崩解指数 Z_c 值越高(图 10.7),马铃薯组织受到的损害更大,这种组织的干燥速度进一步加快,这是由于在受损组织内部测量到的温度上升得更快(Lebovka 等,2007)。

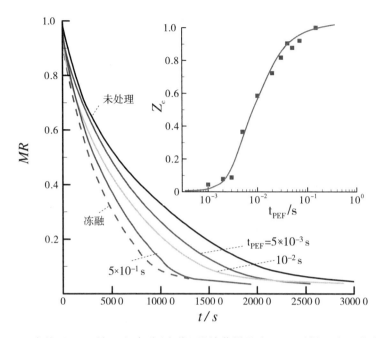

图 10.7　未处理、PEF 处理和冻融（虚线）马铃薯样品在 50℃ 干燥温度下的水分比 MR（由样品的实际质量损失与最大质量损失之比确定）与干燥时间 t 的关系。PEF 处理条件为室温，温度 T 为 25℃，电场强度为 $E = 400$ V/cm，脉冲宽度 t_i 为 1 ms，不同的 PEF 处理时间为 t_{PEF}。插图显示了在相同的 PEF 处理条件下，电导率崩解指数 Z_c 与处理时间 t_{PEF} 的关系（源自：Lebovka 等，2007）

　　研究还表明，即使在较低的电场强度下（$E = 60$ 和 100 V/cm），结合欧姆加热，也可以加速马铃薯组织的干燥（Lebovka 等，2006）。Jalté 等研究了 PEF 对马铃薯冷冻、冻干和复水的影响（Jalté 等，2009）。将经过 PEF 处理（400 V/cm，持续时间从 100 μs 到 0.3 s）和未经 PEF 处理的样品（直径 26 mm，高度 10 mm）在空气温度 −35℃ 鼓风冷冻机中冷冻，或在 0℃ 和 $4×10^{-6}$ MPa 下冻干，然后在 25℃ 的水中复水。实验发现，经 PEF 处理的样品冷冻时间减少，组织损伤（用扫描电子显微镜检测）更为严重。PEF 处理提高了冷冻干燥的速度并改善了复水样品的质量。

　　PEF 处理还可以提高马铃薯组织中低分子物质的提取率，降低还原糖和双糖的含量，并去除美拉德反应的底物（Janositz 等，2011）。Puértolas 等研究了 PEF 处理对紫肉马铃薯花青素提取的影响（Puértolas 等，2013），采用响应曲面法确定了最佳的 PEF 处理参数，并在此基础上进行了花青素提取。在 PEF 强度为 3.4 kV/cm、脉冲时间为 105 μs（35 个脉冲、共 3 μs）时，细胞崩解指数最高（$Z_c = 1$），比能耗最低(8.92 kJ/kg)。以水和乙醇(分别为 48%和 96%)为溶剂,PEF 处理提高了紫皮马铃薯的溶质提取率。水提(40℃,480 min)可获得最大花青素产量(65.8 mg/100 g 鲜重),乙醇提取(96%乙醇)的效率稍低,获得的花青素产量为 63.9 mg/100 g 鲜重。因此,水作为一种比乙醇更环保的溶剂更适合应用于 PEF 中。

10.1.3 马铃薯皮

马铃薯加工业产生大量的马铃薯皮废弃物,造成了严重的环境问题。众所周知,马铃薯皮是类固醇生物碱的来源,具有抗炎、抗菌和抗癌特性(Friedman,2006)。Hossain 等研究了 PEF 对溶剂萃取马铃薯皮中甾体生物碱的影响(以甲醇、水、甲酸和乙腈为溶剂)(Hossain 等,2015),发现甲醇是最合适的溶剂。当 PEF 强度为 0.75 kV/cm,PEF 持续时间为 600 μs(比能量输入为 18.47 J/kg)时,总甾体生物碱的提取率最高(1856.2 μg/g 干马铃薯皮)。这一数值比未处理的马铃薯皮高 99.9%。令人惊讶的是,对于较高的 PEF 强度(1 kV/cm),甾体生物碱(糖苷生物碱和苷元生物碱)的回收率有所下降,这可能与它们的降解有关(Hossain 等,2015)。

10.2 胡萝卜

胡萝卜(*Daucuscarota*)是一种块根蔬菜。2014 年,世界胡萝卜(加萝卜)产量为 3880 万 t,其中中国产量占世界总产量的 45%。胡萝卜的水分含量在 86%~89%,蛋白质含量在 0.6%~0.7%,脂肪含量在 0.2%~0.5%,水化合物含量在 6%~10.6%,粗纤维含量在 1.2%~2.4%(Sharma 等,2012)。胡萝卜是 β-胡萝卜素的最佳来源之一。胡萝卜的胡萝卜素含量在 60~120 mg/100 g,但有些品种的胡萝卜素含量高达 300 mg/100 g。胡萝卜主要含有 β-胡萝卜素(60%~80%),其次是 α-胡萝卜素(10%~40%)、叶黄素(1%~5%)和其他次要的类胡萝卜素(0.1%~1%)(Roohinejad 等,2014)。胡萝卜可以提供大量的维生素 A(Fikselová 等,2008)。胡萝卜中的游离糖包括蔗糖、葡萄糖和果糖。胡萝卜还富含钙、铁、钠、钾、镁、铜、锌等矿物质。由于胡萝卜和胡萝卜产品是具有抗癌活性的天然抗氧化剂的重要来源,其消费量稳步增长。

10.2.1　胡萝卜汁生产

胡萝卜送到加工生产线后,经过清洗,蒸汽剥皮或机械削皮器剥皮,切碎,压碎,热煮后再提取,以获得更高的提取率(MecSistem,2019)。另一种加工方法是:胡萝卜洗净,切块(直径 3.5 cm、厚 0.5 cm),酸烫(95℃、0.3%柠檬酸),榨汁(加压螺杆萃取器)和离心(Zhang 等,2016)。

所有这些加工方法都包括热处理(热煮、热烫、加热)和辅助机械处理(例如粉碎、细胞研磨),以提高胡萝卜汁的提取效果。传统的胡萝卜汁加工耗能高、选择性差。此外,热处理会降解热敏细胞化合物,降低产品质量。PEF 处理可以成功地应用于促进胡萝卜榨汁(Praporscic 等,2004)。胡萝卜组织对 PEF 处理相当敏感,PEF 处理后其切削力大量降低(近两倍)[图 10.8(Grimi 等,2007)]。

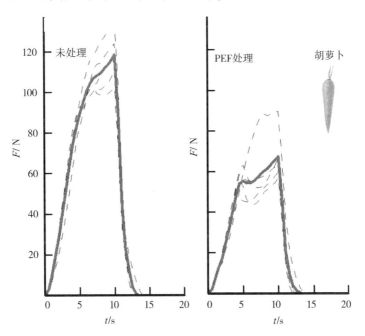

图 10.8　未经 PEF 处理或经 PEF 处理的整个胡萝卜切割所需的力($E = 400V/cm$、$t_{PEF} = 100$ ms)(源自:Grimi 等,2007;Grimi,2009)

Leong 等的研究结果表明,胡萝卜纤维与 PEF 电极的方向影响其切割力。当采用胡萝卜纤维的垂直方向和 PEF(0.8 kV/cm、166 kJ/kg)条件时,切割力大约减少一半(从 140 N 到 72 N)(Leong 等,2014)。当胡萝卜纤维的平行方向用于相同的 PEF 参数时,最大切割力减小的幅度更大(为 49 N)。经 PEF 处理的胡萝卜在平行和垂直位置切割力的降低归因于内胚层区域的轻微软化。其他预处理参数（热预处理、PEF 强度、频率和能量输入）也影响胡萝卜切割力（Leong 等，2014）。

PEF 预处理有利于降低胡萝卜后续研磨或切片过程中的能耗。另外，与热处理或冻融的组织相比，经 PEF 处理后的胡萝卜组织保持显著的牢固性（图 10.9）。

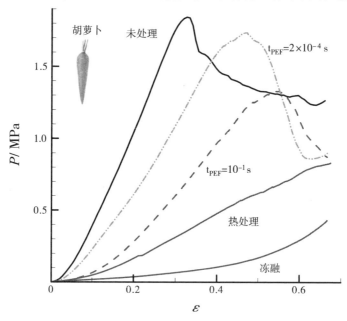

图 10.9　P-ε 曲线。样品未经处理，经 PEF（$E = 1100$ V/cm、$t_{PEF} = 2 \times 10^{-4}$ s、10^{-1} s）处理，热处理（温度 $T = 65℃$，2 h）及冻融处理的胡萝卜组织的相对变形 $\varepsilon = \Delta h / h$（$\Delta h$ 和 h 是变化和初始样品高度）（源自：Lebovka 等，2004）

因此，PEF 处理对胡萝卜细胞壁基质的保存效果显著好于加热或冻融处理，这一特点可以用于胡萝卜加工。Praporscic 等将电场强度 320 V/cm，PEF 时间为 40 ms 的中等（压榨 1000 s）PEF 用于胡萝卜切片（1.5 mm×2 mm×30 mm），并对此进行了研究（Praporscic 等，2007）。研究结果发现 PEF 处理不仅提高了胡萝卜的榨汁量，而且导致了汁的质量（吸光度、白利糖度）特性的演变（图 10.10）。视觉上，经 PEF 处理后的胡萝卜汁更透明，混浊程度更低。这可能归因于细胞汁在流经切片预压缩层时的澄清作用。出人意料的是，PEF 处理后可溶固体含量（白利糖度）立即增加。这种效应可能与 PEF 处理结合挤压从细胞质中释放液泡汁液有关（Jäger 等，2012）。

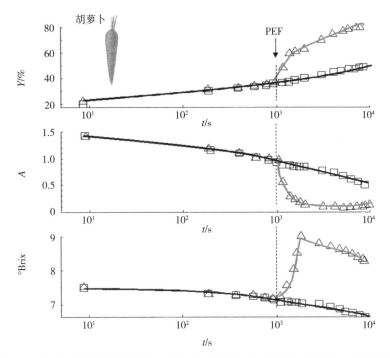

图 10.10　中等 PEF 处理的胡萝卜切片的出汁率、吸光度和锤度动力学曲线($E =$ 320 V/cm 和 $t_{PEF} = 40$ ms)(源自:Praporscic,2005;Praporscic 等,2007)

　　PEF 处理可以在胡萝卜磨碎(或切片)前后进行。Grimi 等研究了 S_1(0.15× 0.15 mm×2 mm)、S_2(1.5 mm×1 mm×20 mm)、S_3(4 mm×1.5 mm×25 mm)和 S_4 (7 mm×3 mm×30 mm)4 种不同大小的胡萝卜切片的固/液压榨的出汁率(Grimi 等,2009)。

　　用 PEF($E = 400$ V/cm、$t_{PEF} = 100$ ms)对切片进行处理,并在 10 min 内使用实验室压榨室和中试带式压榨机在 0.5 MPa 下压榨(图 10.11)。在切片前后对胡萝卜进行预处理。中试带式压榨机还可以在压榨过程中实现中间 PEF 处理。

　　Grim 等在相同的压力和持续时间下压制,将结果与未处理样品进行比较 (Grimi 等,2009)。为了考虑切割程度,机械崩解指数(Z_m)被确定为:

$$Z_m = N_d / (N_d + N_i) \tag{10.1}$$

式中,N_d 和 N_i 分别是切片造成的机械损伤的细胞数量和完整细胞的数量。基于细胞 50 μm 的特征尺寸,假设只有颗粒表面的细胞层被破坏,在此前提下对每种尺寸细胞的 Z_m 估计进行估计。相应地,每种粒径的 Z_m(单位:%)值分别为:$S_1 - Z_m = 76\%$、$S_2 - Z_m = 20\%$、$S_3 - Z_m = 9\%$、$S_4 - Z_m = 7\%$。

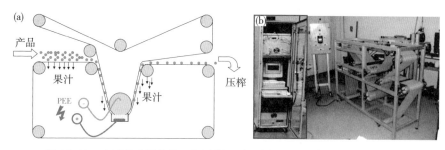

图 10.11 中试带式压榨机:示意图(a)和照片(b)(源自:Grimi 等,2009)

随着机械崩解指数 Z_m 的增加,未经 PEF 处理的切片和 PEF 处理过的切片二者的压榨产量均呈合乎逻辑地递增趋势。然而,经过 PEF 处理后,尤其是对于机械性解体细胞比例仅为 7% 和 9% 的最大切片 S_4 和 S_3,出汁率的提高更为明显。对于未经处理的薄片,需要更细的切片。例如,要获得约 70% 的出汁率,需要将胡萝卜切成更细的片($Z_m = 76\%$),然而对于相当大的胡萝卜切片($Z_m = 20\%$),通过 PEF 处理后,可以获得与前者几乎相同的出汁率(表 10.3),这可以允许更有选择性提取细胞化合物。

表 10.3 带式压榨机在(0.5MPa)压力下的胡萝卜出汁率(Grimi 等,2009;Grimi,2009)

切片大小/mm	Z_m(机械崩解指数)/%	带式压榨机的出汁率/%	
		PEF 处理	无 PEF 处理
0.15×0.15×2	76	69.5	71.9
1.5×1×20	20	45.7	69.6
4×1.5×25	9	19	46.3
7×2×30	7	21.7	45.8

Jäger 等采用带式压榨机(250 kg/h)、齿条—滤布式压榨机(250 kg/h)、液压压滤机(250 kg/h)和离心沉降机(50 kg/h)四种中试脱汁设备,进行工业规模 PEF 辅助胡萝卜汁生产研究(Jäger 等,2012)。由于 PEF 处理设备室内电场分布不均匀,局部电场强度变化范围为 2.1~7 kV/cm,通常选取平均值为 3 kV/cm。低强度(2~4 kJ/kg)和高强度(12 kJ/kg)的 PEF 处理输入取决于 PEF 应用的总时间。在脉冲时间为 3 μs 的条件下,用两台分离孔径分别为 9 mm、5 mm、2 mm 和 0.35 mm 的离心式粉碎机制备胡萝卜粒。使制备的胡萝卜最细颗粒占主要部分,大小在 0.5~0.8 mm,并且具有 53% 的机械细胞崩解度。较粗的 2 型胡萝卜泥(由分离孔径为 2 mm 的离心式粉碎机获得)的最大相对颗粒质量分数为

2.5 mm,机械细胞崩解度为 37%。在施加 PEF 处理的条件下,所有脱汁系统的出汁率都明显提高。其中齿条—滤布式压榨机和带式压榨机的出汁率最高(对于 2 型颗粒和较高的 PEF 输入(12 kJ/kg),这两种压榨机的出汁率都高达 76%)。而用带式压榨机压榨未经处理 2 型颗粒的出汁率仅为 61.2%,用齿条—滤布式压榨机压榨的出汁率约为 69%。虽然在 PEF 条件下液压压滤机和离心沉降机的出汁率仍然较低,但 PEF 处理也提高了这两种设备的压榨效率。可以预测的是,与细粒胡萝卜相比,粗粒胡萝卜的出汁率增加更明显。此外,当采用齿条—滤布压榨方式时,胡萝卜细磨(孔径为 0.35 mm)与粗磨(孔径为 2 mm)相比,实际上出汁率并没有提高。

　　对于液压压滤机和离心式沉降机来说,细磨比粗磨更有效(Jäger 等,2012)。工业规模胡萝卜汁加工达到的出汁率,与采用 PEF 处理的带式压榨机和齿条—滤布式压榨机的出汁率接近。然而,传统的胡萝卜汁加工需要额外的热处理和酸化处理,这两种工艺都会影响胡萝卜汁的稳定性。在所有研究的脱汁系统中,PEF 处理增加了果汁中类胡萝卜素的含量(Jäger 等,2012)。例如,在带式压榨机上,2 kJ/kg 和 12 kJ/kg 的 PEF 处理使果汁中的类胡萝卜素含量分别提高了 24% 和 33%;在齿条—滤布压榨机上,2 kJ/kg 和 12 kJ/kg 的 PEF 处理使果汁中的类胡萝卜素含量增加了 28%。用 PEF 处理较细的颗粒(0.35 型)对所有的脱汁系统都是有效的,并使得果汁中的类胡萝卜素含量提高 10%~25%。PEF 预处理对胡萝卜汁的可溶性固形物含量和悬浮固形物含量没有明显的影响(Jäger 等,2012)。

10.2.2　胡萝卜汁中微生物的灭活

　　热处理是防止胡萝卜和其他果蔬汁中的酶和微生物造成负面影响的常规方法。过高的加工温度会加剧胡萝卜汁中的不良反应,导致营养物质流失和色泽褐化(Shamaila 等,1996)。高强度 PEF 处理是胡萝卜和其他果蔬汁常规热加工的一种非热替代方法(Barbosa-Cánova 等,1997)。例如,施用 PEF 可降低胡萝卜汁中过氧化物酶(POD)的活性。

　　Quintão-Teixeira 等使用 0.3~2 ms、20~35 kV/cm 的电场强度处理条件(Quintão-Teixeira 等,2013)处理胡萝卜汁样品。结果显示,在 35 kV/cm 条件下处理 1.5 ms 后,初始 POD 活性失活达 93%。对胡萝卜汁,可以用 PEF 处理替代热处理,从而保持马铃薯和胡萝卜浊汁的胶体稳定性。果胶甲酯酶(PME)是影响果汁混浊度和增加果汁混浊度的重要酶(Meyer 等,2010;Pinelo 等,2010)。经

PEF 处理后,果胶甲酯酶活性显著降低($E = 15 \sim 30$ kV/cm、$t_{\mathrm{CEP}} = 100 \sim 800$ μs)(Chen 等,2012)。实验证明,经 PEF 处理的果汁在 1 个月的时间内保持了较好的稳定性。

10.2.3　胡萝卜中有用化合物的提取

胡萝卜是 β-胡萝卜素、糖、维生素和矿物质的重要来源。PEF 处理可以更有选择性地提取细胞生物化合物。Grimi 等研究了从不同尺寸的胡萝卜片中提取溶质的多级清洗—压榨工艺(Grimi 等,2007;Grimi,2009)。清洗(扩散)是在室温下的水中实现的。对于最小颗粒(切片后 $Z_{\mathrm{c}} = 95\%$)的果汁,清洗—压榨工艺的糖利度($^\circ$Brix)最高。对于大颗粒(切片后 $Z_{\mathrm{c}} = 7\%$),施加 PEF($E = 250 \sim 1000$ V/cm、$t_{\mathrm{PEF}} = 20$ms)可显著提高出汁率和果汁中可溶性物质(糖)的含量,但大部分类胡萝卜素仍留在压榨饼内。结论是,PEF 处理大切片可提取糖分,并能获得富含维生素和类胡萝卜素的"无糖"浓缩汁,这种浓缩物可用作减肥食品的添加剂。施加 PEF 后,胡萝卜片的总类胡萝卜素含量(TCC)取决于 PEF 强度和能量输入(Wiktor 等,2015)。低 PEF(3 kV/cm)处理降低了总类胡萝卜素含量,而高 PEF(5 kV/cm)处理的总胡萝卜素含量几乎没有变化。其原因可能是活性氧(ROS)的产生促进了 β-胡萝卜素链的氧化。经 PEF 处理后,胡萝卜中类胡萝卜素含量降低($E = 0.25 \sim 1$ kV/cm)(Aguiló-Aguayo 等,2015)。类胡萝卜素的降解归因于脂氧合酶相关自由基诱导的氧化。Roohinejad 等研究了中等 PEF($0.1 \sim 1$ kV/cm)在不同频率($5 \sim 50$ Hz)下对胡萝卜渣中类胡萝卜素的提取的影响(Roohinejad 等,2014)。即使在 0.1 kV/cm 的最低 PEF 下胡萝卜渣中 α 和 β-胡萝卜素的释放量也有增加。当电场强度从 0.6 kV/cm 增加到 1 kV/cm,对胡萝卜汁中类胡萝卜素的含量几乎没有显著影响。胡萝卜细胞释放的类胡萝卜素大部分仍留在渣中,释放到汁液中的类胡萝卜素几乎可以忽略不计。需要注意的是,类胡萝卜素几乎不溶于水,这造成了它不容易被提取到果汁中。近年来,Liu 等研究了应用不同有机溶剂从胡萝卜中提取类胡萝卜素(Liu,2019),结果表明,PEF 处理($E = 0.6$ kV/cm、$t_{\mathrm{CEP}} = 0.1$ s)显著提高了类胡萝卜素在甲醇中的提取率。经 PEF 处理的胡萝卜样品的 β-胡萝卜素提取量为 207 mg/100 DM,而未处理的样品仅为 170 mg/100 DM。

胡萝卜中存在的镰叶芹醇型聚乙炔:镰叶芹醇(FaOH)、镰叶芹二醇(FaDOH)和醋酸三丁二醇酯(FaDOAc)对人体健康具有潜在的有益作用(Aguiló-Aguayo 等,2014)。例如,FaOH 对几种癌症具有显著的细胞毒活性。这些聚十六烯在热稳定性和亲脂性方面都是不稳定的。因此,它们通常是用非极性有机溶剂在低温下提取的。Aguiló-Aguayo 等研究了 PEF 处理对胡萝卜泥中聚乙炔提取的影响(Aguiló-Aguayo 等,2014)。在 800 psi 的压力下,用 100% 乙酸乙酯加压液萃取聚乙炔。PEF 处理(0.25 kV/cm,6 ms)可使胡萝卜泥中 FaDOH 和 FaDOAc 的提取量达到非 PEF 处理条件下最大值的 3 倍。然而,较长时间的 PEF 处理或较高强度的 PEF 处理的应用效果较差。随后,Aguiló-Aguayo 等对 PEF 处理条件进行了优化,将紫衫酮的提取率提高了近两倍(Aguiló-Aguayo 等,2015)。

10.2.4　胡萝卜的渗透脱水

渗透脱水(OD)可以单独使用,也可以与干燥结合使用来去除水分,能耗较低,质量保持较好。渗透脱水是一种在胡萝卜和其他水果和蔬菜中自然发生的过程,通常放在糖或盐的高渗溶液中,表现出高渗透压和低水分活度。但是渗透脱水耗时多,因为水分通过细胞膜的转移缓慢。热前处理(漂烫)可提高渗透脱水动力学,但会降低产品质量(质地、颜色、风味)。PEF 处理增加了胡萝卜渗透脱水过程中的失水(WL)和所获固形物(SG)(Amami 等,2007)。Amami 等将胡萝卜片用 PEF($E = 0.60$ kV/cm、$t_{PEF} = 50$ ms)处理,然后在 20℃下使用不同浓度的 NaCl/蔗糖水溶液搅拌离心(2400 g)进行渗透脱水(Amami 等,2007)。PEF 处理提高了渗透脱水动力学。例如,在初始糖浓度分别为 45、55 和 65 °Brix 的搅拌溶液中,经 PEF 处理的样品在渗透脱水 4 h 后,固形物增重率分别达到 9.1%、10.5% 和 10.8%。未经处理的样品在相同溶液中的固形物增重率分别为 5.8%、8.2% 和 9.2%。在初始糖浓度为 65°Brix 的搅拌溶液中,经 PEF 处理和未处理的样品在渗透脱水作用 2 h 后,失水率分别达到 42% 和 38%。外加盐和离心力都会增加渗透脱水过程中的失水率。然而,与静态渗透脱水相比,离心力降低了固形物增重率。因此,对较高的固体颗粒增加量(糖的添加量),静态渗透脱水(搅拌条件下)有优势;如果应增加失水量,应限制固体颗粒(糖)的摄入量(饮食产品),离心渗透脱水更适合(Amami 等,2007)。当胡萝卜组织经 PEF 处理和渗透脱水,干燥动力学也能得到改善(Amami 等,2008)。

图 10.12 显示达到最终样品水分含量为 10% 的固定值所需的总脱水时间,包括渗透脱水(在离心场中为 40℃)和风干(在 60℃)。

图 10.12 显示,随着渗透脱水时间的增加,空气干燥时间可以大幅度减少。对未处理的胡萝卜组织来说,其最终水分含量达到 10% 时,无渗透脱水情况下空

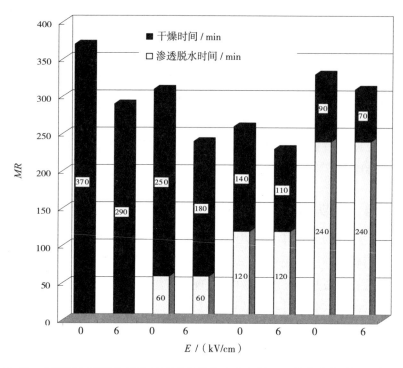

图 10.12　在不同电场强度 E 下,达到最终样品水分含量 10% 的总脱水时间 t(渗透脱水 +干燥)(源自:Amami 等,2008)

气干燥时间是 370 min,而经 240 min 渗透脱水后空气干燥 90 min 即可。PEF 处理进一步减少了空气干燥时间。优化渗透脱水时间,可以缩短脱水操作总时间。例如,将未经处理的胡萝卜脱水至含水率 10% 所需的最短时间为 260 min(在 40℃ 烘干 120 min,在 60℃ 烘干 140 min)。用 PEF 处理的胡萝卜组织可缩短到 230 min。

10.2.5　胡萝卜烘干

热干燥技术在工业上广泛应用于保存食品中,但加热会导致胡萝卜的颜色、质地和有价值化合物(如 β-胡萝卜素)的降解。PEF 处理可以加快胡萝卜组织的干燥动力学,缩短组织受热时间。在不同温度(25~90℃)下,Liu 等研究了经 PEF(E=0.6 kV/cm、t_{PEF}=0.1 s)处理后胡萝卜的真空干燥(Liu 2019)。图 10.13 显示经 PEF 处理和未经 PEF 处理的胡萝卜的干燥曲线。

　　在所有研究的温度条件下,PEF 处理显著缩短了干燥时间(33%~55%),特

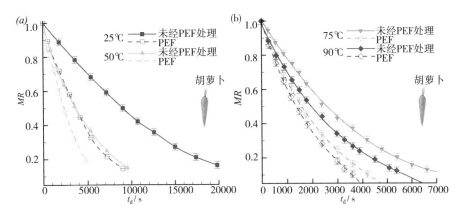

图 10.13 在不同的干燥温度下，未处理（U）（实线、实心正方形）和 PEF 处理（PEF）（虚线、空心正方形）样品的含水率，MR（确定为样品的实际质量损失与最大质量损失之比）与干燥时间，$T_d = 25℃、50℃（a）、75℃ 和 90℃（b）（源自：Liu，2019）

别是在 25℃ 和 50℃ 较低干燥温度。众所周知，在较高的干燥温度和较长的干燥时间，β-胡萝卜素的降解更为重要。据报道，胡萝卜在干燥过程中总胡萝卜素含量损失在 30%~60%（Mudahar 等，1989）。Liu 等发现，经 PEF 处理的胡萝卜样品的 β-胡萝卜素降解率低于未处理的样品（Liu 等，2019）。例如，经 PEF 处理并在 75℃ 干燥后，胡萝卜中 β-胡萝卜素的残留量约为 160 mg/100 gDM，而未经处理（75℃ 干燥）的胡萝卜中 β-胡萝卜素的残留量仅为 130 mg/100 gDM。在研究过的其他干燥温度下，经 PEF 处理过的胡萝卜中的 β-胡萝卜素损失也表现出相同的下降趋势（Liu 等，2019）。

研究表明，未经处理的胡萝卜中 β-胡萝卜素的额外损失与其较长的干燥时间直接相关，经 PEF 处理和干燥的胡萝卜的颜色变化低于未处理的样品。例如，经 PEF 处理的胡萝卜在 90℃ 干燥时的颜色变化甚至低于未经 PEF 处理的在 75℃ 干燥的胡萝卜的颜色变化。PEF 显著缩短了干燥时间，这可能是 PEF 处理过的胡萝卜在所有研究温度下变色较小的原因。经 PEF 处理的胡萝卜在干燥过程中测得的内部温度有条不紊地低于未处理的胡萝卜内部测得的温度。PEF 处理增加了电穿孔细胞释放的游离水量，并可用于干燥过程中的排出。这些游离水可以在较低的温度下从样品中排出，使 β-胡萝卜素和色素的降解减少。经 PEF 处理的样品复水后几乎完全恢复了它们最初的形状和大小，且颜色变化很小（Liu 2019）。

参考文献

[1] Aguiló-Aguayo I, Hossain MB, Brunton N et al (2014) Pulsed electric fields pre-treatment of carrot purees to enhance their polyacetylene and sugar contents. Innov Food Sci Emerg Technol 23:79-86. https://doi.org/10.1016/j.ifset. 2014.02.010

[2] Aguiló-Aguayo I, Abreu C, Hossain MB et al (2015) Exploring the effects of pulsed electric field processing parameters on polyacetylene extraction from carrot slices. Molecules 20(3):3942

[3] Amami E, Fersi A, Vorobiev E, Kechaou N (2007) Osmotic dehydration of carrot tissue enhanced by pulsed electric field, salt and centrifugal force. J Food Eng 83:605-613. https://doi.org/10.1016/j.jfoodeng.2007.04.021

[4] Amami E, Khezami L, Vorobiev E, Kechaou N (2008) Effect of pulsed electric field and osmotic dehydration pretreatment on the convective drying of carrot tissue. Dry Technol 26: 231 – 238. https://doi. org/10. 1080/07373930701537294

[5] Andersson A (1994) Modelling of potato blanching. PhD thesis, University of Lund, Sweden

[6] Barbosa-Cánovas GV, Pothakamury UR, Palou E, Swanson BG (1997) Nonthermal preservation of foods. Marcel Dekker, Inc., New York

[7] Botero-Uribe M, Fitzgerald M, Gilbert RG, Midgley J (2017) Effect of pulsed electrical fields on the structural properties that affect french fry texture during processing. Trends Food Sci Technol 67:1-11. https://doi.org/10.1016/j.tifs. 2017.05.016

[8] Chen C, Zhao W, Yang R, Zhang S (2012) Effects of pulsed electric field on colloidal properties and storage stability of carrot juice. Int J Food Sci Technol 47:2079-2085. https://doi.org/10.1111/j.1365-2621.2012.03072.x

[9] Elea (2019) Pulsed Electric Field systems (PEF) to the food, beverage & scientific sectors. https://elea-technology.de/

[10] Faridnia F, Burritt DJ, Bremer PJ, Oey I (2015) Innovative approach to determine the effect of pulsed electric fields on the microstructure of whole potato

tubers: use of cell viability, microscopic images and ionic leakage measurements. Food Res Int 77:556－564. https://doi. org/10. 1016/j. foodres. 2015. 08. 028

[11]Fauster T, Schlossnikl D, Rath F et al (2018) Impact of pulsed electric field (PEF) pretreatment on process performance of industrial French fries production. J Food Eng 235:16－22. https://doi. org/10. 1016/j. jfoodeng. 2018. 04. 023

[12]Fikselová M, Šilhár S, Mareček J, Frančáková H (2008) Extraction of carrot (Daucus carota L.) carotenes under different conditions. Czech J Food Sci 26: 268－274

[13]Friedman M (2006) Potato glycoalkaloids and metabolites: roles in the plant and in the diet. J Agric Food Chem 54:8655－8681

[14]Grimi N (2009) Vers l'intensification du pressage industriel des agroressources par champs électriques pulsés: étude multi-échelles. PhD Thesis, Universite de Technologie de Compiegne, Compiegne, France

[15]Grimi N, Praporscic I, Lebovka N, Vorobiev E (2007) Selective extraction from carrot slices by pressing and washing enhanced by pulsed electric fields. Sep Purif Technol 58:267－273

[16]Grimi N, Vorobiev E, Vaxelaire J (2009) Développement d'un procédé de pressage des végétaux assisté par CEP: application à une presse à bandes. Récents Progrès en Génies des Procédés, XIIème congrès la Société Française Génie des Procédés, Marseille N98:580. (1－8)

[17]Hossain MB, Aguiló-Aguayo I, Lyng JG et al (2015) Effect of pulsed electric field and pulsed light pre-treatment on the extraction of steroidal alkaloids from potato peels. Innov Food Sci Emerg Technol 29:9－14

[18]Ignat A, Manzocco L, Brunton NP et al (2015) The effect of pulsed electric field pre-treatments prior to deep-fat frying on quality aspects of potato fries. Innov Food Sci Emerg Technol 29:65－69

[19]Jäger H, Schulz M, Lu P, Knorr D (2012) Adjustment of milling, mash electroporation and pressing for the development of a PEF assisted juice production in industrial scale. Innov Food Sci Emerg Technol 14:46－60

[20]Jalté M, Lanoiselle J-L, Lebovka NI, Vorobiev E (2009) Freezing of potato

tissue pre-treated by pulsed electric fields. LWT - Food Sci Technol 42:576 -580

[21]Janositz A, Noack A-K, Knorr D (2011) Pulsed electric fields and their impact on the diffusion characteristics of potato slices. LWT - Food Sci Technol 44: 1939-1945

[22]Lebovka NI, Praporscic I, Vorobiev E (2004) Effect of moderate thermal and pulsed electric field treatments on textural properties of carrots, potatoes and apples. Innov Food Sci Emerg Technol 5:9-16

[23] Lebovka NI, Shynkaryk MV, Vorobiev E (2006) Drying of potato tissue pretreated by ohmic heating. Dry Technol 24:601-608

[24]Lebovka NI, Shynkaryk NV, Vorobiev E (2007) Pulsed electric field enhanced drying of potato tissue. J Food Eng 78:606-613

[25]Leong SY, Richter L-K, Knorr D, Oey I (2014) Feasibility of using pulsed electric field processing to inactivate enzymes and reduce the cutting force of carrot (Daucus carota var. Nantes). Innov Food Sci Emerg Technol 26:159 -167

[26]Liu C (2019) Effet du pré-traitement par champ électrique pulsé sur le séchage et la friture des légumes: cas des pommes de terre et des carottes. PhD Thesis, Universite de Technologie de Compiegne, Compiegne, France

[27]Liu T, Dodds E, Leong SY et al (2017) Effect of pulsed electric fields on the structure and frying quality of kumara sweet potato tubers. Innov Food Sci Emerg Technol 39:197-208

[28] Liu C, Grimi N, Lebovka N, Vorobiev E (2018a) Effects of preliminary treatment by pulsed electric fields and convective air-drying on characteristics of fried potato. Innov Food Sci Emerg Technol 47:454-460

[29] Liu C, Grimi N, Lebovka N, Vorobiev E (2018b) Effects of pulsed electric fields treatment on vacuum drying of potato tissue. LWT - Food Sci Technol 95: 289-294

[30] Liu C, Grimi N, Lebovka N, Vorobiev E (2020) Impacts of preliminary vacuum drying and pulsed electric field treatment on characteristics of fried potatoes. J Food Eng 276:109898

[31]Liu C, Grimi N, Pirozzi A, Lebovka N, Ferrari G, Vorobiev E (2019) Impact

of pulsed electric fields on vacuum drying of potatoes and carrots. In: Heller R, Miklavčič, Rols M-P, Vorobiev E (eds) 3rd world congress on electroporation, international society for electroporation - based technologies and treatments (ISEBTT). Toulouse, France

[32] MecSistem (2019) Carrot juice. http://www.mecsistem.it/en/solutions/juice/carrotjuice processing.html

[33] Meyer AS, Zeuner B, Pinelo-Jiménez M (2010) Juice clarification by protease and pectinase treatments indicates new roles of pectin and protein in cherry juice turbidity. Food Bioprod Process 88:259-265

[34] Mudahar GS, Toledo RT, Floros JD, Jen JJ (1989) Optimization of carrot dehydrationprocess using response surface methodology. J Food Sci 54:714-719

[35] Oey I, Bremer P, Silcock P (2016) Feasibility of pulsed electric fields. NZ Grower (Horticulture New Zealand's vegetable growers, April:1)

[36] Pinelo M, Zeuner B, Meyer AS (2010) Juice clarification by protease and pectinase treatments indicates new roles of pectin and protein in cherry juice turbidity. Food Bioprod Process 88:259-265

[37] Praporscic I (2005) Influence du traitement combiné par champ électrique pulsé et chauffage modéré sur les propriétés physiques et sur le comportement au pressage de produits végétaux. PhD Thesis, Universite de Technologie de Compiegne, Compiegne, France

[38] Praporscic I, Muravetchi V, Vorobiev E (2004) Constant rate expressing of juice from biological tissue enhanced by pulsed electric field. Dry Technol 22:2395-2408

[39] Praporscic I, Shynkaryk MV, Lebovka NI, Vorobiev E (2007) Analysis of juice colour and dry matter content during pulsed electric field enhanced expression of soft plant tissues. J Food Eng 79:662-670

[40] Puértolas E, Cregenzán O, Luengo E et al (2013) Pulsed-electric-field-assisted extraction of anthocyanins from purple-fleshed potato. Food Chem 136:1330-1336

[41] Pulsemaster (2019) Pulsed electric field processing for the food industry. https://www.pulsemaster.us

[42] Quintão-Teixeira LJ, Soliva-Fortuny R, Ramos AM, Martín-Belloso O (2013)

Kinetics of perox idase inactivation in carrot juice treated with pulsed electric fields. J Food Sci 78:E222-E228

[43] Roohinejad S, Everett DW, Oey I (2014) Effect of pulsed electric field processing on carotenoid extractability of carrot pur \ ' e \ e. Int J Food Sci Technol 49:2120-2127

[44] Shamaila M, Durance T, Girard B (1996) Water blanching effects on headspace volatiles and sensory attributes of carrots. J Food Sci 61:1191-1195

[45] Sharma KD, Karki S, Thakur NS, Attri S (2012) Chemical composition, functional properties and processing of carrot: a review. J Food Sci Technol 49: 22-32

[46] Van Loon WAM (2005) Process innovation and quality aspects of French fries. PhD Thesis, Wageningen University

[47] Wiktor A, Sledz M, Nowacka M et al (2015) The impact of pulsed electric field treatment on selected bioactive compound content and color of plant tissue. Innov Food Sci Emerg Technol 30:69-78

[48] Worldfoodinnovations (2019) PEF technology for improved French fry production. http://www. worldfoodinnovations. com/innovation/pef-technology -for-improved-french-fry-production

[49] Zhang Y, Liu X, Wang Y et al (2016) Quality comparison of carrot juices processed by high pressure processing and high - temperature short - time processing. Innov Food Sci Emerg Technol 33:135-144

第11章　葡萄及葡萄酒工业残渣

摘要　葡萄在世界各地都有栽培,作鲜果食用和用于生产果汁和葡萄酒。葡萄浆果富含生物活性分子,如碳水化合物、果酸、矿物元素、含氮化合物和芳香化合物、维生素、硫胺素、核黄素、决定红酒颜色的花青素以及决定红酒涩味的单宁。这些物质具有重要的抗氧化作用,有益于人体健康。

葡萄(*Vitis vinifera*)在世界各地都有栽培,2017 年全球新鲜葡萄(供所有用途)的产量达 73.3 吨,其中包括 52%的酿酒葡萄、42%的鲜食葡萄和 7%的干葡萄(OIV 2018)。2017 年全球葡萄酒产量(不包括果汁和待发酵葡萄汁)为 250 MhL,其中欧盟葡萄酒产量约为 141 MhL。葡萄的消费历史非常悠久(Blázovics 和 Sárdi,2019;Limier 等,2018),如今,葡萄广泛应用于各种各样的产品中,诸如用作新鲜水果、加工成蜜饯、果汁、葡萄酒和葡萄干(Creasy 和 Creasy,2018)。

葡萄浆果主要有两类:红色的和白色的。这两类都富含生物活性分子如糖(主要为葡萄糖和果糖)、其他碳水化合物(果胶和葡聚糖)、果酸(主要为酒石酸和苹果)、矿物元素、含氮化合物和芳香化合物、维生素 B_6、维生素 C、硫胺素、核黄素、决定红酒颜色的花青素以及决定红酒涩味的单宁(Rousserie 等,2019)。这些物质具有重要的抗氧化作用,对人体健康有益(Cabanis 等,1998;Stuart 和 Robb,2013)。

葡萄由果肉(83%~90%)、果皮(5%~12%)、种子(0%~5%)和茎(2%~6%)组成。葡萄的副产品,如葡萄残渣、茎、酒糟、果肉、果皮、种子和叶子中也含有大量的多酚、类黄酮、二苯乙烯和其他对医疗、制药、化妆品和食品工业有价值的生物活性分子。相较于白葡萄酒,红葡萄酒酿制过程中果汁与果皮、种子的接触时间更长。红葡萄酒中多酚类物质的浓度可达 1800~3000 mg/L,是白葡萄酒的 6 倍(Giovinazzo 等,2019)。

葡萄酒渣是酿酒过程中产生的工业废料,大约占所用葡萄质量的 25%(Nair 和 Pullammanappallil,2003),全世界每年葡萄酒渣产量达 1.05~1.31 千万吨(Gómez-Brandón 等,2019)。传统的浸渍/萃取技术用于回收重要的生物活性分子是相当费时和耗能的。近年来,许多非常规方法如加压液体萃取、超临界流体萃取、微波辅助萃取、电萃取等相继问世。

本章介绍脉冲电能(PEE)在红葡萄酒和白葡萄酒酿造过程中强化葡萄浸渍/提取和压榨过程的许多应用。阐述 PEE 对微生物灭活和葡萄酒保藏作用。此外讨论脉冲电场(PEF)和高压放电(HVED)在葡萄渣、葡萄籽和葡萄茎中回收生物活性分子的应用。

11.1 葡萄酒酿造

红葡萄酒、白葡萄酒、桃红葡萄酒是主要的葡萄酒种类。收获后的葡萄进入酿酒厂,准备进行初级发酵。在这个阶段,红葡萄酒的酿造不同于白葡萄酒的酿造。红葡萄酒是由红葡萄或黑葡萄的果肉和葡萄皮一起发酵而成的,葡萄皮赋予了其颜色。白葡萄酒是由破碎的葡萄榨出的果汁发酵而成的。在酿制白葡萄酒时,葡萄须去掉果皮。一瓶葡萄酒的价格取决于酚类和其他有价值的化合物的提取量。一些情况下也可以用红葡萄酿制白葡萄酒,这可以通过提取红葡萄的汁液,并尽可能减少对葡萄皮的接触来实现。桃红葡萄酒可用红葡萄酿制而成,此时葡萄的汁液可与果皮接触(浸泡)来进行染色。除此之外,也可用红葡萄酒和白葡萄酒混合酿制而成。白葡萄酒和桃红葡萄酒提取少量的果皮中单宁。葡萄酒在酿造过程中需要进行短时间或较长时间的存放,红葡萄酒通常陈化时间较长。陈化过程在不锈钢容器或橡木桶中进行,可能需要额外的瓶内陈化。

11.1.1 脉冲电能协助葡萄酒酿造

通过比较未处理和经 PEF 处理的葡萄的光学显微镜图像,可以很容易地观察到葡萄果实的电穿孔效应(图 11.1)(Sack 等,2010a)。可以看出,电穿孔可在避免严重损害细胞组织网络的前提下释放果实中的汁液。

PEF 处理可以改变果汁和葡萄酒的成分和品质。它可以在葡萄酒酿造的不同阶段应用于葡萄汁、葡萄酒和废弃物处理(Puértolas 等,2009,2010a,b,c;Saldaña 等,2017)。HVED 也可以应用于酿酒废弃物和副产品的处理(Rajha 等,2017;Vorobiev 和 Lebovka,2017)(图 11.2)。

11.1.2 红葡萄

11.1.2.1 红葡萄酒酿造

红葡萄酒酿造是一个复杂的生物过程,包括酵母对糖的发酵,果皮与种子、果茎的浸渍(Morata 等,2019)。在这个过程中,花青素和单宁被提取出来。过去的十年中,大量的研究阐明 PEF 处理对红葡萄酒的加工及其品质的影响(López 等,2008a,b;Noelia 等,2009;Donsi 等,2010,2011;Puértolas 等,2010b,c,d;Delsart 等,2012,2014)。PEF 可用于红葡萄破碎/脱粒后(浸渍/发酵前)葡萄汁的处理(图 11.3)。

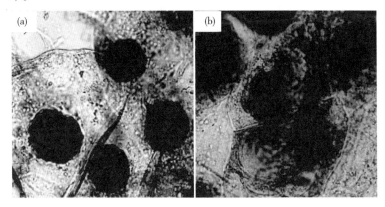

图 11.1   电穿孔前(a)和电穿孔后(b)林伯格(*Lemberger*)酿酒葡萄皮组织细胞显微镜图像,色素贮存于液泡中,在提取时,须打开细胞膜和液泡(源自:Sack 等,2010a)

PEF 也可用于葡萄酒、发酵渣和茎的处理(Puértolas 等,2009;Rajha 等,2014;Brianceau,2015;Brianceau 等,2015;Delsart 等,2016)。López 等对西班牙丹魄葡萄(*Tempranillo*)汁发酵过程中 PEF 强化酚类物质提取进行了研究(López 等,2008b)。葡萄首先去茎和破碎,在 PEF 处理前,葡萄汁从葡萄皮中分离出来,仅对葡萄皮进行 PEF 处理。PEF 处理在 5 kV/cm 和 10 kV/cm 的间歇式平行电极处理室中完成,能量输入分别为 1.8 kJ/kg 和 6.7 kJ/kg。经 PEF 处理后,将果皮和果汁按相同比例混合用于发酵。在整个发酵过程中,发酵葡萄汁的色度均次序性高于对照样品。在发酵 96 h 时,PEF 处理样品与对照样品的色度差异最大。在发酵 120 h 后,所有样品的色度都有轻微地下降,直至发酵结束。总花青素的变化趋势与色度的变化趋势相似。例如,以 5 kV/cm 和 10 kV/cm PEF 处理的葡萄皮,经 96 h 的发酵,葡萄皮中花青素的提取量分别增加了 21.5% 和 28.6%,发酵 96 h 后,花青素浓度略有下降(López 等,2008b)。PEF 处理后,酒精发酵过程中待发酵液中提取的总多酚指数也有所增加,但达到最大值后没有下降。所得葡萄酒的色度、花青素和酚类化合物含量均高于对照。而进行 PEF 处理对葡萄酒中的酒精含量、pH 值、还原糖、挥发性和总酸度无任何影响(López 等,2008b)。

图 11.2 用 PEF 处理和 HVED 处理白葡萄酒和红葡萄酒的酿造工艺流程

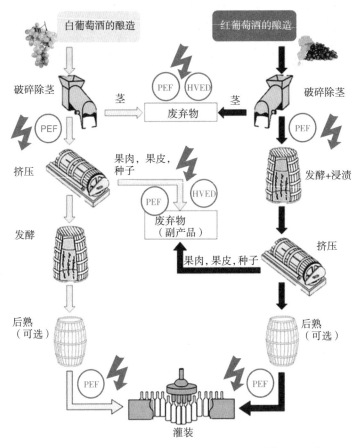

图 11.3 电穿孔前(a)和电穿孔后(b)红葡萄酒葡萄(黑比诺,*Pinot Noir*)醪(源自:Sack 等,2010a)

　　López 等研究了其他产于西班牙的三种葡萄[歌海娜(*Garnacha*)、马士罗(*Mazuelo*)、格拉西亚诺(*Graciano*)],采用相似于文献(López 等,2008b)中所描述的 PEF 处理方案(2 kV/cm、5 kV/cm、10 kV/cm,能量输入 0.4~6.7 kJ/kg)(López 等,2008b)进行处理后,紧接着进行葡萄汁发酵(López 等,2008a)。在 3 种葡萄的果皮上应用 PEF 均能提高色度、花青素和总多酚含量[图 11.4(a)]。与未处理的样品相比,PEF 处理对马士罗葡萄比歌海娜葡萄和格拉西亚诺葡萄更有效。对于马士罗葡萄,10 kV/cm 的 PEF 处理比 5 kV/cm 和 2 kV/cm 的 PEF 处理更有效,而歌海娜葡萄和格拉西亚诺葡萄以 2 kV/cm 处理最为适宜。歌海娜和马士罗的色度和花青素提取量在发酵开始时有增加的趋势,然后达到最大值,在发酵结束(196 h)时略有下降。在经 PEF 处理和未处理的样品中,总多酚含量增加的时间均比花青素含量增加的时间长,尤其是马士罗葡萄和格拉西亚诺葡萄(López 等,2008a)。在同一作者的其他研究中(Noelia 等,2009),对从赤霞珠(*Cabernet Sauvignon*)葡萄(产自西班牙)中提取的葡萄渣采用平行电极间歇室进行 PEF 处理,电压为 5 kV/cm、2.1 kJ/kg。对四种不同发酵时间(48 h、72 h、96 h 和 248 h)的红酒进行研究,发酵过程与该团队之前的研究相似(López 等,2008a,b)。与对照相比,经 PEF 处理后的新鲜发酵葡萄酒色泽更浓,花青素、总多酚和单宁含量更丰富,并有更好的表观。最终,PEF 处理使发酵时间从 268 h 减少到 72 h。从未经处理和 PEF 处理的果渣中获得的葡萄酒中两种主要的花青素都是二甲花翠素-3-葡萄糖苷和二甲花翠素-3-葡萄糖苷醋酸酯。Delsart 等对经 PEF 处理的赤霞珠红葡萄(产自法国)的酿酒过程进行了研究(Delsart 等,2014)。葡萄去茎、破碎后进行 PEF 处理,两种 PEF 处理方案采用带有平行电极的间歇室。第一种方案的 PEF 处理强度较低($E = 0.7$ kV/cm),总持续时间较长($t_{PEF} = 200$ ms,平方单极脉冲 100 μs),并且能量输入较高($W = 31$ W·h/kg)。第二种方案的 PEF 处理强度较高($E = 4$ kV/cm),总持续时间较短($t_{PEF} = 1$ ms,指数脉冲 10 μs),能量输入较低($W = 4$ W·h/kg)。接下来通过接种 *Saccharomyces cerevisiae* 酵母和 *Oenococcusoeni* 菌开始进行酒精发酵和苹果酸—乳酸发酵。酒精发酵时间为 12 天,温度为 20.4~22.4℃,然后挤压果渣将葡萄酒倒入 5 L 的容器中,进行二氧化碳惰化处理,随后将容器置于 20℃ 的恒温箱中,并保持厌氧环境,以优化苹果—乳酸发酵。最后,对葡萄酒进行摇动、调整来去除游离二氧化硫,装瓶(在第 251 天),并在 10℃ 进行保存。两种 PEF 处理方式均立即显著地改善了汁液的颜色。

　　两组经 PEF 处理的葡萄汁都是红色的,而对照组则是黄色的[图 11.4(b)]。

用能量输入为 4 W · h/kg（$E=4$ kV/cm、1 ms）和 31 W · h/kg（$E=0.7$ kV/cm、200 ms）的 PEF 新鲜处理的葡萄汁色度（CI）分别比对照组高 86% 和 168%。通过葡萄酒颜色，可以观察到葡萄酒酿造过程中的经典现象。在前 20 天内，其色度首先迅速增加，随后略有下降，最后趋于稳定。与 PEF 处理过鲜汁相比，观察到的葡萄酒色度增加较低，但增加是显著的，增加值保持不变（直到装瓶后 1 个月进行测量），大约是 10%（能量输入为 4 W · h/kg）和 24%（能量输入为 31 W · h/kg）。在 0.7 kV/cm 和 4 kV/cm（第 0 天）处理的组中，总多酚指数（TPI）的初始增加分别为 83% 和 55%。装瓶后，两组葡萄酒之间的差异不太明显，但经 PEF 处理后的葡萄酒中的 TPI 仍然较高（0.7 kV/cm 为 12%、4 kV/cm 为 14%）。

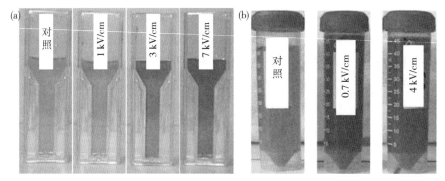

图 11.4　经 PEF 处理（1 ~ 7 kV/cm，0. 4 ~ 4. 1 kJ/kg）后浸渍 1 h 的歌海娜（*Garnacha*）葡萄汁表观情况（摘自 Puértolas 等，2010b）（a）。PEF 处理后立即观察的赤霞珠（*Cabernet Sauvignon*）葡萄（0. 7 kV/cm、200 ms 和 4 kV/cm、1 ms）［源自：Delsart 等，2014）（b）］

图 11.5 显示装瓶 3 个月后的葡萄酒中花青素含量（a）和单宁含量（b）。葡萄酒的颜色取决于花青素的含量。在对葡萄进行 0. 7 kV/cm（$t_{PEF}=200$ ms）和 4 kV/cm（$t_{PEF}=1$ ms）的 PEF 处理后，葡萄酒中的花青素含量分别增加了 9% 和 19%［图 11.5（a）］。因此可推测，PEF 处理参数为 0. 7 kV/cm 和 200 ms 时色度较高，这可能不仅与游离花青素有关，还与其他多酚化合物有关（Delsart 等，2014）。葡萄经 PEF 处理后，葡萄酒中的单宁浓度也有所增加，分别为 34% 和 18%）［图 11.5（b）］。这些结果与其他研究一致（Noelia 等，2009）。

当对葡萄进行高能量 PEF 处理，能量输入为 31 kJ/kg（0. 7 kV/cm、$t_{PEF}=200$ ms）时，酿出的葡萄酒不仅单宁浓度更高，而且 *TPI* 也更高。PEF 处理后，葡萄汁的 pH 值也随之增加，分别由对照的 3. 38 增加到 3. 55（0. 7 kV/cm）和 3. 61（4 kV/cm）。251 天后，对照组和 PEF 处理的葡萄汁生产的葡萄酒之间差异较小，但

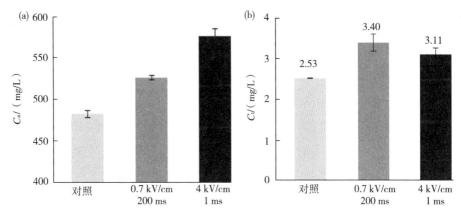

图 11.5 未处理(0kV/cm)和 PEF 处理(0.7kV/cm、200ms 和 4kV/cm、1ms)赤霞珠葡萄酿制的葡萄酒(装瓶后 3 个月)中花青素浓度,C_a(a)和单宁浓度 C_t(b)(源自:Delsart 等,2014)

仍然显著(1.6% 和 1.9%)。对葡萄进行 PEF 处理后生产的葡萄酒酒精含量略高($E = 0.7$ kV/cm 和 4 kV/cm 时分别为 3% 和 1%)。El Darra 等对赤霞珠品丽珠葡萄(*Cabernet Franc*)(产自黎巴嫩)的 PEF 处理强化酚类物质提取效果与温和加热处理(50℃、15 min、125 kJ/kg)及超声波处理(24 kHz、5 ~ 15 min、121 ~ 363 kJ/kg)进行了比较(El Darra 等,2013a)。PEF 处理的强度较低时,持续时间较长($E = 0.8$ kV/cm、$t_{PEF} = 100$ ms、42 kJ/kg);强度较高时,持续时间较短($E = 5$ kV/cm、$t_{PEF} = 1$ ms、53 kJ/kg)。本次研究使用了与 Delsart 等描述类似的平行电极间歇室(Delsart 等,2012)。低能量(0.8 kV/cm)和高能量(5 kV/cm)PEF 处理比温和加热和超声波提取多酚更有效。在整个酒精发酵期间,与对照组相比,用经 PEF 处理过的赤霞珠葡萄酿制的葡萄酒具有更高的色度。PEF 处理(5 kV/cm)可使葡萄酒中的酚类物质含量最高(与对照相比增加了 23%)、花青素含量最高(增加约 60%)、单宁含量最高(增加约 60%)(El Darra 等,2013a)。

Delsart 等对 PEF 处理的梅洛红葡萄(*Merlot*)(产自法国)的酿酒工艺进行了研究(Delsart 等,2012)。葡萄被去茎、破碎并经过 PEF 处理。三种 PEF 处理方案应用平行电极间歇室,在 $t_{PEF} = 40 ~ 100$ ms 的时间内,施加相对较低的 PEF 强度(0.5 ~ 0.7 kV/cm)。酿酒工艺与 Delsart 等描述的相似(Delsart 等,2014)。

图 11.6 显示未处理和 PEF 处理的葡萄汁在酒精发酵第 0 天、1 天、7 天、210 天葡萄酒中总多酚指数的变化(TPI)。结果清楚地表明,即使在相对低的强度(0.5 ~ 0.7 kV/cm)下,PEF 处理也能够诱导强化多酚提取。未处理和 PEF 处理

的发酵汁的 TPI 值差异出现在发酵开始(1 天),在整个发酵期间(7 天),甚至在第 210 天的葡萄酒中仍然明显。在其他研究中也报道了在红葡萄 PEF 处理后获得的葡萄酒中 *TPI* 值更大,但是通常在 2 ~ 10 kV/cm 的较高 PEF 强度下应用(López 等,2008a,b;Noelia 等,2009)。从梅洛葡萄中观察到 PEF 强化花青素和单宁化合物的萃取过程(0.5 ~ 0.7 kV/cm)也有相同的趋势。例如,PEF 处理可使葡萄酒中的花青素含量(240 天后)从 880 mg/L(对照)增加到 1100 mg/L($E = 0.5$ kV/cm、100 ms),单宁浓度从 2.7 mg/L(对照)增加到 3.25 mg/L($E = 0.7$ kV/cm、100 ms)或增加到 3.05 mg/L($E = 0.7$ kV/cm、40 ms)。令人惊讶的是,由梅洛葡萄酿制的葡萄酒色度与对照相比并没有增加,这可以用添加二氧化硫的作用来解释,它有助于形成复杂的化合物和花青素的沉淀(Delsart 等,2014)。

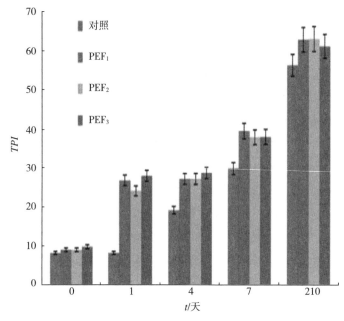

图 11.6　未处理和 PEF 处理的葡萄汁在酒精发酵第 0 天、1 天、7 天,以及第 210 天葡萄酒中总多酚指数(*TPI*)。PEF_1:$E = 0.7$ kV/cm 和 $t_{PEF} = 100$ ms;PEF_2:$E = 0.5$ kV/cm 和 $t_{PEF} = 100$ ms;PEF_3:$E = 0.7$ kV/cm 和 $t_{PEF} = 40$ ms)(源自:Delsart 等,2012)

　　在酒精发酵 7 个月后,通过感官评价分析了 PEF 处理对葡萄酒感官特性的影响。由一小组专业品酒师进行品酒的结果如图 11.7 所示。测试小组首选的葡萄酒是 PEF_3,然后是 PEF_2,之后是对照,最后是 PEF_1。

　　PEF_1 代表具有最高 PEF 强度和持续时间(700 V/cm 和 100 ms)的处理方

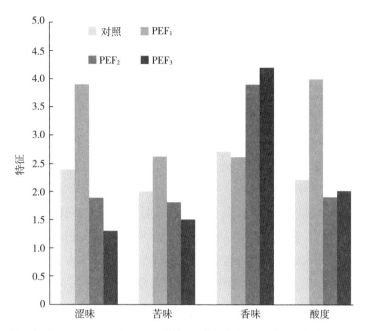

图 11.7　未处理和 PEF 处理样品的葡萄酒感官分析(涩味、苦味、香味和酸度)。
PEF$_1$:E=0.7 kV/cm 和 t_{PEF}=100 ms;PEF$_2$:E=0.5 kV/cm 和 t_{PEF}=100 ms;PEF$_3$:E=0.7 kV/cm 和 t_{PEF}=40 ms(源自:Delsart 等,2012)

案,这种方案可能会导致溶质提取过量。然而,在较温和的处理(PEF$_2$ 和 PEF$_3$)方式下,葡萄酒会更芳香,果香味更浓。采用间歇式处理池,在能量输入分别为 10 kJ/kg 和 20 kJ/kg 的条件下,采用 1.5 kV/cm 和 3.0 kV/cm 的 PEF 处理意大利品种艾格尼科(*Aglianico*)、派迪洛索(*Piedirosso*)、内比奥罗(*Nebbiolo*)和卡萨韦基亚(*Casavecchia*)的脱茎和破碎红葡萄(Donsi 等,2010,2011)。PEF 处理显著提高了所有供试葡萄的细胞电导率崩解指数 Z_c。例如,在PEF(3.0 kV/cm、20 kJ/kg)处理下,艾格尼科、内比奥罗、卡萨韦基亚和派迪洛索品种的 Z_c 值分别提高到 75.9%、86.8%、91.3% 和 94%。采用 *Zymaflore F*15 酵母对经 PEF 处理的葡萄进行酒精发酵。发酵结束后,压榨样品得到新鲜的葡萄酒,然后将其储存起来。艾格尼科葡萄经 PEF 处理后的葡萄酒色度(+20%)、总多酚(+100%)、游离花色苷(+30%)含量和抗氧化活性(+40%)均高于对照。令人惊讶的是,对于其他三个被研究的葡萄品种,尽管细胞电导率崩解指数 Z_c 值很高,但 PEF 处理对多酚和花青素没有显著影响(Donsi 等,2010,2011)。

预发酵冷浸泡包括在低温(4~15℃)下浸泡去茎的葡萄,浸泡时间从一周到几周不等。这种方法可以更好地提取多酚,提高葡萄酒的色度和花青素浓度

(Parenti 等,2004)。El Darra 等研究了中等强度($E = 400$ 和 800 V/cm、t_{PEF} = 50 ms 和 100 ms)和高强度($E = 5$ kV/cm、$t_{PEF} = 1$ ms)PEF 处理对产自黎巴嫩的品丽珠和赤霞珠葡萄发酵前冷浸(CM)(6 天、6℃)的影响(El Darra 等,2013b)。随后添加 *Saccharomyces cerevisiae* 酵母(*Actiflore F*33),并开始进行 14 天的酒精发酵(AF)。

发酵前冷浸渍显著提高了赤霞珠(CS)和品丽珠(CF)果汁的色度(图 11.8)。在高 PEF 处理(5 kV/cm、1 ms)下,冷浸渍结束时,赤霞珠和品丽珠果汁的色度分别增加了 68% 和 75%。对于中度 PEF 处理(400 V/cm 和 800 V/cm、50 ms 和 100 ms),色度的增加较低,但同样很明显,这与 Delsart 等的结果一致(Delsart 等,2014)。较短时间的 PEF 处理($E = 800$ V/cm)允许较低的能量消耗,处理 100 ms 和 50 ms 所消耗的能量分别为 41.6 kJ/kg 和 18.1 kJ/kg。在整个酒精发酵期间,用 PEF 处理过的葡萄汁酿制的葡萄酒色度较高,在 10 天后,赤霞珠的色度值达到最大,在 12 天后,品丽珠的色度值达到最大[图 11.8(a)](El Darra 等,2013b)。高强度 PEF 处理(5 kV/cm、1 ms)显著提高了冷浸结束时的花青素含量(品丽珠和赤霞珠分别为 49% 和 37.5%),而在中等强度处理(400 V/cm 和 800V/cm)时,花青素的回收效率明显较低。与对照葡萄酒相比,高强度 PEF 处理(5 kV/cm、1 ms)使葡萄酒的总多酚含量增加了 11%(赤霞珠葡萄)和 14%(品丽珠葡萄)[图 11.8(b)]。由此可得出结论,PEF 处理可以缩短冷浸渍和酒精发酵的时间(El Darra 等,2013b)。

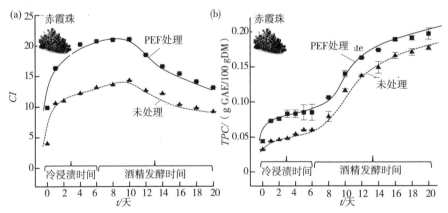

图 11.8 经 PEF 处理的赤霞珠葡萄在冷浸渍(CM)和酒精发酵(AF)过程中色度 CI(a)和总多酚化合物 TPC(b)的变化 $E = 5$ kV/cm、$t_{PEF} = 1$ ms)(源自:El Darra 等,2013b)

赤霞珠葡萄(产自黎巴嫩)在酒精发酵过程中分别在不同时间(0 天,2 天,4 天和 6 天)进行中强度($E=0.8$ kV/cm、$t_{PEF}=100$ ms)和高强度的($E=5$ kV/cm、$t_{PEF}=1$ ms)PEF 处理(El Darra 等,2016a)。在一些实验中,适量的 PEF 处理被施加在冷发酵浸渍过程中(0 天、2 天和 4 天)。PEF 处理采用平行电极间歇室。中强度和高强度的 PEF 处理均能提高 CI、TPI 和单宁提取率。酒精发酵前进行中、高强度的 PEF 处理的效果最好。冷浸渍提高了提取效率。PEF 处理样品的 CI 和 TPI 始终高于对照样品,与施加 PEF 的冷浸渍时间无关。令人惊讶的是,在冷浸泡 2~4 天后,PEF 的应用效率最高,在葡萄酒中产生了最高的 CI 和 TPI 值(El Darra 等,2016a)。在作者的另一项研究中,比较了赤霞珠葡萄的 PEF 处理($E=5$ kV/cm、$t_{PEF}=1$ ms、48 kJ/kg)与酶预处理(浓度为 6 g/hL 的 Lafase HE Grand Cruwith)和热处理(70℃、30 min)(El Darra 等,2016b)。每次处理后,向待发酵葡萄汁中加入浓度为 10 g/hL 的 *Saccharomyces cerevisiae* 酵母 *Actiflore F*33 进行酒精发酵。经 PEF 处理和热处理后,黄酮醇的含量分别提高了 48%和 97%,而酶预处理后的黄酮醇含量仅增加了 4%。与对照相比,PEF 处理和热处理的 TPI 分别提高了 18%和 32%,而酶的 TPI 仅提高了 3%。但热处理能耗较高(418.5 kJ/kg),会影响葡萄酒的品质。

为了减少能源消耗,可以用脉冲欧姆加热(POH)来代替热处理,它结合了 PEF 处理和温和加热处理的优点(El Darra 等,2013a)。图 11.9(a)显示了压缩赤霞珠葡萄 POH 过程中细胞电导率崩解指数 Z_c 与温度(T)和 PEF 强度的关系。

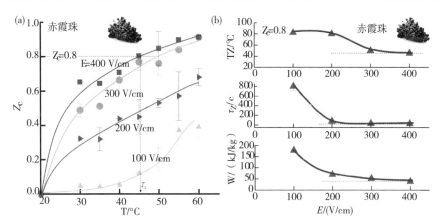

图 11.9　在压缩赤霞珠葡萄的 PEF 处理过程中,细胞电导率分解指数 Z_c 是温度(T)、电场强度(E)的函数(a),而特征温度(T_Z)、时间(τ_Z)、和能量输入(W)需要在不同 PEF 强度(E)下达到 $Z_c=0.8$(b)(源自:El Darra 等,2013b)

总 PEF 处理时间 $t_t = N(nt_i + \Delta t)$,式中 $n = 2$ 为平方脉冲数、$t_i = 2000\ \mu s$ 为脉冲宽度、$\Delta t = 20\ ms$ 为脉冲间停顿时间、N 为达到 Z_c 固定值所需的 PEF 强度列数。这种 PEF 处理模式允许同时加热葡萄(POH)。

图 11.9(a)显示,在较高的 PEF 强度下,细胞损伤的固定值(Z_c)可以在较低的温度下达到。例如,为了达到相当高的细胞电导率崩解指数($Z_c = 0.8$),在较低的 PEF 强度下,$E = 100\ V/cm$,需将葡萄电加热到 80℃,而在 $E = 400\ V/cm$ 条件下,仅将葡萄电加热到 45℃ 左右,就能够达到相同的细胞损伤程度(图 11.9)。此外,随着 PEF 强度的提高,处理时间和能耗都有所减少。在较低的 PEF 强度(400 V/cm)和温和的温度(45℃)下,POH 降低了能耗(38 kJ/kg),在水/乙醇溶液中达到了较高的细胞电导率崩解指数($Z_c = 0.8$)和较好的总多酚提取率(比对照提高 29%)(El Darra 等,2013b)。Vicaş 等采用带转鼓电极连续 PEF 系统($E = 7\ kV/cm$、脉冲 150 μs、频率 178 Hz)对奥托奈麝香葡萄(*Muscat Ottonel*)、黑比诺(*Pinot Noir*)葡萄和梅洛葡萄(产自罗马尼亚)进行处理(Vicaş 等,2017)。PEF 处理提高了所有葡萄品种的色度(*CI*)、总酚含量 *TPC*、总黄酮含量和抗氧化能力。例如,奥托奈麝香葡萄、梅洛葡萄和黑比诺葡萄酒经 PEF 处理后,TPC 含量分别提高了 1.4 倍、1.72 倍和 2.98 倍。总黄酮含量也呈现相同的变化趋势。梅洛和黑比诺的花青素含量分别提高了 5.22% 和 11.11%。与未经处理的红葡萄酒相比,经 PEF 处理的葡萄酒在感官特征(颜色、涩味和口感)方面表现出更高的得分(Vicaş 等,2017)。Puértolas 等采用连续共线室(内径 2 cm、电极间为 2 cm 的两个处理区)对产自西班牙的赤霞珠葡萄进行脉冲电场处理(2.5 kV/cm 和 7 kV/cm)(Puértolas 等,2010a,c)。处理的质量流量为 118 kg/h,在 PEF 处理区的停留时间为 0.41 s,经 PEF 处理后,用 *Saccharomyces bayanus* 酵母(*EC*1118)进行发酵。所有的 PEF 处理都提高了花青素和多酚的提取率。其中,处理强度为 5 kV/cm 的样品的酚类化合物的提取率和浓度最高(Puértolas 等,2010c)。PEF 处理使得在浸渍步骤结束时(去皮时),总多酚指数(*TPI*)和总花青素含量(*TAC*)都较高。结果表明,葡萄经 PEF 处理后的葡萄酒浸渍时间比对照缩短了 48 h。在余下的酿酒过程中和葡萄酒陈化 4 个月后,PEF 和对照(未处理)葡萄酒之间的 *TPI* 值差异几乎保持不变。然而,从浸渍步骤结束后,*TAC* 的差异逐渐减小。装瓶 4 个月后,经 PEF 处理的葡萄酒 *TAC* 仍略高于对照葡萄酒(11%)。经 PEF 处理的葡萄酒的色度(*CI*)比对照葡萄酒高 38%,超过了花青素的差异(11%)(Puértolas 等,2010a)。经过 4 个月的陈酿,PEF 葡萄酒和对照葡萄酒的感官特性通过小组测试进行评估。PEF 葡萄酒的口感和涩味得分较高,这是因

为总酚和单宁浓度较高(Puértolas 等,2010a)。

Saldaña 使用 PEF(1 kV/cm、3 kV/cm 和 5 kV/cm,能量输入分别为 0.14 kJ/ kg、1.26 kJ/kg 和 3.5 kJ/kg)处理从西班牙红葡萄上分离的果皮(两个收获季的歌海娜葡萄、西拉葡萄、丹魄葡萄)(Saldaña 等,2017)。此研究使用了 Puértolas 等描述的连续共线室(Puértolas 等,2010a,c)。所有的 PEF 处理时间均相同 (t_{PEF}=100 μs),但脉冲宽度在 5~100 μs 之间变化,处理后的果皮在 30%乙醇溶液中进行随后的提取,或者在加入果汁后进行酿酒。作者观察到,在相同的脉冲持续时间内,较长脉冲(100 μs)比较短脉冲(5 μs、20 μs 和 50 μs)更有效。较长 PEF 脉冲更具有优势的观察结果与 De Vito 等关于甜菜和苹果组织的研究发现是一致的。在乙醇溶液中提取多酚可以作为一种方法来检验 PEF 应用于酿酒厂中葡萄的效果(Saldaña 等,2017)。产自西班牙的格拉西亚诺葡萄、丹魄葡萄和歌海娜葡萄在去茎、破碎后,在连续共线处理室(直径 2.5 cm、电极间距 2.38 cm)中,用 PEF(7.4 kv/cm、宽度为 10 μ 和 20 μ 的方波脉冲、频率 300~400 Hz)进行处理(Garde-Cerdán 等,2013;López-Alfaro 等,2013;López-Giral 等,2015)。每种葡萄的酒精发酵都是用 *Uvaferm VRB* 酵母进行。最有效的脉冲宽度和处理频率分别为 20 μs 和 400 Hz。在此条件下,丹魄、格拉西亚诺和歌海娜的样品中二苯乙烯的总浓度分别增加了 200%、60% 和 50%(López-Alfaro 等,2013)。此外,PEF 还提高了色度、花青素浓度和总多酚指数。Garde-Cerdán 等还发现,在经 PEF 处理后,歌海娜葡萄的挥发性成分有所改善。随后两年进行的研究证实了 PEF 处理对这三个葡萄品种的效果(López-Giral 等,2015)。丹魄是 PEF 处理后花青素含量增加幅度最大的品种(第一季最高可达 40%、第二季最高可达 94%)。歌海娜是没食子酸、儿茶酸和表儿茶素含量最高的品种。对于这三个品种,PEF 处理均增加了其色度、总多酚指数和总花青素(López-Giral 等,2015)。

Luengo 等进行了葡萄酒厂应用 PEF 处理歌海娜葡萄(产自西班牙)的实验(Luengo 等,2014)。用蠕动泵以 1900 kg/h 的质量流量通过管子(内径 6 cm)将破碎并去梗的葡萄泵入浸渍发酵罐。安装在泵和罐之间的共线 PEF 处理室有两个 3 cm 的处理区,其内径为 3 cm。处理室由三个不锈钢管状电极和两个绝缘体组成。PEF 处理参数为 E = 4 V/cm、20 次脉冲宽度为 3 μs 的脉冲、总能量 1.5 kJ/kg。用 *Saccharomyces bayanus* 酵母(PB3089)发酵 7 或 14 天(浓度为每 100 kg 葡萄需 10 g 干酵母)。7 天和 14 天后,压榨葡萄酒渣,倒出葡萄酒,调整二氧化硫含量,过滤并装瓶(Luengo 等,2014)。

图 11.10 显示,PEF 处理使 *TAC*(25%)和 *TPI*(23.5%)在发酵 7 天后升高。

PEF 处理也提高了色度（CI）（12.5%），并在发酵第 5 天达到最大值（Luengo 等，2014）。然而，浸泡 14 天后，对照组的 CI、TAC 和 TPI 与经 PEF 处理的并无显著差异。据推测，在发酵的第一阶段，观察到的果皮细胞电穿孔对多酚提取的影响可能随着时间的延长而消失或减弱。感官评定表明，相比于未经 PEF 处理的对照组和发酵时间为 14 天的葡萄酒，专家小组更喜欢发酵时间为 7 天、经 PEF 处理过的歌海娜葡萄酿制的葡萄酒（Luengo 等，2014）。

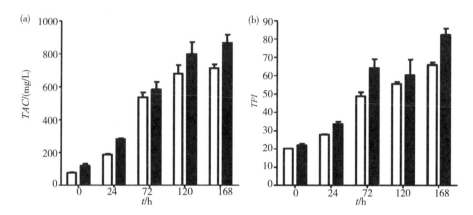

图 11.10　未处理（空条）和 PEF 处理（实条）的歌海娜葡萄在发酵 7 天期间，总花青素含量（TAC），（a）和总多酚指数（TPI），（b）的演变（源自：Luengo 等，2014）

Sack 等进行了另一个酒厂试验（Sack 等，2010b）。在此实验中，红葡萄黑比诺和白葡萄雷司令（Riesling）用 PEF（E = 37.6 kV/cm、脉冲宽度 1.1 μs、比能量为 36 kJ/kg）在一个特殊的 KEA-WEIN 装置中进行处理，处理量为 900 L/h（图 11.11a）。其结果与果浆的热发酵进行了比较（80℃加热 2 min）。PEF 处理和热处理均能提高色度和单宁回收率。同时，PEF 处理的效果略好于热处理（Sack 等，2010b）。

图 11.11　德国 KEA-WEIN 葡萄浆电穿孔装置（a）（摘自 Sack 等，2010b）；法国葡萄加工 PEF 处理装置（b）（源自：Davaux 等，2019）

近期,Davaux 等进行了使用 PEF 辅助半工业规模(每小时 2~5 吨)提取葡萄多酚的试验(Davaux 等,2019)。在此实验中,以赤霞珠红葡萄、马尔贝克葡萄(*Malbec*)、西拉葡萄(*Syrah*)、费尔莎伐多葡萄(*Fer-Servadou*)和苏维翁白葡萄(*Sauvignon blanc*)为原材料,用 PEF($E = 400$ V/cm、脉宽 2 ms、30 次双极脉冲)进行处理。经 PEF 处理并在液相中发酵的葡萄使葡萄酒具有更高的色度(比未处理的高 20%~30%)和更高的 TPI(比未处理的高 7%~17%)。

11.1.2.2　红酒中微生物的灭活

葡萄皮中腐败微生物的存在(如 *Dekkera/Brettanomyces*、*Lactobacillus* 如 *Oenococcus*)会污染待发酵的葡萄汁并改变葡萄酒质量(Puértolas 等,2010b)。添加二氧化硫可以限制微生物的活动,并在装瓶前稳定红酒(Henick-Kling 等,1998)。然而,由于二氧化硫的致敏性和对人类健康的其他一些负面影响,二氧化硫的授权浓度定期降低(Usseglio-Tomasset,1992)。对于葡萄酒的微生物灭活来说,PEF 是一个不错的代替方法。

Puértolas 等研究了葡萄汁和葡萄酒中的几种腐败微生物(*Dekkerabruxellensis*、*Dekkeraanomala*、*Saccharomyces bayanus*、*Lactobacillushilgardii* 和 *Lactobacillus plantarum*)对 PEF 处理($E = 16~31$ kV/cm、指数脉冲、比能量输入 10~350 kJ/kg)的抗性(Puértolas 等,2009)。总体而言,所有被研究的微生物在葡萄酒中的敏感度均高于在葡萄汁中。在 29 kV/cm、186 kJ/kg 的最佳处理条件下,可至少减少 3log 的腐败菌群。*L. hilgardii* 是葡萄汁中最具抗性的微生物,而 *L. plantarum* 则是葡萄酒中最具抗性的微生物。Delsart 等在 PEF(20 kV/cm、指数脉冲为 10 μs)和 HVED(40 kV)处理下,研究了 4 种微生物(*Oenococcusoeni* CRBO 9304、*O. oeni* CRBO 0608、*Pediococcusparvulus* 和 *Brettanomycesbruxellensis*)在红葡萄酒中的抗性(Delsart 等,2016)。不同 PEF 和 HVED 处理时间(1 ms、2 ms、4 ms、6 ms、8 ms 和 10 ms)对应的比能量输入范围为 80~800 kJ/kg。

图 11.12 为在 PEF 和 HVED 能量输入的作用下,接种在红酒中的细菌和酵母菌的数量。在用 20 kV/cm 的 PEF 处理 6 ms 的条件下,观察到所研究的微生物完全失活($W = 480$ kJ/kg)(图 11.12)。即使用 20 kV/cm 的 PEF 处理 4 ms($W = 320$ kJ/kg)4 种被研究的微生物也有令人满意的失活程度。令人惊讶的是,同样的微生物没有被 HVED 完全灭活。在经 40 kV 的高压直流电处理 10 ms 后,葡萄酒仍然含有 1log 的 *O. oeni* CRBO 9304[图 11.12(b)]和 *B. bruxellensis*[图 11.12(c)]。

此外,尽管未处理(对照)和 PEF 处理(20 kV/cm、10 ms)的红酒中花青素、

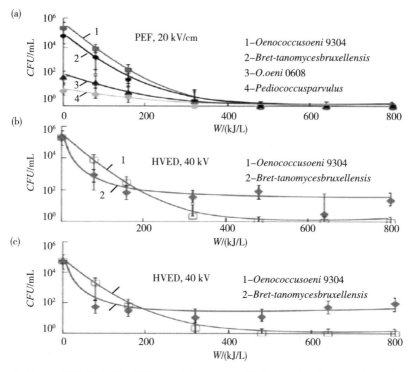

图 11.12　PEF 处理(E=20 kV/cm)(a)、HVED 处理(4 kV)(b)、(c)下红酒中接种不同微生物的计数作为比能量输入的函数(W)(源自:Delsart 等,2016)

单宁、色度(CI)和总多酚指数(TPI)的含量相似,但经 HVED 处理后(40 kV、10 ms),这些特性变差。例如,HVED 处理使葡萄酒中的花青素和单宁浓度分别降低了 27%和 8%,CI 和 TPI 分别降低了 20%和 15%(Delsart 等,2016)。HVED 对红葡萄酒品质特性的影响可以用其引起的复杂现象(压力冲击波、声空化、自由基形成和强光脉冲)来解释。

与 HVED 处理相比,PEF 处理对葡萄酒成分没有负面影响。结论是,PEF 处理是一个不错的代替方法,可以在装瓶前稳定葡萄酒中的微生物,而不改变其成分。van Wyk 等比较了二氧化硫处理(125 mg/L)、高压处理(HPP、400 MPa、5 s)和 PEF 处理($E=32$ kV/cm、30 个宽度为 1.7 μs 的方形双极脉冲、总处理时间($t_{PEF}=30*1.7=52$ μs)对接种了 B. bruxellensis 的赤霞珠葡萄酒的保鲜效果(van Wyk 等,2018)。SO_2 和 PEF 处理的葡萄酒的品质特征没有明显变化,而 HPP 处理的在 6 个月后葡萄酒的色泽劣变和总酚含量大降。然而,PEF 处理对 B. bruxellensis 的灭活效果不理想(减少了 0.8log),而二氧化硫和 HPP 则灭活了多于 5log 的菌落。因此,未来应使用更高强度的 PEF 条件(van Wyk 等,2018)。Delsart 等发现,更长的处理时间可能会更有效地对 *B. bruxellensis* 灭活(Delsart 等,2016)。González-Arenzana 等在连续 PEF 处理室(流速 13.75 L/h)中研究了葡萄酒相关微生物群的灭活(González-Arenzana 等,2015)。酿酒过程中最常见的酵母菌和细菌(25 种酵母菌、乳酸菌和醋酸菌)被接种于无菌的丹魄红酒中。对其采用不同的处理参数,脉冲强度 $E = 22 \sim 33$ kV/cm、方波脉冲宽度 $t_p = 8 \sim 10$ μs、总处理时间 $t_{PEF} = 103 \sim 154$ μs、比能量输入为 $99 \sim 158$ kJ/kg。总的来说,所研究的微生物达到的灭活度从 0.64log 到 4.94log 不等,且均对 PEF 处理敏感。例如,对于酵母菌来说,*S. cerevisiae* 的微生物减少量为 2.02log、*Saccharomycodesludwigii* 为 3.04log、*D. bruxellensis* 为 3.04log($E = 27$ kV/cm、$t_p = 10$ μs 和 $t_{PEF} = 103$ μs)。在相同的 PEF 处理条件下,乳酸菌的微生物减少率,*O. oenis* O41 为 2.64log、*P. parvulus* 为 2.19log、*L. hilgardii* 为 2.83log(González-Arenzana 等,2015)。该团队的后续研究表明,PEF 处理($E = 33$ kV/cm、$t_p = 10$ μs、比能量输入为 158 kJ/kg)可使丹魄葡萄酒在酒精发酵后的微生物群落减少(González-Arenzana 等,2018)。PEF 处理减少了乳酸菌,并完全消除了醋酸菌。此外,经 PEF 处理的 4 种葡萄酒中有 3 种感官质量较好。

11.1.2.3 红葡萄酒酿造中的发酵果渣

红葡萄酒酿造包括一个压榨步骤,通过该步骤在酒精发酵后将葡萄渣从果汁中分离出来。葡萄渣主要由果皮和果肉(40%)、种子(30%)和茎(30%)组成。它约占酿酒用葡萄重量的 20%~25%。酚类化合物主要存在于果皮、种子和茎中(Yu 和 Ahmedna,2013)。在红葡萄酒酿造过程中,通常只有 30%~40% 的酚类化合物被回收,这取决于葡萄品种和工艺参数(去皮、破碎、浸渍和压榨)。该步骤得到的发酵渣相对湿度在 50% 左右,且对酚类化合物仍有一定的吸附作用。Barba 等比较了 PEF 处理(13.3 kV/cm、能量输入 0~564 kJ/kg)、HVED 处理(40 kV、0~218 kJ/kg)和超声波处理(US、24 kHz、0~2727 kJ/kg)对产自瑞士的丹科飞德红葡萄发酵果渣中多酚类物质的提取效果(Barba 等,2015)。发酵渣先悬浮在固液比为 0.1 的水中,然后进行 PEF、HVED 或 US 处理,随后的水萃取在 20℃ 机械搅拌的条件下进行。图 11.13 表示细胞电导率崩解指数 Z_c,它是每个处理的能量输入(W)的函数。结果表明,所有处理均使 Z_c 值显著增加,其反映了从受损细胞中提取离子化合物的情况。从受损细胞中提取离子的效率按 US<PEF<HVED 的顺序递增。由于粒子破碎、气泡空化和促进离子提取的冲击波传播的综合效应,HVED 处理可最快速的使细胞受损(Boussetta 等,2013)。

图 11.14 显示经 PEF、HVED 和 US 处理的发酵葡萄渣水提取物在不同 Z_c 值下的 TPS(a)值和花青素/TPC(b)的比值。从图 11.14(a)可以看出,对于相同程度的电导率崩解指数(Z_c=0.4~0.8),HVED 处理相比于 PEF 和 US 处理可获得更高的总多酚提取率。这可能是由于 HVED 处理使细胞机械损伤程度较高(由于颗粒破碎)。相反,与其他处理相比[图 11.14(b)],PEF 处理可以获得最好的花青素提取率,特别是与研磨和 HVED 处理相比。这可能是由于 PEF 诱导的电穿孔会促进溶剂渗透到葡萄的表皮细胞,并使位于皮下组织上层细胞的花青素得以提取(Barba 等,2015)。应注意的是,工作中的能量输入是以处理每千克悬浮液消耗多少千焦的能量来表示的(比率 L/S=10),并且随着加水量的减少而降低。例如,与对照相比,PEF 处理(13.3 kV/cm、L/S=2.5)的能量输入降低到 68 kJ/kg,可使花青素(9.1%)和多酚(8.9%)的提取量更高。

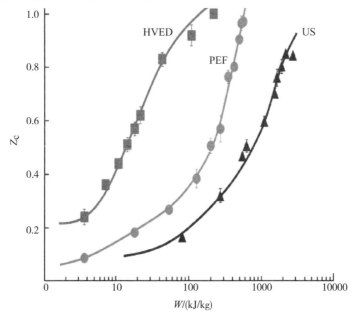

图 11.13 不同能量输入(W)下,PEF(13.3 kV/cm)、HVED(40 kV)和 US(24 kHz)处理后发酵葡萄渣水悬浮液(固/液比为 0.1)的细胞电导率崩解指数(Z_c)(源自:Barba 等,2015)

为了降低电能投入,可在 PEF 处理前对发酵渣进行预压实(压实)。采用平行电极间歇处理室,对产自瑞士的丹科飞德红葡萄压榨发酵渣进行 PEF 处理(1.2~3 kV/cm、脉冲个数可变、处理时间 100 μs)(Brianceau 等,2015)。在水/乙醇混合液(50/50、V/V)中,在固定温度(20℃、35℃和 50℃)下提取多酚。PEF

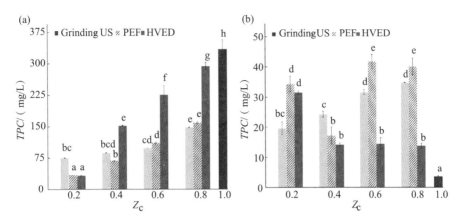

图 11.14　不同细胞电导率崩解指数(Z_c)下,经 PEF、HVED 和 US 处理后的发酵葡萄渣水提物中总多酚含量(TPC)(a)、总花青素/总多酚比值(b)。由同一字母表示的列显示的数据在统计学上没有显著差异(源自:Barba 等,2015)

处理可使细胞膜电穿孔,从而提高细胞电导率崩解指数 Z_c 值和多酚提取率(当 $E = 1.2$ kV/cm、能量输入为 18 kJ/kg 时,增加了 12.9%)。在 PEF 处理前对果渣进行预压实,确保空气的排空和颗粒之间更好的电接触,从而提高了导电率。在最佳条件下,当果渣预压实密度为 $\rho = 1$ g/cm^3(压力为 0.2 MPa)时,PEF 处理可使多酚提取率提高 15%。当果渣预压实至较低密度($\rho = 0.8$ g/cm^3、0.08 MPa)或较高密度($\rho = 1.3$ g/cm^3、1 MPa)时,PEF 处理同样能提高多酚类物质的提取率,但幅度较小(分别为 4.5% 和 7.5%)。与对照相比 PEF 处理使总花青素的提取率分别提高了 5.8%(50℃)和 18.9%(20℃)。此外,PEF 处理还表现出一定的提取选择性。例如,总花青素与总黄酮-3-醇的比率从未经处理的 7.1 增加到经 PEF 处理的 9.0(在 20℃ 条件下)(Brianceau 等,2015)。

　　Deng 等采用 HVED 辅助的"针环式"处理室连续提取系统,对产自我国的巨峰红葡萄果渣中多酚类物质的提取进行了试验(Deng 等,2019)。该系统由针状电极($\phi = 0.65$mm)和环形电极($\phi = 30$mm)组成,电压固定在 12 kV、频率为 3 Hz。最佳提取工艺参数为:固液比 1 g/40 mL、乙醇浓度 30%、环状电极直径 4 mm、流速 50 mL/min、提取时间 6 min,多酚得率最高可达 6.78。这种提取法的能耗(504 kJ/kg)明显低于常规浸提法的能耗(6720 kJ/kg)。

11.1.3　白葡萄

11.1.3.1　白葡萄酒酿造

在白葡萄酒酿造中,应避免使色素进入葡萄酒中。PEF 处理可用于提高压榨率、灭活葡萄酒中的微生物以及从葡萄渣中提取有价值的化合物。

Praporscic 等对产自法国(波尔多实验葡萄园)的白葡萄(麝香葡萄、苏维翁葡萄和赛美容葡萄)在平行电极间歇室中进行 PEF 处理(750 V/cm、可变数量单极方波脉冲处理 100 μs),并在 0.5 MPa 的压力下压制 45 min(Praporscic 等,2007)。

图 11.15(a)显示未经处理(第一列)和经 PEF 预处理(第二列)压榨后蜜思卡黛乐、苏维翁和赛美蓉葡萄的葡萄汁得率 Y_f、吸光度 A_f 和浑浊度 T_f。结果表明,经 $E = 750$ V/cm、$t_{PEF} = 0.3$ s 的 PEF 处理使最终出汁率从约 50% 增加到约 70%,同时也观察到,PEF 处理导致葡萄汁吸光度 A_f 和混浊度 T_f 显著降低。图 11.15(b)为赛美蓉葡萄的出汁率 Y_f、压饼含水量 C、吸光度 A_f、浑浊度 T_f 与脉冲数 n、PEF 能耗 W 之间的关系。图 11.15(b)中的数据表明,在 $W \approx 20$ kJ/kg($n = 7$)时,赛美蓉葡萄可以达到良好的电穿孔效果,蜜思卡黛乐、苏维翁也得到了类似的结果(Praporscic 等,2007)。

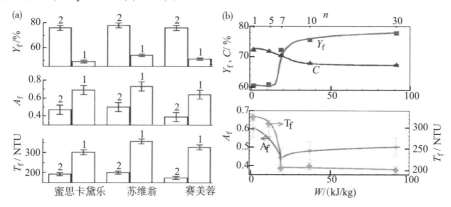

图 11.15 图(a)显示未经处理(列 1)和经 PEF 处理(列 2)的蜜思卡黛乐(*Muscadelle*)、苏维翁(*Sauvignon*)和赛美蓉(*Semillon*)3 个品种的葡萄压榨后葡萄汁的出汁率 Y_f、吸光度 A_f、浑浊度 T_f。图(b)显示赛美蓉葡萄的出汁率 Y_f、滤饼含水量 C、吸光度 A_f、浑浊度 T_f、脉冲数 n、PEF 能耗 W 之间的关系(源自:Praporscic 等,2007)

将产自智利的霞多丽(*Chardonnay*)白葡萄在带有平行电极的处理室中进行参数为 $E = 400$V/cm、可变数量双极方波脉冲、脉冲持续时间 $t_p = 1000$ μs 的 PEF 处理,然后使用两种不同的方法进行压榨:分别是 0.05 MPa 和 0.1 MPa 的恒压和从 0.02 MPa 到 0.1 MPa 逐步增压(Grimi 等,2009),第二种方法是在香槟生产中使用的工业压榨方法。PEF 处理($E = 400$ V/cm、$t_{PEF} = 0.1$ s)时,霞多丽葡萄的组织崩解程度较高($Z_c = 0.8$),相对能耗 $W \approx 15$ kJ/kg。

图 11.16(a)显示对照(左列)和 PEF 处理的葡萄(右列)在不同压榨方法下

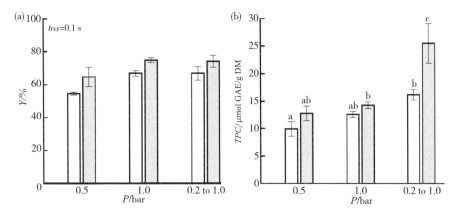

图 11.16   最终出汁率 Y(a),和总多酚含量(TPC)(b),以在(0.05 MPa、0.1 MPa)和(0.02~0.10 MPa)条件下压榨 1 h 的葡萄作为对照组(左列)与 PEF 处理(E = 400 V/cm 和 t_{PEF} = 0.1 s)的葡萄(右列)对比。具有相同上标字母(a、b、c)表示没有显著差异(源自:Grimi 等,2009)

处理 1 h 后的最终果汁产量 Y。PEF 处理总能使最终出汁率 Y 增加,逐步增压方案和 0.1 MPa 恒压方案的出汁率大致相同(约 80%)。然而,在恒压维持 0.05 MPa 的条件下,出汁率略低。

由图 11.16(b)可知,PEF 处理后,榨的葡萄汁总多酚含量始终较高,葡萄汁浊度有所降低,即使恒压榨汁方案的结果在统计学上没有差异,与恒压榨汁相比,逐步增压 0.2~1 bar(0.02~0.1 MPa)的榨汁方案得到的葡萄汁具有较低的浑浊度和较高的多酚含量(最多可增加 40%)。PEF 的应用还可以减少施加的压力和缩短榨汁的时间(Grimi 等,2009)。香槟酒是霞多丽(白葡萄)、黑比诺(*Pinot Noir*)(黑葡萄)和莫尼耶比诺(*Meunier*)(黑葡萄)三种葡萄酿造而成。香槟酒酿造的特殊之处在于,葡萄不经破碎,立即且小心地压榨,以获得葡萄汁,而不将葡萄皮和茎中产生色泽和草本味道的成分提取出来。因此,操作时间短和施加压力低更可取。传统上,榨出果汁的前 50% 叫特酿(*cuvée*),赋予葡萄酒最优质的品质。产自法国香槟区的黑比诺葡萄经 PEF 处理(E = 750 V/cm、t_{PEF} = 50~200 ms)后不经初步破碎就在 0.2~1 bar(0.02~0.1 MPa)进行逐步压榨(Grimi,2009)。

图 11.17 显示压榨出 50% 葡萄汁(特酿,*cuvée*)所需的总压榨时间和在第一步压榨过程中获得的葡萄汁产量与 PEF 处理时间的关系。图 11.17(a)中的插图显示从 0.2 bar(0.02 MPa)开始的每个压榨步骤的压力和持续时间,当在 t_{PEF} = 50 ms 或 100 ms 期间施加 PEF 时,需要 5 个 3 min 的压榨步骤(15 min)来榨取 50% 的葡萄汁并达到 1 bar(0.1 MPa)的最终压力。

由图 11.17(a)可知,在 $t_{PEF}=200$ ms 内使用 PEF 处理时,仅需 4 个压榨步骤即可榨出 50% 的葡萄汁并达到 0.8 bar(0.08 MPa)的最终压力。对于未经处理的葡萄,需要 8 个 3 min 的压榨步骤(24 min)来榨取 50% 的葡萄汁并达到 1.6 bar(0.16 MPa)的最终压力。因此,PEF 处理可减少总压榨时间并降低最终压榨压力,这可能有利于获得更好品质的酒。由图 11.17(b)可知,PEF 处理时间更长时,葡萄汁产量显然更高,在 2 bar(0.2 MPa)的最少压榨步骤下,$t_{PEF}=100$ ms 的出汁率比对照组增加了 2 倍。当 PEF 处理时间从 50 ms 增加到 200 ms 时,能耗明显较高,分别为 4 W·h/kg 和 15 W·h/kg,PEF 处理后,葡萄汁的浊度显著降低,为 32%,这可能是由于榨汁所需的压力较低。在 $t_{PEF}=100$ ms 的 PEF 处理和 0.02 MPa 的第一步压榨之后,葡萄汁中的总多酚含量更高,达 20%,但是,经过 5 个压榨步骤后,总多酚含量的增加幅度不大,为 6%。PEF 处理也能改变葡萄汁的色泽,由图 11.18 可知,长时间的 PEF 处理会使葡萄汁的颜色更趋近于橙黄色,而对照组的葡萄汁颜色更暗更淡,看似持续时间较长的 PEF 处理可能是制作玫瑰(rosé)葡萄酒的有效方法。

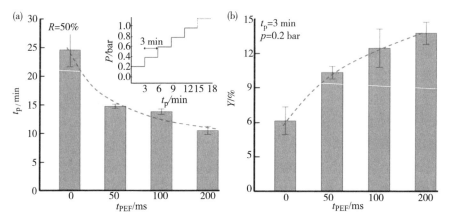

图 11.17 压榨出前 50% 葡萄汁(特酿,cuvée)所需的总压榨时间 t_p(a),和第一步压榨过程中从黑比诺葡萄获得的葡萄汁产量 Y(持续时间 $t_p=3$ min、压力 $P=0.2$ bar(0.02 MPa)(b)与 PEF 处理时间 t_{PEF} 的关系。在图(a)中插入显示每个压榨步骤的压力和持续时间(源自:Grimi,2009)

最近,对意大利收获的卡尔卡耐卡(Garganega)白葡萄进行了 PEF 处理以及白葡萄酒酿造的中试规模研究(Comuzzo 等,2018)。在流速为 200 L/h 的圆柱形连续槽中将葡萄去梗、粉碎并进行 PEF($E=1.5$ kV/cm、脉冲宽度为 8 μs 和 16 μs、总输入能量分别为 11 kJ/kg 和 22 kJ/kg)处理。PEF 处理过的葡萄在最大压力 0.8 bar（0.08 MPa）下进行两次循环硫化和压榨,将得到的葡萄汁进行酒精发酵。当 PEF 能量输入较低（11 kJ/kg）,压榨产量提高 8.9%,出人意料的是,在能量输入较高（为 22 kJ/kg）的 PEF 处理后,葡萄汁产量的增加较低,为 4.3%。此外,PEF 处理会使果汁的颜色有更强烈地改变和增加多酚的提取,这与其他研究一致（Grimi,2009;Puértolas 等,2010b;Delsart 等,2014）。用较高的能量输入（22 kJ/kg）进行 PEF 处理会导致发色受限,并使葡萄酒中的总多酚相对增加较小,这在白葡萄酒酿造中是首选,这种处理还可以更有效地提取各种香气前体（Comuzzo 等,2018）。

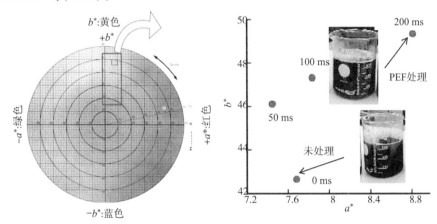

图 11.18　黑比诺葡萄经 PEF 处理（E = 750 V/cm、t_{PEF} = 50~200 ms）和榨汁后汁液颜色的变化（坐标 a^*,b^*）。颜色范围从绿色（$-a^*$）到红色（$+a^*$）,从蓝色（$-b^*$）到黄色（$+b^*$）（源自:Grimi,2009）

11.1.3.2　白葡萄酒和葡萄汁中微生物的灭活

关于降低白葡萄酒中微生物活性的出版物仍然很少见。Delsart 等对 PEF 和 HVED 处理葡萄汁进行了研究,研究酒精发酵过程中甜白葡萄酒中的酵母失活,作为添加亚硫酸盐的替代方法。未发酵的葡萄汁通过榨取白葡萄（*Vitisvinifera L.*）栽培品种赛美蓉获得。待发酵葡萄汁中的初始糖浓度为 254 g/L。该葡萄汁用商品名为 *ZymafloreST* 的酿酒酵母酵母菌接种,并且在酒精发酵前不进行亚硫酸盐处理。采用 E = 4~20 kV/cm、t_{PEF} = 0.25~6 ms 的 PEF、40 kV、t_{HVED} = 1 ms 或 4 ms 的 HVED 或添加亚硫酸盐（100 mg/L、250 mg/L 或 500 mg/L 的二氧化硫）处理发酵 5 天的葡萄汁样品。PEF 和 HVED 均使用具有平行（PEF）或针平面（HVED）电极的同一批处理室进行,PEF（E = 20 kV/cm、t_{PEF} = 4 ms、比能量输入 320 kJ/L）处理可使酵母种群减少 3 个对数周期,在 40 kV、4 ms、比能量输入 320

kJ/L 的 HVED 处理下,酵母的数量最多可减少 4 个对数周期,在葡萄酒中添加亚硫酸盐(250 mg/L 的 SO_2)比 PEF 和 HVED 处理更有效,并可以完全消除酵母菌种群。然而,亚硫酸盐的作用不是立竿见影的,相比之下,亚硫酸盐的作用需要更多的时间(5 天),而经 PEF 或 HVED 处理后可立即观察到酵母菌的消除(Delsart 等,2015)。发酵酒中的非酿酒酵母的失活也呈现相同的趋势,PEF 和 HVED 处理可使非酵母菌的种群数量分别减少 4 和 5 个对数周期(单位能量输入 320 kJ/L),而添加亚硫酸盐可使非酵母菌的种群数量减少 7 个对数周期。可以推测,少量的二氧化硫结合 PEF 或 HVED 处理是一个不错的提高灭活率的方式(Delsart 等,2015),出乎意料的是,这项研究中关于白甜葡萄酒 HVED 处理的结果与(Delsart 等,2016)中红葡萄酒的结果相反。对于红葡萄酒来说,HVED 应用在灭活微生物种群方面不如 PEF 处理有效。

关于葡萄汁中微生物的失活有大量的研究,比如 35 kV/cm、双极脉冲 4 μs、总处理时间 1 ms 的 PEF 处理分别使酿酒酵母、克勒克氏酵和氧化葡萄糖酸杆菌(*S. cerevisiae*、*K. apiculate* 和 *G. oxydans*)的数量减少 3.9、3.88 和 2.24 个对数周期(Marsellés-Fontanet 和 Martín-Belloso,2007),在 35 kV、20℃ 的 PEF 处理条件下,可使 *Z. bailiiascospores* 和 *Z. bailii vegetative cells* 分别减少 3.5 个和 5 个对数周期(Raso 等,1998)。80 kV/cm、20 次脉冲的 PEF 结合 0.4 mg/mL 的乳酸链球菌素和溶菌酶,导致天然菌群减少 4.2 个对数周期(Wu 等,2005)。PEF 处理对葡萄汁中酶的失活也有效,例如,25~35 kV/cm、200~1000 Hz、总处理时间 1~5 ms 的 PEF 处理会导致 50%过氧化物酶(POD)和 100%多酚氧化酶(PPO)的失活(Marsellés-Fontanet 和 Martín-Belloso,2007;Marsellés-Fontanet 等,2009)。

11.1.3.3 白葡萄酒酿造过程中的果渣

在香槟生产过程中,为了保护黑葡萄品种黑比诺和莫尼耶比诺的皮、茎和种子,防止色素的溶出,需小心压榨,而不是预先压碎其浆果,红葡萄酒中 30%~40%的酚类化合物是在待发酵葡萄汁浸泡的过程中提取出来的,而白葡萄酒则不同,它不会将果皮和茎部中的成分提取到葡萄汁中。因此,在香槟加工过程中,黑葡萄压榨后得到的果渣中含有非常丰富的多酚化合物(花青素、黄烷醇、黄酮醇、酚酸)。例如,黑比诺、莫尼耶比诺和霞多丽品种的浆果黄烷醇含量分别约为 3000 mg/kg、2400 mg/kg 和 2100 mg/kg。在黑色品种黑比诺和莫尼耶比诺的浆果中花青素含量约为 600 mg/kg(Boussetta,2010)。新鲜、冻融和硫化的葡萄渣(皮、种子和茎)作为压榨白葡萄(法国霞多丽品种)的残渣,在针-平面电极的批处理室中采用 HVED(40 kV、$t_{HVED} = 800$ μs)处理,在 20~60℃(Boussetta 等,

2009a)来进行水提取。HVED 处理增强了新鲜的、硫化的和冷冻的葡萄渣溶质和总多酚化合物的提取。在相同的提取条件下,HVED 处理后的渣中溶质的最终收率比未处理的渣高两倍以上。在 20℃的提取温度下,HVED 处理渣的提取强化效果最明显(Boussetta 等,2009a)。对采自智利的白葡萄霞多丽的果皮进行中等强度(300~1300 V/cm)和不同持续时间的 PEF 处理(Boussetta 等,2009b)。

　　由图 11.19(a)可知,有效的细胞电穿孔需要较长时间的 PEF 处理,当 PEF 分别为 300 V/cm 和 500 V/cm、t_{PEF} 为 0.1 s 时,细胞崩解程度 Z_c 仅为 0.1 和 0.4,在相同的处理时间 $t_{PEF}=0.1$ s 下,需要将 PEF 强度增加到 1300V/cm 才能使葡萄皮的细胞损伤程度达到较高水平($Z_c=0.8$)。由图 11.19b 可知,与未处理的葡萄皮样品相比,PEF($E=1300$ V/cm、$t_{PEF}=1$ s)处理强化了多酚的释放。但是,对于总多酚的提取而言,HVED(40 kV、$t_{HVED}=600$ μs)处理比 PEF 处理更有效提取总多酚。总多酚含量(TPC)在 HVED 处理后约 40 min 时达到最高值,约 21 μmol GAE/g DM。PEF 处理后的葡萄皮经 180 min 水提后,总多酚含量几乎达到相同水平(Boussetta 等,2009b)。

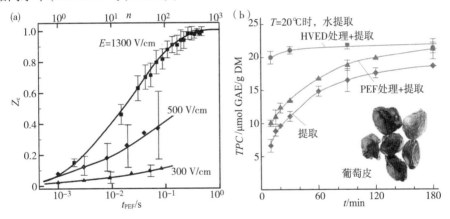

图 11.19　霞多丽葡萄皮细胞分裂指数 Z_c 与 PEF 处理时间 t_{PEF} 和脉冲总数 n 之间的关系 (a)和 PEF($E=1300$ V/cm、$t_{PEF}=1$ s)和 HVED(40 kV、$t_{HVED}=600$ μs)处理霞多丽葡萄皮在 20℃水提过程中总多酚(TPC)含量的变化曲线(b)(源自:Boussetta 等,2009b)

　　图 11.20(a)显示未经处理、经 PEF($E=1300$ V/cm、$t_{PEF}=1$ s)处理和 HVED(40 kV、$t_{HVED}=600$ μs)处理的霞多丽葡萄皮,在 20℃条件下水提 60min 后提取物的高效液相色谱谱图。结果鉴定出了一些化合物,儿茶素(a 峰)、表儿茶素(b 峰)、槲皮素-3-O-葡萄糖苷(c 峰)和山柰酚-3-O-葡萄糖苷(d 峰),尤其在 HVED 处理的样品中检测到儿茶素浓度显著增加(a 峰),这可以解释为该处理对

葡萄皮附加机械损伤所致(Boussetta 等,2009b)。

图 11.20(b)显示未经处理、1000 kJ/kg 的超声处理(US)、20 kV/cm、212 kJ/kg 的 PEF 处理和 40 kV、53 kJ/kg 的 HVED 处理的莫尼耶比诺葡萄渣(Boussetta, 2010),经 90 min 水/乙醇提取(30%乙醇,50c)后的高效液相色谱图,与对照组相比,超声处理使总多酚含量增加了 3.0 倍,PEF 处理使总多酚含量增加了 3.4 倍,HVED 处理使总多酚含量增加了 6.8 倍。超声、PEF、特别是 HVED 处理的莫尼耶比诺葡萄渣的提取物具有更深的颜色,证明了提取的花青素的数量更多,这可以通过提取出更多的锦葵色素-3-O-葡萄糖苷(图 11.20b 中峰 c)来证实。

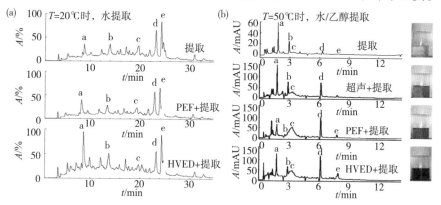

图 11.20 图(a)是未处理的、经 $E=1300$ V/cm、$t_{PEF}=1$ s 的 PEF 处理和 40 kV、$t_{HVED}=600$ μs 的 HVED 处理后的霞多丽葡萄皮经 20℃,60 min 水溶液提取后的高效液相色谱图。鉴定出的化合物有儿茶素(峰 a)、表儿茶素(峰 b)、槲皮素-3-葡萄糖苷(峰 c)和山奈酚-3-O-葡萄糖苷(峰 d)(源自:Boussetta 等,2009b)。图(b)是未处理、经 1000 kJ/kg 的超声处理(US)、经 $E=20$ kV/cm、212 kJ/kg 的 PEF 处理和 40 kV、53 kJ/kg 的 HVED 处理的莫尼耶比诺葡萄渣经水/乙醇提取 90 min 的高效液相色谱图,经鉴定的化合物为儿茶素(峰 a)、表儿茶素(峰 b)、锦葵色素-3-O-葡萄糖苷(峰 c)、槲皮素-3-葡萄糖苷(峰 d)和山奈酚-3-O-葡萄糖苷(峰 e)(源自:Boussetta,2010)

在法国酿酒厂中,将莫尼耶比诺葡萄酒仔细压榨后获得的葡萄果渣用 40 kV,可变能量输入的 HVED 处理,然后在 20℃的温度下用水/乙醇提取(Boussetta 等,2011)。图 11.21(a)显示了能量输入对从莫尼耶比诺葡萄渣获得的水提取物的总多酚含量和抗氧化活性的影响。随着 HVED 能量输入的最初增加,多酚含量和抗氧化活性均增加。然而,当能量阈值超过 80 kJ/kg 时,HVED 会产生负面影响,导致多酚含量和抗氧化活性下降[图 11.21(a)]。HVED 会导致水的光解、原子氢和臭氧过程中产生羟基自由基(Boussetta 等,2011),这些氧化化学反应可能会损害提取的多酚,特别是导致黄烷醇降解,这已在 Boussetta 等 2011 年的研究中得到了证实。对于水溶液提取,HVED 处理导致多酚提取量增加了 10 倍。由图 11.21

(b)可知,在水/乙醇混合物中,多酚的提取效果更明显,在抗氧化活性方面也观察到同样的趋势,添加 30%乙醇时抗氧化活性最高(Boussetta 等,2011)。

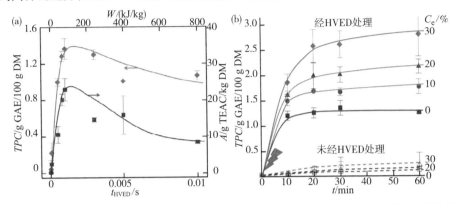

图 11.21　图(a)是处理时间 t_{HVED},能量输入 W,对经 HVED 处理的莫尼耶比诺渣水提物的总多酚含量,TPC、抗氧化活性,A 的影响,图(b)显示的是能量输入为 80 kJ/kg 的莫尼耶比诺葡萄渣的水/乙醇提取物中多酚含量 TPC 的变化(源自:Boussetta 等,2011)

　　采用 HVED 对莫尼耶黑葡萄(*Pinot Meunier*)白葡萄酒酿造过程中的葡萄渣进行了中试处理(40 kV、35 L 间歇处理室)。将结果与实验室规模的处理(40 kV、1 L 间歇处理室)进行比较(Boussetta 等,2012b)。对整个果渣的水性悬浮液以及种子,皮和茎的悬浮液分别施加高达 1000 次脉冲放电。用于实验室和中试处理室的产品质量分别为 0.3 kg 和 7.5 kg。

　　由图 11.22,与所有实验室和中试规模的对照实验相比,对于所有产品,HVED 均可显著改善多酚的提取。然而,实验规模[图 11.22(a)]的系统提取率

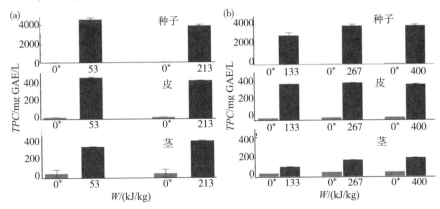

图 11.22　HVED 能量输入对实验室(a)和中试(b)规模从莫尼耶比诺葡萄渣的种子、皮和茎中提取多酚的影响(* 为提取对照组),每脉冲的比能量输入相同为 0.53 kJ/kg(源自:Boussetta 等,2012b)

高于中试规模［图 11.22（b）］。这可以通过不同的冲击分布、电极距离以及实验室和中试处理室的材料来解释（Boussetta 等，2012b）。

11.2　葡萄籽

葡萄籽含有 13%～20% 的油，富含必需脂肪酸，34%～36% 的碳水化合物，并且是多酚类化合物，尤其是单宁（4%～10%）（Cabani 等，1998）的良好来源。Boussetta 等为了提高葡萄籽多酚的产量，将 $E=8\sim20$ kV/cm、指数脉冲约 10 μs、$t_{PEF}=1\sim20$ ms 的 PEF 处理和 40 kV、$t_{HVED}=1$ ms 的 HVED 处理与研磨进行了比较（Boussetta 等，2012a）。分别对未处理和处理过的种子进行水/乙醇提取，PEF 和 HVED 处理使用的是同一批处理室，带有平行的平面电极（用于 PEF 处理）或针形平面电极（用于 HVED 处理）。

图 11.23 为 PEF 处理后水溶液［图 11.23（a）］和乙醇溶液［图 11.23（b）］中总多酚含量（TPC）。在 PEF 处理过程中直接在处理室中进行提取，其频率为 0.33Hz。因此，为了确保 $t_{PEF}=1\sim20$ ms 的 PEF 处理，脉冲的总数在 100～2000 变化，PEF 处理期间相应的提取时间在 5～100 min 变化。由图 11.23（a）提取物中的总多酚含量随 PEF 强度和提取温度的增加而增加。图 11.23（b）显示，TPC 也随水/乙醇溶液浓度的变化而变化，当乙醇添加量为 30% 时，TPC 含量达到最大

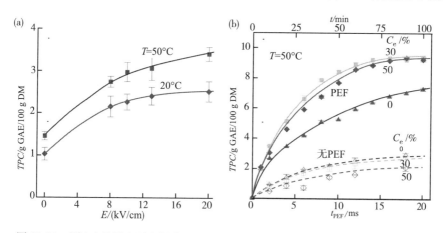

图 11.23　图（a）显示在两个温度 $T=20℃$ 和 $50℃$ 下，在不同的电场强度 E 和时间 $t_{PEF}=4$ ms 下进行 PEF 处理后，水提取物中的总多酚含量（TPC）。图（b）反映的是提取物中的 TPC 与 PEF 处理时间 t_{PEF} 和 PEF 处理期间提取时间 t 的关系。PEF 处理以 $E=20$ kV/cm 进行（源自：Boussetta 等，2012a）

值。PEF 处理后继续进行水/乙醇提取,HVED 处理和研磨的种子也可以进行水/乙醇提取(Boussetta 等,2012a)。当 PEF 和 HVED 处理的总处理时间相同 $t_{PEF}=t_{HVED}=6$ ms 时,在 50℃、30%乙醇溶液中提取后获得的多酚含量最高,产率也相同,为 8.6 g/100 gGAE。但是,HVED 处理和研磨后的(15 min)比 PEF 处理后(60 min)更快地达到这个 TPC 值。可以看出,在相同条件下提取对照(未处理)种子后,TPC 的最大值仅为约 3.0 g/100 gGAE[图 11.23(b)]。

图 11.24 为提取后处理和对照的葡萄种子[图 11.24(a)]及相应的悬浮液[图 11.24(b)]的照片。PEF 处理的葡萄种子没有受到机械损伤,并且保持了与对照种子相似的形状和大小(约 4000 μm)[图 11.24(a)]。而在 HVED 处理后,葡萄籽会被部分破碎,研磨后的葡萄籽会产生更多碎片。HVED 处理过的和磨碎的葡萄种子的悬浮液更混浊。HVED 处理后,提取物中存在一些约 10~20 μm 的小颗粒。因此需要较长的离心时间以提高这些提取物的澄清度。比较了 PEF、HVED(击穿阶段)和电子流(电弧预击穿阶段)的能量输入对水相提取葡萄籽多酚的影响(Boussetta 等,2013)。处理采用 20 Hz 的 40 kV/cm 的 PEF 和 40 kV、电极间距 $d=3$ cm 的电子流以排除电弧,使用相同的平行电极(PEF)或针平面电极(电子流的批处理室),HVED(40 kV、电极之间的距离 $d=1~2$ cm 以提供电弧)的频率为 2 Hz。与 PEF 和 HVED 相比,电弧处理对葡萄籽中多酚的提取效果更好。提取相同数量的水中总多酚(5000 mg GAE/100 g DM),HVED 处理需要 16 kJ/kg 的能量输入,是针平面电极(440 kJ/kg)的 1/27,是 PEF 处理(760kJ/kg)的 1/47(图 11.25)。这可以通过施加 HVED 后观察到种子的快速机

图 11.24　图(a)是葡萄籽的图片,图 b 是未处理的(对照组)、PEF(20 kV/cm、6 ms)、HVED(40 kV、1 ms)和研磨处理后的样品在 50℃下提取后相应的悬浮液(源自:Boussetta 等,2012a)

械破碎来解释(Boussetta 等,2013)。然而,如果多酚类化合物应该从油中单独提取,PEF 和 HVED(电子流)处理似乎是最合适的,因为它们不会破坏重要的葡萄种子结构。在这种情况下,首先要进行 PEF 处理(或电子流),主要提取多酚类物质,待葡萄干燥后再进行油脂提取。

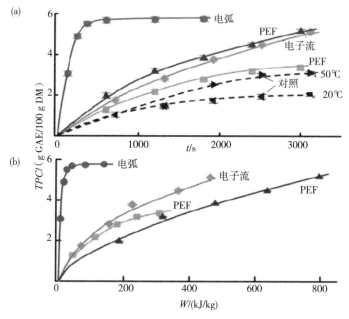

图 11.25　图(a)和图(b)分别反映了对照样品和 HVED(电弧)、PEF 和 HVED(电子流)处理的样品的总多酚含量随处理时间 t 和累计能量输入 W 的变化(源自:Boussetta 等,2013)

11.3　葡萄枝

葡萄枝通常用作热源。它们可以进行增值用于生产乙醇和纸浆,葡萄枝也是多酚和蛋白质的重要来源(Luque-Rodríguez 等,2006)。Rajha 等在通过 13.3 kV/cm、0~1500 指数脉冲为 10 μs、频率 0.5 Hz 的 PEF 处理,40 kV、0~500 的放电频率为 0.5 Hz 的 HVED 和 400 W、最大频率为 24 kHz 的 US(超声)物理处理后,提取了切成直径 5 mm 和高 1 cm 的圆柱形葡萄枝中的多酚和蛋白质(Rajha 等,2014 年)。PEF 和 HVED 试验是在同一批处理室内使用平行电极(PEF)或针形平面电极(HVED)进行的。然后,在水/乙醇溶液中进行提取。图 11.26(a)显示用 PEF、HVED 和 US 处理葡萄枝的细胞电导率崩解指数 Z_c 的值。由图知,

HVED 是诱导细胞损伤的最有效方法。例如,相同的 100 kJ/kg 的能量输入时,HVED、PEF 和 US 处理的 Z_c 值分别为 0.546、0.16 和 0.06。

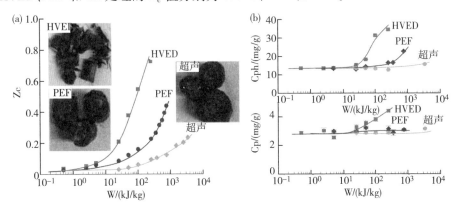

图 11.26　图(a)和图(b)分别反映的是经能量输入为 0~254 kJ/kg 的 HVED、0~762 kJ/kg 的 PEF 和 0~3428 kJ/kg 的 US(超声)处理的电导率衰变指数 Z_c、多酚和蛋白质提取率 C_{ph}、C_p 随着能量输入变化的函数。提取的过程是在 50℃、0.1 M 的 NaOH 的碱化水中提取 180 min(源自:Rajha 等,2014)

　　PEF 和 US 处理后,葡萄枝看起来完好无损,但 HVED 处理后,葡萄枝部分破碎[图 11.26(a)]。另外,HVED 处理可以使多酚和蛋白质得到最好的回收[图 11.26(b)]。要提取多酚和蛋白质,应克服一些能量阈值,HVED 处理约为 10~20 kJ/kg、PEF 处理约为 50 kJ/kg、US 处理为 1000 kJ/kg 以上[图 11.26(b)]。经过 HVED、PEF 和 US 处理后,能量输入分别为 254 kJ/kg、762 kJ/kg 和 3428 kJ/kg 时,多酚和蛋白质的提取率最高(Rajha 等,2014)。在 40 kV、能量输入 101.6~609.5 kJ/kg 的 HVED 处理之前,先进行葡萄枝的切碎和研磨以获得不同形式和大小的颗粒(比表面积为 $a_0 = 6\ \mathrm{cm}^{-1}$、$8.5\ \mathrm{cm}^{-1}$、$11\ \mathrm{cm}^{-1}$、$84\ \mathrm{cm}^{-1}$ 和 1885.19 cm^{-1}(表面积/体积),并在 50℃ 下进行水提取(Rajha 等,2015)。HVED 能量输入的增加使得多酚的提取效果更好,提取动力学相当长,而且对于 $a_0 = 6\ \mathrm{cm}^{-1}$、$8.5\ \mathrm{cm}^{-1}$ 和 $11\ \mathrm{cm}^{-1}$ 的大颗粒的提取过程几乎相同,要使大颗粒的多酚含量达到 120 mg/L 左右,需要 609.5 kJ/kg 的 HVED 能量输入。HVED 处理 $a_0 = 1885.19\ \mathrm{cm}^{-1}$ 的小颗粒更有效,加速了提取动力学,达到多酚含量 140 mg/L,能量输入为 101.6 kJ/kg。HVED 处理不会导致多酚降解(Rajha 等,2015)。

　　Rajha 等提出了一种多阶段提取工艺,以从葡萄枝中回收多酚、还原糖和可溶性木质素(Rajha 等,2018)。此过程包括 40 kV、在水/酶溶液中放电 200 次、频率为 0.5 Hz、总能量输入为 101.6 kJ/kg 的 HVED 处理,其次是酶水解(将不同浓度的酶添加到 pH=4 的水溶液中),最终的脱木质素阶段是碱水解(在水中加入不同浓度的 NaOH)。

图 11.27(a)表明,在水中输入能量为 101.6 kJ/kg 的 HVED 处理(不添加酶)可强化多酚和可溶性木质素的提取,但不能回收还原糖。与酶处理相比,HVED 处理对多酚的提取选择性更高,建议使用 HVED 处理作为第一步,在添加酶之前获得高浓度的多酚提取物(Rajha 等,2018)。接下来是加入酶后增加还原糖和可溶性木质素的回收率[图 11.27(a)]。图 11.27(b)显示了未经处理或经过多阶段提取的葡萄枝的木质素含量。多阶段提取的目的是选择性提取多酚、还原糖,然后实现后续的脱木质素过程。未经处理的葡萄枝含有 25% 的木质素,HVED 处理使已提尽的葡萄枝中木质素含量降低 10%,由此强化了脱木质素过程。

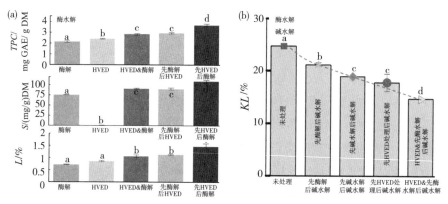

图 11.27 图(a)反映了不同酶解(EH)和水解(HVED)处理组合下枝条总多酚(TPC)、还原糖(S)、可溶性木质素(L)的含量。图(b)反映的是结合不同的酶法水解条件、碱性条件(A)和 HVED 处理条件对木质素含量(KL)的影响。酶解处理采用的是活性为 24 FBGU/g 的戊聚糖复合酶,使用 1 M 的 NaOH 溶液进行碱处理,HVED 的处理条件为 E=40 kV(能量输入为 101.6 kJ/kg)。提取是在 50℃搅拌 4 h 的条件下完成的。均值之间的显著统计差异用不同的字母表示(a、b、c、d)(源自:Rajha 等,2018)

参考文献

[1]Barba FJ, Brianceau S, Turk M et al (2015) Effect of alternative physical treatments (ultrasounds, pulsed electric fields, and high-voltage electrical discharges) on selective recovery of bio-compounds from fermented grape pomace. Food Bioprocess Technol 8:1139-1148

[2] Blázovics A, Sárdi É (2019) Wine grapes (Vitis vinifera) and wine-based food supplements. In: Nabavi SM, Silva AS (eds) Nonvitamin and Nonmineral Nutritional Supplements. Academic Press Inc., London, UK, pp 461-465

[3] Boussetta N (2010) Intensificationde l'extraction des polyphénols par électro-technologiespour la valorisation des marcs de Champagne. PhD Thesis, Compiegne: Universite de Technologie de Compiegne, France

[4] Boussetta N, Lanoisellé J-L, Bedel-Cloutour C, Vorobiev E (2009a) Extraction of soluble matter from grape pomace by high voltage electrical discharges for polyphenol recovery: effect of sulphur dioxide and thermal treatments. J Food Eng 95:192-198. https://doi. org/10. 1016/j. jfoodeng. 2009. 04. 030

[5] Boussetta N, Lebovka N, Vorobiev E et al (2009b) Electrically assisted extraction of soluble matter from chardonnay grape skins for polyphenol recovery. J Agric Food Chem 57:1491-1497. https://doi. org/10. 1021/jf802579x

[6] Boussetta N, Vorobiev E, Deloison V et al (2011) Valorisation of grape pomace by the extraction of phenolic antioxidants: application of high voltage electrical discharges. Food Chem 128:364-370. https://doi. org/10. 1016/j. foodchem. 2011. 03. 035

[7] Boussetta N, Vorobiev E, Le LH et al (2012a) Application of electrical treatments in alcoholic solvent for polyphenols extraction from grape seeds. LWT-Food Sci Technol 46:127-134. https://doi. org/10. 1016/j. lwt. 2011. 10. 016

[8] Boussetta N, Vorobiev E, Reess T et al (2012b) Scale-up of high voltage electrical discharges for polyphenols extraction from grape pomace: effect of the dynamic shock waves. Innov Food Sci Emerg Technol 16:129-136. https://doi. org/10. 1016/j. ifset. 2012. 05. 004

[9] Boussetta N, Lesaint O, Vorobiev E (2013) A study of mechanisms involved during the extraction of polyphenols from grape seeds by pulsed electrical discharges. Innov Food Sci Emerg Technol 19:124-132. https://doi. org/10. 1016/j. ifset. 2013. 03. 007

[10] Brianceau S (2015) Vers une amélioration quantitative et qualitative de l'extraction des composés phénoliques du marc de raisin rouge à l'aide d'électrotechnologies. PhD thesis, Universite de Technologie de Compiegne, Compiegne, France

[11] Brianceau S, Turk M, Vitrac X, Vorobiev E (2015) Combined densification and pulsed electric field treatment for selective polyphenols recovery from fermented grape pomace. Innov Food Sci Emerg Technol 29:2-8. https://doi. org/10. 1016/j. ifset. 2014. 07. 010

[12] Cabanis JC, Cabanis MT, Cheynier V, Teissedre PL (1998) Caractérisation de la matière première et des produits élaborés. In: Flanzy C (ed) Oenologie: Fondements scientifiques et technologiques. Lavoisier TEC & DOC, Paris, pp 323-325

[13] Comuzzo P, Marconi M, Zanella G, Querze M (2018) Pulsed electric field processing of white grapes (cv. Garganega): effects on wine composition and volatile compounds. Food Chem 264:16-23

[14] Creasy GL, Creasy LL (2018) Grapes, 2nd edn. CABI, Wallingford

[15] Davaux F, Leroy J-B, Royant L, Marchand S (2019) Augmentation des cinétiques de diffusion des composés de la pellicule des raisins rouge et blanc par des champs électriques pulsés. In: BIO Web of Conferences, 41st World Congress of Vine and Wine. p 2008

[16] De Vito F, Ferrari G, Lebovka NI et al (2008) Pulse duration and efficiency of soft cellular tissue disintegration by pulsed electric fields. Food Bioprocess Technol 1:307-313

[17] Delsart C, Ghidossi R, Poupot C et al (2012) Enhanced extraction of phenolic compounds from Merlot grapes by pulsed electric field treatment. Am J Enol Vitic 63:205-211

[18] Delsart C, Cholet C, Ghidossi R et al (2014) Effects of pulsed electric fields on cabernet sauvignon grapeberries and on the characteristics of wines. Food Bioprocess Technol 7:424-436. https:// doi. org/10. 1007/s11947-012-1039 -7

[19] Delsart C, Grimi N, Boussetta N et al (2015) Comparison of the effect of pulsed electric field or high voltage electrical discharge for the control of sweet white must fermentation process with the conventional addition of sulfur dioxide. Food Res Int 77:718-724. https://doi. org/10. 1016/j. foodres. 2015. 04. 017

[20] Delsart C, Grimi N, Boussetta N et al (2016) Impact of pulsed-electric field and high-voltage electrical discharges on red wine microbial stabilization and

quality characteristics. J Appl Microbiol 120：152－164. https：//doi. org/10. 1111/jam. 12981

[21]Deng Y, Ju T, Xi J (2019) Optimization of polyphenols continuous extraction from grape pomace by pulsed electrical discharge system with needle－ring type treatment chamber. ACS Sustain Chem Eng 7：9342－9351

[22]Donsi F, Ferrari G, Fruilo M, Pataro G (2010) Pulsed electric field－assisted vinification of Aglianico and Piedirosso grapes. J Agric Food Chem 58：11606 －11615

[23]Donsi F, Ferrari G, Fruilo M, Pataro G (2011) Pulsed electric fields－assisted vinification. Procedia Food Sci 1：780－785

[24] El Darra N, Grimi N, Maroun RG et al (2013a) Pulsed electric field, ultrasound, and thermal pretreatments for better phenolic extraction during red fermentation. Eur Food Res Technol 236：47－56. https：//doi. org/10. 1007/ s00217－012－1858－9

[25]El Darra N, Grimi N, Vorobiev E et al (2013b) Extraction of polyphenols from red grape pomace assisted by pulsed ohmic heating. Food Bioprocess Technol 6： 1281－1289. https：//doi. org/10. 1007/s11947－012－0869－7

[26]El Darra N, Rajha HN, Ducasse M－A et al (2016a) Effect of pulsed electric field treatment during cold maceration and alcoholic fermentation on major red wine qualitative and quantitative parameters. Food Chem 213：352－360. https：//doi. org/10. 1016/j. foodchem. 2016. 06. 073

[27]El Darra N, Turk MF, Ducasse M－A et al (2016b) Changes in polyphenol profiles and color composition of freshly fermented model wine due to pulsed electric field, enzymes and thermovinification pretreatments. Food Chem 194： 944－950. https：//doi. org/10. 1016/j. foodchem. 2015. 08. 059

[28]Garde－Cerdán T, González－Arenzana L, López N et al (2013) Effect of different pulsed electric field treatments on the volatile composition of Graciano, Tempranillo and Grenache grape varieties. Innov Food Sci Emerg Technol 20： 91－99. https：//doi. org/10. 1016/j. ifset. 2013. 08. 008

[29]Giovinazzo G, Carluccio MA, Grieco F (2019) Wine polyphenols and health. In：Mérillon J－M, Ramawat KG (eds) Bioactive molecules in food. Springer, Cham, pp 1135－1155

［30］Gámez-Brandón M, Lores M, Insam H, Domínguez J（2019）Strategies for recycling and valorization of grape marc. Crit Rev Biotechnol 39:437-450

［31］González-Arenzana L, Portu J, López R et al（2015）Inactivation of wine-associated microbiota by continuous pulsed electric field treatments. Innov Food Sci Emerg Technol 29: 187 - 192. https:// doi. org/10. 1016/j. ifset. 2015. 03. 009

［32］González - Arenzana L, López - Alfaro I, Garde - Cerdán T et al（2018）Microbial inactivation and MLF performances of Tempranillo Rioja wines treated with PEF after alcoholic fermentation. Int J Food Microbiol 269: 19 - 26. https:// doi. org/10. 1016/j. ijfoodmicro. 2018. 01. 008

［33］Grimi N（2009）Vers l'intensification du pressage industriel des agroressources par champs électriques pulsés: étude multi-échelles. PhD Thesis, Universite de Technologie de Compiegne, Compiegne, France

［34］Grimi N, Lebovka NI, Vorobiev E, Vaxelaire J（2009）Effect of a pulsed electric field treatment on expression behavior and juice quality of Chardonnay grape. Food Biophys 4: 191-198. https:// doi. org/10. 1007/s11483-009-9117-8

［35］Henick-Kling T, Edinger W, Daniel P, Monk P（1998）Selective effects of sulfur dioxide and yeast starter culture addition on indigenous yeast populations and sensory characteristics of wine. J Appl Microbiol 84:865-876. https://doi. org/10. 1046/j. 1365-2672. 1998. 00423. x

［36］Limier B, Ivorra S, Bouby L et al（2018）Documenting the history of the grapevine and viticulture: a quantitative eco-anatomical perspective applied to modern and archaeological charcoal. J Archaeol Sci 100:45-61

［37］López N, Puértolas E, Condón S et al（2008a）Application of pulsed electric fields for improving the maceration process during vinification of red wine: influence of grape variety. Eur Food Res Technol 227:1099

［38］López N, Puértolas E, Condón S et al（2008b）Effects of pulsed electric fields on the extraction of phenolic compounds during the fermentation of must of Tempranillo grapes. Innov Food Sci Emerg Technol 9:477-482

［39］López-Alfaro I, González-Arenzana L, López N et al（2013）Pulsed electric field treatment enhanced stilbene content in Graciano, Tempranillo and

Grenache grape varieties. Food Chem 141:3759－3765. https://doi. org/10. 1016/j. foodchem. 2013. 06. 082

[40] López－Giral N, González－Arenzana L, González－Ferrero C et al（2015）Pulsed electric field treatment to improve the phenolic compound extraction from Graciano, Tempranillo and Grenache grape varieties during two vintages. Innov Food Sci Emerg Technol 28:31－39. https://doi. org/10. 1016/j. ifset. 2015. 01. 003

[41] Luengo E, Franco E, Ballesteros F et al（2014）Winery trial on application of pulsedelectric fields for improving vinification of Garnacha grapes. Food Bioprocess Technol 7:1457－1464. https:// doi. org/10. 1007/s11947－013－1209－2

[42] Luque－Rodríguez JM, Pérez－Juan P, Luque De Castro MD（2006）Extraction of polyphenols from vine shoots of Vitis vinifera by superheated ethanol－water mixtures. J Agric Food Chem 54：8775－8781. https://doi. org/10. 1021/jf061855j

[43] Marsellés－Fontanet AR, Martín－Belloso O（2007）Optimization and validation of PEF processing conditions to inactivate oxidative enzymes of grape juice. J Food Eng 83:452－462. https://doi. org/10. 1016/j. jfoodeng. 2007. 04. 001

[44] Marsellés－Fontanet AR, Puig A, Olmos P et al（2009）Optimising the inactivation of grape juice spoilage organisms by pulse electric fields. Int J Food Microbiol 130：159－165. https://doi. org/ 10. 1016/j. ijfoodmicro. 2008. 12. 034

[45] Morata A, González C, Tesfaye W et al（2019）Maceration and fermentation：new technologies to increase extraction. In：Morata A（ed）Red wine technology. Academic Press, London, pp 35－49

[46] Nair S, Pullammanappallil P（2003）Value added products from vineyard wastes－a review. In：Pullammanappallil P（ed）Proceedings of ORBIT 2003：organic recovery and biological treatment. Fourth international conference of ORBIT association on biological processing of organics：advances for a sustainable society, Perth, Australia

[47] Noelia V, Puértolas E, Hernández－Orte P et al（2009）Effect of a pulsed electric field treatment on the anthocyanins composition and other quality

parameters of Cabernet Sauvignon freshly fermented model wines obtained after different maceration times. LWT – Food Sci Technol 42:1225–1231

[48] OIV (2018) Statistical report on world vitiviniculture. http://www. oiv. int/ public/medias/6371/oivstatistical–report–on–world–vitiviniculture–2018. pdf

[49] Parenti A, Spugnoli P, Calamai L et al (2004) Effects of cold maceration on red wine quality from Tuscan Sangiovese grape. Eur Food Res Technol 218:360 –366. https://doi. org/10. 1007/ s00217–003–0866–1

[50] Praporscic I, Lebovka N, Vorobiev E, Mietton–Peuchot M (2007) Pulsed electric field enhanced expression and juice quality of white grapes. Sep Purif Technol 52:520–526. https://doi. org/10. 1016/j. seppur. 2006. 06. 007

[51] Puértolas E, López N, Condón S et al (2009) Pulsed electric fields inactivation of wine spoilage yeast and bacteria. Int J Food Microbiol 130:49–55. https:// doi. org/10. 1016/j. ijfoodmicro. 2008. 12. 035

[52] Puértolas E, Hernández–Orte P, Sladaña G et al (2010a) Improvement of winemaking process using pulsed electric fields at pilot–plant scale. Evolution of chromatic parameters and phenolic content of Cabernet Sauvignon red wines. Food Res Int 43:761–766. https://doi. org/10. 1016/ j. foodres. 2009. 11. 005

[53] Puértolas E, López N, Condón S et al (2010b) Potential applications of PEF to improve red wine quality. Trends Food Sci Technol 21:247–255. https://doi. org/10. 1016/j. tifs. 2010. 02. 002

[54] Puértolas E, López N, Sladaña G et al (2010c) Evaluation of phenolic extraction during fermentation of red grapes treated by a continuous pulsed electric fields process at pilot–plant scale. J Food Eng 98:120–125. https:// doi. org/10. 1016/j. jfoodeng. 2009. 12. 017

[55] Puértolas E, Sladaña G, Condón S et al (2010d) Evolution of polyphenolic compounds in red wine from Cabernet Sauvignon grapes processed by pulsed electric fields during aging in bottle. Food Chem 119:1063–1070. https:// doi. org/10. 1016/j. foodchem. 2009. 08. 018

[56] Rajha HN, Boussetta N, Louka N et al (2014) A comparative study of physical pretreatments for the extraction of polyphenols and proteins from vine shoots. Food Res Int 65:462–468. https://doi. org/10. 1016/j. foodres. 2014. 04. 024

[57] Rajha HN, Boussetta N, Louka N et al (2015) Electrical, mechanical, and

chemical effects of highvoltage electrical discharges on the polyphenol extraction from vine shoots. Innov Food Sci Emerg Technol 31:60-66. https://doi. org/ 10. 1016/j. ifset. 2015. 07. 006

[58] Rajha HN, Boussetta N, Louka N et al (2017) Pulsed electric fields and high-voltage electrical discharge – assisted extraction of biocompounds from vine shoots. In: Miklavcic D (ed) Handbook of electroporation. Springer International Publishing AG, Cham, pp 2683-2698

[59] Rajha HN, El Kantar S, Afif C et al (2018) Selective multistage extraction process of biomolecules from vine shoots by a combination of biological, chemical, and physical treatments [Procédé d'extraction sélectif et multi-étapes de biomolécules á partir de sarments de vigne par une combinaison de traitements biologiques, chimiques et physiques]. Comptes Rendus Chim 21: 581-589. https://doi. org/10. 1016/j. crci. 2018. 02. 013

[60] Raso J, Calderón ML, Góngora M et al (1998) Inactivation of Zygosaccharomyces bailii in fruit juices by heat, high hydrostatic pressure and pulsed electric fields. J Food Sci 63:1042-1044

[61] Rousserie P, Rabot A, Geny-Denis L (2019) From flavanols biosynthesis to wine tannins: what place for grape seeds? J Agric Food Chem 67:1325-1343

[62] Sack M, Sigler J, Eing C et al (2010a) Operation of an electroporation device for grape mash. IEEE Trans Plasma Sci 38:1928-1934. https://doi. org/10. 1109/TPS. 2010. 2050073

[63] Sack M, Sigler J, Frenzel S et al (2010b) Research on industrial-scale electroporation devices fostering the extraction of substances from biological tissue. Food Eng Rev 2:147-156

[64] Saldaña G, Luengo E, Puértolas E et al (2017) Pulsed electric fields in wineries: potential applications. In: Miklavcic D (ed) Handbook of electroporation. Springer International Publishing AG, Cham, pp 2825-2842

[65] Stuart JA, Robb EL (2013) Bioactive polyphenols from wine grapes. Springer, New York Usseglio-Tomasset L (1992) Properties and use of sulphur dioxide. Food Addit Contam 9:399-404. https://doi. org/10. 1080/02652039209374090

[66] Van Wyk S, Farid MM, Silva FVM (2018) SO2 high pressure processing and pulsed electric field treatments of red wine: effect on sensory, Brettanomyces

inactivation and other quality parameters during one year storage. Innov Food Sci Emerg Technol 48:204 - 211. https://doi. org/10. 1016/j. ifset. 2018. 06. 016

[67] Vicaş SI, Bandici L, Vicaş AC et al (2017) The bioactive compounds, antioxidant capacity, and color intensity in must and wines derived from grapes processed by pulsed electric field [Compuestos bioactivos, capacidad antioxidante e intensidad de color en mosto y vinos derivados de uvas sometidas a tratamiento de campos eléctricos pulsados]. CYTA - J Food 15:553-562. https://doi. org/10. 1080/19476337. 2017. 1317667

[68] Vorobiev E, Lebovka N (2017) Application of pulsed electric energy for grape waste biorefinery. In: Miklavcic D (ed) Handbook of electroporation. Springer International Publishing, Cham, pp 2781-2798

[69] Wu Y, Mittal GS, Griffiths MW (2005) Effect of pulsed electric field on the inactivation of microorganisms in grape juices with and without antimicrobials. Biosyst Eng 90: 1 - 7. https:// doi. org/10. 1016/j. biosystemseng. 2004. 07. 012

[70] Yu J, Ahmedna M (2013) Functional components of grape pomace: their composition, biological properties and potential applications. Int J Food Sci Technol 48:221-237

第 12 章　生物质原料

摘要　生物质通常是指植物、副产品和废物的不可食用部分。生物质资源包括木材废料、草料和草本作物、农业和工业残留物如甘蔗渣、甜菜浆和糖蜜、菜籽渣、城市固体废物、水生植物、微藻、动物废物等。专用原料通常是糖料作物（如甜菜、甘蔗）、淀粉作物（如小麦、玉米、甜高粱）、木质纤维素作物和残渣（如木材、柳枝稷）、油性作物（如菜油籽、大豆油、棕榈油）、草本类（如绿色植物材料、牧草青贮、未成熟谷物和植物芽）、海洋生物（如微型和大型海藻、海草）。

本章讨论脉冲电能在生物炼制中的潜在应用。本章列举脉冲电能的应用实例，从油料种子和木质纤维素生物质原料（叶、茎、树皮）中回收有价值的提取物（蛋白质、色素、脂类、酚类）和木质纤维素生物质的去木质作用，还介绍脉冲电能在微藻生物炼制（回收碳水化合物、叶绿素、蛋白质和脂类、促进微藻菌株生长）方面的目前研究结果和详细综述。

12.1　生物炼制的概念

生物炼制可以通过设施、过程、工厂或行业，利用各种技术将生物质转化为生物燃料、热能和动力（生物能源）以及增值化学品、生物材料、食品和饲料产品（Naqvi 和 Yan，2015）。各种生物质原料可以进行生物炼制，包括农作物（甜菜、甘蔗、油籽等）、有机残余物（动植物来源）、木材和其他木质纤维素残留物，水生生物质（藻类和海藻）（Pandey 等，2015）。传统的生物质转化技术，如糖、淀粉、油籽加工可视为生物炼制。

生物炼制是优化提升农业和水资源所有成分价值的过程（Naik 等，2010）。事实上，生物炼制分为 3 代。第一代生物炼制厂通过糖发酵将含蔗糖和淀粉的物质（甜菜和甘蔗的糖蜜、小麦和玉米淀粉）转化为生物燃料。另一种方法是通过酯交换反应将甘油三酯转化为酯，将含油种子的油转化为生物柴油（Naik 等，2010）。第一代生物炼制采用众所周知的成熟技术，使用温和的温度、少量的化学品、传统微生物和温和的溶剂（Naqvi 和 Yan，2015）。第一代生物炼制厂的设施发展良好,并已经安装在许多工业场所。然而,第 1 代生物精炼厂使用食品而不是非食品原料,食品与非食品原料之间的冲突常常使消费者产生负面的看法,因为"食品不是燃料"(Cherubini,2010)。第 2 代生物炼制通过热化学或生物化学的方式转化木质纤维素生物质(木材、农作物残渣、农副产品)。其主要困难之一在于木质纤维素生物质的分馏,这需要苛刻的预处理条件(高温、浓缩化学品),这些条件导致糖降解和抑制剂形成(Naik 等,2010)。此外,这种类型的生物炼制还需要非常高的能量输入和巨大的资本投资(Karimi,2015)。新型预处理、新型酶和新型溶剂的新型转化技术应广泛应用于发展第二代生物炼制(Bundhoo 等,2013)。第 3 代生物炼制主要是微藻生物质转化。与植物生物燃料相比,微藻生物质具有高热量、低黏度和低密度的特点。这些特性使微藻比木质纤维素更适用作生物燃料。微藻提供了许多有价值的产品,如营养化合物、$\omega-3$脂肪酸、动物饲料、能源、可降解塑料、重组蛋白、色素、药品等(Da Silva 等,2016)。然而,微藻的采集和加工消耗大量的能源,并且需要复杂的提取和分离技术来回收有价值的化合物(Barba 等,2015b)。

生物炼制包括生物质的上游、中游和下游加工。在分类中,生物质转化过程分为物理和机械预处理(通过碾磨、研磨和切片进行分馏,压榨和干燥进行脱水,提取物回收和分离)、热化学转化、化学转化、酶转化和微生物(发酵)转化。

图 12.1 显示不同原料的生物质加工方案,如根和块茎作物、种子(油)作物、葡萄及残渣、柑橘类水果废弃物、木质纤维素和微藻生物质。物理和机械预处理可以用脉冲电能(PEE)辅助,实现更有效的细胞破碎、生物质分离、提取物选择性回收、强化压榨和干燥,以及条件不太苛刻的生物质转化。例如,PEE 处理后,作物切片和生物质粉碎消耗的能量可以更少,经 PEE 处理的生物质机械脱水可以去除更多的水分,这种干燥可以更好地保存食品的质量和饲料组分,与 PEE 联用的提取过程可以更清洁,使用的溶剂更少,并且纯化过程对环境的污染更少。此外,经过 PEE 处理后,最终产品(食品和食品配料、动物饲料、蛋白质和色素等提取物)的质量可以得到改善。下游加工(热化学和生物化学)也可与 PEE 处理结合。例如,结合 PEE 处理可以强化酶的转化,加速发酵过程。

在前面的章节中介绍了几个用 PEF 转化生物质的例子,如第 9 章(甜菜根、甜菜尾和果肉的加工)、第 8 章(橘子皮)、第 10 章(马铃薯皮)和第 11 章(葡萄泥、种子和芽)。

在本章中,我们将介绍 PEE 处理其他生物炼制原料(油籽和压饼、木质纤维素生物质、微藻)的最新结果。

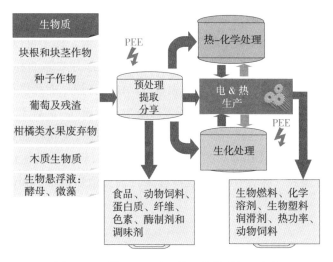

图 12.1　利用 PEF 处理的生物炼制加工方案

12.2　油料作物

世界范围内生产的主要油料作物按重要性顺序分别是大豆、油菜籽、棉籽、花生、葵花籽、棕榈仁和椰子仁（Kazmi,2011；Daun 等,2015）。油料作物的脂肪含量差别很大,从椰子重量的 10%~15% 到芝麻和棕榈仁重量的 50% 不等。油菜籽中碳水化合物为 15%~30%,主要是多糖,但其他油料作物的碳水化合物含量普遍较低。大豆的蛋白质含量很高,高达 40%,但其他许多油籽的蛋白质含量要低得多,只有 15%~25%。例如,大豆含有 18%~22% 的油脂、33%~40% 蛋白质、5%~25% 碳水化合物和 9%~14% 水分,富含赖氨酸和苏氨酸。

油菜籽含有 35%~45% 的油脂、19%~23% 的蛋白质和 7%~10% 的水分。亚麻籽含有 35%~45% 的油脂和 10.5%~31% 的蛋白质。玉米含有 70%~80% 的淀粉、7%~8% 的蛋白质和 1%~2% 的脂肪。玉米油是从约占谷粒重量 12.5% 的玉米胚芽中提取出来的。初榨橄榄油是从橄榄果实的果肉中提取的,果肉约占总重量的 65%~80%。果肉中有 20%~25% 的油脂和 50%~60% 的水分。橄榄核（总重量的 15%~30%）含有 8%~10% 的油脂和大约 30% 的水分（Guderjan 等,2005）。

油料作物的工业加工包括预处理操作（粉碎/轧片和烘烤）、机械压榨以及正己烷萃取回收残油（Laisney,1984）。橄榄油采用压榨和离心法通过溶剂从橄榄果实中提取,橄榄仁油是通过溶剂萃取得到。图 12.2 显示油菜籽生物质转化方案,该方案按照工业生态学概念确定了整个植物的价值。种子可以去壳,也可以不去壳。脱壳可以去除种子的纤维膜,以获得核(这部分浓缩油和蛋白质)和壳(主要含有纤维)(Carré 等,2016)。外壳也可以作为榨油厂能源供应的燃料能源(Kazmi,2011)。因此,脱壳可以获得高蛋白质含量的膳食,这对于动物饲料是非常理想的(Carré 等,2016)。与整粒种子榨出的油相比,脱壳籽油具有更好的感官特性和更低的蜡含量(Gupta,2012)。据文献报道,脱壳的其他优点是降低精炼成本,改善味道和气味,产出比传统冷榨菜籽油更适口的油(Thiyam-Holländer 等,2013)。

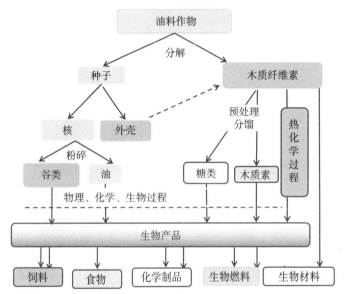

图 12.2　生物炼制油菜籽的生物质转化方案

12.2.1　油菜籽

油菜籽的 12%~20% 由脂肪(10~20 g/100 g 干物质)、蛋白质(12~22 g/100 g 干物质)、纤维素(28~35 g/100 g 干物质)、芥子油苷(1.9~5.6 μmol/g)、芥子碱(0.7~2.4 mg/g)和一些其他有价值的化合物组成。这些物质可以与内核分开进行定价(Carré 等,2016)。

去皮和未去皮的油菜籽(甘蓝型油菜)在自来水中浸泡几分钟,使含水量提高到 50%~60%,然后进行 PEF 处理(E=5.0 kV/cm 和 7.0 kV/cm、分别具有 60 个和 120 个指数衰减脉冲和 W = 21.4 kJ/kg 和 84.0 kJ/kg 的比能量输入)

（Guderjan 等,2007）。PEF 处理后,菜籽在 50℃ 干燥,使水分含量降为 6%～8%。去皮菜籽的电穿孔效果优于未去皮菜籽。在相同的能量输入下,去皮和未去皮菜籽的细胞崩解指数 Z_c 分别达到 50% 和 17%（$W=42$ kJ/kg）。这一结果可从壳中分离出的材料（籽粒）的结构更为均匀来解释。以未去皮的油菜籽为原料,采用索氏提取处理,油脂得率较高。例如,经 PEF 处理（$E=7.0$ kV/cm、脉冲为 120 次）后,脱皮和未脱皮菜籽的出油率分别从 23% 提高到 32% 和从 43% 提高到 45%（Guderjan 等,2007）。相反,压榨机（螺旋压榨机）对去皮菜籽的压榨效果更好。去皮油菜籽经 PEF 处理（$E=7.0$ kV/cm、脉冲为 120 次）,然后用螺旋压榨机压榨,己烷提取,出油率可达 51%,效果最佳（Guderjan 等,2007）。PEF 的应用增加了浸出油中生育酚、多酚、总抗氧化剂、植物甾醇、叶绿素和游离脂肪酸的浓度。PEF 对未去皮菜籽多酚的提取效果非常明显。经过己烷提取后,PEF 处理（$E=7.0$ kV/cm、脉冲为 120 次）的油菜籽多酚含量从 41 mg/L 升至 79 mg/L。压榨后,提取效果更易受影响,结果显示油中多酚含量增加了 3 倍以上（从 50 mg/L 到 185 mg/L）。去皮菜籽的多酚含量低于未去皮菜籽。

在不同的能量输入（0～400 kJ/kg）下,对不同料液比（$S/L=0.05\sim0.2$,W/W）悬浮液处理的生菜籽和菜籽饼施加 40 kV 的高压放电（HVED）（Barba 等,2015a）。此处理采用针平面电极间歇式处理室。样品的初始温度为 20℃,而 HVED 处理后的最终温度未超过 35℃。菜籽饼富含蛋白质和纤维,因此是一种很好的饲料产品。然而,菜籽饼也富含异硫氰酸酯（ITCs）,即硫代葡萄糖苷（GLs）的水解产物,这种化合物对动物有毒且抗营养（Mawson 等,1993）。因此,GLs 和 ITCs 的回收对籽粕的脱毒具有重要意义（Deng 等,2015）。此外,GLs 在预防某些退行性疾病（如癌症）方面显示了潜力。Barba 采用三因素方差分析（ANOVA）评估了样品类型（生菜籽和菜籽饼）、料液比和 HVED 能量输入对 ITCs 回收率、蛋白质含量、总多酚含量（TPC）和总抗氧化活性（TEAC）的影响（Barba 等,2015a）。未处理的油菜籽的 ITCs 回收率≈35 μmol/100 g,而未处理的菜籽饼的 ITCs 回收率几乎为零。然而,在 HVED 处理后,它们显著增加。当 HVED 的能量输入分别为 240 kJ/kg 和 80 kJ/kg,使用 $L/S=20$ 时,生菜籽（≈62 μmol/100 g）和菜籽饼（≈81 μmol/100 g）的 ITCs 回收率最高。研究发现,高能量输入（高达 400 kJ/kg）对 ITCs 回收有负面影响,并推测 HVED 使部分或全部的芥子酶失活,而该酶负责将 GLs 分解为 ITCs（Barba 等,2015a）。当能量输入为 240 kJ/kg,$L/S=20$ 时,可以从生菜籽（≈9.41 g/100 g）和菜籽饼（≈15.8 g/100 g）中充分回收蛋白质,而未处理的生菜籽中未回收到蛋白质,未经处理的菜籽饼中回收蛋白质≈8 g/100 g。PEF 处理也能促进多酚类物质的提取。生菜籽经 240 kJ/kg 的 HVED 处理后，TPC 由 0 增加到 600 mg GAE/g，菜籽饼经过 80 kJ/kg 的 HVED 处理后，TPC 增加到 650 mg GAE/g 左右（两种情况下 L/S 比均为 20）。HVED 处理也显著提高了菜籽饼提取物的抗氧化活性（TEAC），特别是当 L/S 比低于 5 时（Barba 等，2015a）。

12.2.2 亚麻籽

亚麻籽含有 30%~39% 的壳、油脂、蛋白质和黏质物，其中黏质物是多糖的异质混合物，是一种良好的天然乳化剂，约为种子重量的 3.5%~9.4%。亚麻籽油是一种含有大量亚麻酸（45%~58%）的食用油，这种油也用于清漆、油漆、油毡和肥皂制造业（Gros 等，2003）。传统上，亚麻籽的工业生产包括亚麻籽的粉碎、蒸煮、压榨和溶剂（己烷）提取。然而，热处理（蒸煮）或使用有机溶剂会降低饼粕蛋白质的质量和油脂的营养特性。或者，湿法水提工艺可以应用于亚麻籽，以回收油脂和蛋白质（Rosenthal 等，1996）。酶可以通过破坏细胞壁的多糖来增加油的产量，但黏质物的提取应当首先进行。试验了从分散的生亚麻籽或粉碎分散的压榨饼中提取黏质物的两种方法：一种是搅拌法，另一种是 HVED 强化法（40 kV、针平面电极间距 5 mm）（Gros 等，2003；Grémy-Gros 等，2009）。连续三次 HVED 处理（每次 300 次脉冲频率）实现了固体残渣的中间离心分离。

HVED 处理后得到的溶液如图 12.3 所示。前两种溶液（a 和 b）主要含有黏质物，第三种溶液（c）主要含有蛋白质。HVED 处理可以非常有效地去除黏质物，并促进油、水和固态分级物的分离。此外，HVED 处理提高了亚麻籽滤饼油的水提取率（Grémy-Gros 等，2009）。在实验中，亚麻籽被压碎，然后用液压机（12 MPa、50℃）压制 1 h。将获得的滤饼粉的（料液比为 1/10）水悬浮液用 HVED（1~1640 次脉冲）处理并离心。在 2~50 次脉冲处理后，滤饼粉的出油效果明显，然而在大约 1000 次脉冲处理后几乎保持不变。最后，在 1640 次脉冲处理后，约 26% 的油残留在残渣中。

亚麻籽滤饼含有多酚化合物，尤其是木酚素，因其对人体健康的益处而受到人们的广泛关注（Meagher 等，1999）。在这些化合物中，亚麻木酚素含量很高，主要以二葡萄糖苷形式存在（亚麻木酚素，SDG）（Meagher 等，1999）。近年来，证实了 HVED 和 PEF 处理可以从亚麻籽饼粕（Boussetta 等，2013b）和亚麻籽壳（Boussetta 和 Vorobiev，2014；Boussetta 等，2014）中提取多酚。亚麻籽经过两次工业机械压榨后得到的滤饼与预热到不同温度（20~60℃）的蒸馏水混合。所得悬

图 12.3　从分散在水中的生亚麻籽中提取黏质物后获得的溶液,其过程使用了连续三次 HVED 处理(300 次脉冲),实现了固体残渣的中间离心分离(源自:Gros 等,2003)

浮液的料液比 $S/L = 1/8.5$,然后使用 HVED 处理(40 kV、1~1000 次脉冲对应 0.01~10 ms 的处理、频率为 0.5 Hz)。

　　研究者采用间距为 5 mm 的针平面电极处理室(Boussetta 等,2013b)。由于振荡和气泡空化现象,HVED 处理引起了悬浮液的强烈混合。HVED 处理后,向悬浮液中加入适量的蒸馏水或 25% 的乙醇溶液,以将固/液比降低至重量的 1/17。然后,在 150 r/min 的温和搅拌下,继续使用水或乙醇溶液提取 80 min,并保持预定的温度(20℃,40℃ 和 60℃)。

　　HVED 处理显著提高了亚麻籽饼粕中总多酚的水浸提率和乙醇浸提率(图 12.4)。乙醇的加入对总多酚的提取具有协同作用,提高了总多酚的提取率和扩散率。HVED 处理后,饼粕经水和乙醇溶液提取的亚麻木酚素(SDG)含量(分别是 2.4 mg SDG/g DM 和 3.05 mg SDG/g DM),高于未处理的样品(分别是 0.9 mg SDG/g DM 和 1.4 mg SDG/g DM)。然而,SDG 的值仍然明显小于直接加碱水解的值(20 mg SDG/g DM)(Boussetta 等,2013b)。

　　亚麻籽壳富含多酚,可以从核中单独提取。亚麻籽壳的初始含水量较低(3.7%)。因此,将它们放在 0.05~0.3 mol/L 的氢氧化钠和 0.05~0.3 mol/L 的柠檬酸溶液或乙醇溶液(0%~50%,V/V)中进行水合(Boussetta 等,2014)。搅拌 40 min,并以 1/25 的料液比进行外壳的再水合,使水分达到饱和状态(72.3%)。然后,在不同电场强度 $E = 10$ kV/cm、15 kV/cm、20 kV/cm 和指数衰减脉冲总数 $n = 100~1000$,相当于 $t_{PEF} = nt_p = 1~10$ ms,其中 $t_p = 10$ μs 为脉冲持续时间,并具有平行电极的间歇圆柱形容器中,对亚麻籽壳悬浮液进行 PEF 处理。相应的 PEF 能量输入为 100~750 kJ/kg。考虑到 PEF 频率为 $f = 0.33$ Hz 时,壳悬浮液在

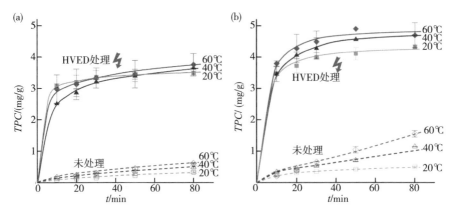

图 12.4　在不同温度下,水提(a)和乙醇溶液提取(b)过程中,未处理(U)和 HVED 处理(5 ms)中亚麻籽粕总多酚含量(TPC)的动力学(源自:Boussetta 等,2013b)

PEF 处理室内的实际停留(提取)时间为 $t_R = n/(60f) \approx 5\sim50$ min。PEF 处理后,立即在 20℃下振荡(150 rpm),使总处理时间达到 120 min。

图 12.5 为多酚提取指数 Z_p,定义为:

$$Z_p = (P - P_{min}) / (P_{max} - P_{min}) \tag{12.1}$$

式中,P、P_{min}、P_{max} 分别是亚麻籽壳悬浮液 PEF 处理过程中多酚的实际含量、最小含量(没有 PEF 处理)和最大含量(研磨后)。

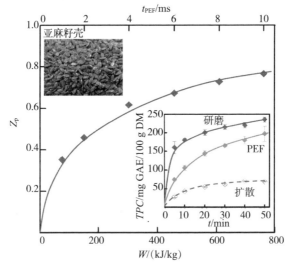

图 12.5　PEF 处理($E = 20$ kV/cm)期间,悬浮在水中的亚麻籽壳的多酚提取指数 Z_p[等式(12.1)]与总能量输入(W)和 PEF 处理时间(t_{PEF})的关系。插图显示研磨、PEF 处理和扩散条件下,总多酚含量(TPC)和总提取时间(t)的关系(源自:Boussetta 等,2014)

PEF 能量输入和处理时间 t_{PEF} 对多酚提取指数 Z_p（等式 12.1）的影响如图 12.5 所示。Z_p 值随 PEF 处理时间 t_{PEF} 的增加而增加，但略低于研磨处理时的值（$Z_p = 1$）。研磨导致细胞机械破碎，从而提取更多的多酚类物质。然而，研磨产生更多的混浊提取物，这就需要复杂和昂贵的纯化技术（Boussetta 等，2014）。多酚提取指数 $Z_p = 0.6$ 时，对应 300 kJ/kg 的 PEF 能量输入（图 12.5）。这意味着与研磨相比，60%的多酚被提取出来。从葡萄籽中提取高水平的多酚需要相似的总能量输入（Boussetta 等，2012，2013a）。

图 12.6 显示了在不同浓度的乙醇溶液（0% ~ 50%）中，对照组和 PEF 处理（$E = 20$ kV/cm、$t_{PEF} = 4$ ms、能量输入为 300 kJ/kg）亚麻籽壳悬浮液的总多酚产量动力学。对复水 40 min 后的亚麻籽壳使用 PEF 处理，持续 20 min（400 次脉冲、频率 $f = 0.33$ Hz）。然后，总多酚被继续提取，直至总提取时间为 120 min。结果表明，添加 0%、20%和 50%乙醇的提取物经 PEF 处理后，多酚提取率分别提高了 37%、24%和 18%。添加 50%乙醇的 PEF 提取，最终多酚产量最高（314 mg/g DM）（图 12.6）。添加柠檬酸（0.05 ~ 0.3 mol/L）与乙醇（20%）稍微提高了多酚提取。然而，添加氢氧化钠（0.05 ~ 0.3 mol/L）和乙醇（20%）可获得最明显的改善。在 0.3 mol/L 氢氧化钠和 20%乙醇溶液中，PEF 提取获得最高的多酚含量（1033 mg GAE/g DM）。与酸性提取法相比，碱性提取法可以获得更高的多酚含量。

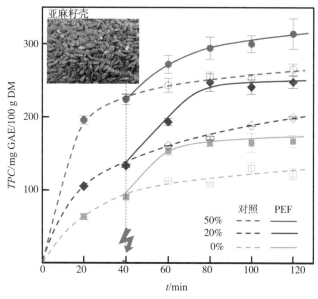

图 12.6　总多酚含量 TPC 随提取时间的变化，t（$E = 0$ kV/cm 和 20 kV/cm、$t_{PEF} = 4$ ms，乙醇/水提取，乙醇浓度分别为 0%、20%和 50%）（源自：Boussetta 等，2014）

12.2.3 橄榄

在间歇实验室处理室中,PEF($E=0.7$ kV/cm 和 1.3 kV/cm、分别具有 30 个和 100 个指数衰减脉冲)处理用于新鲜的青橄榄。样品被机械粉碎,然后以 2500×g 离心 10 min 分离油(Guderjan 等,2005)。将 PEF 处理与冻融和 50℃热处理 30min 的结果进行比较,各处理的出油率均有所提高。在温和条件下($E=0.7$ kV/cm、30 次脉冲),PEF 处理可使产油率比对照组(未处理样品)提高 6.5%,而更强烈的 PEF 处理($E=1.3$ kV/cm、100 次脉冲)可使产油率提高 7.4%。冻融处理提高了产油率(高达 7.9%),但消耗了更多的能量。

在 2 cm 内径的连续共线室和 2 个 2 cm 的处理区中,研究 PEF 处理($E=1$ kV/cm 和 2 kV/cm、50 平方单极脉冲 $t_p=3$ μs、频率 $f=125$ Hz)对橄榄油提取的影响(Abenoza 等,2013)。传统的采油设备包括锤式粉碎机、热脱水机和离心机。最初,橄榄果实被粉碎,然后橄榄酱在融合前用 PEF 处理。PEF 处理期间的温度变化很小(< 2℃)。在 15℃ 和 26℃下,橄榄酱融合 0 min、15 min 和 30 min。融合步骤非常重要,有助于将小油滴聚集成大油滴。最后,将橄榄果浆在 1370×g 下离心 2 min,并收集油。$E=0$ kV/cm 时,未融合对照样品的油脂提取率<5%,而在 26℃融合 15 min 和 30 min 后,油脂提取率分别为 11.4% 和 13.3%。PEF 处理($E=2$ kV/cm)后,油脂提取率有所提高,在 26℃融合 15 min 和 30 min 后,油脂提取率分别增长 7.3%(未融合),11.9% 和 13.8%。相同的 PEF($E=2$ kV/cm)处理,在较低的温度(15℃)下也能提高油的提取率(融合 15 min 和 30 min 分别达到了 12.2% 和 14.1%)。因此,当融合温度从 26℃降至 15℃时,PEF 处理并不影响萃取率。此外,PEF 处理并没有降低所研究的初榨橄榄油的质量和感官参数(Abenoza 等,2013)。

随后,在一个中试规模的工业榨油厂,研究 PEF 处理($E=2$ kV/cm、$W=11.25$ kJ/kg)用于橄榄油的提取(Puértolas 和 de Marañón,2015)。中试规模的提取系统包括一个商业橄榄油提取装置(流速为 520 kg/h,锤刀式粉碎机、间歇式磨砂容器和卧式两相离心机),以及一个带有平行板在线处理室(管)的 PEF 试验系统,其中处理室的电极之间有 3 cm 的间隙。PEF 处理参数为 $E=2$ kV/cm,单级指数衰减脉冲为 0.3 ms,频率为 25 Hz,能量输入 $W=11.25$ kJ/kg。在 24℃融合 60 min 后,未处理的橄榄酱的出油率为 20.00 kg 油/100 kg 橄榄酱,PEF 处理(2 kV/cm、11.25 kJ/kg)的出油率提高到 22.66 kg 油/100 kg 橄榄酱。细胞膜穿孔和油—植物油乳液中橄榄油的释放解释了 PEF 处理对橄榄油产量的影响。

PEF 提取的橄榄油中,总酚含量、总甾醇含量和总生育酚含量均显著高于对照组(分别提高 11.5%、9.9% 和 15.0%)。

12.2.4　大豆

大豆在自来水中浸泡 24 h,然后在间歇式处理室($E = 1.3$ kV/cm、可变脉冲数持续 280 μs)中进行 PEF 处理。随后样品被粉碎,冻干,并与甲醇混合(Guderjan 等,2005)。样品经扩散和离心后,在真空下蒸发液相,并分析异黄酮(大豆苷元和三羟异黄酮)的产量。当能量输入为 $W = 1.86$ kJ/kg 和 0.743 kJ/kg 时,大豆苷元(与参考值相比增加 20%)和三羟异黄酮(与参考值相比增加 21%)的浓度都得到了最大增加。

12.2.5　玉米

玉米被润湿至水分含量为 16%,进行研磨。然后将玉米胚芽在自来水中浸泡 16 h,使胚芽的最终含水率达到 60% 左右。随后,施加电场强度 $E = 0.6$ kV/cm 到 7.3 kV/cm 和 120 个 30 μs 的指数衰减脉冲的 PEF 处理。能量输入从 0.62 kJ/kg(在 $E = 0.6$ kV/cm)到 91.4 kJ/kg(在 $E = 7.3$ kJ/kg)。PEF 处理后,将玉米胚芽干燥(水分含量为 5% ~ 6%),然后粉碎并与己烷混合。与未处理(对照)样品相比,植物甾醇和胚芽油的最大增幅分别为 32.4% 和 88.4%(Guderjan 等,2005)。

12.2.6　芝麻

芝麻(*Sesamum indicum L.*)是一种种植于热带和温带地区的重要油料作物。芝麻中的含油量为 28% ~ 59%,蛋白质含量约为 20%(Elleuch 等,2007)。芝麻油作为一种营养食品被广泛食用,对健康非常有益。芝麻富含油酸和亚油酸,尤其是富含卵磷脂。这种磷脂用作一种有效的乳化剂(Chakraborty 等,2017)。芝麻油可以通过多种方法提取。在发展中国家,通常采用如热水浮选等提取成本较低、劳动力密集的技术提取。大规模生产油需要先压榨,然后用有机溶剂萃取(Chakraborty 等,2017)。

最近,Sarkis 等将 PEF 和 HVED 作为芝麻籽(Sarkis 等,2015b)和芝麻压榨饼粕(Sarkis 等,2015a)提取油的前处理进行了试验。研究人员先将芝麻籽浸泡在水中,使其水分含量从 3.6% 提高到 39%,这对有效的电处理是必要的。然后在装有平行电极的同批次处理室中用 PEF 或 HVED 技术处理料液比为 1∶3 的芝麻水悬浮液,其中 PEF 处理的极板间距离为 2 cm,HVED 处理的针面电极距离为 0.5 cm(Sarkis 等,2015b)。对于 PEF($E = 20$ kV/cm)和 HVED 处理,施加相同的脉冲电压 40 kV,脉冲宽度为 10 μs,脉冲频率为 0.5 Hz,总处理能量范围为 40~240 kJ/kg。

图 12.7 显示 PEF 和 HVED 处理的芝麻水提物中细胞电导率崩解指数(Z_c)、总多酚含量(TPC)和蛋白质浓度(C_p)。在两种情况下,PEF 和 HVED 的 Z_c 值都相当接近,表明细胞膜受到了一定的损伤。然而,在输入相同能量 240 kJ/kg 时,通过 HVED 处理获得的 Z_c 值($Z_c \approx 0.76$)略高于 PEF 处理的值($Z_c \approx 0.62$)。该能量输入下 PEF 和 HVED 处理的温度分别升高 $\Delta T \approx 29$℃,$\Delta T \approx 18$℃。这两种处理都增加了提取物中多酚和蛋白质的含量。

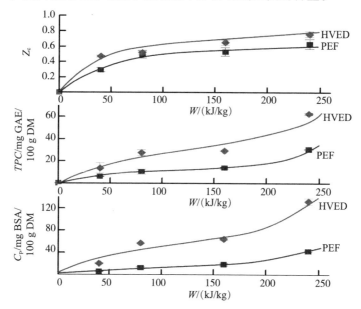

图 12.7　PEF(40 kV,平行电极距离 2 cm,$f = 0.5$ Hz)和 HVED(40 kV,针面电极距离 0.5 cm,$f = 0.5$ Hz)实验能量输入对芝麻籽水浸液(固液比为 1:3)中细胞电导率崩解指数(Z_c)、总多酚含量(TPC)和蛋白质浓度(C_p)的影响(源自:Sarkis 等,2015b)

然而,HVED 处理后释放的化合物比 PEF 处理后的更重要,特别是与蛋白质有关的成分。HVED 促进了油萃取到水提物中。在 $W = 240$ kJ/kg 的 HVED 处理过程中,高达约 25.7% 的油溶出到水中,而在 PEF 处理过程中没有油溶出到水中。目视分析显示,在 HVED 处理中有芝麻籽分解物的存在。由图 12.8 可知,通过 HVED 处理的芝麻提取物因能量输入较高而含有更多的固体和油,变得更浑浊。

图 12.8 不同能量输入的 HVED 处理后干芝麻饼粕和水提取物的照片(源自:
Sarkis 等,2015b)

经过 PEF 和 HVED 处理后,芝麻籽在 50℃下干燥至最终湿度 5%~8%,然后压榨提取芝麻油。为进行比较,从未经处理的芝麻籽(U)(即未浸泡干燥的芝麻籽)、浸泡和干燥的芝麻籽(ID)以及浸泡、干燥和研磨的芝麻籽(IDG)中压榨油。PEF 处理使 ID 组的出油率比对照样品 U 组提高了 4.9%,但也产生了选择性的细胞电穿孔,以及提取出一定数量的蛋白质和多酚(图 12.8),避免油溶出到水中。经 HVED 处理的芝麻籽的出油率明显更高。在 HVED 的最佳处理条件 160 kJ/kg 时,可提取总油量的 89.1%,与 ID 和 IDG 样品相比,分别增加了 22.4%和 6.6%,研磨后的样品的出油率高于 PEF 处理组,低于 HVED 处理组。值得注意的是,在 PEF、HVED 和未经处理的样品中观察到几乎相同的油木脂素分布,证实了两种电处理都没有降解木脂素。

Sarkis 等对芝麻饼的另一种提取工艺进行了试验(Sarkis 等,2015a)。用螺旋压榨机对芝麻进行工业冷压后得到饼状。芝麻压饼呈直径约为 1 cm 的圆柱体。在处理之前,将圆柱体芝麻压饼切成 1 cm 长的颗粒。该压饼颗粒样品以 1:10 的固液比悬浮在水中,在同一批处理室中进行 PEF 或 HVED 处理,其中 PEF 的极板距离为 3 cm,HVED 的针面电极距离为 0.5 cm(Sarkis 等,2015a)。PEF($E=13.3$ kV/cm)和 HVED 处理施加相同的电压(40 kV)。脉冲持续时间 t_p =10 μs,脉冲频率为 0.5 Hz,结果类似于作者以前的工作(Sarkis 等,2015b)。总处理时间为 1~7 ms,对应的能量输入为 42~291 kJ/kg。

图 12.9 显示 PEF 和 HVED 处理的芝麻压饼水提取物中细胞电导率崩解指

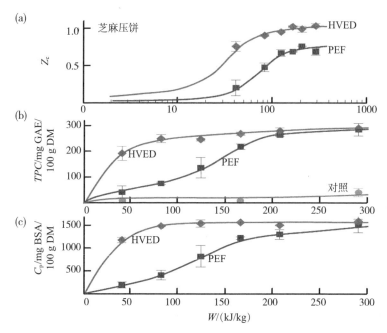

图 12.9　不同能量输入对 PEF(40 kV,平行电极距离 3 cm,$f = 0.5$ Hz) 和 HVED (40 kV,针面电极距离 0.5 cm,$f = 0.5$ Hz) 处理后芝麻籽水浸液(固液比为 1∶3) 中细胞电导率崩解指数(Z_c)、总多酚含量(TPC) 和蛋白质含量(C_p) 的影响(源自: Sarkis 等,2015a)

数(Z_c)、总多酚含量(TPC)(b) 和蛋白质含量(C_p)(c)。当能量输入达到 125 kJ/kg 时,PEF 处理对样品细胞损伤最大,$Z_c = 0.67$。即使在 83 kJ/kg 的较低能量输入时,HVED 处理对样品也有严重损伤($Z_c = 0.9$)(图 12.9a)。对压饼的直接观察表明,HVED 使其研磨变为粉末,而 PEF 处理的样品在视觉上保持了其完整度(Sarkis 等,2015a)。总的来说,与 PEF 处理相比,尤其在能量输入较低时,HVED 处理更有效地释放多酚和蛋白质(图 12.9)。PEF 需要 291 kJ/kg 的高能量输入来释放与 HVED 低能量输入时相同量的蛋白质和多酚。为尽量减少能量的输入,Sarkis 等对 PEF 和 HVED 两种能量输入均为 $W = 83$ kJ/kg 的乙醇/水萃取法进行了研究(Sarkis 等,2015a)。

在 PEF 和 HVED 处理后,加入 10%乙醇可显著增加多酚的提取,提取 20 min 后,提取的多酚均接近 400 mg GAE/100 g DM。而以水或 10%乙醇为溶剂时,提取物中没有观察到主要的木脂素化合物,当分别添加 30%和 50%的乙醇时,可以在提取物中观察到木脂素葡萄糖苷。PEF 和 HVED 处理均增加了木脂素的提取率,其中 HVED 的作用更为明显。经 HVED 和 PEF 处理的样品在 30%乙醇溶液中萃取 10 min 后,木脂素的释放量分别是未经处理样品的 3.2 倍和 2.6 倍 (Sarkis 等,2015a)。提取温度从 20℃增加到 60℃,可以促进 PEF 处理对样品中多酚和蛋白质的提取,并且在所研究的温度范围内,没有观察到多酚和蛋白质的降解(Sarkis 等,2015a)。

12.2.7　精油

精油是从植物原料中提取的挥发油,可以通过水蒸气蒸馏或机械过程获得。它们溶于醇、醚,不溶于水,广泛应用于化妆品、香水、食品和制药行业。

白玫瑰(*Rosa alba L.*)因具有较强的抗寒性和抗多种植物病害能力而在生产精油方面具有重要优势。然而,玫瑰花中精油含量较低,为 0.015%~0.030%,因此玫瑰油产量低,成品价格昂贵(Dobreva 等,2010)。Dobreva 研究了 PEF 处理对玫瑰花瓣的影响,其中场强 4 kV/cm,频率 1~10 Hz,比能量输入 10 kJ/kg 和 20 kJ/kg,处理室内平行电极间距 5 cm,长 20 cm,高 7 cm(Dobreva 等,2010)。PEF 处理后,在玫瑰花瓣中按 1∶4 的料液比加入水并进行蒸馏。经 PEF 处理后的产油率提高了 13%~33%。经 E = 10 kJ/kg PEF 处理,再经水蒸馏 1.5 h 后,得到的产品产率最高(增加了 33%),玫瑰油的质量最佳。蒸馏 1.5 h 后得到的油中萜醇(TA)与碳氢化合物(HC)的比例接近参考样品,与对照组相比,经 2.5 h 蒸馏后,其比例降低了 6%。

突厥蔷薇(*Rosa damascena* Mill.)是生产玫瑰油的主要来源。Tintchev 等研究了 PEF 处理(E = 4 kV/cm,频率 1~10 Hz,比能量输入 W = 10 和 20 kJ/kg)对提高产油量的影响(Tintchev 等,2012)。处理室由两个平行板电极组成,板间距 5 cm,长 20 cm,高 7 cm,将玫瑰放置在处理室内,用水来提高电导率。PEF 处理后,在玫瑰花瓣中按料液比 1∶4 加入水进行蒸馏。经 PEF 处理后,产油率提高了 2%~46%。经 E = 10 kJ/kg 的 PEF 处理,然后再蒸馏 1.5 h,产油率提高了 46%。结果表明,应用 PEF 可以有效地避免玫瑰油成分因发酵而发生不利变化。与传统工艺相比,蒸馏时间从 2.5 h 缩短到 1.5 h。

Dobreva 等通过 PEF 处理改进了新鲜荆芥(*Nepeta transcalcasica Grosh*)和谷物原料香菜(*Coriandrum sativum* L.)和独活草(*Levisticum officinale* Koch)的干种子的蒸馏工艺(Dobreva 等,2013)。PEF 实验方案与 Dobreva 和 Tintchev 等使用的方案相似(Dobreva 等,2010;Tintchev 等,2012)。方案采用水蒸馏法提取荆芥和水蒸气蒸馏法生产独活草和香菜精油。PEF 处理的效果与产品的类型有关。PEF 处理使独活草的出油率提高了约 67%,而使香菜油和荆芥油的出油率分别下降了约 5% 和 20%。PEF 对处理后精油的质量和成分没有影响。

Sukardi 等研究了 PEF 技术在场强 50~150 V/cm 内持续 2~3 s 对广藿香叶细胞电穿孔的影响(Sukardi 等,2013)。广藿香是一种浓密的薄荷科草本植物,有茎和淡粉色的小花。它是亚洲热带地区的原生植物。广藿香油用于香料、医药和空气清新剂的生产。叶中含有丰富的精油,贮存在叶内的腺毛和中间细胞。广藿香油通常是用水蒸气蒸馏提取的。Sukardi 等先在干燥的环境中将叶片干燥至含水量 15%,之后用 PEF 技术($E = 150$ V/cm,时间 15 s)处理,再用水蒸气蒸馏 4 h(Sukardi 等,2013),然后对广藿香油进行了分析。PEF 处理使广藿香油产量提高了 35%。随后,Sukardi 等研究了 PEF 处理对印度尼西亚蔷薇科植物挥发油提取的促进作用(Sukardi 等,2014)。样品通过 PEF 处理后用溶剂提取 2~6 h,得到最佳提取条件为脉冲频率 1500 Hz,浸提时间 6 h。

Fu'aida 等研究了在场强 3.5、4.5 kV/cm 和时间 10 s、15 s、20 s 的条件下 PEF 对槟榔细胞损伤的影响(Fu'aida 等,2019)。槟榔果是槟榔树的种子,含有鞣质、生物碱和油胶等。槟榔抗氧化剂可作为食品的配料。研究得出最佳 PEF 处理条件为 $E = 4.5$ kV/cm,$t_{PEF} = 20$ s,在该条件下可提高其提取率和抗氧化活性。

Boonchoo 等提出了一种基于欧姆加热的柠檬皮精油提取方法(Boonchoo 等,2014)。制备新鲜的 0.7 cm×0.7 cm 柠檬皮样品,并与蒸馏水以质量的固液比 1:1 混合。然后在两个平行电极之间的处理室中处理这种混合物。电场强度(AC,50 Hz)$E = 0$(对照)、25 V/cm、50 V/cm 和 100 V/cm,截止温度设置为 60℃。处理时间不同,且处理时间取决于外加电场强度的大小。例如,在 $E = 25$ V/cm 时,将样品加热到 60℃ 所需的时间为 280 s,而在 $E = 100$ V/cm 时将样品加热到相同温度只需 14 s。采用电导率崩解指数 Z_c 来表征组织电穿孔的程度,与对照组($E = 0$ V/cm)相比,在 $E = 50$ V/cm 时可达 $Z_c \approx 0.30$,欧姆处理显著增加了组织损伤程度。欧姆加热后,立即将柠檬皮与蒸馏水按质量比 1:3 混合,用水蒸馏法提取精油 90 min。对照组样品从新鲜果皮提取挥发油的提取率为 $Y \approx 0.23$ mL/100 g。采用欧姆处理可显著提高果皮的提取率,如在 $E = 50$ V/cm 时,$Y \approx 0.30$ mL/100 g。需要注意的是,在 $E = 50$ V/cm 时,上述 Z_c 和 Y 值并没有明显变化。欧姆处理没有改变柠檬油的整体外观,并与对照组中主要化合物(柠檬烯,β-蒎烯和 γ-松油烯)的提取量相当。然而,在 $E = 50$ V/cm 欧姆处理下,香气化合物柠檬醛的提取量显著高于对照组。

Gavahian 等对欧姆加热辅助水蒸馏从芳香/药用植物薄荷(Mentha piperita L.)中提取精油的效率进行了研究(Gavahian 等,2015)。薄荷油的主要成分有薄荷脑、薄荷酮和薄荷呋喃。研究者将新鲜的薄荷叶在自然环境条件下干燥几天，然后加入盐水(1% NaCl,W/V)，料液比为 6/100，研究了在 220 V 时不同频率(25 Hz、50 Hz、100 Hz 和在电压 380 V、频率 50 Hz 下的欧姆加热对薄荷油提取的影响。

提取过程一直持续到不再获得更多的精油为止。欧姆蒸馏和辅助水蒸馏的提取过程少于 0.5 h，而传统的水蒸馏需要 1 h 左右。不同方法得到的精油成分基本相同，而欧姆加热辅助水蒸馏被认为是最绿色和最环保的提取技术(Gavahian 等,2015)。

12.3　木质纤维素生物质

木质纤维素原料可以有不同的来源:农业(例如玉米秸秆、甘蔗渣、甜菜浆、稻草等)、林业(锯木厂和造纸厂废弃物)、能源作物(柳枝稷、紫花苜蓿/秸秆等)。木质纤维素原料包括三种主要成分:纤维素(30% ~ 50%)，半纤维素(15% ~ 35%)和木质素(10% ~ 30%)(Pauly 和 Keegstra,2008;Karimi,2015)。次要成分包括提取物(蛋白质、脂类、可溶性糖和矿物质)和灰分。纤维素是木质纤维素生物质中最丰富的成分。晶体纤维素链束对大尺寸纤维素酶的底物可达性很低,导致晶体纤维素的水解率低。半纤维素是木质纤维素生物质中第二丰富的多糖,是一种杂多糖,主要含有戊糖(木糖)以及一些己糖(如葡萄糖和甘露糖)。半纤维素的主要作用是与纤维素和木质素相互作用,使纤维素微纤丝与木质素基体交联。半纤维素是一种小型的支链多糖,它比纤维素更容易受到催化剂和酶的影响。木质素是自然界中含量最丰富的酚类生物聚合物。低质量的工业木质素通常用于能源生产和化学回收。高质量的木质素可作为树脂、聚氨基甲酸乙酯、环氧树脂等高分子材料的替代品。

图 12.10 显示的是包括 PEE 辅助的木质纤维素生物质转化方案。在生物质分馏之前,通过溶剂提取来回收提取物。然后,分离木质纤维素生物质原料,将其转化为一种适合酶降解的形式。分馏预处理需要高能量输入(高温、高压)和加入高浓度化学试剂(H_2SO_4、H_3PO_4、HCl 等)。Mussatto 提出分馏木质纤维素生物质的预处理技术有精磨、挤压、蒸汽爆破、氨纤维爆破、有机溶剂、氧化预处理、离子液体(Mussatto,2016)。这些预处理技术需要严格的条件和投入巨大的资金。包括 PEF 和 HVED 的脉冲电能(PEE)可用于更好地回收生物质提取物和降低传统预处理技术的苛刻度(图 12.10)。前几章介绍了 PEF 和 HVED 提取物回收藤枝(第 11 章)和甜菜浆(第 9 章)的一些例子。这里我们介绍一些从木质纤

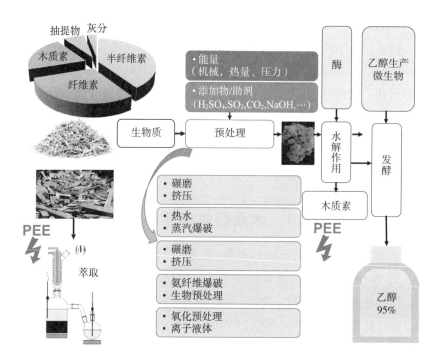

图 12.10 在 PEE 协助下的木质纤维素生物质生物炼制转化方案

维素生物质原料中回收提取物的其他案例。

12.3.1 油菜籽的茎和叶

油籽的茎和叶是含有高浓度纤维素、半纤维素和木质素的生物质原料。油菜籽的茎和叶还含有多种有价值的提取物,如有机酸、脂肪酸、色素、蛋白质和多酚,具有广泛的生物活性和健康益处(Housseinpour 等,2010)。油籽的茎、叶中蛋白质含量分别为 2%~4% 和 4%~16%。

收集快速生长期(3 月下旬至 4 月上旬)新鲜的菜籽茎,先切成圆柱形($d = 6$ mm, $h = 10$ mm),再以料液比 1:2 用水覆盖以进行更均匀的 PEF 处理,然后在一批平行电极的圆柱形室中在进行 PEF($E = 5$ kV/cm、8 kV/cm、10 kV/cm 和 20 kV/cm;10 μ,频率为 0.5 Hz 的可变数量的指数衰减脉冲)处理(Yu 等,2016),PEF 处理的总时间为 $t_{PEF} = 0.5 \sim 4$ ms。将 PEF 处理和未处理的茎从水中分离出来,并在 30 min 内使用液压机分别在 0.2 MPa、0.5 MPa、1 MPa、1.5 MPa 和 2 MPa 进行压制。无 PEF 处理时,在 0.2 和 0.5 MPa 压力下,榨汁率均小于 10%。施加更高的压力(1.5 MPa)可以提高未经处理的茎的榨汁率(46%),但继续增加压力(到 2 MPa)没有效果。相反,PEF 处理($E=10$ kV/cm,$t_{PEF}=2$ ms)可增加榨汁率,在 0.5 MPa 和 1 MPa 时分别达到 57%和 81%。较高的榨汁率导致形成的压饼更干(图 12.11)。例如,PEF 处理茎在 1 MPa 时得到的压饼干物质含量为 53.0%,这是未经 PEF 处理茎在 2 MPa 时压饼干度(17.8%)的 3 倍左右。这非常有利于油菜籽生物质转化过程中的节能。

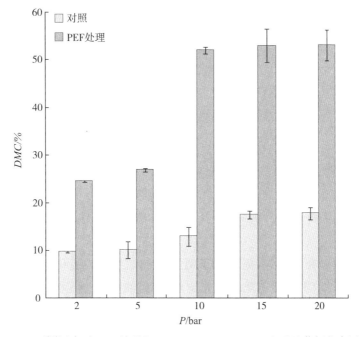

图 12.11　不同压力对 PEF 处理($E=10$ kV/cm, $t_{PEF}=2$ ms)后油菜籽茎中压饼干物质含量的影响(源自:Yu 等,2016)

图 12.12 显示未处理和 PEF 处理油菜籽茎中榨出汁液中总多酚(a)和蛋白质(b)的含量。在 PEF 处理过程中,由于成分的释放,在液体(水)中发现了一些多酚和蛋白质。

然而,与压榨过程相比,未经 PEF 处理的汁液释放的多酚和蛋白质化合物可以忽略不计的,未经 PEF 处理所榨出汁液中总多酚含量为 0.10 g GAE/100 g DM (图 12.12)。即使 PEF 强度较低($E=5$ kV/cm),榨出液中也能检测到总多酚含量明显增加($C_{ph}=0.31$ g GAE/100 g DM)。当电场强度增加到 8 kV/cm 时,汁液中多酚的总含量增加到 0.48 g GAE/100 g DM。然而,在 $E=10$ kV/cm 和 20 kV/cm 时,尽管能量消耗较高,但没有观察到多酚的显著额外回收,这是因为茎在 $E>8$ kV/cm 处理时获得很少的额外汁液产量。当在 10 kV/cm 的 PEF 处理

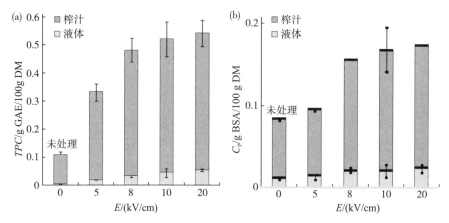

图 12.12　不同脉冲场强对油菜籽茎中榨出汁液中总多酚(TPC)（a）和蛋白质 C_p（b）含量的影响（源自：Yu 等，2016）

时，PEF 处理能使回收蛋白质的数量增加两倍（从 0.07 g BSA/100 g DM 增加到 0.14 g BSA/100 g DM）（图 12.12）。将电场强度增加到 10 kV/cm 和 20 kV/cm 时没有显著的额外影响。因此，选择 $E=8$ kV/cm 作为最佳电场强度（Yu 等，2016）。

在另一项研究中，用水提取 PEF 处理后的油菜籽的茎和叶（Yu 等，2015）。收集快速生长期（3 月下旬至 4 月上旬）的新鲜油菜籽的茎和叶，其中茎被切成圆柱形，$d=6$ mm，$h=10$ mm，再按料液比 1∶4 与水混合，用 PEF 分批处理。

初步研究表明，当电场强度 $E<400$ V/cm 时，PEF 处理对油菜茎叶组织损伤几乎无影响。但当 PEF 处理条件增加（$E=800$ V/cm，$n=200$ 脉冲，$t_{PEF}=2$ ms）时，茎细胞明显受损（细胞崩解指数 $Z_c=0.7$），叶细胞受损程度较低（$Z_c=0.5$）。在较低的能量输入下，要达到相同的细胞崩解指数 Z_c 需要较高的电场强度。在此初步研究的基础上，固定中场强和高场强 PEF 模式来回收多酚和蛋白质化合物，中场强 PEF 处理条件为 $E=800$ V/cm，$t_p=100$ μs 的平方脉冲，$t_{PEF}=2$ ms；高场强 PEF 处理条件为 $E=5$ kV/cm 和 20 kV/cm，指数衰减脉冲 $t_p=10$ μs，$t_{PEF}=2$ ms。经 PEF 处理后，为在搅拌下提取溶质，将水和茎或水和叶混合物转移到一个圆柱形玻璃烧杯中，其中，为使样品和水充分接触，将茎叶混合物的固液比分别调整为 1∶8 和 13∶1。总多酚提取率的变化过程如图 12.13 所示。

在无 PEF 处理的情况下，提取 1 h 后，茎和叶的总多酚含量分别只有 23% 和 15%。经过场强 800 V/cm，细胞崩解指数 $Z_c=0.7$，能量输入 6.4 kJ/kg 的中等 PEF 处理 1 h 后，从茎和叶中提取的多酚产率显著提高，分别为 52% 和 25%

（图 12.13）。然而，在 $E = 5$ kV/cm（$W = 40$ kJ/kg）和 $E = 20$ kV/cm（$W = 160$ kJ/kg）的高 PEF 下，可以回收约 100% 茎多酚化合物[图 12.13（a）]，但 PEF 在 $E = 5$ kV/cm（$W = 40$ kJ/kg）时仅能提取 55% 的叶片多酚。叶片多酚类化合物的完全回收需要更高的场强 20 kV/cm（$W = 160$ kJ/kg）[图 12.13（b）]。PEF 处理后回收茎和叶中的蛋白更为困难。

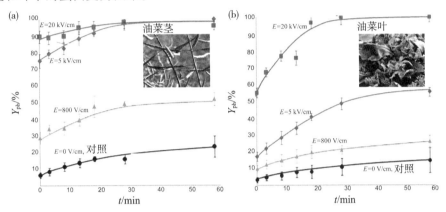

图 12.13　不同能量输入的 PEF 处理后油菜籽茎（a）和叶（b）中总多酚的提取动力学变化（源自：Yu 等，2015）

由图 12.14（a）可知，未利用 PEF 时，茎中蛋白质提取率接近 50%，而在场强 20 kV/cm（$W = 160$ kJ/kg）PEF 处理后，蛋白质提取率略有提高，高达 60%。在无 PEF 处理和 PEF 处理叶片中蛋白质的提取率更低，约 10%，其中 PEF 处理的条件为场强 5 kV/cm、能量输入 40 kJ/kg。在最高 PEF（$E = 20$ kV/cm，$W = 160$ kJ/kg）下，叶片蛋白质回收率显著提高，达到 80% 左右[图 12.14（b）]。多酚（图 12.13）的初始提取率和蛋白质（图 12.14）的提取率在场强 20 kV/cm 的 PEF 处理后已经很高，然后在提取过程中提取率略有增加。这可以用 PEF 处理具有低频 $f = 0.5$ Hz 解释。事实上，在高脉冲电场（$E = 5$ kV/cm 和 20 kV/cm）处理下，样品在处理室中的真实停留时间为 $t_R = n/f = 200/0.5 = 400$ s。这个时间足够提取大部分细胞化合物。提取 60 min 后，总多酚和蛋白质的额外回收率降低。与蛋白质相比，PEF 法提取多酚化合物为选择性回收多酚提供了可能性。多酚的纯度定义为 $p_{ph} = c_{ph}/(c_{ph} + c_{pr})$，其中 c_{ph} 和 c_{pr} 分别为回收的总多酚和蛋白质浓度，mg/L。在 $E = 5$ kV/cm 和 $W = 40$ kJ/kg 时 PEF 处理，可以使从茎中提取的多酚的纯度从 57.0% 提高到 83.6%，叶中多酚的纯度从 66% 增加到 91%。PEF 诱导选择性提取对动物的饲养具有特殊的意义。菜籽粕中酚类物质颜色深、味苦，影响菜籽粕的整体品质(Yu 等,2015)。

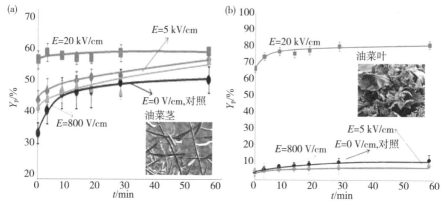

图 12.14　不同电场强度下 PEF 预处理油菜籽茎(a)和叶(b)中总蛋白的提取动力学变化
(源自:Yu 等,2015)

12.3.2　琉璃苣叶

琉璃苣叶是一种产生抗氧化剂的有价值的副产品。Segovia 等采用间歇式脉冲电场改善琉璃苣叶中多酚和抗氧化物质的水提取,场强 $E = 0 \sim 5$ kV/cm,$5 \sim 50$ 次脉冲 3 μs,$t_{PEF} = 15 \sim 150$ μs,能量输入 $W = 0.04 \sim 61.1$ kJ/kg(Segovia 等,2015)。PEF 处理提高了总酚类化合物的含量(TPC)和抗氧化活性(ORAC 值),TPC 为对照组的 1.3~6.6 倍,ORAC 为对照组的 2.0~13.7 倍。PEF 强度和提取温度的增加都可以提高 TPC 的提取率。例如,在场强 2.5 kV/cm 时,提取温度从10℃增加到40℃,使 TPC 的最大提取率增加 1.3 倍。在固定温度 10℃ 提取时,与对照相比,TPC 含量在场强 5 kV/cm 的 PEF 处理后增加了约 6.6 倍,在场强2.5 kV/cm 的 PEF 处理后增加了约 1.5 倍(Segovia 等,2015)。

12.3.3　木材生物量

木材生物量包括树木的任何部分(树干、树冠和树枝)和制造残留物。特别是,纸浆和造纸工业产生大量不同的残留物,如节、树皮和木屑。这些制造残留物是工业和家庭使用的重要能源。根据生物炼制的理念,这些残留物也可以用于生产高价值的化学品和生物材料。例如,树皮含有 30%~48%多糖、40%~55%木质素、2%~25%提取物和低于 20%的无机物(Harkin 和 Rowe,1971)。酚类化合物能保护树木免受外界的侵害,是木材和树皮中最有价值的提取物(Ek 等,2009)。

　　传统上,树皮被细磨以增加传质和化合物提取。研究人员还测试了替代性的物理处理,如超声波(US)和微波(MW)(Bouras 等,2015;Ghitescu 等,2015)。Diouf 等的测试结果表明,超声处理 30 min 与搅拌浸泡 24 h 对多酚的提取率相同(Diouf 等,2009)。然而,Aspé 和 Fernández 提出,过度接触超声波会损伤酚类化合物并降解其性能(Aspé and Fernández,2011)。Bouras 研究发现,与使用相同溶剂(33%乙醇、0.38%甲醇、pH = 11)的常规提取相比,MW 应用可提高总酚类化合物(TPC)的回收率和抗氧化活性,分别将其提高了 3 倍和 2 倍(Bouras 等,2015)。

　　在 Ghnimi 等的前期研究中(Ghnimi 等,2011),首次证明了应用 PEF 和 HVED 从挪威云杉的树皮中提取多酚的益处。在这种情况下,场强为 20 kV/cm 的 PEF 处理在视觉上未见木质结构损坏,而 HVED 显然损坏了木质结构。场强为 40 kV/cm 的 HVED 明显破坏了其结构。

　　水提取物总酚含量(TPC)随 PEF 持续时间增加而升高(在 t_{PEF} = 4 ms 和 E = 20 kV/cm 达到最高),然后当 t_{PEF} 为 8 ms 时大幅度减少,原因是多酚可能被破坏。在后续 Bouras 等的研究中(Bouras 等,2016),先将挪威云杉树皮切成 20.7 mm×11.8 mm×7.9 mm 细碎颗粒,然后将 25 g 树皮细碎颗粒与水或 pH = 2(0.01 M HCl)、pH = 12(0.01 mol/L NaOH)的水溶液按固液比 S/L = 1/10 混合,在 1 L 带有平行电极的处理室内进行 PEF(E = 20 kV/cm,400 个 10 μ 的指数衰减脉冲,频率为 0.5 Hz)处理。与水(pH = 7)和酸(pH = 2)相比,pH = 12 的氢氧化钠水溶液中多酚的回收率最高。相同混合物在碱提(PEF1)之前或之后(PEF2),在室温搅拌 70 min 条件下,应用同样的 PEF 处理方案(E = 20 kV/cm,t_{PEF} = 4 ms)进行 PEF 处理,并将结果与小于 1.25 mm 的细磨颗粒(木屑)碱提进行比较。PEF 处理的云杉树皮碱提过程中溶质的释放导致电导率(从 5.74 ms/cm 降至 1.3 ms/cm 左右)和 pH(从 12 降至 7.5 左右)下降,这是酚类化合物与氢氧化钠发生反应所致(Bouras 等,2016)。

　　图 12.15(a)显示的是未处理、PEF 处理及磨碎处理的树皮 TPC 提取动力学。PEF 处理使总酚含量增加 8 倍以上(从 0.96 g GAE/100 g DM 到 8.52 g GAE/100 g DM)。经 PEF 处理和磨碎处理的树皮得到的提取物中总酚含量最终值相当接近[图 12.15(a)]。

　　图 12.15(b)显示的是 PEF 强度对 TPC 值的影响。当脉冲电场从 7 kV/cm 增加到 20 kV/cm 时,TPC 的量增加了一倍。PEF 处理导致槲皮素的还原(PEF 处理在 E = 20 kV/cm 时为 0.75 mg/L,磨碎产物为 1.33 mg/L),而未经处理的树

皮提取后没有释放该化合物。PEF 处理后提取物的抗氧化活性(AA)也有所提高。对于 PEF 处理和磨碎的树皮,最终提取物的 AA 值均为 14.87 g TEAC/100 g DM,比从未经处理的树皮中提取得到的 AA 高约 30 倍(0.51 g TEAC/100 g DM)。经 FTIR 光谱鉴定,未处理和 PEF 处理的树皮化学结构相似,表明 PEF 应用后木材成分未发生变化(Bouras 等,2016)。另外,发现未处理的材料和 PEF 处理的树皮具有相近的低热值(LCV)(27.8~27.9 MJ/kg)。这一结果为云杉树皮的多酚提取和产热提供了双重价值。

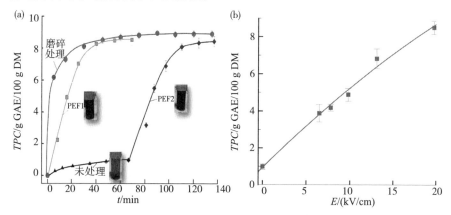

图 12.15　未处理、PEF 处理和磨碎的挪威云杉树皮在碱提取(添加 0.01 M NaOH、初始 pH 值为 12)过程中提取物总酚含量(TPC)的变化(a);以及 TPC 与 PEF 电场强度 E 关系(b)(源自:Bouras 等,2016)

在另一项工作中(Bouras,2015),采用 US、MW 和 PEF 不同的替代对有梗的橡树(欧洲白栎)和挪威云杉(欧洲云杉)树皮进行处理,处理前将这些树皮切成 5 mm×10 mm×3 mm 的块粒。所得结果与未处理的切块和磨碎样品(粒径约为 150 μm)的提取结果进行了比较。10 g 样品与溶剂混合,经 PEF 处理(E = 20 kV/cm,t_{PEF} = 2 ms,f = 0.5 Hz,能量输入 W = 3.2 kJ/kg)、MW(400 W,8.1 kJ/kg)或 US(400 W,8.1 kJ/kg)处理,固液比固定在 S/L = 1/20。样品进行 US 和 MW 处理,接着在下面条件(75℃、33%乙醇和 0.38%甲醇最佳组成的碱性水醇溶剂、pH = 11 的水)提取 1 h。PEF 处理在无酒精情况下进行,酒精仅在提取步骤中加入。图 12.16 显示,TPC 变化为对照<US<MW<PEF<磨碎样品。

对有梗的橡树和挪威云杉树皮来说,这种趋势是相似的。磨碎样品 TPC 水平达到最高,云杉树皮达到约 12.5 g GAE/100 g DM,橡树树皮达到 6 g GAE/100 g DM。与对照样品相比,所有研究的处理可强化提取。事实上,使用 MW 和 US 后,TPC 提高了近 3 倍,而在 PEF 处理后提高了近 6 倍。此外,可以注意到,在很大程度上,多酚的释放是在处理期间直接实现的:MW 约 70%,US 约 63%,PEF 约 75%。在 PEF 处理期间(脉冲数=200,频率=0.5 Hz),实际停留(提取)时间为 $t_R=n/f=200/0.5=400$ s,相比之下,MW 为 400 s,US 为 800 s。通过高效液相色谱—质谱联用获得到的酚类化合物的化学组成见表 12.1。

表 12.1　酚类化合物的化学成分

提取方式	TPC	儿茶素	槲皮素	白藜芦醇	白皮杉醇	山奈酚	合计
挪威云杉树皮							
未处理	1810±80	0.1	5.3	24.4	0.9	0.5	31.2
US	6050±130	0.5	36.2	168.6	15.2	1.7	222.2
MW	6460±230	1.3	58.8	319.9	23.8	3.1	406.9
PEF	10470±90	2.9	108.4	886.8	62.8	7.2	1068.1
碱浸	12540±80	3.0	60.2	670.3	48.7	10.5	792.6
橡树皮							
未处理	850±180	3.3	167.4	nd	nd	nd	170.7
US	2220±300	6.9	287.3	nd	nd	nd	294.1
MW	2870±250	5.7	225.9	nd	nd	nd	231.6
PEF	4950±420	12.7	458.3	nd	nd	nd	471.0
碱浸	6040±290	15.0	436.4	nd	nd	nd	451.4

源自:Bouras(2015)。
nd:未检测。

从挪威云杉树皮中鉴定出 5 种主要化合物:儿茶素、槲皮素、白藜芦醇、白皮杉醇和山奈酚。对照提取物中酚类化合物含量最低,PEF 处理得到的提取物中槲皮素(0.108 g GAE/100 g DM)、苦皮苷(0.886 g GAE/100 g DM)和苦皮酚(0.062 g GAE/100 g DM)含量最高。对于儿茶素,其含量在 PEF 提取物中与从磨碎的样品中获得的含量相同(约为 3 mg GAE/100 g DM)。山奈酚主提取于磨碎组织(10.5 mg GAE/100 g DM)。在橡树树皮例子中,仅检测到儿茶素和槲皮素,其含量由小到大依次为:对照<超声<微波<磨碎的样品<CEP。最后,有梗橡树的槲皮素和儿茶素含量比挪威云杉树皮的含量更高。众所周知,挪威云杉树皮积累了大量二苯乙烯苷类,如苦皮苷和苦皮酚(Bouras,2015)。此外,研究表明,所研究的处理对半纤维素、纤维素、木质素的低热值和热稳定性的影响微不足道(Bouras,2015)。因此,残留物可以作为燃料来产生能量。

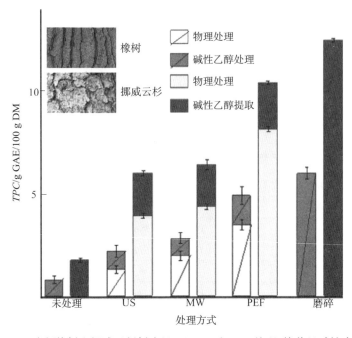

图 12.16 有梗橡树和挪威云杉树皮经 US、MW 和 PEF 处理,接着经碱性水醇提取后获得的提取物中总多酚含量 *TPC*,还给出了从未处理(对照)和磨碎树皮中获得的提取物数据(源自:Bouras,2015)

12.3.4 难降解生物质的转化

木质纤维素生物质预处理的目的是破坏难降解的结构,消除有效酶解或化学水解的结构和组成障碍,这可以提高纤维素或半纤维素可发酵糖的产量(Mosier 等,2005)。脉冲电能(PEE)和其他替代的物理预处理可以与传统的机械、热和化学预处理相结合(如挤压、蒸汽爆炸、氨纤维爆炸、离子液体、碱性或酸性添加剂等),使用更少的试剂,降低实际预处理的危险程度(见生物炼制中木质—纤维素生物质的转化方案,图 12.10)。

Brahim 等研究了联合预处理破坏菜籽壳的难降解结构,该联合预处理包括两步:第一步为物理处理[超声(US)、微波(MW)、脉冲电场(PEF)或高压脉冲电场(HVED)],接着第二步采用碱处理(Brahim 等,2016a)。这种副产品相对含糖量较高,使其成为第二代乙醇生产潜在的有趣原料。在所有试验中,油菜籽壳(50 g)在 60℃下与 430 g 水混合,并加入 5.6 g NaOH。混合物经 US(400 W、12 kHz、能量输入 *W*=150 kJ/kg 和 1500 kJ/kg 分别对应处理 3 min 和 30 min)、

MW(900 W、150 kJ/kg 和 1500 kJ/kg,分别对应处理 1.33 min 和 13.3 min)、PEF(E=13.3 kV/cm,采用 450 个 10 μs 的指数衰减脉冲伴随能量输入 W=150 kJ/kg,频率 f=0.5 Hz,对应实际停留时 t_R=n/f=450/0.5=900 s)和 HVED(40 kV、放电量 n=450,W=150 kJ/kg,f=0.5,对应 t_R=900 s)处理。接着进行碱(纯碱)处理,同一混合物[60℃将 50 g 油菜籽壳与 430 g 水混合,再加入 5.6 g NaOH(0.3 mol/L NaOH)]在搅拌下继续进行,总持续(物理预处理+接着进行碱处理)时间为 2 h。碱处理后,将混合物过滤,用 1 L 蒸馏水洗涤固体残渣(浆)。残渣(浆)在 60℃下烘干,用于重量测定和表征,收集液体(黑液)并储存直到分析。初步调查表明,较低的研究能量输入 W=150 kJ/kg 对旨在去除含有脂肪酸和/或脂肪酸衍生物的酸不溶残渣(AIR)和大量酚类化合物(甲酚和儿茶酚类化合物)的 US 和 MW 处理是无效的。因此,更高的能量输入 W=1500 kJ/kg 随后用于 US 和 MW 处理,而较低的能量输入 W=150 kJ/kg 用于 PEF 和 HVED。据报道,分别使用 PEF、MW、HVED 和 US 处理对油菜籽壳、原生基质中 AIR 的去除率分别为 35%、36%、38% 和 42%(Brahim 等,2016a)。这表明与对照组相比,AIR 回收率分别提高了 5%、6%、8% 和 12%,洗涤后的总固体(浆)得率与 AIR 脱除率呈反比,碱添加会使菜籽壳结构膨胀,结晶度下降,AIR 与碳水化合物之间的结构连接断裂,AIR 被破坏。

图 12.17 显示用于 AIR 回收所研究处理的比能耗。在能量输入方面,HVED 最有效地实现了较高的酸不溶性残渣脱除,而 MW 处理则需要最高的能量输入才能回收黑液中的 AIR。该结果可通过每种处理中涉及的物理细胞分裂机制之间的差异来解释。

图 12.18 介绍了所研究处理(CS)的强度对 AIR 回收(C_{AIR})的影响。利用公式(Pedersen and Meyer 2010)计算各处理的强度(CS)与处理时间(t,min)和温度(T,℃)的函数:

$$CS = \log\left[t\exp\left(\frac{T-100}{14.75}\right) - (\mathrm{pH}-7)\right] \tag{12.2}$$

其中 T 为处理温度(℃),t 为保留时间(min),14.75 为拟一级动力学时基于活化能的拟合值,pH 为黑液 pH。

由于 PEF 处理条件温和,其显示的强度最低。看起来,物理/碱联合处理强度的增加会使 AIR 得到更好地去除。对照试验(无物理预处理的碱)表明 AIR 去除率最低(图 12.18)。物理预处理的油菜籽壳的酶消化率比对照(碱)的酶消化率高。SEM 图像显示,碱处理后所得浆料的对照样品孔隙率低,细胞结合度高,而联合加碱与物理处理所得的浆料看起来变形较大。在此工作中,US 对生物化合物的回收和酶解的效率最高。然而,HVED 接近 US 的有效性,但能耗更低(Brahim 等,2016a)。

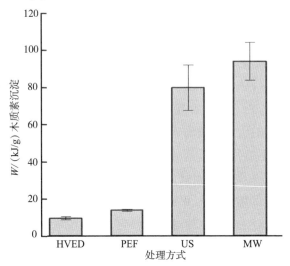

图 12.17　从油菜籽壳中回收酸不溶性残渣(AIR)的 HVED、PEF、US 和 MW 处理的比能耗 W。物理处理的能量输入:PEF 和 HVED 为 W=150 kJ/kg,US 和 MW 为 1500 kJ/kg。化学处理方案:加入 0.3 mol/L NaOH,在 60℃下处理 2 h(源自:Brahim 等,2016a)

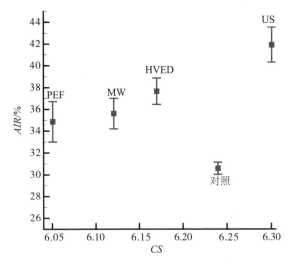

图 12.18　PEF、MW、HVED、US 和对照处理强度 CS 对油菜籽壳中不溶性酸残渣(AIR)回收率的影响。物理处理的能量输入:PEF 和 HVED 为 W=150kJ/kg,US 和 MW 为 W=1500 kJ/kg。化学处理方案:0.3 mol/L NaOH,在 60℃下处理 2 h(源自:Brahim 等,2016a)

在另一项研究中(Brahim 等,2016b),将油菜秸秆与水或(0~0.5)mol/L NaOH 混合,固液比为 1/30,温度从 60~90℃变化。混合物经 US(400 W、12 kHz、能量输入 W=916~3664 kJ/kg、对应处理 10~40 min)、MW(400 W、W=1832~7328 kJ/kg、对应处理 10~40 min)、HVED(40 kV、可变数量放电施加的能量输入 W=204~814 kJ/kg,频率 f=0.5 Hz,对应的总处理时间 t_R = 10~40 min)处理。

图 12.19 显示 HVED、MW 和 US 处理的能量输入 W,对油菜秸秆的还原糖含量 C_s(a)、可溶性木质素含量 C_1(b)和木质素去除率 C_{lr}(c)的影响。由图 12.19 可以看出,HVED 处理能耗较低。用于释放糖量[图 12.19(a)]和可溶性木质素[图 12.19(b)],以及提高脱木素产量(木质素去除率)[图 12.19(c)]的能量输入最低的是 HVED,其次是 US 和 MW 处理。

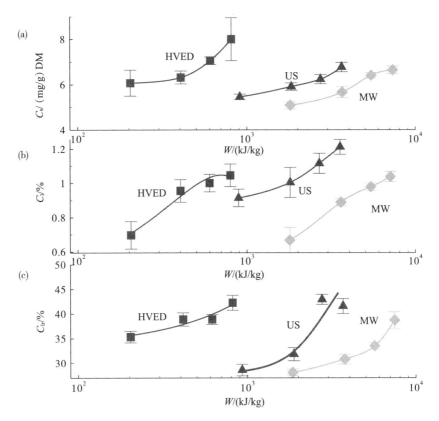

图 12.19　HVED、MW 和 US 处理的能量输入 W 对油菜秸秆的还原糖含量 C_s(a)、可溶性木质素含量 C_1(b)和木质素去除率 C_{lr}(c)的影响。处理均在 60℃水中完成(NaOH = 0 M)(源自:Brahim 等,2016b)

例如,在加热到60℃(NaOH＝0 M)的水中,为了获得相同水平的木质素去除率(35%),HVED消耗的能量为204 kJ/kg,而US比它高出4.5倍(916 kJ/kg),MW比它高出9倍(1832 kJ/kg)[图12.19(c)]。温度从60℃升高到90℃,促进了糖、可溶性木质素的释放,提高了脱木素得率。例如US、MW和HVED分别在90℃水浴中处理20min后,糖释放量最高,分别为6.5 mg/g DM、6.7 mg/g DM和8.5 mg/g DM(Brahim等,2016b)。在氢氧化钠存在的情况下,所有的处理都变得更有效。HVED处理后碱浸(0.5 M)获得的脱木素得率最高(80℃时约为40%),而在相同温度的水中HVED处理后仅约为32.5%。当氢氧化钠浓度从0M改变到0.5 M时,每次物理处理黑液中还原糖浓度增加1.5倍(Brahim等,2016b),实验还表明,经HVED处理后酶解得率提高。

图12.20　预处理后油菜秸秆浆的SEM照片:US(t＝20 min,T＝80℃,NaOH＝0.5 M)(a);US(t＝40 min,T＝60℃,NaOH＝0 M)(b);US(t＝20 min,T＝90℃,NaOH＝0 M)(c);HVED(t＝20 min,T＝80℃,NaOH＝0.5 M)(d);HVED(t＝40 min,T＝60℃,NaOH＝0 M)(e);HVED(t＝20 min,T＝90℃,NaOH＝0 M)(f)和原材料(g)(放大倍数×100)(源自:Brahim等,2016b)

图12.20显示US和HVED预处理后,油菜秸秆的扫描电镜显微照片,其与

最佳脱木素得率相关。由于 US 和 HVED 引起的结构损伤,油菜秸秆的形态变得粉碎(浆中出现更多的裂缝和纤维)(Brahim 等,2016b)。在这些小组的后续工作中(Brahim 等,2017),将 US 和 HVED 联合与化学处理(纯碱或有机溶剂)相结合,用于油菜秸秆脱木质素。

原料处理采用两步法工艺。第一步采用物理处理,超声波(US)或高压放电(HVED)。紧接着第二步是化学处理,碱(纯碱)或有机溶剂较温和(-)或者较剧烈(+)条件下进行。

对照实验也实现了提供和物理处理相同的水与原料接触时间(图 12.21)。在物理处理的第一步,采用固液比 $S/L=1/30$,在温度 60℃ 或 80℃ 下将油菜秸秆与水混合,然后用 US(400 W、12 kHz、能量输入 $W=1600$ 或 3200 kJ/kg)或 HVED(40 kV、能量输入 $W=800$ kJ/kg、频率 $f=0.5$ Hz)处理。第二步,在接下来的条件下采用化学处理:

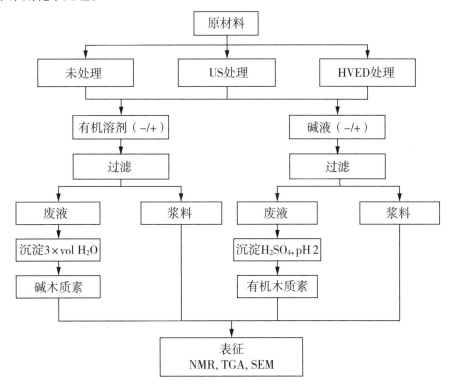

图 12.21　菜籽秸秆处理示意图(源自:Brahim 等,2017)

对于苏打法:用纯苏打(-)对材料进行处理(60℃、15% NaOH、持续 90 min)或纯苏打(+)(80℃、40% NaOH、150 min);

对于有机溶剂法:用有机溶剂(−)对材料进行处理(160℃、65% V/V 乙醇/水、1% H_2SO_4、40 min)或有机溶剂(+)(200℃,65% V/V 乙醇/水,1% H_2SO_4,80 min);

对于对照方法:原料只是经过化学处理,(苏打−/苏打+和有机试剂−/有机试剂+),没有第一步的物理处理。

经过物理/化学两步过程处理后,混合液过滤得到黑液和浆料。浆料在60℃下烘干,并进行表征。加入 H_2SO_4 直到 pH 值到达 2(用于苏打法得到的黑液)或加入 3 倍体积蒸馏水(用于有机溶剂法得到的黑液)沉淀木质素。将沉淀的木质素从液相中离心分离,在 105℃ 下干燥过夜(碱法和有机溶剂法)(Brahim 等,2017)。

图 12.22 介绍了对照(C)、US 和 HVED 实验后,接着用温和(−)、剧烈(+)的苏打和有机溶剂处理后木质素和浆料的表征结果。值得注意的是,在温和(苏打−)和较剧烈(苏打+)处理之前应用 HVED,木质素去除率显著提高(1.5~2倍),而 US 不能有效地改善碱处理的脱木质素性能[图 12.22(a)]。然而,一般来说,有机溶剂预处理在剧烈条件下进行的脱木素性能(对于 US 和 HVED)比那些用苏打处理的好。

图 12.22(b)显示了两步处理得到的浆料的数量和组成。无论何种处理条件,浆料主要由葡萄糖组成,木糖含量低。US 和 HVED 对糖的溶解效率略有提高。看来,US 在一定程度上提高了半纤维素糖(木糖)的可提取性。另外,结果观察到 HVED 可显著降低浆料中葡萄糖含量,这与纤维素的降解有关。

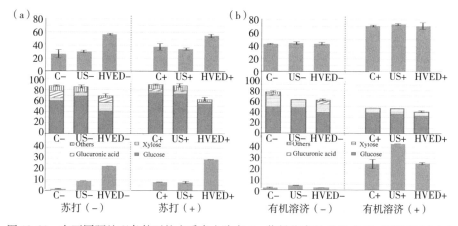

图 12.22　在不同预处理条件下的木质素去除率 Y_{lr}、浆料收率的总组成 Y_p、沉淀(回收)木质素的量 Y_{lp}(以百分比(W/W)表示,与初始油菜秸秆木质素含量有关):苏打(−)、苏打(+)(a)和有机溶剂(−)、有机溶剂(+)(b)。C 为空白,US 为超声波,HVED 高压脉冲电场(源自:Brahim 等,2017)

图 12.22 证实了 HVED—纯碱处理对木质素的回收效率(在 4~8 倍)显著高于比对照或 US—纯碱处理。在剧烈的条件下,US—有机溶剂处理比对照和 HVED—有机溶剂处理更有效。因此,观察到 HVED—碱浸处理与 US—有机溶剂处理的协同效应最好。核磁共振光谱(NMR)显示,与 US—有机溶剂法获得的相比,HVED—有机溶剂法提取的木质素组分中香豆酸和阿魏酸含量较少。热重分析(TGA)显示,与对照相比,US 和 HVED 制备的木质素具有更好的耐热性。物化联合预处理后,浆料酶解的葡萄糖产率结果显著高于原料的葡萄糖产率。

这证明预处理后的纤维素可利用性更好。HVED 与温和的(苏打-)、剧烈的(苏打+)条件结合施用后,观察到葡萄糖产率分别增加 6.38% 和 7.43%。HVED—温和的有机溶剂法可使酶消化率提高 24.92%(Brahim 等,2017)。

12.4　藻类生物精炼

藻类是在水(海水(Kim,2015)和淡水(BellingerandSigee,2015)环境中生长的生物。它们能够通过光合作用将二氧化碳和矿物质转化为生物质。藻类是地球上光合效率最高的生物,与陆生植物相比,每公顷产生较高(5~10 倍)的生物质产量和更高的生长速率(Das,2015)。

藻类既可以在废水中生长,也可以在含盐的液体介质中生长,这减少了它们生长时对淡水的使用。藻类不参与用于粮食生产的耕地竞争。几乎全年都可以收获,没有任何季节限制。它是有价值产品(脂类、蛋白质、多糖、色素等)的来源。藻类的两种主要形式是大型藻类和微藻类。大型藻类(又称海藻)是含有叶绿素的多细胞宏观植物,其大小可达 60 米长。根据它们的色素沉着将它们分类:绿藻科(绿藻)、褐藻科(褐藻)、红藻科(红藻)(Villarruel-López 等,2017)。海藻生物质被用于生产海藻胶类,如琼脂、海藻酸盐和卡拉胶。栽培最多的大型藻类为褐藻、海带和裙带菜,红藻紫菜属、麒麟菜属、卡布草属和江蓠属,以及绿藻单胞菌和浒苔(Villarruel-López 等,2017)。

12.4.1　微藻

微藻是一种原核或真核微生物,通过光合作用吸收阳光、水和二氧化碳能够积累生物量。微藻现有 50000 种,但只有约 30000 种被研究(Das,2015)。原核微藻是蓝藻门(蓝绿藻),其中螺旋藻(*Spirulina*)最具有商业用途。真核微藻包含以下几个门类:绿藻门(绿藻属,最大的群体)、红藻门(红藻属)、不等鞭毛门

（由褐藻、黄绿藻、金藻和硅藻组成）。在大多数商业应用中鉴定的微藻有：螺旋藻、小球藻（*Chlorella*）、红球藻（*Haematococcus*）、杜氏藻（*Dunaliella*）、葡萄藻（*Botryococcus*）和褐指藻（*Phaeodactylum*）（Raja 等，2008）。微藻可以生产不同种类的油脂，如糖脂、磷脂、甘油酯和游离脂肪酸。

微藻能够积累大量高质量油脂和碳水化合物，用于生产可再生燃料前景非常广阔（Das，2015），因此被认为是第三代生物燃料的生产原料（Demirbas 和 Demirbas，2010；Borowitzka 和 Moheimani，2013；Bux，2013；Gikonyo，2013）。淡水微藻和海洋微藻的油脂产能和油脂含量分别可达 11.2~142 mg/（Lday）和 4%~75%（以干重为基准）（Mata 等，2010）。能够积累大量油脂（>20%）的藻类被认为是产油微藻，如小球藻（*Chlorella sp.*）和微拟球藻（*Nannochloropsis sp.*）。与农业植物相比，每公顷微藻的油产量要高得多。例如，每年葵花籽油的产量为 1070 L/ha，棕榈油的产量为 5360 L/ha，而微藻的油脂产量为 58700 L/ha（低含油量微藻）至 126000 L/ha（高含油量微藻）（Chisti，2007；Mata，2010）。在这些油脂中，发现脂肪酸是微藻生物量的主要成分。例如，螺旋藻生产亚油酸和 γ-亚麻酸；微拟球藻（*Nannochloropsis*）生产的主要脂肪酸有棕榈酸、棕榈油酸、油酸和二十碳四烯酸（Das，2015）。

微藻生物量的总蛋白质含量取决于微藻的种类。例如，勃那特螺旋藻（*Spirulinaplatensis*）的总蛋白质含量为 43%~63%，微拟球藻的总蛋白质含量约为30%，普通小球藻（*Chlorella vulgaris*）的总蛋白质含量为 44%（Villarruel-López 等，2017）。微藻也是碳水化合物、色素和维生素的可利用来源。微藻的提取物可以应用于化妆品中，如抗衰老剂、提神/再生剂和抗氧化剂。虾青素和 β-胡萝卜素，不仅可以应用于化妆品中，还可以被当作食品着色剂。另外，众所周知，β-胡萝卜素能有效控制胆固醇并具有抗癌活性（Villarruel-López 等，2017）。

微藻培养可以在光合自养、异养或混合营养培养条件下进行（Geada 等，2018）。在光合自养条件下，微藻利用光源和吸收 CO_2 进行光合作用，这种情况下，油脂含量和生物量随着 CO_2 的添加而增加；在异养条件下，微藻不依赖于光，而是通过消耗有机能源（如葡萄糖和甘油）来进行繁殖（Geada 等，2018）；混合营养条件是光合自养和异养培养模式的结合。

在提取有价值的化合物之前，应先获得微藻，收获过程通常分为两步：第一步，通过絮凝、重力沉降或浮选等方法进行批量收获，使微藻总固体浓度增加到2%~7%（W/V）。第二步，通过过滤或离心将浆体浓缩，使微藻生物量浓缩到15%~25%（W/V），然后再进行干燥和提取（Brennan 和 Owende，2010）。

微藻有价值化合物的提取可以通过干法或湿法进行（图 12.23）。在实际应用中，干法使用更为广泛，该法需要先对微藻进行加热干燥或冷冻干燥处理，再利用有机溶剂提取化合物，但干法操作耗能高且成本高。假设藻浆经过浓缩和机械脱水后含水量为 70%，则干燥耗能预估高达 $W \approx 7 \text{ MJ/kg}_{dw}$（Eing 等，2013）。这就是为什么仍需要探究湿法提取的原因。湿法提取起始通过高压均质机械破碎细胞，随后进行珠磨粉碎和溶剂萃取及水循环，这种方法消耗的能量较少，但需要进行复杂的提取物纯化，因为目前可用的细胞破碎技术会导致细胞完全破碎，并产生大量细胞碎片。传统技术（机械、热、添加化学品）侧重于获得一种特定的产品，并且可能会损坏其他有用的物质（Vanthoor-Koopmans 等，2013）。因此，建议采用温和技术作为替代技术来提取微藻细胞化合物，如超声波（美国）（Cravotto 等，2008）和 PEF（Sheng 等，2011；Zbinden，2011；Coustets 等，2013；Zbinden 等，2013）。

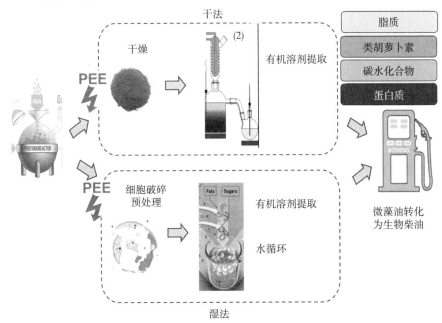

图 12.23 PEE 处理的微藻提取干法和湿法路线，两种方法均可应用 PEE 处理

PEE 处理可以应用于微藻培养和加工的不同阶段（图 12.24）（Geada 等，2018）。电穿孔技术已经成功地用于不同微藻种类[普通小球藻、杜氏盐藻（*D. salina*）、眼点拟微球藻（*N. oculata*）、盐藻（*D. viridis*）、三粒石斑藻（*D. tertiolecta*）、莱茵梭子藻（*C. reinhardtii*）]的遗传转化（Geada 等，2018）。PEF 参数典型值为

$E = 1 \sim 6 \ \text{kV/cm}$，PEF 持续总时间为 $t_{\text{PEF}} = 1 \sim 50 \ \text{ms}$。转基因微藻的可能应用有重组蛋白、$\beta$-胡萝卜素、制氢和生物技术产品（疫苗、抗体）。

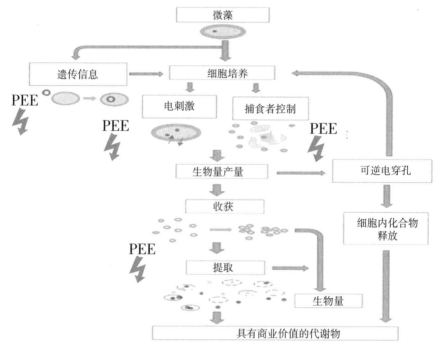

图 12.24　利用 PEE（PEF 或 HVED）应用进行微藻培养和加工（源自：Geada 等，2018）

　　捕食性动物（比如变形虫、纤毛虫、鞭毛虫和轮虫等）导致的微藻的生物污染会造成微藻养殖的严重损失并降低微藻的生产力。PEF 处理可以有效地选择性消除细胞（控制捕食性动物）（Rego 等，2015；Kempkes，2016）。在总管长为 1100 m 的水平管式光生物反应器中培养大小约 5 μm 的微藻小球藻（Chlorella sp.），微藻的平均循环速率为 7.9 m³/h。在直径为 56 mm 的共线处理室中进行工业规模的 PEF 处理，该处理室的直径与光生物反应器管的直径一致。PEF 参数如下：平均电场强度 $E = 900 \ \text{V/cm}$、方形脉冲宽度 $t_p = 56 \ \mu s$、频率 $f = 50 \ \text{Hz}$。在 6 h 的处理时间内，平均来说，培养基中的每个细胞均经过 36 次脉冲处理（Rego 等，2015）。处理 6 h 后，活性轮虫（原生动物）的数量减少了 87%；增至几天后，观察到活性轮虫减少了 100%。在这些条件下，微藻的生长速率有所增加，证明它们在该 PEF 参数下能够存活。

　　图 12.25 是含有一个轮虫的培养样品。PEF 对捕食性动物（而不是微藻）的选择破坏性可能是因为它们具有较大的尺寸（如轮虫）或缺乏细胞壁（如变形

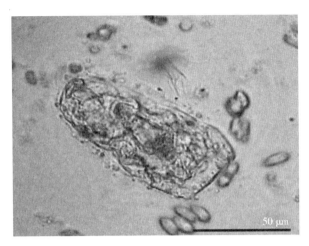

图 12.25　含有一只轮虫的培养样本的显微照片。每个轮虫的长度约为 100 μm，宽度约为 50 μm(源自:Rego 等,2015)

虫)(Rego 等,2015;Kempkes,2016)。如前所述(Kempkes,2016),控制捕食性动物需要的 PEF 强度相对较低($E<1$ kV/cm),而商业微藻种类的电穿孔需要的场强为 4~40 kV/cm。

电刺激可以显著提高微生物的生长和生产力(Castro 等,2012;Gusbeth 等,2013;Mattar 等,2015;Nezammahalleh 等,2016)。然而,目前关于 PEF 刺激微藻的研究还很少。在 PEF 处理条件为 $E=40$ kV/cm、$t_p=25$ ns 时,普通小球藻的生物量产量能提高 10%~20%。纳秒 PEF(nsPEF)处理($E=40$ kV/cm、$t_p=100$ ns、能量输入 $W_{PEF}=256$ kJ/kg)可以促进原核微藻钝顶节螺藻(A. platensis)的细胞增殖。在指数生长期对微藻重复进行 nsPEF 处理,可以检测到细胞的增殖,处理后第 5 天增殖效果最为明显,其干物质和色素都可以被检测到(Buchmann 等,2019b)。

在该团队后续的工作中(Haberkorn 等,2019),研究了微藻普通小球藻在 4 mm 的连续平板聚碳酸酯处理室内经过 nsPEF 处理($E=10$ kV/cm、15 kV/cm 和 25 kV/cm,$t_p=25\sim100$ ns,$W_{PEF}=217\sim507$ kJ/kg)后的生长情况,微藻流速固定为 19.7 mL/min。在指数生长早期,nsPEF 处理可显著提高微藻的生物量产量。然而,nsPEF 对碳和色素(叶绿素 a、叶绿素 b、总类胡萝卜素)含量的影响有限,会导致蛋白质含量下降。脉冲宽度($t_p=100$ ns)越长,生物量产量越高。总结来说,nsPEF 处理可以基于细胞内和质膜的相关效应而促进细胞增殖(Haberkorn 等,2019)。

Guionet 等（2017）对 nsPEF 处理后巴西葡萄球菌微藻（*Botryococcus brauniimicroalgae*）碳氢化合物的释放进行了研究。这种绿色微藻具有构建细胞外网络多糖和碳氢化合物作为菌落基质的特异性,这使得该细胞因聚集体密度较低而能够漂浮在水中。用显微镜观察 nsPEF 处理后的微藻,发现细胞膜并没有显著破坏,但是,主要由碳氢化合物组成的基质却从细胞群中分离出来了,这可能是由电致伸缩或压力波所造成的（Guionet 等,2017）。碳氢化合物的释放量使用溶剂萃取法来定量,这种方法可以使培养物在提取碳氢化合物后直接重新开始生长,这是因为其细胞膜在提取过程中可能并未被破坏（Guionet 等,2017）。Guionet 等（2018）通过分析培养基的电导率和培养持续时间,进一步研究了利用 nsPEF 进行细胞培养的方法。

12.4.1.1　色素、碳水化合物和蛋白质的提取

大量研究表明,PEF 处理可以有效地提取生物化合物,对藻类细胞进行电穿孔可以使细胞内的化合物释放到周围溶液中。

图 12.26 显示经 PEF 处理的球等鞭金藻和普通小球藻离心后获得的上清液的增色效果（Kempkes,2016）。目前已有文章报道了 PEF 强化提取普通小球藻（大小为 3~6 μm 的淡水绿色微藻）、雨生红球藻（*Haematococcus pluvialis*）（天然绿色淡水微藻,在压力下变红,大小约 5~25 μm）和盐生微拟球藻（*Nannochloropsis salina*）（最小尺寸约 2.5 μm 的海洋微藻）胞质蛋白的工艺参数（Coustets 等,2013,2015）。将微藻悬浮液离心,取沉淀物重新悬浮于蒸馏水中,以仔细检查电导率,范围从约 30 μs/cm（雨生红球藻）到 200 μs/cm（普通小球藻）。PEF 处理（E = 3 kV/cm 或 6 kV/cm,最多 15 个宽度为 2 ms 的双极矩形脉冲）在实验室平行电极连续处理室中进行,流速为 1~1.5 mL/s。一些方案将 PEF 处理分成两个连续的 15 个脉冲周期,分别以 6 kV/cm（盐生微拟球藻）和 4.5 kV/cm（普通小球藻）的强度进行。然后将 PEF 处理过的微藻在水或磷酸盐缓冲液中稀释,室温下培养 24 h。

最显著的蛋白质提取效果是在两个具有刚性细胞壁的淡水生物种中发现的:普通小球藻和雨生红球藻。PEF 强度和脉冲数是影响提取效果的最重要参数。3 kV/cm 的 PEF 能够有效提取普通小球藻中的蛋白质,而提取盐生微拟球藻中的蛋白质则需要 6 kV/cm。无论使用何种强度的 PEF,蛋白质提取量都会随着脉冲数的增加而增加。然而,1 个周期的 15 个长双极脉冲（宽度为 2 ms）能够有效地提取蛋白质,第二个周期的 15 个脉冲却不能提高盐生微拟球藻的蛋白质提取率。

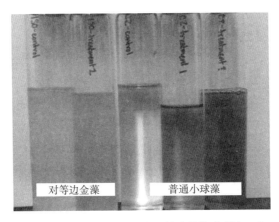

图 12.26　对照组(未经处理)和 PEF 处理的球等鞭金藻(*Isochrysis galbana*)和普通小球藻的上清液。深色上清液显示经 PEF 处理后释放的胞内物质(源自:Kempkes 和 Tokuşoğlu,2014;Kempkes,2016)

　　蛋白质的提取效果受时间影响,但一般处理 30 min 后蛋白质就会大量析出。普通小球藻细胞浓度的增加(从每毫升 10^5 个细胞到每毫升 10^6 个细胞)能够线性增加提取的蛋白质浓度(Coustets 等,2015)。淡水小球藻型绿色微藻—原生微藻(*Auxenochlorellaprotothecoides*)具有坚固的细胞壁,在生物量浓度约为 4.5 g_{dw}/kg_{sus} 时将其收集,用离心机浓缩至浓度 $c = 36 \sim 167$ g_{dw}/kg_{sus}(电导率为 0.9~1.0 mS/cm),然后用 PEF 进行处理(Coustets 等 2013;Eing 等 2013)。PEF 处理($E = 23 \sim 43$ kV/cm、单极脉冲 $t_p = 1$ μs、频率 $f = 1 \sim 5.5$ Hz、比能量输入 $W = 52 \sim 211$ kJ/kg_{sus})在平行电极连续处理室中(长度为 47 mm,宽度为 11 mm,电极之间的距离为 4 mm)进行。PEF 处理可以促进离子物质、碳水化合物、蛋白质及总有机碳含量(*TOC*)的释放(图 12.27)。对经过 PEF 处理($E = 23$ kV/cm、$W = 155$ kJ/kg)的样品进行干重测量,结果显示,上清液中保留的初始生物量可高达 15%(Goettel 等,2013)。与可溶性化合物不同的是,无论是在对照组的上清液中,还是在处理过的悬浮液的上清液中,都没有检测到油脂成分,尽管油脂中含有丰富的原藻细胞(高达 20% W/W)。得出的结论是,经过 PEF 处理后,脂滴仍留在细胞内,需要有机溶剂萃取才能将其回收(Goettel 等,2013)。

　　Grimi 等(2014)比较了高压均质(HPH)、超声波(US)、高压放电(HVED)及 PEF 等不同细胞破碎技术对淡水微藻微拟球藻(1% W/W)的处理效果。在同一间歇处理室中进行 PEF 和 HVED,该处理室配有间距为 2cm 的平行电极(PEF)或间距为 1 cm 的针平面电极(HVED)。实验处理参数如下:PEF($E = 20$ kV/cm、指数衰减脉冲 $t_p = 10$ μs、总持续时间 $t_{PEF} = 1 \sim 4$ ms、$W = 13.3 \sim 53.1$ kJ/kg_{sus}),

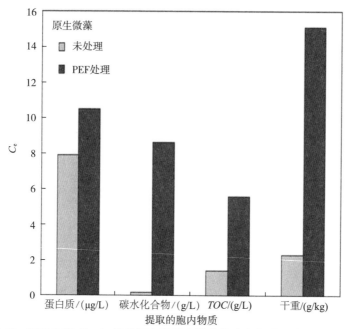

图 12.27　PEF 处理 40 min 后从原生微藻中提取的胞内物质 C_e [蛋白质、碳水化合物、总有机碳含量(TOC)和干重]的浓度。生物量浓度为 $C_b = 109$ g_{dW}/kg_{sus}。PEF 处理采用电场强度 $E = 30.5$ kV/cm、脉冲宽度 $t_p = 1$ μs、比能量输入 $W = 155$ kJ/kg(源自:Goettel 等,2013)

HVED(40 kV、$t_{HVED} = 1 \sim 4$ ms、$W = 13.3 \sim 53.1$ kJ/kg$_{sus}$)、US(200 W、$1 \sim 8$ min、$W = 12 \sim 96$ kJ/kg$_{sus}$)、HPH(150 MPa、$1 \sim 10$ 次、$W = 150 \sim 1500$ kJ/kg$_{sus}$)。本研究的特殊性在于后续对未处理样品(U)及已处理样品按以下顺序进行水提:U→PEF→HVED→US→HPH。

图 12.28 显示通过公式计算的水溶性蛋白质的提取率 Z_p(%):

$$Z_p = (P - P_i)/(P_{max} - P_i) \qquad (12.3)$$

其中 P 是处理后的蛋白质含量,P_i 是处理前 P 的初始值,P_{max} 是解体细胞数量最多的样品中蛋白质的含量(HPH 处理,150 MPa,10 次)。

与 HVED(1.15%)和 US(1.8%)的处理效果相比,PEF 处理(5.2%)的效果更为显著(Grimi 等,2014)。然而,HPH 处理才是提取蛋白质的最佳技术(91%),而且还能最有效地提取叶绿素(绿色色素)和类胡萝卜素(黄色到红色色素)。但是,HPH 需要消耗的能源也最高的(Grimi 等,2014)。可以注意到,在处理过程中,如果不添加有机溶剂是无法回收油脂的。

采用 PEF 处理,从普通小球藻中提取含有 61.1% DW 蛋白质和 16.2% DW

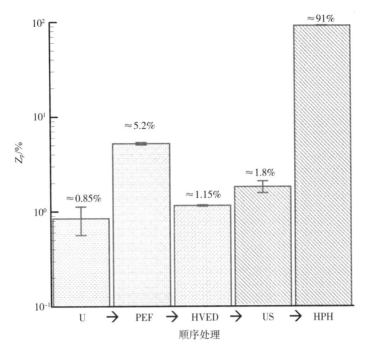

图 12.28　水溶性蛋白质的提取率 Z_p。未处理(U),PEF 预处理(20 kV/cm,4 ms),HVED (40 kV,4 ms),US(200 W,4 min),HPH(150 MPa,6 次)。按照以下顺序进行处理:U→PEF→HVED→US→HPH(源自:Grimi 等,2014)

碳水化合物的生物化合物(Postma 等,2016)。将微藻悬浮液离心浓缩,电导率为 0.6 mS/cm。首先将样品预热至 25～65℃,再以 33 mL/min 的流速在内径为 3 mm 的两个连续共线处理室的模块中进行处理。PEF 处理参数为:平均电场 E_{av} = 17.1 kV/cm、单极方波脉冲 t_p = 5 μs、脉冲频率 f = 50～200 Hz、提供能量输入 W_{PEF} = 0.55 kW·h/kg DM 和 1.11 kW·h/kg DM。从 25℃加热到 65℃会导致额外的热能输入 W_T = 1.83 kW·h/kg DM。22～55℃的热处理并不足以有效地提取小球藻中的碳水化合物(占总含量的 5%以下),当处理温度更高,为 65℃时,碳水化合物的提取率显著提高(占总含量的 35%)。在 25℃和 45℃时,调节能量输入为 0.55 kW·h/kg DM,碳水化合物产量可分别提高到 22%和 25%。

　　进一步将加工温度提高到 55℃,经过 PEF 处理后碳水化合物的提取率提高了 39%。较高的 PEF 能量输入(1.11 kW·h/kg DM)并不会增加最终碳水化合物的产量。当热处理温度为 22～55℃时,几乎检测不到蛋白质产量。在 65℃时,不加 PEF 处理的蛋白质释放量(占总蛋白含量的 3.7%)与常温下 PEF 提取的蛋白质量相当。将微藻悬浮液预热至 55℃只能微许增加蛋白质的释放(最高可达

4%）。这些结果与 Grimi 等（2014）对微拟球藻的研究结果一致,这证明了 PEF 处理只能提取少量的蛋白质。珠磨是众所周知的破坏细胞的传统技术,它可以有效地释放碳水化合物（48%~58%）和蛋白质（40%~45%）。但是,该技术不能选择性地提取所需物质。因此,建议使用 PEF 有选择地回收小离子溶质和碳水化合物,并在随后的提取步骤中使用珠磨粉碎来释放蛋白质（Postma 等,2016）。早些时候 Grimi 等（2014）在依次提取碳水化合物和蛋白质化合物的实验中,也提出过将软处理（PEF）和硬处理（高压均质）相结合的类似建议。

将普通小球藻（*Chlorella vulgoris*）和富油新绿藻（*Neochloris oleoabundans*）离心浓缩,通过洗涤将电导率调节至最大 1.5 mS/cm,然后在间歇（间隙为 1 mm、2 mm 和 4 mm 的试管）或连续的 PEF 处理室（2 个共线处理区、内径 1 mm、间隙 2 mm、流速 13 mL/min）中处理。操作参数如下:$E = 7.5 \sim 30$ kV/cm、$t_p = 0.05 \sim 5$ ms 的脉冲 1~40 个、能量输入 $W_{PEF} = 0.05 \sim 150$ kW·h/kg DM（'tLam 等,2017）。一般来说,PEF 处理后,碳水化合物高释放（76%~79%,钢珠珠磨率为 100%）和蛋白质低回收率的趋势得到了证实,这是在 Grimi 等（2014）、Parniakov 等（2015a）及 Postma 等（2016）早期的研究中发现的。

图 12.29 显示,经 PEF 处理的普通小球藻和富油新绿藻,与经珠磨处理后的相同藻类相比,蛋白质提取率降低了 3~4 倍。首先用离心法将普通小球藻浓缩,然后使其悬浮在磷酸盐缓冲液中,电导率为 2 mS/cm,pH = 7,再在 2 mm 板式电穿孔培养皿中用 PEF 处理,设置参数为:$E = 10$ kV/cm、15 kV/cm 及 20 kV/cm,指数衰减脉冲 50 μs,能量输入 $W_{PEF} = 1.94 \sim 7.76$ kJ/kg$_{sus}$。

将蛋白质提取率与对照组（高压均质处理）的蛋白质提取率进行比较（Buchmann 等,2019a）。根据 Grimi 等（2014）早期的研究发现,HPH 处理对于蛋白质的提取似乎更为有效。一种特殊的蛋白质组学分析表明,与 PEF 处理的微藻相比,HPH 处理的微藻释放的蛋白质主要分布在叶绿体的类囊体膜上。这一观察结果支持了 PEF 只能提取游离蛋白的假设,而 HPH 处理则能有效提取细胞器相关蛋白和结构蛋白（Buchmann 等,2019a）。另外,提取液经 PEF 处理后呈透明色,而经 HPH 处理后呈现绿色,这说明 HPH 破坏了叶绿体。另一个特点是微藻生长阶段对 PEF 处理后蛋白质释放量的影响,培养 48 h 的微藻蛋白质提取率比培养 240 h 的蛋白质提取率高出 32% 以上（Buchmann 等,2019a）。

最近的一些研究表明,经过 PEE 处理（PEF 和 HVED）后,某些微藻类物种（微拟球藻、普通小球藻、富油新绿藻）的蛋白质提取率较低,而采用 HPH 技术和珠磨处理的蛋白质提取率要高得多（Grimi 等,2014;Parniakov 等,2015a;Postma

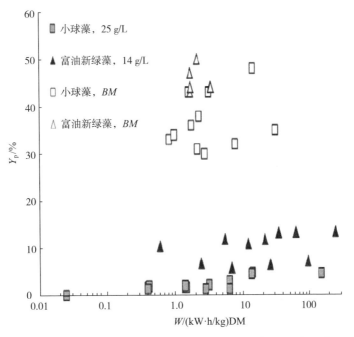

图 12.29　蛋白质提取率 Y_p，是比能量输入 W 的函数。在 PEF 处理后 1 h 测定
蛋白产量。为了进行对比，以珠磨粉碎（BM）为基准（源自：'tLam 等，2017）

等，2016；'tLam 等，2017）。这为更准确地提取所需微藻生物化合物提供了新的
方法。将蛋白质含量约为 53%（W/W，生物量干重）、碳水化合物含量约为 41%
（W/W，生物量干重）的凯氏拟小球藻（P. kessleri）用 HVED 或 HPH 进行处理
（Zhang 等，2019）。微藻悬浮液的浓度为 1% W/W，电导率为 0.3 mS/cm。
HVED 处理采用针面电极间歇处理室，电极间距 1 cm。实验参数为：HVED（40
kV、t_{HVED} = 1~8 ms），HPH（40~120 MPa、1~10 次）。

　　图 12.30 说明 HVED 处理时间（t_{HVED}）和通过次数（N_p）对提取的碳水化合
物（C_c）[图 12.30（a）]和蛋白质浓度[图 12.30（b）]的影响。出乎意料的是，在
压力为 120 MPa 时，HVED 处理后的碳水化合物提取率比 HPH 处理得更好
[图 12.30（a）]。在离子回收方面也观察到了同样的趋势。另外，HVED 的蛋白
质提取率很低，甚至低于 40 MPa 的 HPH[图 12.30（b）]。因此，使用 HVED 释
放碳水化合物，然后使用 HPH 回收蛋白质，这样的连续两阶段过程能够选择性
地提取这两种细胞化合物，并且可能有利于后续的纯化。

　　Luengo 等（2014）对普通小球藻悬浮液中色素的提取进行了研究。通过离心
将微藻浓缩，再悬浮在柠檬酸盐—磷酸盐 McIlvaine 缓冲液（1 mS/cm、pH = 7）中，

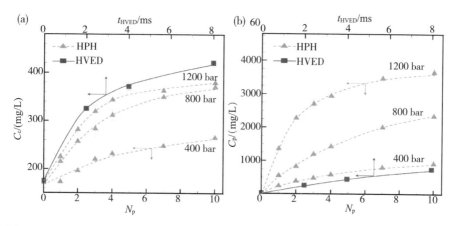

图 12.30 提取物中碳水化合物 C_c(a)、蛋白质 C_p(b) 的浓度与 HVED 的处理时间(t_{HVED})和 HPH 通过次数(N_p)的关系(源自:Zhang 等,2019)

使其最终浓度约为 109 cells/mL,然后在平行电极间歇处理室(电极间距 0.25 cm,表面积 1.76 cm^2)内进行 PEF 处理。PEF 处理参数如下:E = 10 kV/cm、15 kV/cm、20 kV/cm 和 25 kV/cm,最多 50 个 3 μs 的单极方波脉冲,比能量输入为 0.009 kJ/kg DM、0.021 kJ/kg DM、0.038 kJ/kg DM 和 0.059 kJ/kg DM。用碘化丙啶对细胞进行染色以显示细胞电穿孔的存在。在 PEF 处理后立即或在处理介质中培养 1 h 后,用 96% 乙醇溶液中进行色素提取。

图 12.31 显示在不同电场强度 E 和时间 t_{PEF} 作用下,培养 1 h 后普通小球藻类胡萝卜素(a)和叶绿素 a(b)的提取率。这两种色素的提取率都随着 PEF 强度和持续时间的增加而显著增加,尤其是在 E = 20 kV/cm、t_{PEF} =75 μs 时,类胡萝卜素、叶绿素 a 和叶绿素 b 的提取率与对照组相比分别提高了 124%、164% 和 218%(图 12.31 中未显示)。如果在 PEF 处理后立即进行色素提取,通常效果较差;如果先培养 1 h 再进行加工,则不利于对照样品的提取;但当 E=20 kV/cm、t_{PEF}=75 μs 时,类胡萝卜素、叶绿素 a 和叶绿素 b 的提取率可以分别提高 42%、54% 和 195%(Luengo 等,2014)。

在接下来的研究中(Luengo 等,2015b),两组研究人员合作比较了不同 PEF 处理对普通小球藻色素提取效果的影响。实验条件分别为:较低电场强度(E = 3.5 kV/cm、4.0 kV/cm、4.5 kV/cm、5.0 kV/cm)和毫秒持续时间(10 个、20 个、30 个 2 ms 双极正方形脉冲)下进行 PEF 处理(正如之前 Coustets 等 2013 年提出的那样);较高电场强度(E=10 kV/cm、15 kV/cm、20 kV/cm、25 kV/cm)和微秒持续时间(5 个、25 个、50 个 3μs 单极方波脉冲)下进行 PEF 处理(正如之前

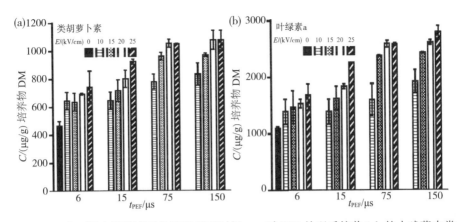

图 12.31　在不同电场强度下总 PEF 处理时间 t_{PEF} 对 PEF 处理后培养 1 h 的小球藻中类胡萝卜素(a)和叶绿素 a(b)提取率 C 的影响(源自：Luengo 等，2014)

Luengo 等 2014 年提出的那样)。通过离心将微藻悬浮液浓缩，重新悬浮于 0.15 mS/cm(毫秒范围内的处理)或 1 mS/cm(微秒范围内的处理)的柠檬酸—磷酸盐 McIlvaine 缓冲液(pH=7)中，使其最终浓度为 2.10^8 CFU/mL。PEF 处理在间歇处理实验室进行，平行电极的表面积为 1.76 cm^2(微秒范围内的处理)或 0.78 cm^2(毫秒范围内的处理)。在两种 PEF 处理后立即或在处理介质中培养 1 h 后，在 96% 乙醇溶液中进行色素提取。碘化丙啶(PI)染色显示毫秒和微秒 PEF 处理的细胞均存在电穿孔现象。在毫秒范围内，E=4~5 kV/cm 时可以检测到不可逆电穿孔；在微秒范围内主要在 E>10 kV/cm 时检测到不可逆电穿孔。当在 E=5 kV/cm、40 ms(20 个脉冲)的 PEF 处理后立即进行萃取时，类胡萝卜素、叶绿素 a 和叶绿素 b 的提取量分别为 1.06 mg/L、2.90 mg/L 和 1.69 mg/L，而未经 PEF 处理的分别仅约为 0.65 mg/L、1.9 mg/L 和 1.0 mg/L。经过电场强度为 20 kV/cm、脉冲频率为 75 μs(25 个脉冲)的 PEF 处理后，类胡萝卜素、叶绿素 a 和 b 的提取量提高：分别为 1.09 mg/L、3.95 mg/L 和 2.17 mg/L。有趣的是，只有微秒范围内的高 PEF 处理(E=20 kV/cm、75 μs)才能进一步提高预培养 1 h 后类胡萝卜素、叶绿素 a 和叶绿素 b 的提取量，分别是对照样品的 2.3 倍、2.9 倍和 3 倍。由此推测，在微秒范围内施加较高的电场强度可能会使细胞膜产生局部缺陷，从而促进色素在培养过程中的扩散(Luengo 等，2015b)。将微秒 PEF 处理的相似参数应用于小球藻叶黄素的提取(Luengo 等，2015a)，当处理参数为 E=25 kV/cm、t_p=100 μs、25~30℃时，叶黄素的提取率比对照组提高了约 3.5~4.2 倍，从而形成了最合适的处理条件。

脉宽也会影响 PEF 处理过程中的电渗现象。较大的脉宽有利于电渗现象，能够增强生物化合物和提取效果（De Vito 等，2008）。但是，电渗透效应也会导致带电粒子向相反电荷的电极移动。Straessner 等（2016）讨论了脉宽对普通小球藻和原生微藻在电极上沉淀的影响。用 50 μs 和 200 μs 的单极方波脉冲进行 PEF 处理（$E = 5$ kV/cm）后，研究人员观察到阳极表面有浓度为 80 g/L 的微藻沉淀。而用较高的 PEF（$E = 20$ kV/cm）和较短的脉冲（10 μs）处理时几乎没有微藻沉淀。因此推测微藻沉淀导致 PEF 处理效率降低的原因是，越长的脉冲会使粒子电泳越明显。这种现象应该被进一步研究，以优化脉宽。

早些时候 Luengo 等（2014，2015b）观察到 PEF 处理后的培养时间对后续提取微藻生物化合物的重要性，这一点在最近的研究中得到了证实（Martínez 等，2019）。将雨生红球菌暴露于不同的胁迫条件下（变光强、突然氮饥饿、氮饥饿和盐胁迫、氮饥饿和木糖或氮饥饿和葡萄糖），以诱导其生长过程中虾青素的积累。无氮培养基可诱导含虾青素的淡红色掌状细胞的形成。考虑到微红色掌状雨生红藻细胞的直径较大（≈20 μm），因此采用中等强度的 PEF 处理（$E = 1$ kV/cm、10 个 5 ms 方波脉冲、能量输入 50 kJ/kg）。将 PEF 处理后的微藻悬浮在电导率为 1 mS/cm 的自备培养基中，室温培养 1~12 h。然后对悬浮液进行离心，并将颗粒重新悬浮在提取溶剂（丙酮、甲醇或乙醇）中。或者，在提取前对微藻悬浮液进行其他预处理（珠磨、超声波、70℃加热 1 h 和冻融）。

图 12.32 显示在无氮 Bold 基本培养基（BBM）中，有（a）和没有（b）6g/L 葡萄糖的情况下，雨生红球藻微藻悬浮液中类胡萝卜素的提取率，并且在用乙醇溶剂提取之前进行了不同的预处理。在提取过程中，PEF 处理后，在培养基中培养 6 h 对类胡萝卜素的释放非常有效，其效果优于机械法和热法。在无氮培养基中进行 PEF 预处理后，可以获得最高的提取率，相当于类胡萝卜素总含量的 96%。相反，与未处理的样品相比，培养时间较短（1 h）的 PEF 处理并不能提高提取率。

显微观察表明，机械和加热方法不能完全破坏雨生红球藻的厚细胞壁。而 PEF 则不同，其主要作用于细胞质膜，细胞整体的结构在 PEF 处理后仍然保持不变。然而，电穿孔在培养过程中加速了细胞壁的降解。据推测，细胞质膜渗透性的增加可以促进水解酶的释放及其与细胞壁的接触，从而增强细胞膜的降解（Martínez 等，2019）。由 PEF 触发的酯酶活性增加证实了这一假设，酯酶活性对类胡萝卜素的释放至关重要。经 PEF 处理后，虾青素的游离含量占类胡萝卜素总量的 30%~37%，而珠磨提取后其含量不到 20%。值得注意的是，所提出的 PEF 处理方法可以减去耗能高的干燥步骤（Martínez 等，2019）。

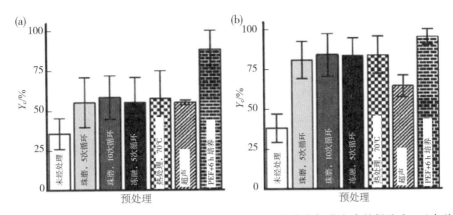

图 12.32　Bold 基本培养基（BBM）上生长的雨生红球藻中类胡萝卜素的提取率 Y_c（占总含量的百分比），在有（a）和没有（b）6 g/L 葡萄糖的氮饥饿下生长，并在乙醇溶剂提取之前进行不同的预处理（源自：Martínez 等，2019）

这项工作中（Parniakov 等，2015a），在正常（pH＝8.5）和碱性（pH＝11）条件下用 PEF 和 US 处理微拟球藻（1%，W/W），并且还附加用碱进行提取（pH＝11）。工作测定了色素、蛋白质、碳水化合物、总酚含量和抗氧化能力。在平行电极间歇式处理室中进行 PEF 处理，参数为：E＝20 kV/cm、指数衰减脉冲 t_p＝10 μs、频率 f＝0.5 Hz、总持续时间 t_{PEF}＝0.01～6 ms。超声参数为：功率 200 W、频率 24 kHz、处理时间 T_s＝600 s。

图 12.33 显示在正常 pH（PEF_n）和碱性 pH（PEF_b）条件下 PEF 处理、正常 pH（S_n）和碱性 pH（S_b）下超声处理以及在碱性 pH 下未经处理（E_b）的提取液中的总叶绿素（a）、类胡萝卜素（b）、蛋白质（c）、碳水化合物（d）、酚类化合物（e）的含量及抗氧化能力（f）。图中还显示附加水提取+E_b 的效果。一般来说，对于所有研究的微藻化合物的提取，PEF_n 处理总是比 PEF_b 处理更有效，而 S_n 处理效果比 PEF_b 处理取决于提取化合物的类型（图 12.33）。附加碱提（+E_b）能够使所有成分的提取率明显提高。S_b+E_b 处理对叶绿素和类胡萝卜素的提取效果最好，S_n+E_b 处理对蛋白质、TPC 和 TEAC 的提取效果最好，PEF_n+E_b 处理对碳水化合物的提取效果最好。PEF 处理对色素的提取效果不明显，因此建议使用有机溶剂来促进色素的回收（Parniakov 等，2015a）。

在这些作者（Parniakov 等，2015b）的文章中，采用 PEF 处理和有机溶剂（二甲基亚砜，DMSO；乙醇，EtOH）相结合的方法，较好地回收了拟微绿球藻的化合物。PEF 处理参数与 Parniakov 等（2015a）使用的相似：E＝20 kV/cm、t_p＝10 μs、f＝0.5 Hz、t_{PEF}＝4 ms。将 PEF 应用于固体浓度为 1%（W/W）的微藻悬浮液中。

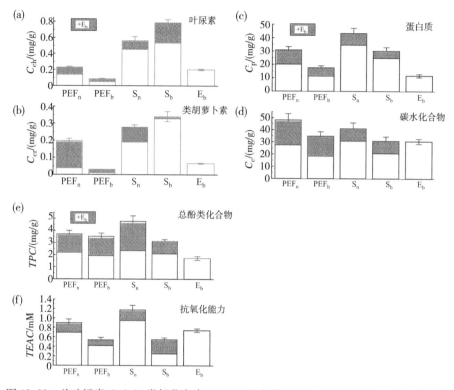

图 12.33 总叶绿素 C_{ch}(a)、类胡萝卜素 C_{cr}(b)、蛋白质 C_p(c)、碳水化合物 C_c(d)、总酚类化合物 TPC(e)的浓度和抗氧化能力 $TEAC$(f)。使用 PEF_n、PEF_b、S_n、S_b 和 E_b 等提取方法获得所需萃取物的数据。另外,还显示附加水提取+E_b 的效果。对于 PEF、US 和 E 提取过程,持续时间分别为 t_{PEF}=4 ms、t_s=600 s 和 t_E=10800 s(源自:Parniakov 等,2015a)

将处理后的悬浮液离心分离出上清液,用不同浓度(C_s=0、30%、50% 和 100%)的有机溶剂(DMSO 和乙醇)重新悬浮微藻残渣。再悬浮微藻残渣(固形物浓度为 1%,W/W)的溶剂提取时间为 60 min。作为对照,同时还进行了未经处理的微藻的溶剂提取。PEF 效率系数 K_{PEF} 被定义为经 PEF 处理和未处理(U)的微藻提取物中化合物浓度的比值。计算公式为:K_{PEF} = C_{ch}(PEF)/C_{ch}(U)(对于叶绿素),K_{PEF} = C_p(PEF)/C_p(U)(对于蛋白质),K_{PEF} = TEA(PEF)/TEA(U)(对于 TEAC)。

图 12.34 显示 DMSO[图 12.34(a)]和 EtOH[图 12.34(b)]溶剂的 K_{PEF} 与溶质浓度 C_s 的关系。在一定的溶质浓度 C_s 下,色素的 K_{PEF} 达到最大值,在 DMSO 中为 50%(对于叶绿素和类胡萝卜素),在 EtOH 中为 30% 或 50%(分别对于叶绿素和类胡萝卜素)。此外,K_{PEF} 的最大值具有显著性(DMSO,K_{PEF} = 3.0;EtOH,

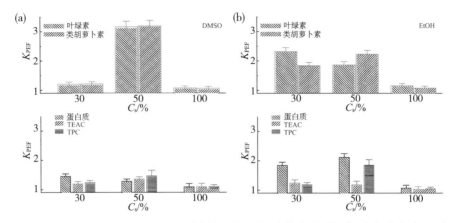

图 12.34　用 DMSO(a)和 EtOH(b)溶剂提取拟微绿球藻中总叶绿素、类胡萝卜素、蛋白质、酚类化合物(TPC)和抗氧化能力(TEAC)的 PEF 效率系数 K_{PEF} 与溶质浓度 C_s 的关系（源自：Parniakov 等，2015b）

$K_{PEF} > 2$)。然而，当使用 DMSO 溶剂时，PEF 处理对蛋白质提取率、总酚含量 (*TPC*)和抗氧化能力(TEAC)的影响较小，而当使用 EtOH 溶剂时影响较大，尤其是对于蛋白质($K_{PEF} = 2.0$、$C_s = 30\%$ 和 50%)。

12.4.1.2　油脂提取

集胞藻(*Synechocystis sp.*)是微藻中富含脂质(大多是二酰甘油)的淡水蓝藻，为破碎其细胞，Sheng 等采用强度高达 71 kWh/m³ 的 PEF 处理(Sheng 等，2011)。结果表明，PEF 处理导致细胞膜和细胞壁破损显著(特别是在 $W > 35$ kW·h/m³ 时)。而且，Sheng 等成功地将 PEF 处理与低毒溶剂异丙醇相结合以提高油脂的提取效率。

镰型纤维藻(*Ankistrodesmus Falcatus*)，这是一种绿色微藻，被称为优秀的脂肪生产者(可产生约占其干重 43% 的脂肪)，收获后，离心，在实验室小单元(1 mL)中通过 PEF 处理($E = 28$ kV/cm、22.66 ms、1323 次指数衰减脉冲)(Zbinden 2011，2013)。处理方案包括冷却以避免过度加热，然后用绿色溶剂乙酸乙酯代替已知具有毒性的氯仿进行萃取。荧光显微镜观察表明，PEF 处理使细胞膜通透性增强(90%的微藻种群受损)。然而，PEF 处理并没有提高使用乙酸乙酯获得的最终油脂得率。相反，用 PEF+乙酸乙酯处理获得的初始油脂得率比不加 PEF 时要高。因此，Zbinden 等推测 PEF 处理可以改善油脂提取动力学(Zbinden 2011)。

栅藻(*Scenedesmus sp.*)是最常见的淡水藻之一，它能在营养耗竭的条件下生长至富含高脂。Lai 等在连续处理室中采用一到两次聚焦脉冲(FP)技术对其进行 PEF 处理,脉冲强度 $E > 30$ kV/cm,频率 $f = 2000$ Hz(Lai 等,2014)。第一次和第二次处理的能量输入分别为 $W = 30.6$ kW·h/m³ 和 $W = 33.6$ kW·h/m³。随后,将 15 g 的微藻样品冷冻干燥,并用不同的溶剂进行提取:Bligh 和 Dyer(B&D,氯仿/甲醇/水 = 1∶2∶0.8,V/V)、Folch(氯仿/甲醇 = 2∶1,V/V)、正己烷和异丙醇。所有方法的溶剂与生物量比均为 1∶5(V/W)(Lai 等,2014)。为了更好地提取,将其旋转混合 3 h,对干粗脂经酯交换后脂肪酸甲酯(FAME)的回收研究。

图 12.35 显示所研究溶剂的粗脂(a)和 FAME(脂肪酸甲酯)(b)回收率。与对照(未处理)样品相比,一次 PEF 处理可使 B&D、Folch、己烷和异丙醇的粗脂提取率分别提高约 47%、71%、78% 和 90%[图 12.35(a)]。对于经过两次 PEF 的样本,其结果和经过一次 PEF 处理的结果是相似的。因此,选择能耗较低的一次 PEF 处理方案。与粗脂相比,脂肪酸甲酯的提取率始终较低,这可能是由于非脂类成分的共提取所致。然而,PEF 显著提高了 FAME 的回收率[图 12.35(b)]。可以观察到(图 12.35)被称为"黄金标准"的 Folch 和 B&D 溶剂组成,在与 PEF 处理相结合时具有最好的脂质和脂肪酸甲酯回收。然而,这些溶剂是有毒的,需要减少它们的用量。使用 PEF 处理可以明显减少 Folch 溶剂的用量,在短时间内,仅用 8.3% Folch 溶剂处理的微藻的 FAME 提取率比用 100% Folch 溶剂处理的对照样品的 FAME 提取率高约 12 倍。另外,PEF 处理可以将旋转混合时间从 3 h 减少到大约 2 min,以达到与对照组相同的 FAME 回收率(Lai 等,2014)。

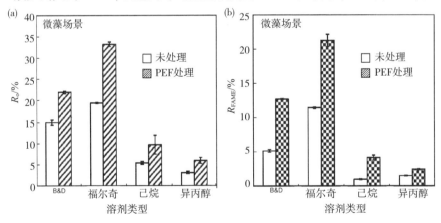

图 12.35　对照(未处理)和 PEF 处理(一次处理)的栅藻(*Scenedesmus sp.*),及布莱(Bligh)和戴尔(Dyer)(B&D)溶剂、福尔奇(Folch)溶剂、己烷和异丙醇 4 种溶剂对应的粗脂与生物量之比 R_o(a)、脂肪酸甲酯与生物量比 R_{FAME}(b)(占干重的%)(源自:Lai 等,2014)

Eing 等在这项研究中(Eing 等,2013)采用水—乙醇混合溶剂提取油脂。原生微藻悬浮液经 PEF 处理后用乙醇提取,再进行冷冻干燥(图12.23 干法)。

图12.36 显示在水—乙醇溶剂中油脂提取率显著提高,特别是在添加70%的乙醇时,油脂提取率比未处理的样品高出9倍。此外,还能够观察到启动水溶性化合物(碳水化合物、蛋白质)释放所需的能量阈值(50 kJ/kg)低于启动脂质回收所需的能量阈值(100 kJ/kg);采用乙醇提取可以提高 PEF 处理后的微藻悬浮液和离心后的微藻悬浮液(没有先前的冷冻干燥)的油脂提取率。因此,湿法处理似乎可以通过脉冲电场处理实现(Eing 等,2013)。

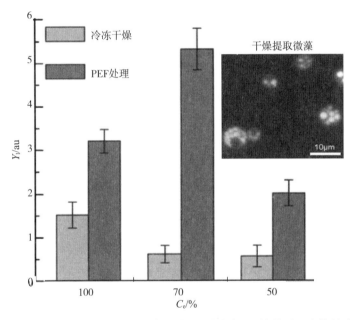

图12.36 冷冻干燥原生微藻产脂率 Y_l 与乙醇浓度 C_e 的关系。生物量浓度为 $C_b = 100$ g$_{dw}$/kg$_{sus}$。冻融前进行 PEF 处理,电场强度为 $E = 35$ kV/cm,脉冲时间为 $t_p = 1$ μs,比能量输入为 $W = 180$ kJ/kg。用磺基磷酸香草醛(SPV)法测定脂产率(Vatassery 等,1981)(源自 Eing 等,2013)

Silve 等在接下来的研究中(Silve 等,2018b),将混合营养和自养模式下培养的原生奥克诺球藻(*Auxenochlorella protothecoides*)微藻浓缩到100 g DM/kg$_{sus}$,在流速为0.10 mL/s 的连续流动室中进行 PEF 处理,该流动室由两个平行的不锈钢电极组成,中间由聚碳酸酯外壳隔开。腔室的大小(长=48 mm、宽=11 mm、电极间距=4 mm)与前文描述的相似(Goettel 等,2013)。

PEF 处理参数如下:电场强度为 $E = 40$ kV/cm,单极脉冲的持续时间为1 μs,

重复频率为 3 Hz，比能量输入为 $W_{PEF} \approx 1.5$ MJ/kg DM。用 PEF 电穿孔微藻细胞成功地使离心上清液的电导率提高了近两倍。需要注意，系统中并没有特别添加水，只有离心后留在颗粒中的水存在。提取 20 h 后，离心分离残余物中的溶剂，收集溶剂。加入一定量的正己烷和水，得到乙醇/十六烷/水为 1∶4.85∶0.80（V/V/V）的体系，形成两相体系，以获得较好的相分离效果。收集上层正己烷相以回收脂质化合物。因此，PEF 辅助油脂回收是在湿的生物质上实现的（使用湿法），而不是高耗能的干燥操作。对照组提取采用冷冻干燥、干样珠磨、正己烷索氏提取的干法。

离心后上清液的电导率提高了近两倍，这证实了 PEF 可以成功地将微藻细胞电穿孔，其原因可能是因为微藻离子化合物的释放。选用湿法提取油脂（图 12.23），不需要干燥，而且能耗更低。提取工艺：将经过 PEF 处理的微藻悬浮液离心，去除上清液，再将沉淀物（颗粒）在乙醇和正己烷的混合溶剂中再悬浮，得到乙醇∶十六烷∶水为 1∶0.41∶0.05（V/V/V）的提取体系。需要注意的是，实验过程中不需要再另外添加水，只有离心后留在颗粒中的水存在。提取 20 h 后，离心分离出残余物中的溶剂并收集，再向其中加入一定量的正己烷和水，得到乙醇∶十六烷∶水为 1∶4.85∶0.80（V/V/V）的体系，形成两相体系，以获得较好的相分离效果。然后将上层的正己烷相收集以回收脂质化合物。因此，PEF 辅助提取油脂在湿的生物质（使用湿法）上实现，而不是高耗能的干燥操作。对照组提取采用干法，首先将微藻冷冻干燥，将干燥的样品进行珠磨，最后用正己烷进行索氏提取。

图 12.37 显示了混合营养（a）和自养（b）生长的原生微藻油脂提取率 Y_1，将样品进行 PEF 处理，并在乙醇∶十六醇∶水为 1∶0.41∶0.05（V/V/V）的溶剂混合物中提取（Silve 等，2018b）。结果表明，PEF 处理对提取油脂有非常成功的促进作用，尤其是对于混合营养生长的微藻。在这种处理操作下，提取 1 h 后油脂提取率可以达到 31%，实际上在提取 24 h 后达到 37% 的参考油脂含量。自养生长的微藻中也出现了类似的趋势：提取 24 h 后，参考油脂含量可达 90% 以上。Silve 等还对减少 PEF 辅助提取油脂所需的溶剂量进行了尝试（Silve 等，2018b）。

通过因素 2 减少溶剂体积不会降低混合营养微藻在提取 24 h 后的油脂回收率，但是会降低自养微藻的油脂回收率。溶剂体积的进一步减少大幅降低了混合营养微藻和自养微藻的提取率。因此，在今后的研究中应对溶剂组成进行一些优化。在 PEF 辅助处理和对照（索氏）提取两种处理方式的结果中观察到非

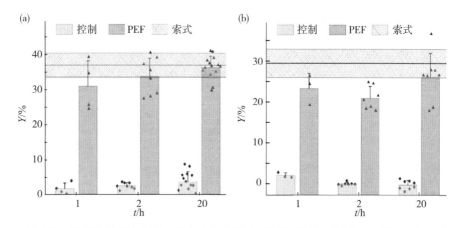

图 12.37 从原生微藻(a)和自养(b)的微藻中,经 PEF($E = 40$ kV/cm、$W = 1.5$ MJ/kg DM)处理后,在乙醇/十六烷基醇/水 1∶0.41∶0.05(V/V/V)的混合溶剂中提取不同时间的油脂提取率 Y_1。对照提取采用冷冻干燥、珠磨、正己烷索氏提取的干法提取(源自:Silve 等,2018b)

常相似的脂肪酸甲酯(FAME)图谱。这些结果表明,PEF 处理不影响脂肪酸组成(Silve 等,2018b)。

该团队接下来工作的目标是在不影响提取率的条件下减少 PEF 的能量输入(Silve 等,2018a)。原生奥克诺球藻微藻(*Auxenochlorella protothecoides*)的培养和收获条件与 Silve 等之前研究中采用的条件相同(Silve 等,2018b),PEF 处理室大小及微藻流速(0.1 mL/s)也一样。PEF 强度($E = 40$ kV/cm)和脉冲持续时间($t_p = 1$ μs)无变化,但与 Silve 等(2018b)的处理条件不同的是改变脉冲重复频率 f(从 3 Hz 到 0.1 Hz)。这导致修改的比能量输入 W_{PEF} 从 15 kJ/L(或 0.15 MJ/kg DM)到 150 kJ/L(或 1.5 MJ/kg DM)(Silve 等,2018a)。溶剂提取在 PEF 处理后立即进行,或在规定的孵育时间(最长 20 h)之后进行。为了使样品孵育,首先用氮气冲洗,并在 25℃的黑暗中或冰上保存(Silve 等,2018a)。孵育后,对样品进行离心分离。上清液用于糖类含量分析,颗粒液用于油脂回收。油脂提取方案使用乙醇+十六烷基醇+水作为溶剂,与以上所述相同(Silve 等,2018b)。PEF 处理后的附加孵育期允许在较低的 PEF 能量输入下提高碳水化合物和油脂回收率。例如,培养 1 h 后,能量输入 $W_{PEF} = 50$ kJ/L 时的碳水化合物回收率(≈8.5 g/L)与 3 倍高能量输入($W_{PEF} = 150$ kJ/L)时的碳水化合物回收率(≈8.5 g/L)相同。PEF 处理后的孵育也能有效地提取油脂。例如,孵育 2 h 后,能量输入 $W_{PEF} = 50$ kJ/L 时回收的油脂量与 $W_{PEF} = 150$ kJ/L 时相同(但不需要孵育)。经 PEF=

150 kJ/L 处理后微藻中所含油脂的约 90%（估计总含量）得到回收，低能量输入 W_{PEF} = 50 kJ/L 的样品在孵育 20 h 后释放出几乎等量的油脂（Silve 等，2018a）。因此，在较长的孵育时间（20 h）下，15 kJ/L、25 kJ/L 和 50 kJ/L 的能量输入足以回收估计的总脂含量的 68.8%、82.2% 和 87.5%。

参考文献

[1] Abenoza M, Benito M, Saldaña G et al (2013) Effects of pulsed electric field on yield extraction and quality of olive oil. Food Bioprocess Technol 6:1367-1373

[2] Aspé E, Fernández K (2011) The effect of different extraction techniques on extraction yield, total phenolic, and anti-radical capacity of extracts from Pinus radiata Bark. Ind Crop Prod 34:838-844

[3] Barba FJ, Boussetta N, Vorobiev E (2015a) Emerging technologies for the recovery of isothiocyanates, protein and phenolic compounds from rapeseed and rapeseed press-cake: effect of high voltage electrical discharges. Innov Food Sci Emerg Technol 31:67-72

[4] Barba FJ, Grimi N, Vorobiev E (2015b) New approaches for the use of non-conventional cell disruption technologies to extract potential food additives and nutraceuticals from microalgae. Food Eng Rev 7:45-62

[5] Bellinger EG, Sigee DC (2015) Freshwater algae: identification, enumeration and use as bioindicators. Wiley, Chichester

[6] Boonchoo N, Tongprasan T, Tangduangdee C, Asavasanti S (2014) Effect of ohmic pretreatment at different electrical field strengths on yield and quality of lime oil obtained from hydrodistillation. In: ICSAF2014: international conference on sustainable global agricultural and food security, School of Biotechnology, Assumption University, Thailand. School of Biotechnology, Assumption University, Samut Prakan, pp 60-66

[7] Borowitzka MA, Moheimani NR (eds) (2013) Algae for biofuels and energy. Springer, Dordrecht

[8] Bouras M (2015) Etude comparative et optimisation de prétraitements des écorces de bois pour l'extraction des composés phénoliques. Ph. D. Thesis, Universite de Technologie de Compiegne, Compiegne

[9]Bouras M, Chadni M, Barba FJ et al (2015) Optimization of microwave−assisted extraction of polyphenols from Quercus bark. Ind Crop Prod 77:590−601

[10]Bouras M, Grimi N, Bals O, Vorobiev E (2016) Impact of pulsed electric fields on polyphenols extraction from Norway spruce bark. Ind Crop Prod 80:50−58

[11]Boussetta N, VorobievE (2014) Extraction of valuable biocompounds assisted by high voltage electrical discharges: a review. C R Chim 17:197−203

[12]Boussetta N, Vorobiev E, Le LH et al (2012) Application of electrical treatments in alcoholic solvent for polyphenols extraction from grape seeds. LWT − Food Sci Technol 46: 127 − 134. https://doi. org/10. 1016/j. lwt. 2011. 10.016

[13]Boussetta N, Lesaint O, Vorobiev E (2013a) A study of mechanisms involved during the extraction of polyphenols from grape seeds by pulsed electrical discharges. Innov Food Sci Emerg Technol 19:124−132. https://doi. org/10. 1016/j. ifset. 2013. 03. 007

[14]Boussetta N, Turk M, De Taeye C et al (2013b) Effect of high voltage electrical discharges, heating and ethanol concentration on the extraction of total polyphenols and lignans from flaxseed cake. Ind Crop Prod 49:690−696

[15]Boussetta N, Soichi E, Lanoisellé J−L, Vorobiev E (2014) Valorization of oilseed residues:extraction of polyphenols from flaxseed hulls by pulsed electric fields. Ind Crop Prod 52:347−353

[16]Brahim M, Boussetta N,Grimi N et al (2016a) Innovative physically−assisted soda fractionation of rapeseed hulls for better recovery of biopolymers. RSC Adv 6:19833−19842

[17]Brahim M, El Kantar S, Boussetta N et al (2016b) Delignification of rapeseed straw using innovative chemo−physical pretreatments. Biomass Bioenergy 95: 92−98

[18]Brahim M, Fernandez BLC, Regnier O et al (2017) Impact of ultrasounds and high voltage electrical discharges on physico−chemical properties of rapeseed straw's lignin and pulps. Bioresour Technol 237:11−19

[19] Brennan L, Owende P (2010) Biofuels from microalgae—a review of technologies for production, processing, and extractions of biofuels and co − products. Renew Sust Energ Rev 14:557−577

[20] Buchmann L, Brändle I, Haberkorn I et al (2019a) Pulsed electric field basedcyclic protein extraction of microalgae towards closed – loop biorefinery concepts. Bioresour Technol 291:121870

[21] Buchmann L, Frey W, Gusbeth C et al (2019b) Effect of nanosecond pulsed electric field treatment on cell proliferation of microalgae. Bioresour Technol 271:402–408

[22] Bundhoo ZMA, Mudhoo A, Mohee R (2013) Promising unconventional pretreatments for ligno cellulosic biomass. Crit Rev Environ Sci Technol 43: 2140–2211

[23] Bux F (ed) (2013) Biotechnological applications of microalgae: biodiesel and value-added products. CRC Press, Taylor & Francis Group, Boca Raton

[24] Carré P, Citeau M, Robin G, Estorges M (2016) Hull content and chemical composition of whole seeds, hulls and germs in cultivars of rapeseed (Brassica napus). OCL (Oilseeds Fats, Crop Lipids) 23:A302

[25] Castro I, Oliveira C, Domingues L et al (2012) The effect of the electric field on lag phase, β-galactosidase production and plasmid stability of a recombinant Saccharomyces cerevisiae strain growing on lactose. Food Bioprocess Technol 5: 3014–3020

[26] Chakraborty D, Das J, Das PK et al (2017) Evaluation of the parameters affecting the extraction of sesame oil from sesame (Sesamum indicum L.) seed using soxhlet apparatus. Int Food Res J 24:691

[27] Cherubini F (2010) The biorefinery concept: using biomass instead ofoil for producing energy and chemicals. Energy Convers Manag 51:1412–1421

[28] Chisti Y (2007) Biodiesel from microalgae. Biotechnol Adv 25:294–306

[29] Coustets M, Al-Karablieh N, Thomsen C, Teissié J (2013) Flow process for electroextraction of total proteins from microalgae. J Membr Biol 246:751–760

[30] Coustets M, Joubert – Durigneux V, Hérault J et al (2015) Optimization of protein electroextraction from microalgae by a flow process. Bioelectrochemistry 103:74–81

[31] Cravotto G, Boffa L, Mantegna S et al (2008) Improved extraction of vegetable oils under high intensity ultrasound and/or microwaves. Ultrason Sonochem 15: 898–902

[32] Da Silva VB, Moreira JB, de Morais MG, Costa JAV (2016) Microalgae as a new source of bioactive compounds in food supplements. Curr Opin Food Sci 7: 73-77

[33] Das D (2015) Introduction. In: Das D (ed) Algal biorefinery: an integrated approach, Co-published by Springer International Publishing, Cham, with Capital Publishing Company, New Delhi, pp 1-34

[34] Daun JK, Eskin MNA, Hickling D (eds) (2015) Canola: chemistry, production, processing, and utilization. AOCS Press, Urbana

[35] De Vito F, Ferrari G, Lebovka NI et al (2008) Pulse duration and efficiency of soft cellular tissue disintegration by pulsed electric fields. Food Bioprocess Technol 1:307-313

[36] DemirbasA, Demirbas MF (2010) Algae energy: algae as a new source of biodiesel. Springer, London

[37] Deng Q, Zinoviadou KG, Galanakis CM et al (2015) The effects of conventional and non-conventional processing on glucosinolates and its derived forms, isothiocyanates:extraction, degradation, and applications. Food Eng Rev 7:357-381

[38] Diouf PN, Stevanovic T, Boutin Y (2009) The effect of extraction process on polyphenol content,triterpene composition and bioactivity of yellow birch (Betula alleghaniensis Britton) extracts. Ind Crop Prod 30:297-303

[39] Dobreva A, Tintchev F, Heinz V et al (2010) Effect of pulsed electric fields (PEF) on oil yield and quality during distillation of white oil-bearing rose (Rosa alba L.). Zeitschrift für Arznei-&Gewürzpflanzen 15:127-132

[40] Dobreva A, Tintchev F, Dzhurmanski A, Toepfl S (2013) Effect of pulsed electric fields on distillation of essential oil crops. C R Acad Bulg Sci 66:1255

[41] Eing C, Goettel M, Straessner R et al (2013) Pulsed electric field treatment of microalgae—benefits for microalgae biomass processing. IEEE Trans Plasma Sci 41:2901-2907

[42] Ek M, Gellerstedt G, Henriksson G (eds) (2009) Wood chemistry and biotechnology. Walter de Gruyter GmbH & Co., KG, Berlin

[43] Elleuch M, Besbes S, Roiseux O et al (2007) Quality characteristics of sesame seeds and by-products. Food Chem 103:641-650

[44] Fu'aida N, Mulyadi AF, Wijana S (2019) Pulsed application of electric field (PEF) as a pretreatment on betel nut (Areca catechu L). Extraction of natural antioxidants (study of voltage and length of PEF). https://www. researchgate. net/profile/Arie_Mulyadi

[45] Gavahian M, Farhoosh R, Javidnia K et al (2015) Effect of applied voltage and frequency on extraction parameters and extracted essential oils from Mentha piperita by ohmic assisted hydrodistillation. Innov Food Sci Emerg Technol 29: 161-169

[46] Geada P, Rodrigues R, Loureiro L et al (2018) Electrotechnologies applied to microalgal biotechnology——applications, techniques and future trends. Renew Sust Energ Rev 94:656-668

[47] Ghitescu R-E, Volf I, Carausu C et al (2015) Optimization of ultrasound-assisted extraction of polyphenols from spruce wood bark. Ultrason Sonochem 22:535-541

[48] Ghnimi S, Grimi N, Rabia C, Vorobiev E (2011) Optimization of extraction of phenolic compounds by pulsed electric field and high voltage electrical discharges from the bark and the wood chips of Norway spruce (Picea abies). In: 11th French process engineering conference, Lille, p 6

[49] Gikonyo B (ed) (2013) Advances in biofuel production: algae and aquatic plants. CRC Press, Taylor & Francis Group, Boca Raton

[50] Goettel M, Eing C, Gusbeth C et al (2013) Pulsed electric field assisted extraction of intracellular valuables from microalgae. Algal Res 2:401-408

[51] Grémy-Gros C, Lanoisellé J-L, Vorobiev E (2009) Application of high-voltage electrical discharges for the aqueous extraction from oilseeds and other plants. In: Vorobiev E, Lebovka N (eds) Electrotechnologies for extraction from food plants and biomaterials. Springer, New York, pp 217-235

[52] Grimi N, Dubois A, Marchal L et al (2014) Selective extraction frommicroalgae Nannochloropsis sp. using different methods of cell disruption. Bioresour Technol 153:254-259

[53] Gros C, Lanoisellé J-L, Vorobiev E (2003) Towards an alternative extraction process for linseed oil. Chem Eng Res Des 81:1059-1065

[54] Guderjan M, Töpfl S, Angersbach A, Knorr D (2005) Impact of pulsed electric

field treatment on the recovery and quality of plant oils. J Food Eng 67:281-287

[55] Guderjan M, Elez-Martínez P, Knorr D (2007) Application of pulsed electric fields at oil yield and content of functional food ingredients at the production of rapeseed oil. Innov Food Sci Emerg Technol 8:55-62

[56] Guionet A, Hosseini B, Teissié J et al (2017) A new mechanism for efficient hydrocarbon electro extraction from Botryococcus braunii. Biotechnol Biofuels 10:39

[57] Guionet A, Hosseini B, Akiyama H, Hosano H (2018) Medium's conductivity and stage of growth as crucial parameters for efficient hydrocarbon extraction by electric field from colonial microalgae. Bioelectrochemistry 123:88-93

[58] Gupta SK (ed) (2012) Technological innovations in major world oil crops, Volume 1: Breeding, Volume 2: Perspectives. Springer, New York

[59] Gusbeth CA, Eing C, Göttel M, Frey W (2013) Boost of algae growth by ultra short pulsed electric field treatment. In: 2013 Abstracts IEEE international conference on plasma science (ICOPS), p 1

[60] Haberkorn I, Buchmann L, Hiestand M, Mathys A (2019) Continuous nanosecond pulsed electric field treatments foster the upstream performance of Chlorella vulgaris-based biorefinery concepts. Bioresour Technol 293:122029

[61] Harkin JM, Rowe JW (1971) Bark and its possible uses. Research note FPL (Forest Products Laboratory), 091, p 56

[62] Housseinpour R, Latibari AJ, Farnood R et al (2010) Fiber morphology and chemical composition of rapeseed (Brassica napus) stems. IAWA J 31:457-464

[63] Karimi K (ed) (2015) Lignocellulose-based bioproducts. Springer, Cham

[64] Kazmi A (ed) (2011) Advanced oil crop biorefineries. Royal Society of Chemistry, Cambridge

[65] Kempkes MA (2016) Pulsed electric fields for algal extraction and predator control. In: Miklavcic D (ed) Handbook of electroporation. Springer International Publishing AG, Cham, pp 1-16

[66] Kempkes MA, Tokuşoğlu Ö (2014) PEF systems for industrial food processing and related applications. In: Tokuşoğlu Ö, Swanson BG (eds) Improving food

quality with novel food processing technologies. CRC Press, Taylor & Francis Group, Boca Raton, pp 427-453

[67] Kim S-K (ed) (2015) Handbook of marine microalgae: biotechnology advances. Academic, London

[68] Lai YS, Parameswaran P, Li A et al (2014) Effects of pulsed electricfield treatment on enhancing lipid recovery from the microalga, Scenedesmus. Bioresour Technol 173:457-461

[69] Laisney J (1984) L'huilerie Moderne, Art et techniques. Francaise pour le Developpement des Fibres Textiles, Paris

[70] Luengo E, Condón-Abanto S, Álvarez I, Raso J (2014) Effect of pulsed electric field treatments on permeabilization and extraction of pigments from Chlorella vulgaris. J Membr Biol 247:1269-1277

[71] Luengo E, Martínez JM, Bordetas A et al (2015a) Influence of the treatment medium temperature on lutein extraction assisted by pulsed electric fields from Chlorella vulgaris. Innov Food Sci Emerg Technol 29:15-22

[72] Luengo E, Martínez JM, Coustets M et al (2015b) A comparative study on the effects of millisecond-and microsecond-pulsed electric field treatments on the permeabilization and extraction of pigments from Chlorella vulgaris. J Membr Biol 248:883-891

[73] Martínez JM, Gojkovic Z, Ferro L et al (2019) Use of pulsed electric field permeabilization to extract astaxanthin from the Nordic microalga Haematococcus pluvialis. Bioresour Technol 289:121694

[74] Mata TM, Martins AA, Caetano NS (2010) Microalgae for biodiesel production and other applications: a review. Renew Sust Energ Rev 14:217-232

[75] Mattar JR, Turk MF, Nonus M et al (2015) S. cerevisiae fermentation activity after moderate pulsed electric field pre-treatments. Bioelectrochemistry 103:92-97

[76] Mawson R, Heaney RK, Piskuła M, Kozłowska H (1993) Rapeseed meal-glucosinolates and their antinutritional effects. Part 1. Rapeseed production and chemistry of glucosinolates. Nahrung 37:131-140

[77] Meagher LP, Beecher GR, Flanagan VP, Li BW (1999) Isolation and characterization of the lignans, isolariciresinol and pinoresinol, in flaxseed meal.

J Agric Food Chem 47:3173-3180

[78] Mosier N, Wyman C, Dale B et al (2005) Features of promising technologies for pretreatment of lignocellulosic biomass. Bioresour Technol 96:673-686

[79] Mussatto SI (ed) (2016) Biomass fractionation technologies for a lignocellulosic feedstock based biorefinery. Elsevier, Oxford

[80] Naik SN, Goud VV, Rout PK, Dalai AK (2010) Production of first and second generation biofuels: a comprehensive review. Renew Sust Energ Rev 14: 578-597

[81] Naqvi M, Yan J (2015) First-generation biofuels. Renewable energy biomass resources and biofuel production. In: Yan J (ed) Handbookof clean energy systems. Wiley, Chichester, pp 1-18

[82] Nezammahalleh H, Ghanati F, Adams TA II et al (2016) Effect of moderate static electric field on the growth and metabolism of Chlorella vulgaris. Bioresour Technol 218:700-711

[83] Pandey A, Höfer R, Taherzadeh M et al (eds) (2015) Industrial biorefineries and white biotechnology. Elsevier, Amsterdam

[84] Parniakov O, Barba FJ, Grimi N et al (2015a) Pulsed electric field and pH assistedselective extraction of intracellular components from microalgae Nannochloropsis. Algal Res 8:128-134

[85] Parniakov O, Barba FJ, Grimi N et al (2015b) Pulsed electric field assisted extraction of nutritionally valuable compounds from microalgae Nannochloropsis spp. using the binary mixture of organic solvents and water. Innov Food Sci Emerg Technol 27:79-85

[86] Pauly M, Keegstra K (2008) Cell-wall carbohydrates and their modification as a resource for biofuels. Plant J 54:559-568

[87] Pedersen M, Meyer AS (2010) Lignocellulose pretreatment severity--relating pH to biomatrix opening. New Biotechnol27:739-750

[88] Postma PR, Pataro G, Capitoli M et al (2016) Selective extraction of intracellular components from the microalga Chlorella vulgaris by combined pulsed electric field--temperature treatment. Bioresour Technol 203:80-88

[89] Puértolas E, de Marañón IM (2015) Olive oil pilot-production assisted by pulsed electric field: impact on extraction yield, chemical parameters and

sensory properties. Food Chem 167:497-502

[90] Raja R, Hemaiswarya S, Kumar NA et al (2008) A perspective on the biotechnological potentialof microalgae. Crit Rev Microbiol 34:77-88

[91] Rego D, Redondo LM, Geraldes V et al (2015) Control of predators in industrial scale microalgae cultures with pulsed electric fields. Bioelectrochemistry 103:60-64

[92] Rosenthal A, Pyle DL, Niranjan K (1996) Aqueous and enzymatic processes for edible oil extraction. Enzym Microb Technol 19:402-420

[93] Sarkis JR, Boussetta N, Blouet C et al (2015a) Effect of pulsed electric fields and high voltage electrical discharges on polyphenol and protein extraction from sesame cake. Innov Food Sci Emerg Technol 29:170-177

[94] Sarkis JR, Boussetta N, Tessaro IC et al (2015b) Application of pulsed electric fields and high voltage electrical discharges for oil extraction from sesame seeds. J Food Eng 153:20-27

[95] Segovia FJ, Luengo E, Corral-Pérez JJ et al (2015) Improvements in the aqueous extraction of polyphenols from borage (Borago officinalis L.) leaves by pulsed electric fields: pulsed electric fields (PEF) applications. Ind Crop Prod 65:390-396

[96] Sheng J, Vannela R, Rittmann BE (2011) Evaluation of cell-disruption effects of pulsed-electricfield treatment of Synechocystis PCC 6803. Environ Sci Technol 45:3795-3802

[97] Silve A, Kian CB, Papachristou I et al (2018a) Incubation time after pulsed electric field treatment of microalgae enhances the efficiency of extraction processes and enables the reduction of specific treatment energy. Bioresour Technol 269:179-187

[98] Silve A, Papachristou I, Wüstner R et al (2018b) Extraction of lipids from wet microalga Auxenochlorella protothecoides using pulsedelectric field treatment and ethanol-hexane blends. Algal Res 29:212-222

[99] Straessner R, Silve A, Eing C et al (2016) Microalgae precipitation in treatment chambers during pulsed electric field (PEF) processing. Innov Food Sci Emerg Technol 37:391-399

[100] Sukardi SS, Bambang DA, Yudy SI (2013) The effect of pulsed electric field

(PEF) on glandular trichome and compounds of patchouli oil (Pogostemon cablin, Benth). J Nat Sci Res 3 (15):48-57

[101] Sukardi FMP, Maimunah HP, Arie FM (2014) The extraction process of rose volatile oil with PEF (pulsed electric field) pretreatment using evaporative solvent method (review of PEF (pulsed electric field) frequencies and extraction times). Jurnal Lulusan TIP FTP UB Blog Staff Univ Brawijaya 10:1-9

[102] Thiyam-Holländer U, Eskin NAM, Matthäus B (eds) (2013) Canola and rapeseed: production, processing, food quality, and nutrition. CRC Press, Taylor & Francis Group, Boca Raton

[103] Tintchev F, Dobreva A, Schulz H, Toepfl S (2012) Effect of pulsed electric fields on yield and chemical composition of rose oil (Rosa damascena Mill.). J Essent Oil Bear Plants 15:876-884

[104] 'tLam GP, Postma PR, Fernandes DA et al (2017) Pulsed electric field for protein release of the microalgae Chlorella vulgaris and Neochloris oleoabundans. Algal Res 24:181-187

[105] Vanthoor-Koopmans M, Wijffels RH, Barbosa MJ, Eppink MHM (2013) Biorefinery of microalgae for food and fuel. Bioresour Technol 135:142-149

[106] Vatassery GT, Sheridan MA, Krezowski AM et al (1981) Use of the sulfo-phospo-vanillin reaction in a routine method for determining total lipids in human cerebrospinal fluid. Clin Biochem 14:21-24

[107] Villarruel-López A, Ascencio F, Nuño K (2017) Microalgae, a potential natural functional food source--a review. Polish J Food Nutr Sci 67:251-264

[108] Yu X, Bals O, Grimi N, Vorobiev E (2015) A new way for the oil plant biomass valorization: polyphenols and proteins extraction from rapeseed stems and leaves assisted by pulsed electric fields. Ind Crop Prod 74:309-318

[109] Yu X, Gouyo T, Grimi N et al (2016) Pulsed electric field pretreatment of rapeseed green biomass (stems) to enhance pressing and extractives recovery. Bioresour Technol 199:194-201

[110] Zbinden MDA (2011) Investigation of pulsed electric field (PEF) as an intensification pretreatment for solvent lipid extraction from microalgae, utilizing ethyl acetate as a greener substitute to chloroform-based extraction. Master of Science Thesis, University of Kansas, Lawrence

[111] Zbinden MDA, Sturm BSM, Nord RD et al (2013) Pulsed electric field (PEF) as an intensification pretreatment for greener solvent lipid extraction from microalgae. Biotechnol Bioeng 110:1605-1615

[112] Zhang R, Grimi N, Marchal L, Vorobiev E (2019) Application of high-voltage electrical discharges and high-pressure homogenization for recovery of intracellular compounds from microalgae Parachlorella kessleri. Bioprocess Biosyst Eng 42:29-36